JINGXI
YOUJIHECHENG
GONGYIXUE

精细有机合成工艺学

（简明版）

唐培堃　冯亚青　王世荣　主编

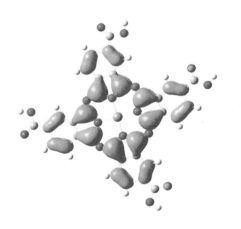

U0285714

化学工业出版社

·北京·

本书是根据作者所编写的长学时课程教材《精细有机合成化学与工艺学》(第二版)进行精炼和查新编写而成的,适用于化工、化学类专业作为短学时课程教材。

　　本书以单元反应为体系,概述了十二个单元反应的化学与工艺学。在叙述各单元反应的生产实例时,着重介绍了近年来刚刚工业化的新工艺、新技术、新合成路线和科技创新思想。并在每章末给出一定数量的习题。

　　本书配有电子课件,可供任课教师参考。

图书在版编目(CIP)数据

　　精细有机合成工艺学．简明版/唐培堃,冯亚青,
王世荣主编．—北京:化学工业出版社,2011.8(2023.9重印)
　　教育部高等学校化学工程与工艺专业教学指导分
委员会推荐教材
　　ISBN 978-7-122-11617-8

　　Ⅰ．精…　Ⅱ．①唐…②冯…③王…　Ⅲ．精细化
工-有机合成-高等学校-教材　Ⅳ．TQ2

　　中国版本图书馆 CIP 数据核字(2011)第 122893 号

责任编辑:徐雅妮　　　　　　　　　文字编辑:刘志茹
责任校对:边涛　　　　　　　　　　装帧设计:史利平

出版发行:化学工业出版社(北京市东城区青年湖南街 13 号　邮政编码 100011)
印　　装:大厂聚鑫印刷有限责任公司
787mm×1092mm　1/16　印张 14¾　字数 358 千字　　2023 年 9 月北京第 1 版第 9 次印刷

购书咨询:010-64518888　　　　　　售后服务:010-64518899
网　　址:http://www.cip.com.cn
凡购买本书,如有缺损质量问题,本社销售中心负责调换。

定　　价:**39.00 元**

教育部高等学校化学工程与工艺专业
教学指导分委员会推荐教材

编审委员会

序

在 20 世纪 90 年代以前，我国高等教育是"精英教育"，随着高校的扩招，我国高等教育逐步转变为大众化教育。"十一五"时期，我国高等教育的毛入学率将达到 25％左右，如果大学的人才培养仍然按照"精英教育"模式进行，其结果：一是有些不擅长于逻辑思维的学生学不到感兴趣的知识而造成教育资源浪费；二是培养了远大于社会需要的众多的研究型人才，导致培养出的人才不能满足社会的需要。要解决这一问题，高等教育模式必须进行改革。社会更需要的是应用型教育，经济建设更需要的是应用型人才。因此，应用型本科教育是高等教育由"精英教育"向"大众化教育"转变的必由之路。

应用型本科教育的特点在于应用，在人才培养过程中传授知识的目的是应用而不是知识本身。这就需要应用型本科教育更加注重实际工作能力的培养，使学生的潜能得到极大发挥，满足职业岗位需要。

在 21 世纪，作为关系国民经济发展的重要工程学科之一，化学工程与工艺专业的教育观念也急需根据学科的发展和社会对应用型本科人才的需要进行转变：

1. 从狭窄的专业工程教育观念转向"大工程"教育观念，树立"大工程教育观"（大工程观是指以整合的、系统的、再循环的视角看待大规模复杂系统的思想）；

2. 从继承性教育观念转向创新性教育观念，树立"创新性工程教育观"；

3. 从知识传授型教育观念转向素质教育观念，树立"工程素质教育观"；

4. 从注重共性的教育观念转向特色教育观念，树立"多元化工程教育观"；

5. 从本土教育观念转向国际化教育观念，树立"国际化工程教育观"。

教育模式和教育观念的转变和改变，最终都要落实在教学内容的改革上。因此，教育部高等学校化学工程与工艺专业教学指导分委员会和化学工业出版社组织编写和出版了这套适合应用型本科教育、突出工程特色的新型教材。希望本套教材的出版能够为培养理论基础扎实、专业口径宽、工程能力强、综合素质高、创新能力强的化工应用型人才提供教学支持。

教育部高等学校化学工程与工艺专业教学指导分委员会

2008 年 7 月

前　言

近年来不少化工、化学类专业开设了有关精细化工的短学时课程，为了适应这种形势，我们对所编写的长学时课程教材《精细有机合成化学与工艺学》（第二版）进行精炼和查新，编写了本书作为短学时课程教材。

本书在介绍各单元反应的实例时，着重介绍了近年来刚刚工业化的新工艺、新技术、新合成路线和科技创新思想。但是对实例只给出大致的反应条件，因为各企业的关键技术都是保密的，我们无法获得各企业最新关键技术的确切信息。

本书在每章之末给出一定数量的习题，绝大部分习题的答案都可以在书中找到，部分计算题和合成路线题的答案在附录中给出。

考虑到上网查新非常方便，本书未列出详尽的参考文献，只给出一定数量的 2005 年以后出版、发表的综合性和专题性参考文献，供任课教师备课之用。

本书由唐培堃、冯亚青、王世荣主编，第 1～3、6、8 章由唐培堃编写，第 10～12、14 章由冯亚青编写，第 4、5 章由王世荣编写，第 7、13 章由陈立功编写，第 9 章由闫喜龙编写。电子课件由唐培堃、王世荣、郭俊杰（天津商业大学）制作。

本书配有电子课件，可供任课教师参考。

我们编写短学时课程教材还是第一次尝试，不足之处在所难免，诚恳欢迎任课教师和读者批评指正，提出宝贵意见。

唐培堃　冯亚青

于天津大学新园村

2011 年 5 月 10 日

目　录

第1章 绪 论

1.1 精细化工的范畴和特点

精细化工指的是生产精细化工产品的工业，全称是"精细化学工程"，属于化学工程学范畴。

我国原化学工业部 1986 年 6 月 3 日颁布了《关于精细化工产品分类的暂行规定和有关事项的通知》，规定中国精细化工产品包括 11 个产品类别，分别是：农药、染料、涂料（包括油漆和油墨）、颜料、试剂和高纯物、信息用化学品（包括感光材料、磁性材料等能接收电磁波的化学品）、食品和饲料添加剂、黏合剂、催化剂和各种助剂、（化工系统生产的）化学药品（原料药）和日用化学品、（高分子聚合物中的）功能高分子材料（包括功能膜、偏光材料等）。每一门类又可以分为许多小类，例如在催化剂和各种助剂门类中又分为催化剂、印染助剂、塑料助剂、橡胶助剂、水处理剂、纤维抽丝用油剂、有机提取剂、油品添加剂、炭黑（橡胶制品补强剂）、电子工业专用化学品等 20 个小类。

中国的分类暂行规定中，不包括国家医药管理局管理的药品，中国轻工业总会所属的日用化学品和其他有关部门生产的精细化工产品，还有待于进一步补充和完善。

精细化工主要具有如下特点。

① 除了化学合成反应、前处理和后处理以外，还常常涉及剂型制备和商品化（标准化）才能得到最终商品。

② 生产规模小，生产流程大多为间歇操作的液相反应，常采用多品种综合生产流程或单元反应流程。

③ 固定投资少、资金产出率高。

④ 产品质量要求高，知识密集度高；产品更新换代快、寿命短；研究、开发难度大，费用高。

⑤ 在生产工艺、技术和配方等方面都有很大的改进余地，生产稳定期短，需要不断地进行技术改进。配方和加工方面的技术秘密和专利，造成市场上的垄断性和排他性。

⑥ 商品性强，市场竞争激烈，因此市场调查和预测非常重要。在产品推销上，应用技术和技术服务非常重要。

概括起来，精细化工产品产值高、经济效益高、作用大，对满足人民生活需要、促进科技进步具有重要作用。我国正不断提高精细化工产品产值在化学工业中所占的比重，即精细化工率。中国的精细化工率，1990 年只有 25%，1995 年增至 32%，2000 年达到 40%～50%，2010 年提高到 60%。

还应该提到，现在已有一些外国大公司在中国投资，用高新技术生产精细化工产品。

1.2 精细有机合成的原料资源

精细有机合成指的是用化学合成的方法将化工原料转变成精细有机化工产品和所用的有机中间体。精细有机合成的原料资源是：煤、石油、天然气和动植物原料。

1.2.1 煤

煤的主要成分是碳，其次是氢，此外还有氧、硫和氮等其他元素，以结构复杂的芳环、杂环或脂环的化合物形式存在。煤通过高温干馏、气化或生产电石提供化工原料。

① 煤的高温干馏 煤在隔绝空气下，在 900～1100℃进行干馏（炼焦）时，生成焦炭、煤焦油、粗苯和煤气。

高温炼焦的煤焦油是黑色黏稠液体，它的主要成分是芳烃和杂环化合物，已经过鉴定的有 400 余种。煤焦油经过进一步加工分离可得到萘、1-甲基萘、2-甲基萘、蒽、菲、芴、茚、苊、苯酚、甲酚、二甲酚、氧芴、吡啶、甲基吡啶、喹啉和咔唑等化工原料。

粗苯经分离可得到苯、甲苯和二甲苯。

煤的资源有限，经高温干馏提供的化工原料已不能满足精细有机合成工业的需要，因此还开发了其他原料来源，或者用合成法来制备，例如苯酚、吡啶和蒽醌等。

② 煤的气化 煤在高温、常压或加压条件下与水蒸气、空气或两者的混合物反应，可得到水煤气、半水煤气或空气煤气。煤气的主要成分是氢、一氧化碳和甲烷等，它们都是重要的化工原料。作为化工原料的煤气又称为合成气，现在合成气的生产主要以含氢较高的石油加工馏分或天然气为原料。

1.2.2 石油

石油是黄色至黑色黏稠液体。石油中含有几万种碳氢化合物，另外还含有一些含硫和含氮、含氧化合物。中国石油的主要成分是烷烃、环烷烃和少量芳烃。石油加工的第一步是用常压和减压精馏分割成直馏汽油、煤油、轻柴油、重柴油和润滑油等馏分，或分割成催化裂化原料油、催化重整原料油等馏分供二次加工之用。提供化工原料的石油加工过程主要是催化重整和热裂解。

① 铂重整 沸程为 60～165℃的轻汽油馏分或石脑油馏分，在铂催化剂存在下，于 480～510℃、2.0～3.0MPa 氢压下进行重整，原料油中的一部分环烷烃和烷烃转化为芳烃。重整汽油可作为高辛烷值汽油，也可经分离得到苯、甲苯和二甲苯。

② 热裂解 乙烷、石脑油、直馏汽油、轻柴油、减压柴油等石油馏分在 750～800℃进行热裂解，发生 C—C 键断裂、脱氢、缩合和聚合等反应，主要产物是乙烯，同时可得到丙烯、丁二烯、苯、甲苯和二甲苯等化工原料。

③ 芳烃转化 在石油芳烃中，苯、对二甲苯和邻二甲苯需要量很大，而甲苯、间二甲苯和 C_9 芳烃需要量少，可通过脱烷基、烷基歧化、异构化和烷基转移等工艺得到更多的苯、对二甲苯和邻二甲苯。

萘的需要量很大，焦油萘已远不能满足需要。沸程 210～295℃的重质芳烃馏分中的各种甲基萘和烷基萘，经过脱烷基化可得到石油萘。

④ 直链烷烃 石油加工产品经分离精制可得到正构烷烃混合物。采用精馏法切割得到

$C_9 \sim C_{15}$、$C_{12} \sim C_{18}$、$C_8 \sim C_{30}$ 等窄馏分，再加以利用。

1.2.3　天然气

天然气的主要成分是甲烷，油型天然气含 C_2 以上烃约 5%（体积分数，下同），煤型天然气含 C_2 以上烃 20%～25%，生物天然气含甲烷 97% 以上。天然气中的甲烷是重要的化工原料，C_2 以上烃的混合物可用作燃料、热裂解或生产芳烃的原料。天然气可芳构化产生轻质芳烃，也可转化成水煤气。

1.2.4　动植物原料

含糖或淀粉的农副产品经水解可以得到各种单糖，例如葡萄糖、果糖、甘露蜜糖、木糖、半乳糖等。如果用适当的微生物酶进行发酵，可分别得到乙醇、丙酮/丁醇、丁酸、乳酸、葡萄糖酸和乙酸等。

含纤维素的农副产品经水解可以得到己糖 $C_6H_{12}O_6$（主要是葡萄糖）和戊糖 $C_5H_{10}O_5$（主要是木糖）。己糖经发酵可得到乙醇，戊糖经水解可得到糠醛。

从含油的动植物中可以得到各种动物油和植物油。它们也是有用的化工原料。天然油脂经水解可以得到高碳脂肪酸和甘油。

另外，从某些动植物还可以提取药物、香料、食品添加剂以及制备它们的中间体。

习　题

1-1　什么是精细化工率？

1-2　写出以下基本化工原料主要来自哪种资源：（1）甲烷；（2）一氧化碳；（3）乙烯；（4）苯；（5）萘；（6）$C_{18} \sim C_{30}$ 直链烷烃；（7）蓖麻油；（8）葡萄糖。

第 2 章 精细有机合成基础

这一章是在学习了大学有机化学和物理化学课程的基础上，综合概述各单元反应所需要的共同的基础知识。

本书属于化学工程范畴，故教材内容侧重于工艺学。

2.1 精细有机合成的化学基础

2.1.1 有机反应的进行方式

在形式上，有机反应的进行方式可以分为取代反应、加成反应、消除反应和重排反应四种类型。其中，遇到最多的是取代反应，其次是加成反应，较少遇到消除反应和重排反应。

① 取代反应　根据反应试剂性质的不同和反应物分子中 C—X 键的断裂方式的不同，分为亲电取代、亲核取代和自由基取代三种类型。当 C—X 键中的 X 是氢以外的各种取代基时，本书把它们称作亲电置换、亲核置换和自由基置换。

② 加成反应　根据加成基本途径的不同，可以分为亲电加成、亲核加成和自由基加成三种类型。

③ 消除反应　根据被消除原子或原子团位置的不同，分为 β-消除和 α-消除两种类型。

④ 重排反应　可以分为分子内亲电重排、分子内亲核重排和分子间重排三种类型。

2.1.2 反应试剂

有机反应中所用的反应试剂可以分为亲电试剂、亲核试剂和自由基试剂三种类型。

(1) 亲电试剂

亲电试剂具有亲电性，在反应中进攻被作用物的高电子云密度中心，从被作用物取走一对电子，以共价键结合，主要包括以下几类。

① 正离子：NO_2^+、NO^+、R^+、$R—C^+{=}O$、ArN_2^+、R_4N^+ 等。

② 含有可极化和已经极化共价键的分子：Cl_2、Br_2、HF、HCl、SO_3、$RCOCl$、CO_2 等。

③ 含有可接受共用电子对的分子（含未饱和价电子层原子的分子）：$AlCl_3$、$FeCl_3$、BF_3 等。

④ 羰基的双键。

⑤ 氧化剂：Fe^{3+}、O_3、H_2O_2 等。

⑥ 酸类。

⑦ 卤代烷中的烷基：$R—X$。

由亲电试剂进攻引起的反应叫做亲电反应，例如亲电取代、亲电置换和亲电加成反应等。

（2）亲核试剂

亲核试剂具有亲核性，在反应中进攻被作用物的低电子云密度中心，把一对电子提供给被作用物，以共价键结合，主要包括以下几类。

① 负离子：OH^-、RO^-、ArO^-、$NaSO_3$、NaS^-、CN^- 等。

② 极性分子中偶极的负端：NH_3、RNH_2、$RR'NH$、$ArNH_2$、NH_2OH 等。

③ 烯烃双键和芳环：$CH_2=CH_2$、C_6H_6 等。

④ 还原剂：Fe^{2+}、金属等。

⑤ 碱类。

⑥ 有机金属化合物中的烷基：$RMgX$、$RC\equiv CM$ 等。

由亲核试剂进攻引起的反应叫做亲核反应，例如亲核取代、亲核置换和亲核加成反应等。

（3）自由基试剂

自由基是含有未成对单电子的试剂，或在一定条件下能产生自由基的试剂，例如氯分子（Cl_2）等。自由基试剂可用于引发自由基链反应。

产生自由基的常用方法有三种，即热离解法、光离解法和电子转移法。

2.1.3　芳环上亲电取代反应的定位规律

芳环上已有取代基在亲电取代反应中的定位作用可以分为两类。

① 第一类定位基　亦称为邻、对位定位基，它们使芳环上的电子云密度增加（卤原子除外），使芳环活化，并且使新取代基主要进入已有取代基的邻位和对位，属于这类取代基的主要有：$-O^-$、$-N(CH_3)_2$、$-NH_2$、$-OH$、$-OCH_3$、$-NHCOCH_3$、$-F$、$-Cl$、$-I$、$-C_6H_5$、$-CH_3$、$-C_2H_5$、$-CH_2COOH$、$-CH_2F$ 等。

② 第二类定位基　亦称为间位定位基，它们使芳环上的电子云密度降低，使芳环钝化，并且使新取代基主要进入已有取代基的间位（大于 40%），属于这类取代基的主要有：$-N^+(CH_3)_3$、$-CF_3$、$-NO_2$、$-CN$、$-SO_3H$、$-COOH$、$-CHO$、$-COOCH_3$、$-COCH_3$、$-CONH_2$、$-N^+H_3$、$-CCl_3$ 等。

上述两类取代基的次序是按照其定位能力由强到弱排列的。这里所谓的邻、对位定位基或间位定位基，都是对反应的主产物而言。

2.1.3.1　苯环上取代基的定位规律

表 2-1 列出了苯的单取代物在特定条件下进行一硝化时的异构体生成比例和相对于苯的反应速率常数 $k_{相对}$。从表 2-1 可以看出，硝化剂、溶剂、温度和添加剂等因素都会影响异构体的生成比例。

（1）已有取代基的电子效应

反应物 Ar—Z 分子中已有取代基 Z 的电子效应可以归纳为三种类型。

第一种，取代基只具有供电诱导效应。例如各种烷基，取代基的供电诱导效应 $+I$ 使苯环活化，而且是邻、对位定位。其中甲基还具有供电超共轭效应 $+T_{超}$，所以甲基的活化作用比其他烷基大，见表 2-1 中的相对反应速率常数 $k_{相对}$。

第二种，取代基中同苯环相连的原子具有未共用电子对。例如 $-\ddot{O}^-$、$-\ddot{N}R_2$、$-\ddot{N}HR$、

表 2-1 苯的单取代物在一硝化时的异构产物比例和相对反应速率常数

已有取代基	反 应 条 件	异构产物生成比例/%			相对于苯的反应速率常数 $k_{相对}$
		邻位	间位	对位	
H					1
—OH	AcONO$_2$；Ac$_2$O，25℃，HNO$_2$	66.0	—	33.0	—
	AcONO$_2$；Ac$_2$O，25℃，H$_2$NCONH$_2$	40.0	—	60.0	—
—OCH$_3$	HNO$_3$；H$_2$SO$_4$(1∶1)，45℃	40.0	—	60.0	约 2×10^5
	AcONO$_2$；Ac$_2$O，10℃	71.0	(0.5)	28.0	
—NHCOCH$_3$	HNO$_3$；H$_2$SO$_4$(1∶1)，20℃	19.4	2.1	78.5	很快
	AcONO$_2$；Ac$_2$O，20℃	67.8	2.5	29.7	
—CH$_3$	AcONO$_2$；0℃	61.4	1.6	37.0	27.0
—C$_2$H$_5$	AcONO$_2$；0℃	45.9	3.3	50.8	22.8±1.9
—CH(CH$_3$)$_2$	AcONO$_2$；0℃	28.0	4.5	67.5	17.7±0.7
—C(CH$_3$)$_3$	AcONO$_2$；0℃	10.0	6.8	83.2	15.1±0.8
—CH$_2$OCH$_3$	AcONO$_2$；25℃	51.3	6.8	41.9	6.48
—CH$_2$COOC$_2$H$_5$	AcONO$_2$；25℃	54.3	13.1	32.6	3.86
—CH$_2$Cl	AcONO$_2$；25℃	33.6	13.9	52.5	0.711
—CH$_2$CN	AcONO$_2$；25℃	24.4	20.1	55.5	0.345
—CH$_2$F	AcONO$_2$；Ac$_2$O，约 25℃	28.3	17.3	54.4	—
—F	HNO$_3$；67.5%H$_2$SO$_4$，25℃	13.0	0.6	86.0	0.117
—Cl	HNO$_3$；67.5%H$_2$SO$_4$，25℃	35.0	0.94	64.0	0.064
—Br	HNO$_3$；67.5%H$_2$SO$_4$，25℃	43.0	0.9	56.0	0.060
—I	HNO$_3$；67.5%H$_2$SO$_4$，25℃	45.0	1.3	54.0	0.125
—CHCl$_2$	AcONO$_2$；Ac$_2$O，20～30℃	23.3	33.8	42.9	0.302
—CH$_2$NO$_2$	HNO$_3$；15℃	22.5	54.7	22.8	0.112
—CCl$_3$	AcONO$_2$；Ac$_2$O，20～30℃	6.8	64.5	28.7	—
—COONH$_2$	HNO$_3$；15℃	27.0	69.6	<3.0	
—COOC$_2$H$_5$	AcONO$_2$；Ac$_2$O，18℃	24.1	72.0	4.0	3.67×10^{-3}
—COCH$_3$	HNO$_3$；98.1%H$_2$SO$_4$，25℃	19.5	78.5	0～2.0	
—CHO	HNO$_3$；(d1.55)；−8～10℃	(19)	72.1	(9)	
	HNO$_3$；7.3%SO$_3$·H$_2$SO$_4$；−8～10℃		90.8		
—COOH	HNO$_3$；0℃	18.5	80.2	1.3	<10^{-3}
—CN	HNO$_3$；0℃	17.0	81.0	<2.0	
—SO$_3$H	HNO$_3$；H$_2$SO$_4$	—	约 60.0	—	
—SO$_2$C$_2$H$_5$	HNO$_3$；Ac$_2$O，25℃	8.1	88.6	3.3	3.51×10^{-3}
—$^+$NH$_3$	HNO$_3$；82%H$_2$SO$_4$	5.0	36.0	59.0	
	HNO$_3$；98%H$_2$SO$_4$	1.5	62.0	38.0	93×10^{-8}
—$^+$NH$_2$CH$_3$	HNO$_3$；98%H$_2$SO$_4$	—	(70)	30.0	15.2×10^{-8}
—$^+$NH(CH$_3$)$_2$	HNO$_3$；98%H$_2$SO$_4$		78.0	22.0	约 5.3×10^{-8}
—$^+$N(CH$_3$)$_3$	HNO$_3$；98.7%H$_2$SO$_4$	<2.0	89.0	11.0	1.75×10^{-8}
—NO$_2$	HNO$_3$；H$_2$SO$_4$，0℃	4.75	93.0	1.39	5.8×10^{-8}
	HNO$_3$；H$_2$SO$_4$，90℃	8～9.0	约 90.0	1～2.0	—
—CF$_3$	HNO$_3$；H$_2$SO$_4$，0℃	6.0	91.0	3.0	6.7×10^{-5}

—$\ddot{N}H_2$、—$\ddot{O}H$、—$\ddot{O}R$、—$\ddot{N}HCOR$、—$\ddot{O}COR$、—$\ddot{F}$、—$\ddot{C}l$、—$\ddot{B}r$、—$\ddot{I}$ 等，它们的未共用电子对和苯环形成供电共轭效应 $+T$，所以它们都是邻、对位定位基。除了—$\ddot{O}^-$ 以外，上述取代基还具有吸电的诱导效应 $-I$，这会影响取代基的活化作用。对于氨基和羟基，其 $|+T|>|-I|$，所以它们都使苯环活化；对于卤原子，其 $|+T|<|-I|$，所以都使苯环钝化。

第三种，取代基具有吸电诱导效应。当取代基只有吸电诱导效应 $-I$，而且和苯环相连的原子没有未共用电子对，例如—$\overset{+}{N}R_3$、—NO_2、—CF_3、—CN、—SO_3H、—CHO、—COR、—$COOH$、—$COOR$、—$CONH_2$、—CCl_3 和—$\overset{+}{N}H_3$ 等，它们都使苯环钝化，而且是间位定位基。

在—$\overset{+}{N}R_3$ 中，与苯环相连的氮原子上带有正电荷，使苯环强烈钝化，而且是很强的间位定位基（见表 2-1）。

从表 2-1 中还可以看出：—$\overset{+}{N}H_3$ 具有特殊性，苯胺在 98％硫酸中硝化时，生成 62％间位异构体，但在 82％硫酸中硝化，则只生成 36％间位异构体。这可能是因为在 82％硫酸中，苯胺并未完全质子化为 C_6H_5—$\overset{+}{N}H_3$，仍有一部分苯胺处于游离状态的 C_6H_5—NH_2，而—NH_2 是使苯环活化的邻、对位定位基的缘故。

—SO_3H 是强酸性的，必须考虑它的离子化，—SO_3^- 似乎应该是邻、对位定位基，但苯磺酸在硝化时，生成约 60％的间位异构体（见表 2-1），即—SO_3H 是弱的间位定位基。这可以解释如下：与苯环相连的硫原子是偶极的正端，它的吸电作用超过了离苯环较远的带负电荷的氧原子的供电作用，因此—SO_3H 使苯环钝化，而且是弱的间位定位基。

综上所述，可以把各种主要取代基的定位作用归纳为表 2-2。

表 2-2　定位取代基的分类和定位作用

类　型	电子机理	举　例	定位作用	活化作用
$+I,+T$	$Ar \overset{\frown}{\longrightarrow} \overset{..}{Z}$	—O^-	邻、对位	活化
$+I,+T_{超}$	$Ar \overset{\frown}{\longleftarrow} Z$	—CH_3	邻、对位	活化
$|-I|<|+T|$	$Ar \overset{\frown}{\longrightarrow} \overset{..}{Z}$	—OH，—OCH_3，—NH_2，—$N(CH_3)_2$，—$NHCOCH_3$	邻、对位	活化
$|-I|>|+T|$	$Ar \overset{\frown}{\longrightarrow} \overset{..}{Z}$	—F，—Cl，—Br，—I	邻、对位	稍钝化
$-I$	$Ar \longrightarrow Z$	—$\overset{+}{N}(CH_3)_3$，—CF_3，—CCl_3，—CH_2NO_2	邻、对位	钝化
$-I,-T$	$Ar \overset{\frown}{\longrightarrow} Z$	—NO_2，—CN，—$COOH$，—CHO	间位	钝化

（2）已有取代基的空间效应

苯环上已有取代基的空间效应是多方面的，这里只介绍空间位阻作用。从表 2-1 可以看出，单烷基苯在一硝化时，随着烷基体积的增大，邻位异构产物的生成比例减少。

应该指出，这种空间位阻的解释，只有在已有取代基的电子效应相差不大时才能成立，如果已有取代基的电子效应相差较大，则电子效应的差别起主要作用。从表 2-1 可以看出，4 种卤代苯在一硝化时，随着卤原子所占空间的增大，邻位与对位异构体的比例不是减少了，而是增加了，这可以用 4 种卤原子的诱导效应来解释。它们的电负性关系是 F＞Cl＞Br＞I（分别是 4.0、3.2、3.0 和 2.7），其吸电子效应的次序是 $-I_F>-I_{Cl}>-I_{Br}>-I_I$，吸电诱导效应 $-I$ 对距离较近的邻位的影响比距离较远的对位大一些，因此邻位异构产物的生成比例是氟苯＜氯苯＜溴苯＜碘苯。

(3) 亲电试剂的电子效应

亲电试剂 E^+ 的活泼性对定位作用也有重要影响。表 2-3 列出了甲苯在不同亲电取代反应中异构产物比例和甲苯相对于苯的反应速率常数比 k_T/k_B。

表 2-3 甲苯在亲电取代反应中的异构产物比例和相对反应速率常数

反应类型	反应条件	k_T/k_B	异构产物比例/%		
			邻位	间位	对位
卤化	$Cl_2(CH_3CN,25℃)$	1650	37.6	—	62.4
	$Cl_2(CH_3COOH,25℃)$	340	59.8	0.5	39.7
	$HClO,HClO_4(H_2O,25℃)$	60	74.6	2.2	32.2
C-酰化	$C_6H_5COCl(AlCl_3,C_2H_4Cl_2,25℃)$	117	9.3	1.45	89.3
	$CH_3COCl(AlCl_3,C_2H_4Cl_2,25℃)$	128	1.17	1.25	97.6
磺化	$H_2SO_4\text{-}H_2O(25℃)$	31.0	36	4.5	59
硝化	$HNO_3(CH_3COOH\text{-}H_2O,45℃)$	24.5	56.5	3.5	40.0
	$HNO_3(CH_3NO_2,25℃)$	21	61.9	1.9	36.4
C-烷化(短时间)	$CH_3Br(GaBr_3,C_6H_5CH_3,25℃)$	5.70	55.7	9.9	34.4
	$C_2H_5Br(GaBr_3,C_6H_5CH_3,25℃)$	2.47	38.4	21.0	40.6
	$CH(CH_3)_2Br(GaBr_3,C_6H_5CH_3,25℃)$	1.82	26.2	26.2	47.2
	$C(CH_3)_3Br(GaBr_3,C_6H_5CH_3,25℃)$	1.62	0	32.1	67.9

k_T/k_B 实际上是将等物质的量比的甲苯和苯的混合物用不足量的试剂进行某一亲电取代反应时，甲苯和苯的转化率之比。当 E^+ 极活泼时（即亲电能力极强时），E^+ 每次与甲苯分子或苯分子碰撞几乎都能发生反应，即 E^+ 进攻甲苯或进攻苯几乎没有选择性，因此 $k_T/k_B \approx 5/6 \approx 0.833$。同理，$E^+$ 进攻甲苯环上不同位置的选择性也很差，结果生成了较多的间位异构产物。例如，甲苯的 C-烷化就接近这种情况，这也说明 $\overset{+}{C}H_3$、$\overset{+}{C}H_2CH_3$、$\overset{+}{C}H(CH_3)_2$ 和 $\overset{+}{C}(CH_3)_3$ 等烷基正离子都是非常活泼的亲电质点。反之，当 E^+ 极不活泼时，它进攻甲苯和进攻苯的选择性很好，这时 k_T/k_B 主要取决于甲基的活化作用，因此 k_T/k_B 很大。同理，这时 E^+ 进攻甲苯上各不同位置的选择性也较好，几乎不生成间位异构产物。例如甲苯在非质子传递溶剂乙腈中的氯化就接近这种情况，这也说明分子态氯在没有 Lewis 酸催化剂的存在下是很弱的亲电质点。

硝化时 k_T/k_B 不太大，而且生成 1.9%～3.5% 间硝基甲苯，这说明硝化质点（NO_2^+ 等）具有中等活性。

从表 2-3 中的氯化反应还可以看出：k_T/k_B 和异构产物比例还与反应条件有关。在乙腈或乙酸介质中，对氯分子的极化作用很弱，所以只生成 0.5% 的间位异构产物。在水介质中，氯分子、HClO 或 $HClO_4$ 强烈极化，并生成 Cl^+，Cl^+ 具有中等活性，选择性差，k_T/k_B 小，所以生成了 2.2% 间位异构产物。

$$Cl_2 + H_2O \rightleftharpoons HClO + H^+ + Cl^- \tag{2-1}$$

$$HClO + H^+ \rightleftharpoons H_2O + Cl^+ \tag{2-2}$$

(4) 亲电试剂的空间效应

由表 2-3 还可以看出，甲苯在乙腈中氯化时，氯化剂是分子态氯，它甚至与乙腈配位，体积大，所以邻位异构产物的生成比例只有 37.6%；而在水介质中氯化时，氯化剂主要是

Cl^+，体积小，所以邻位异构体的生成比例增加到 74.6%。

（5）新取代基的空间效应

新取代基 E 的空间效应也会影响邻位异构产物的生成比例。例如表 2-3 中甲苯 C-烷化时，随着烷基体积的增大，邻位异构产物的生成比例随之减少。在叔丁基化时，几乎不生成邻位异构产物，这可能是因为迅速异构化的缘故。又如甲苯于 25℃ 在乙酸中氯化时，邻位异构产物的生成比例是 59.8%，而溴化时则下降为 32.9%。

（6）反应的可逆性

对于不可逆的亲电取代反应，电子效应对定位起主要作用，但是对于可逆的亲电取代反应，则空间效应对定位起主要作用。例如甲苯在无水氯化铝存在下用丙烯进行异丙基化时，在 0℃ 是不可逆反应，各异构产物的生成比例主要取决于各异构的 σ-配合物的相对稳定性，在 σ-配合物中异丙基和甲基不在同一平面上，空间位阻比较小，结果还是生成了 34% 的邻异丙基甲苯。

但是在 110℃ 进行异丙基化时，反应可逆，各异构产物的生成比例主要取决于各异构产物之间的平衡关系。在烷基化产物中异丙基和甲基处于同一平面上，其中邻位体由于空间位阻大，稳定性差，它将通过质子化——脱异丙基和再异丙基化而转变为稳定性较高的间位体，而间位体一经生成就不易再质子化——脱异丙基，所以在可逆烷基化时，间异丙基甲苯将成为主要产物。另外，如表 2-3 所示，甲苯在 25℃ 进行叔丁基化时几乎没有邻位异构产物，这不只是因为空间效应，而且与反应的可逆性有关。

（7）反应条件的影响

前面已经提到，温度升高可以使不可逆的 C-烷化反应和磺化反应转变为可逆反应。另外，温度对于不可逆的亲电取代反应的异构产物的生成比例也有一定影响，一般来说，升高温度使 E^+ 进攻苯环上不同位置的选择性变差，副产物增加（见 4.2.1.5）。

催化剂可以通过改变亲电试剂的电子效应、空间效应以及改变反应历程等方面来影响异构取代产物的生成比例，这将在以后结合具体亲电取代反应叙述（见 3.2.1）。

介质的酸碱度、溶剂的类型（质子传递性、非质子传递性、电子对受体、电子对给体等）都会影响异构取代产物的生成比例，这也将在以后结合具体亲电取代反应叙述（见 11.4.1.5）。

2.1.3.2　苯环上已有两个取代基时的定位规律

当苯环上已有两个取代基，需要引入第三个取代基时，新取代基进入苯环的位置主要取决于已有取代基的类型、它们的相对位置和定位能力的相对强弱。一般可分为两个已有取代基的定位作用一致和不一致两种情况。

（1）两个已有取代基的定位作用一致

两个已有取代基的定位作用一致时，可按前述定位规律决定新取代基进入苯环的位置。

当两个取代基属于同一类型（都属于第一类或都属于第二类）并处于间位时，其定位作用是一致的。例如：

$$\qquad\qquad (2\text{-}3)$$

主产物　　　　　少量

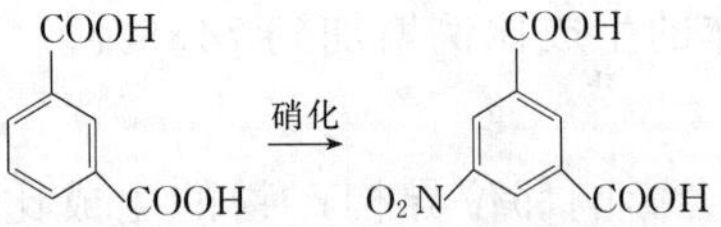

$$\text{(2-4)}$$

由式 (2-3) 可以看出，新取代基很少进入两个处于间位的取代基之间的位置，这显然是空间效应的结果。

当两个取代基属于不同类型，并处于邻位或对位时，其定位作用也是一致的。例如：

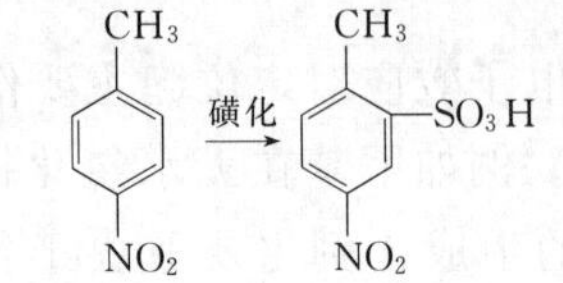

$$\text{(2-5)}$$

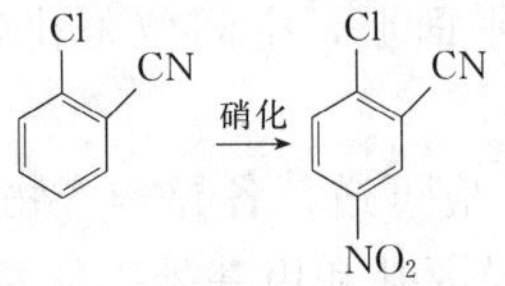

$$\text{(2-6)}$$

(2) 两个已有取代基的定位作用不一致

两个已有取代基的定位作用不一致时，新取代基进入苯环的位置将取决于已有取代基的相对定位能力。通常第一类取代基的定位能力比第二类取代基强得多，同类取代基定位能力的强弱与本节前面所述两类定位基的排列次序是一致的。

当两个取代基属于不同类型，并处于间位时，其定位作用是不一致的，这时新取代基主要进入第一类取代基的邻、对位。例如：

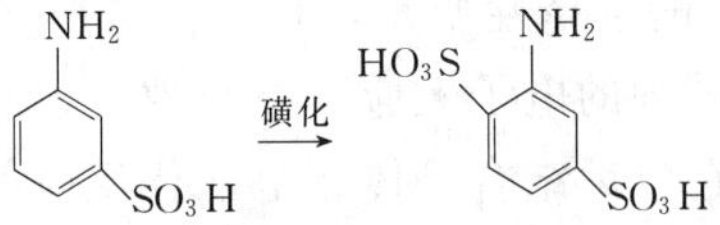

$$\text{(2-7)}$$

当两个取代基属于同一类型，并处于邻、对位时，其定位作用也是不一致的，这时新取代基进入的位置取决于定位能力较强的取代基。例如：

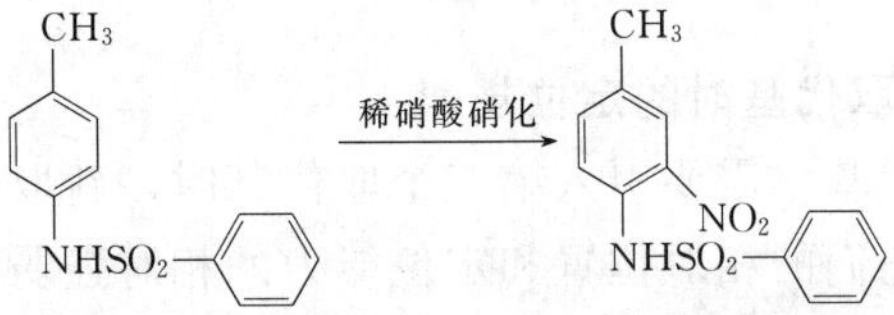

$$\text{(2-8)}$$

如果两个取代基的定位能力相差不大时，则得到多种异构产物的混合物。例如：

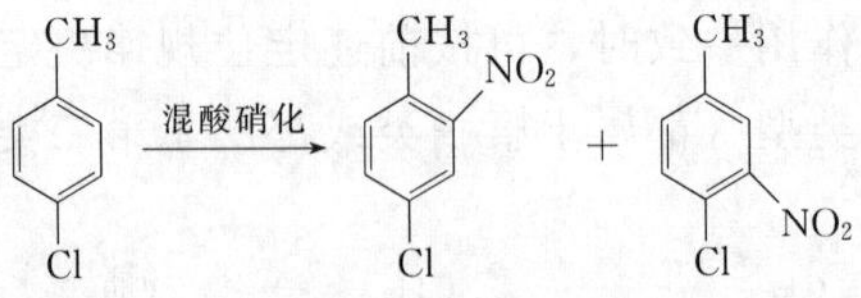

$$\text{(2-9)}$$

约 65%　　　　约 35%

2.1.3.3　萘环的取代定位规律

当亲电试剂 E^+ 进攻萘环时可以生成 α-位和 β-位两种芳正离子，它们都可以看作是五个共振结构杂化的结果。

α-位

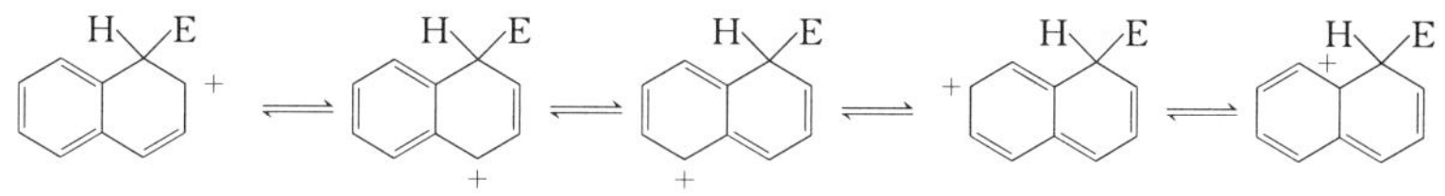

β-位

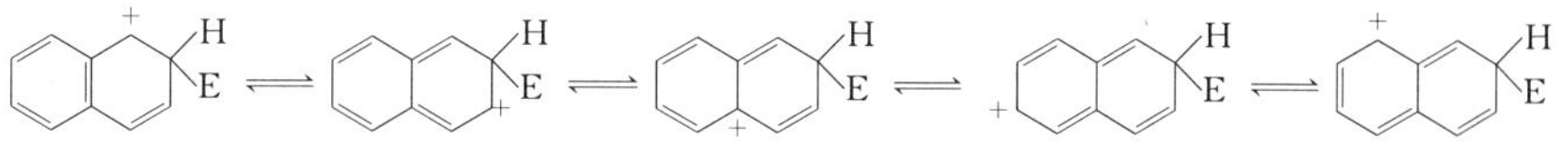

在 α-芳正离子中有两个共振结构保留了稳定性较高的苯型结构，而在 β-芳正离子中只有一个共振结构保留了稳定性较高的苯型结构，所以 α-芳正离子比 β-芳正离子较稳定，即 α-位比 β-位活泼，E^+ 优先进攻 α-位。另外，α- 和 β-芳正离子都可以把正电荷分散到更广的范围，增加它们的稳定性，所以萘的 α-位和 β-位都比苯活泼。

萘在某些一取代反应中各异构产物的生成比例如下：

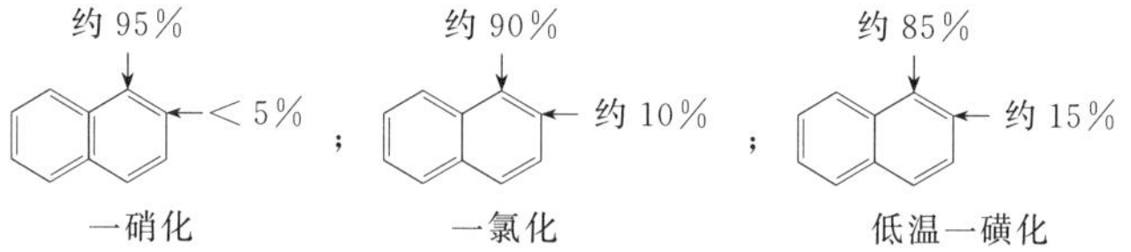

一硝化　　　　　一氯化　　　　低温一磺化

萘环上已有一个取代基，再引入第二个取代基时，新取代基进入萘环的位置不仅与已有取代基的类型和位置有关，而且与反应试剂的类型和反应条件有关。

当已有取代基是第一类取代基时，则新取代基进入已有取代基的同环。如果已有取代基在 α-位，则新取代基进入它的邻位或对位，并且常常以其中的一个位置为主，例如：

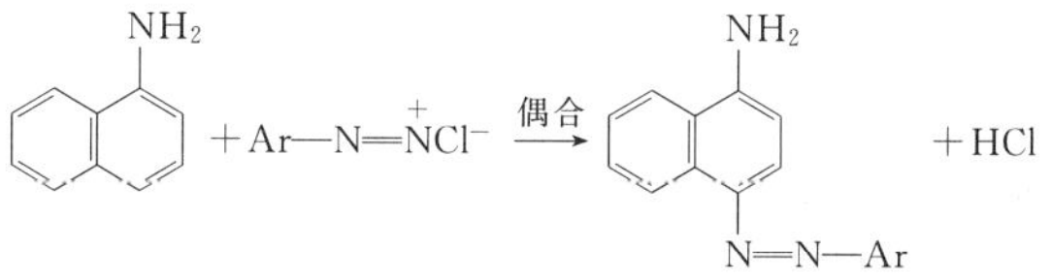

$$(2\text{-}10)$$

如果已有取代基在 β-位，则新取代基主要进入同环的 α-位，生成 1,2-异构体，例如：

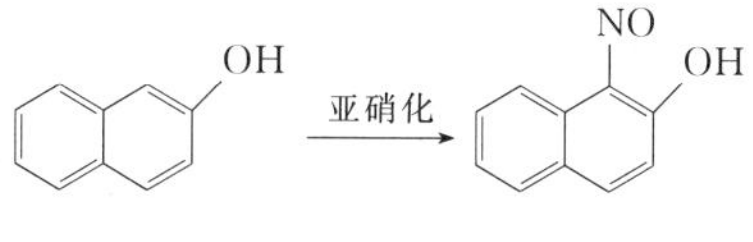

$$(2\text{-}11)$$

当已有取代基是第二类取代基时，则新取代基进入没有取代基的另一个苯环，并且主要是 α-位，例如：

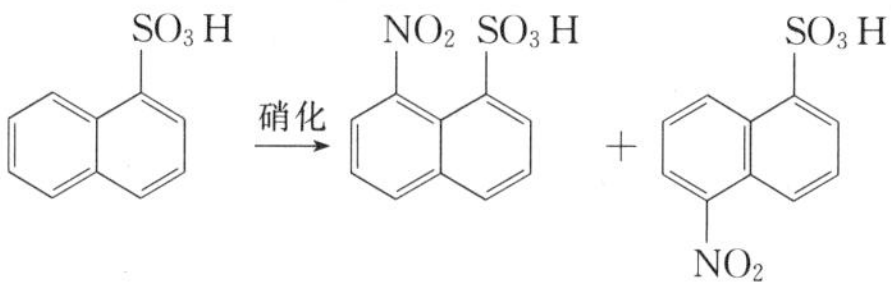

$$(2\text{-}12)$$

萘在多磺化和多 C-烷化时，新取代基进入的位置还与反应条件有关。

2.1.3.4　蒽醌环的取代定位规律

近代物理方法证明，蒽醌分子中的两个边环是等同的，每一个边环可以看作是在邻位有两个第二类取代基（羰基）的苯环。因此蒽醌环的亲电取代反应比苯环和萘环要困难得多。

蒽醌环 α-位的定域能比 β-位略低一些，因此蒽醌在一硝化和一氯化时主要生成 α-异构产物。

蒽醌在用发烟硫酸磺化时，如果有汞盐存在，磺基主要进入 α-位，如果没有汞盐，则磺基主要进入 β-位。

$$\text{（结构式）} \xrightleftharpoons[\text{HgSO}_4\ \text{催化}]{\text{磺化}} \text{（结构式）} \xrightarrow[\text{无汞}]{\text{磺化}} \text{（结构式）} \qquad (2\text{-}13)$$

由于蒽醌环的两个边环是隔离的，在一个边环上引入磺基或硝基后，对于另一边环的钝化作用不大，所以蒽醌在一磺化或一硝化时常常同时生成一定数量的二取代物。

蒽醌环上已有一个取代基，再引入第二个取代基时，其定位规律与萘环的定位规律基本相同，这里就不一一举例了。

2.1.4　芳香族亲电取代反应的历程

芳环上的氢被取代基所取代的反应，绝大多数是按照经过 σ-配合物的两步历程进行的。以苯为例，可简单表示如下：

第一步

$$\text{（结构式）} + E^+ \xrightleftharpoons[]{\text{极快}} \text{（结构式）} \xrightleftharpoons[k_{-1}]{k_1} \text{（结构式）} \qquad (2\text{-}14)$$

第二步

$$\text{（结构式）} \xrightleftharpoons[]{k_2} \text{（结构式）} + H^+ \qquad (2\text{-}15)$$

芳香族亲电取代反应在很大程度上受反应热力学和反应动力学的影响。反应热力学涉及键能、离解能、标准生成焓 $\Delta_f H_m^{\ominus}$ 和标准反应热 $\Delta_r H_m^{\ominus}$。反应热等于各产物的标准生成焓之和减去各反应物的标准生成焓之和。$\Delta_r H_m^{\ominus}$ 为负值是放热反应，$\Delta_r H_m^{\ominus}$ 为正值是吸热反应。

反应动力学包括反应速率、连串反应和平行反应，也将在后面的章节中结合具体实例，对这类反应的技术处理做扼要叙述。

2.2　化学反应的计量学

经常用到的化学反应计量学的项目有过量百分数、转化率（X）、选择性（S）、理论收率（Y）以及总收率（$Y_{总}$）等。

（1）过量百分数

在有机化学反应中，加入反应器的几种反应物之间的物质的量之比叫做反应物的摩尔比。这个摩尔比可以和化学反应式中的物质的量之比相同，即相当于化学计量比。但对于大多数有机反应来说，投入的各反应物之间的摩尔比并不等于化学计量比。此时，以最小化学计量数存在的反应物叫做"限制反应物"，而超过限制反应物完全反应的理论量的反应物叫做"过量反应物"。

过量反应物超过限制反应物所需要的理论量的部分占所需理论量的百分数称做"过量百分数"。设 n_e 表示过量反应物的物质的量，n_t 表示它使限制反应物完全反应所需的理论物质的量，则过量百分数是：

$$\text{过量百分数} = \frac{n_e - n_t}{n_t} \times 100\% \qquad (2\text{-}16)$$

（2）转化率（X）

设 $n_{A,in}$ 表示向反应器中输入的反应物 A 的物质的量，$n_{A,R}$ 表示反应物 A 反应掉的物质的量，则反应物 A 的转化率 X_A 是：

$$X_A = \frac{n_{A,R}}{n_{A,in}} \times 100\% \tag{2-17}$$

（3）选择性（S）

对于反应

$$aA + bB \longrightarrow pP$$

反应物 A 和产物 P 的化学计量比是 a/p，设 A 输入和输出反应器的物质的量分别是 $n_{A,in}$ 和 $n_{A,out}$，实际生成的目的产物 P 的物质的量是 n_P，则理论消耗的 A 的物质的量是 $n_P a/p$，由 A 生成 P 的选择性 S 是：

$$S = \frac{n_P a/p}{n_{A,in} - n_{A,out}} \times 100\% \tag{2-18}$$

（4）理论收率（Y）

理论收率 Y 是指生成目的产物 P 的物质的量占理论上应该得到目的产物的物质的量的百分数，即：

$$Y_P = \frac{n_P}{n_{A,in} \times \frac{p}{a}} \times 100\% = \frac{n_P \times \frac{a}{p}}{n_{A,in}} \times 100\% \tag{2-19}$$

（5）总收率（$Y_{总}$）

理论收率一般用于计算某一步反应的收率。但是在工业生产中，还需要计算反应物经过预处理、化学反应和后处理之后，所得目的产物的总收率。目的产物 P 经过分离精制后的总收率 $Y_{P,总}$ 可以由下式计算：

$$Y_{P,总} = Y_P Y_{P,分} \tag{2-20}$$

式中，Y_P 是目的产品 P 经过反应的理论收率；$Y_{P,分}$ 是分离过程的收率。

【例】 100mol 硝基苯二硝化时，硝基苯完全二硝化，生成的二硝基苯混合物中含间位体 90%、邻位体 9%、对位体 1%，分离精制后得 87.30mol 间二硝基苯。所用硝化混酸中含硝酸 108mol，硝化废酸中含硝酸 3mol，试计算有关项目。

解：

反应式：

	限制反应物	过量反应物
化学计量比	1	1
投料物质的量	100	108
投料物质的量比	1	1.08

$$硝酸过量百分数 = \frac{n_e - n_t}{n_t} \times 100\% = \frac{108 - 100}{100} \times 100\% = 8\%$$

$$硝酸转化率\ X_{HNO_3} = \frac{108 - 3}{108} \times 100\% = 97.22\%$$

$$硝基苯的转化率\ X_{C_6H_5NO_2} = \frac{100}{100} \times 100\% = 100\%$$

$$生成间二硝基苯的选择性\ S = \frac{100 \times 1/1 \times 0.90}{100} \times 100\% = 90\%$$

$$间二硝基苯的理论收率 Y = \frac{100 \times 1/1 \times 0.90}{100} \times 100\% = 90\%$$

$$间二硝基苯分离精制收率 Y_{分} = \frac{87.30}{100 \times 0.90} \times 100\% = 97.00\%$$

$$间二硝基苯的总收率 Y_{总} = 90\% \times 97\% = 87.30\%$$

$$或 Y_{总} = \frac{87.30}{100} \times 100\% = 87.30\%$$

上述计算指的是未反应的原料都不能回收、重复利用的情况。当某种未反应物可以回收利用时，还要计算反应物的单程转化率和总转化率。

(6) 单程转化率和总转化率

在有些生产过程中，主要反应物每次通过反应器后的转化率并不太高，有时甚至很低，未反应的主要反应物大部分需要通过分离回收循环使用。这时要将转化率分为单程转化率 $X_{单}$ 和总转化率 $X_{总}$ 两项。设 $n_{A,in}^{R}$ 和 $n_{A,out}^{R}$ 分别表示反应物 A 输入和输出反应器的物质的量，$n_{A,in}^{S}$ 和 $n_{A,out}^{S}$ 分别表示反应物 A 输入和输出全系统的物质的量，则反应物 A 的单程转化率 $X_{A,单}$ 和总转化率 $X_{A,总}$ 分别为：

$$X_{A,单} = \frac{n_{A,in}^{R} - n_{A,out}^{R}}{n_{A,in}^{R}} \times 100\% \qquad (2-21)$$

$$X_{A,总} = \frac{n_{A,in}^{S} - n_{A,out}^{S}}{n_{A,in}^{S}} \times 100\% \qquad (2-22)$$

(7) 质量收率和原料消耗定额

在工业生产中，还常采用质量收率 $Y_{质}$。设反应后所得目的产物 P 的质量为 m_P，输入的主反应物 A 的质量为 $m_{A,in}$，则 $Y_{质}$ 可以由下式计算。

$$Y_{质} = \frac{m_P}{m_{A,in}} \times 100\% \qquad (2-23)$$

原料消耗定额指每生产 1t 产品需要消耗的各种原料的质量（t 或 kg）。对于主要反应物来说，它实际上就是质量收率的倒数。在计算目的产物的质量收率和原料消耗定额时，也应考虑未反应原料的回收和重复使用问题。

2.3 精细有机合成中的溶剂效应

2.3.1 有机溶剂的分类

很多有机化学反应是在溶剂存在下进行的。溶剂的分类有许多方法，各有一定的用途。

2.3.1.1 按化学结构分类

溶剂按化学结构可以分为无机溶剂和有机溶剂两大类。常用的无机溶剂数量很少，主要有水、液氨、液体二氧化硫、氟化氢、浓硫酸、熔融的氢氧化钠和氢氧化钾、熔融的氯化锌、氯化铝和五氯化锑、四氯化钛、三氯化磷和三氯氧磷等。

常用的有机溶剂非常多，主要包括以下类型的化合物：脂烃、环烷烃、芳烃、卤代烃、醇、酚、醚、醛、酮、羧酸、羧酸酯、硝基化合物、胺、腈、取代和未取代的酰胺、亚砜、砜、杂环化合物和季铵盐等。总之，在反应条件下（主要是温度和压力），能成为液态的物质或混合物都可以用作溶剂。

把溶剂按化学结构分类，可以给出某些定性的预示。根据溶质和溶剂的结构预测溶解性能的好坏；根据各类溶剂化学反应性的知识，也可以帮助合理地选择溶剂，避免在溶质和溶剂之间发生不希望的副反应。例如，水解反应不宜选用羧酸酯、酰胺或腈类作溶剂。

2.3.1.2　按偶极矩和介电常数分类

偶极矩和介电常数是表示溶剂极性的两个重要参数，因此这种分类法具有重要实际意义。

（1）偶极矩（μ）

偶极矩指的是偶极分子中电量相等的两个相反电荷中的一个电荷的电量（q），与这两个电荷间距离（d）的乘积，即：

$$u = q \times d \tag{2-24}$$

偶极矩的单位是库仑·米（$C \cdot m$），因为它的数值太大，偶极矩的单位又常常用 Debye（德拜，D）来表示，$1D = 3.33564 \times 10^{-30} C \cdot m$。例如：

$$\underset{\mu=1.54D}{\text{Cl}^{\delta-}} \qquad \underset{\mu=3.86D}{CH_3-\overset{O^{\delta-}}{\overset{\|}{C}}-N(CH_3)_2 \,\,^{\delta+}}$$

溶剂的 μ 一般在 $0 \sim 5.5D$ 之间，μ 越大，溶剂极性越强。

分子中具有永久偶极矩的溶剂叫做"极性"溶剂，分子中没有永久偶极矩的溶剂叫做"无极性"或"非极性"溶剂，例如己烷、环己烷、苯、四氯化碳和二硫化碳等。由于没有永久偶极矩的溶剂是极少的，因此把偶极矩小于 2.5D 的非质子传递弱极性溶剂（如氯苯和二氯乙烷等）也列为非极性溶剂。

偶极矩主要影响溶质（分子或离子）周围的溶剂分子的定向作用。

（2）介电常数（ε）

介电常数是一种电性参数，表示溶剂分子分离出电荷的能力或溶剂使它的偶极定向的能力。它主要影响溶剂中离子的溶剂化作用和离子体的离解作用。

介电常数的定义式可表示为：

$$\varepsilon = E_0/E \tag{2-25}$$

式中，E_0 表示电容器板本身在真空下测得的电场强度；E 表示在同一电容器板之间放入溶剂后，测得的电场强度。

如果溶剂分子本身没有永久偶极矩，则外电场会使溶剂分子内部分离出电荷而产生诱导偶极。具有永久偶极或诱导偶极的溶剂分子被充电的电容器板强制地形成一个有序排列，从而引起所谓的"极化作用"。极化作用越大，电场强度的下降也越大，即 E 值越小，介电常数 ε 越大。

溶剂的极性有时也用该溶剂的介电常数来表示，即介电常数越大，极性越强。有机溶剂的介电常数在 $2 \sim 190$ 之间。习惯上把介电常数大于 $15 \sim 20$ 的溶剂叫做极性溶剂，把介电常数小于 $15 \sim 20$ 的溶剂叫做非极性溶剂。

2.3.1.3　按 Lewis 酸碱理论分类

根据这种理论，酸是电子对受体（EPA），碱是电子对给体（EPD）。两者通过以下化学平衡相联系：

$$A \quad + \quad :B \quad \Longrightarrow \quad A \overset{\cdot}{\rightarrow} B$$

酸（EPA）　　碱（EPD）　　酸-碱配合物

亲电试剂　　　亲核试剂　　　EPA/EPD 配合物

上述作用叫做 EPD/EPA 相互作用，又叫做电子的传递作用或转移作用。

按照 Lewis 酸碱理论，将溶剂分为电子对受体溶剂和电子对给体溶剂。电子对受体溶剂具有一个缺电子部位或酸性部位，具有亲电性，择优地使电子对给体（EPD）分子或负离子溶剂化。最重要的电子对受体基团如羟基、氨基、羧基和酰胺基等，它们都是氢键给体，例如水、醇、酚和羧酸等。

电子对给体溶剂具有一个富电子部位或碱性部位，具有亲核性，择优地使电子对受体（EPA）分子或正离子溶剂化。最重要的电子对受体是醇类、醚类和羰基化合物中的氧原子以及氨类和 N-杂环化合物中的氮原子，它们都具有孤对电子。其中六甲基磷酰三胺、N,N-二甲基甲酰胺、二甲基亚砜、甲醇、水和吡啶等都是优良的正离子溶剂化溶剂。

原则上，大多数溶剂都是两性的。例如，水既具有电子对受体的作用（利用形成氢键），又具有电子对给体的作用（利用氧原子）。不过许多溶剂只突出一种性质。例如，N,N-二甲基甲酰胺分子中羰基氧原子的位阻小，它容易使正离子溶剂化（电子对给体），而酰胺基氮原子的位阻大，不容易使负离子溶剂化（电子对受体）。所以 N,N-二甲基甲酰胺主要是电子对给体溶剂。

电子对受体溶剂和电子对给体溶剂都是极性溶剂，由于它们具有配位能力，通常都是良好的"离子化溶剂"。

但是，并非所有的溶剂都能纳入这种分类法。例如，烷烃和环烷烃既不具有电子对受体性质，也不具有电子对给体性质。

2.3.1.4　按 Brønsted 酸碱理论分类

按照这种理论，可将溶剂分为三类。

① 质子给体溶剂，主要是酸，例如 H_2SO_4、HCOOH、CH_3COOH 等。

② 质子受体溶剂，主要是胺、酰胺和醚等，例如 NH_3、$CH_3CON(CH_3)_2$、CH_3SOCH_3、$(C_2H_5)_2O$ 等。

③ 两性溶剂，既可以接受质子，又可以提供质子，例如水、醇和酚。

2.3.1.5　按氢键给体的作用分类

所谓氢键，是指当共价结合的氢原子与另一个原子形成第二个键时，这第二个键就叫做氢键。氢键是由两个匹配物 R—X—H 和 Y—R′ 按下式相互作用而形成的。

$$R—X—H + :Y—R' \Longrightarrow R—X—H\cdots Y—R'$$

氢键给体　　　　氢键受体

氢键给体又称质子给体，它也是电子对受体，重要的氢键给体基团是羟基、氨基、羧基和酰胺基。氢键受体是为了形成氢键而提供一对电子的电子对给体，重要的氢键受体是醇、醚和羰基化合物中的氧原子以及胺类和杂环化合物中的氮原子。溶剂按其起氢键给体的能力可以分成质子传递性溶剂、非质子传递性极性溶剂和非质子传递性非极性溶剂三大类。

具体地讲，质子传递性溶剂含有能与电负性元素（F、Cl、Br、I、O、S、N、P 等质子受体）相结合的氢原子，即"酸性氢"，与负离子形成强的氢键。大多数此类溶剂的极性较强，除了乙酸及其同系物以外，介电常数都大于 15，如水、醇、酚、羧酸、氨和未取代的酰胺等。

　　非质子传递极性溶剂的特点是高介电常数（$\varepsilon > 15 \sim 20$）和高偶极矩（$\mu > 2.5D$）。这类溶剂中的 C—H 键一般不能强烈极化，因此也不能起氢键给体作用。最重要的非质子传递极性溶剂有丙酮、N,N-二甲基甲酰胺、六甲基磷酰三胺、硝基苯、硝基甲烷、乙腈、二甲基亚砜、环丁砜、1-甲基吡咯烷-2-酮、碳酸-1,2-亚丙酯（4-甲基-1,3-二氧杂环戊-2-酮）等。

　　非质子传递非极性溶剂介电常数低（$\varepsilon < 15 \sim 20$）、偶极矩低（$\mu < 2.5D$），不能起氢键给体作用。属于这类溶剂的主要有烷烃、环烷烃、芳烃和它们的卤素化合物以及吡啶、叔胺和二硫化碳等。

2.3.2　有机溶剂的作用

　　溶剂的作用不只是使反应物溶解，溶剂分子还可以与反应物分子发生各种相互作用。选择合适的溶剂可以使主反应明显加速，并且能有效地抑制副反应。另外溶剂还影响反应历程、反应方向和立体化学。

（1）溶解作用

　　溶剂溶解作用的传统经验是"相似相溶"。总的来说：一个溶质易溶于化学结构相似的溶剂，而不易溶于化学结构完全不同的溶剂。极性溶质易溶于极性溶剂，非极性溶质易溶于非极性溶剂。

（2）溶剂化作用

　　溶剂化作用指的是每一个被溶解的分子或离子被一层或几层溶剂分子或松或紧地包围的现象。溶剂化作用是一种十分复杂的现象，它包括溶剂与溶质之间所有专一性和非专一性相互作用的总和。下面以离子原和离子体的离子化和离解过程为例，介绍溶剂与溶质之间的作用。

　　所谓离子原指的是固态时具有分子晶格的偶极型化合物，在液态时以分子状态存在，但与溶剂发生作用时可以形成离子，如卤化氢、烷基卤和金属有机化合物等。离子体指的是在晶态时是离子型的，而在熔融状态以及在稀溶液中则只以离子形式存在的化合物，例如金属卤化物等二元盐。

　　离子原的共价键发生异裂产生离子对的过程叫做离子化过程，离子对或缔合离子转变为独立离子的过程叫做离解过程。具体可以表示如下：

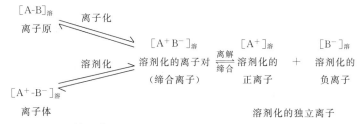

　　为了使离子原（例如 $R^{\delta+}\text{-}X^{\delta-}$）能够离子化，溶剂必须是强电子对给体或强电子对受体。离子体（例如 Na^+CN^-）A^+ 与 B^- 之间的作用力与溶剂的介电常数 ε 成反比，因此，为了使离子原或离子体所产生的离子对离解成独立离子，所用的溶剂必须具有高的介电常数。

2.3.3　溶剂性质对反应速率的影响

2.3.3.1　Houghes-Ingold 规则

　　对于经常遇到的反应类型，例如亲电取代、亲电加成、亲核取代和 β-消除等，其过渡态大都是偶极型活化配合物，它们在电荷分布上与相应的起始反应物常常有明显的差别。

Houghes 和 Ingold 用过渡态理论来处理溶剂对反应速率的影响，将其概况为三条经验规则，即：

① 对于从起始反应物变为活化配合物时，电荷密度增加的反应，溶剂极性增加，有利于配合物的形成，使反应速率变快。例如：

$$(H_7C_3)_3N: + CH_3I \Longleftarrow [(H_7C_3)_3 \overset{\delta^+}{N}\cdots CH_3\cdots \overset{\delta^-}{I}]^{\neq} \longrightarrow (H_3C_3)_3\overset{+}{N}CH_3 + I^-$$

电荷密度增加

② 对于从起始反应物变为活化配合物时，电荷密度减小的反应，溶剂极性增加，不利于配合物的形成，使反应速率变慢。例如：

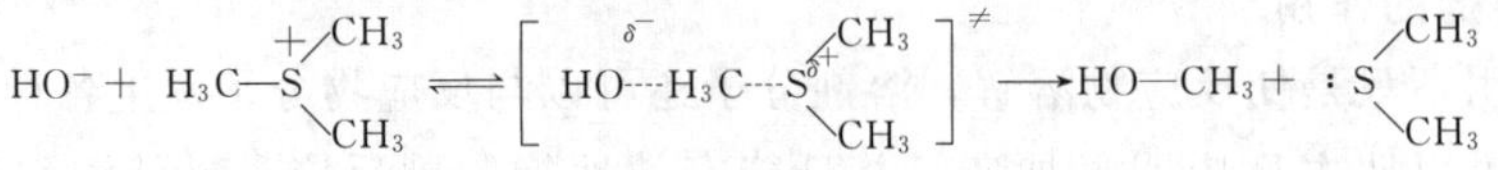

$$HO^- + H_3C\overset{+}{\underset{CH_3}{\overset{CH_3}{S}}} \Longleftarrow [\overset{\delta^-}{HO}\cdots H_3C\cdots \overset{+}{\underset{CH_3}{\overset{CH_3}{S}}}]^{\neq} \longrightarrow HO-CH_3 + \overset{CH_3}{\underset{CH_3}{:S}}$$

电荷密度减小

③ 对于从起始反应物变为活化配合物时，电荷密度变化不大的反应，溶剂极性的改变对反应速率影响不大。例如：

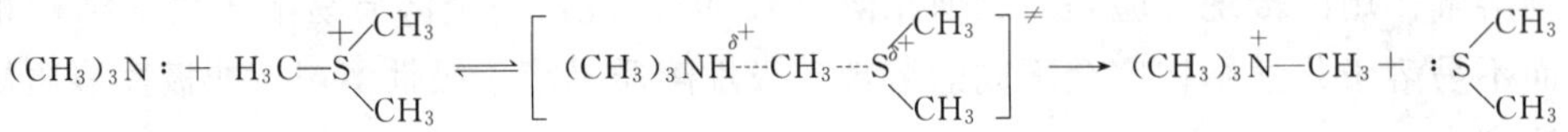

$$(CH_3)_3N: + H_3C-\overset{+}{\underset{CH_3}{\overset{CH_3}{S}}} \Longleftarrow [(CH_3)_3\overset{\delta^+}{N}H\cdots CH_3\cdots \overset{+}{\underset{CH_3}{\overset{CH_3}{S}}}]^{\neq} \longrightarrow (CH_3)_3\overset{+}{N}-CH_3 + \overset{CH_3}{\underset{CH_3}{:S}}$$

2.3.3.2 Houghes-Ingod 规则的局限性

Houghes-Ingod 规则只考虑了溶剂的极性，而没考虑溶剂的质子传递性和非质子传递性、电子对受体性和电子对给体性以及配位能力等因素对反应速率的影响，因此有一定的局限性。例如：

$$R-X + HS \overset{S_N1}{\longrightarrow} [R\cdots \overset{\delta^-}{X}\cdots \overset{\delta^+}{H}-S]^{\neq} \longrightarrow R^+ + X^-\cdots HS \overset{+Y^-}{\longrightarrow} R-Y + X^-\cdots HS$$

溶剂　　　电荷密度增加

质子传递性溶剂 HS 有利于离去负离子 X^- 的专一性溶剂化，使反应速率变快。

非质子传递性溶剂，不能使离去负离子专一性溶剂化，反而使反应质点 R^+ 专一性溶剂化，使 S_N1 的反应速率变慢。

2.3.4 有机反应中溶剂的使用和选择

在有机反应中溶剂的使用和选择，除了考虑溶剂对主反应的速率、反应历程、反应方向和立体化学的影响以外，还必须考虑以下因素：

① 溶剂与反应物和反应产物不发生化学反应，不影响催化剂的活性，溶剂本身在反应条件下和处理条件下是稳定的；

② 溶剂对反应物有较好的溶解性，或者使反应物在溶剂中能良好分散；

③ 溶剂容易从反应产物中回收，损失少，不影响产品质量；

④ 对溶剂尽可能不需要太高的技术安全措施；

⑤ 溶剂的毒性小，含溶剂的废水容易处理；

⑥ 溶剂的价格便宜，供应方便。

2.4　气-固相接触催化

气-固相接触催化反应指的是将气态反应物在一定的温度、压力下连续地通过固体催化剂的表面完成目的反应的一种反应方式，这种反应方式可应用于许多单元反应。

2.4.1 催化理论

关于固体催化剂的作用，最常用的理论是活性中心理论。其要点是催化剂的表面只有一小部分特定的部位能起催化作用，这些部分叫做活性中心。反应物分子的特定基团在活性中心发生化学吸附，形成活化配合物，活化配合物再与另一个或另一种未被吸附的反应物分子的特定基团相互作用，生成目的产物，然后脱吸附，离开催化剂表面。也可以是两种反应物分子分别吸附在两个相邻的不同的活性中心，分别生成活化配合物，然后两者相互作用而生成目的产物。

由于活性中心的特殊性，一种优良的催化剂可以只对某一个具体反应具有良好催化作用，即对目的反应具有良好的选择性。催化剂的选择性与催化剂的组成、活性、制法和反应条件等因素有关。

2.4.2 催化剂的组成

气-固相接触催化反应所用的催化剂通常是由主要催化活性物质、助催化剂和载体组成。

(1) 催化活性物质

催化活性物质指的是对目的反应具有良好催化活性的成分，它通常是一种成分或两至三种成分。例如对于许多较强的氧化反应，其催化活性物质都是五氧化二钒。对于具体反应，其催化活性物质是通过大量实验筛选出来的。

(2) 助催化剂

助催化剂是本身没有催化活性或催化活性很小，但是能提高催化活性物质的活性、选择性或稳定性的成分。它们主要是在高温下稳定的无机化合物，如金属氧化物、非金属氧化物、金属盐或金属元素等。

工业催化剂大都是多组分的，其中通常都含有适量的助催化剂，所观察到的催化性能常常是这些组分之间相互作用所表现的总效应。尽管许多单元反应的催化活性物质是熟知的，但要制得性能良好的催化剂，必须筛选适当的助催化剂。助催化剂通常是多组分的，而且各组分的含量也各不相同。

(3) 载体

载体是催化活性物质和助催化剂的支持体、黏结体或分散体。由于使用载体，在催化剂中催化活性物质和助催化剂的含量可以很低。例如铂重整催化剂中，铂的质量分数只有 $0.1\% \sim 1.0\%$。当催化活性物质（例如铂、氧化钍）或助催化剂（例如氧化钍、氧化钼）的价格很贵，或它们自身不能制成力学性能良好的催化剂时，必须使用载体。

载体按其比表面可以分为高比表面载体（多孔型）和低比表面载体（表面型）两大类。高比表面载体有相当多的微孔，孔内表面积很大，反应主要在内表面上进行，例如硅胶 SiO_2、硅铝胶 SiO_2-Al_2O_3 和 Al_2O_3 等。许多工业催化过程，为了提高催化剂的负荷，在制备催化剂时，要选用微孔、平均直径小于 $20nm$、比表面大于 $50m^2/g$ 的高比表面载体。高比表面载体既可用于制备颗粒状催化剂，也可用于制备粉状催化剂。

低比表面载体只有很少的平均直径大于 $20nm$ 的微孔，或者是几乎没有微孔的小颗粒，例如带釉瓷球、刚玉、碳化硅、浮石和硅藻土等。当在反应条件下，催化剂的活性很高、目的产物在微孔的内表面上容易进一步反应生成副产物、使催化剂的选择性下降时，常常要选用微孔极少的低比表面载体。低比表面载体专门用于制备颗粒状表面型催化剂。

2.4.3 催化剂的活性

工业催化剂的活性有两种表示方法，分别是催化剂的负荷和时间收率。

① 催化剂的负荷　指单位体积或单位质量催化剂在指定反应条件下，在单位时间内得到目的产物的质量，单位是 $kg/[L(催化剂)\cdot h]$ 或 $kg/[kg(催化剂)\cdot h]$。

② 时间收率　指在反应条件下，对于一定的视体积催化剂，1h 通过一定体积的反应气体时，反应物的转化率或目的产物的收率。单位是 $\% \cdot h^{-1}$ 或 $kg \cdot h^{-1}$。这里气体的体积是标准状态下的体积。时间收率实际上指的是反应器每小时的生产能力。

2.4.4 催化剂的寿命

催化剂的寿命是指催化剂在工业反应器中经过多次活化再生可以持续使用的总时间。

催化剂在使用过程中，由于温度、压力、气氛、毒物的影响，以及焦油或积炭的生成等因素，都会或多或少地使催化剂发生某些物理的或化学的变化。例如熔结、粉化以及结晶结构或比表面的变化等，这些都会影响催化剂的活性中心，从而影响催化剂的活性和选择性。工业催化剂的寿命与反应类型、催化剂的组成和制法等因素有关。有的催化剂寿命可以长达数年，有的催化剂的寿命只有几个小时。

催化剂使用一定时间后，因活性下降，需要活化再生，这个使用时间称作催化剂的活化周期。

2.4.5 催化剂的毒物、中毒和再生

催化剂因微量外来物质的影响，使其活性和选择性下降的现象称作催化剂的中毒。这些微量外来物质称作催化剂的毒物。在工业生产中，催化剂的毒物通常来自反应原料，有时也可能是在催化剂制备过程中混入的，或者是来自其他污染源。微量毒物就能引起催化剂活性显著下降，因此，对于具体反应，哪些是催化剂的毒物，如何防止催化剂中毒，如何筛选不易中毒的催化剂，如何恢复已中毒的催化剂的活性，都是研制新催化剂和催化剂使用中必须注意的问题。

催化剂的中毒指的是上述使催化剂的活性或选择性下降的现象。一般认为中毒是由于毒物与催化活性中心发生了某种作用，因而破坏或遮盖了活性中心所造成的。毒物在活性中心吸附较弱或化合较弱，可以用简单的方法使催化剂恢复活性的中毒称作"可逆中毒"或"暂时中毒"。毒物与活性中心结合很强，不能用一般方法将毒物除去的中毒称作"不可逆中毒"或"永久中毒"。催化剂暂时中毒，可设法再生；催化剂永久中毒，就需要更换新的催化剂。

催化剂中毒可以在一定程度上予以预防。例如一种新型催化剂在投入生产使用前，应了解哪些是催化剂的毒物，以及这些毒物在反应原料中的最高允许含量。当原料中有害物质的含量超过规定时，必须对原料进行精制，或换用合格的原料。

暂时中毒的催化剂可设法再生。再生的方法通常是将空气、水蒸气或氢气在一定温度下通过催化剂，以除去催化剂上的积炭、焦油物或硫化物等毒物。催化剂使用一定时间后，活性下降，需要活化再生的时间称作活化周期。对于活性下降很慢、活化周期长的催化剂，再生操作可以直接在反应器中进行。当催化剂的活化周期短，需要频繁活化时，对于固定床反应器，需要同时使用多台反应器，轮换进行催化剂的再生；对于流化床反应器，则需要配备一个流化床再生器，与流化床同时操作，进行催化剂再生。

2.4.6 催化剂的制备方法

催化剂的制备方法主要有以下几种。

(1) 干混热分解法

此法是将容易热分解的金属盐类（例如硝酸盐、碳酸盐、甲酸盐、乙酸盐或草酸盐等）进行焙烧热分解，制得金属氧化物催化剂。例如天然气脱硫用的氧化锌催化剂就是由碳酸锌

热分解而得。如果将几种金属盐类按比例混合，再加热熔融、焙烧热分解，就可以制得多组分金属氧化物催化剂。这种方法使用较少。

（2）共沉淀法

此法是向可溶性金属盐类的水溶液中加入碱性沉淀剂，生成含有催化活性成分、助催化剂成分和载体成分的共沉淀物，然后经过滤、水洗、干燥、挤压成型、焙烧热分解、活化而制得所需要的催化剂。这是催化剂最常用的制备方法之一。例如，以三氧化二铝为载体或活性组分的许多催化剂常用此法制备。

（3）浸渍法

此法是向可溶性金属盐水溶液中加入多孔性载体，当浸渍达到平衡后，除去多余的溶液，再经干燥、焙烧热分解、活化，制得所需要的催化剂。它也是最常用的制备方法之一，以硅胶为载体的各种催化剂大都用此法制备。

（4）涂布法

此法是将含有催化活性物质、助催化剂和增稠剂（例如淀粉）的水浆状液涂覆到低比表面载体上，经干燥、焙烧热分解、活化，制得所需要的催化剂。例如，由邻二甲苯的氧化制邻苯二甲酸酐所用的 V_2O_5-TiO_2/瓷球低比表面催化剂就是采用这种方法制得的。

（5）还原法

用前述方法制得的催化剂，其主要成分大都是金属氧化物或金属盐。为了制备含有金属元素催化活性物质的催化剂，可以把用共沉淀法或浸渍法制得的催化剂放在氢化（还原）反应器中，先在一定条件下通入氢气将金属氧化物还原为金属元素，然后进行反应物的氢化还原反应。

一般情况下，多孔型催化剂可以采用干混热分解法、共沉淀法、浸渍法和还原法等多种方法制备，表面型催化剂主要采用表面涂布法制备。

催化剂的组成是可以测定的，但是催化剂和载体的制备细节都是保密的，因此商品催化剂的价格都很贵。开发性能优良、有自主知识产权的催化剂是重要的研究课题。

2.4.7　对催化剂的要求

一种优良的催化剂应具备以下性能：

① 活性高、选择性好、对过热和毒物稳定、容易活化再生、使用寿命长；
② 机械强度和导热性好；
③ 具有合适的宏观结构，例如比表面、孔隙度、孔径分布、颗粒度、视密度等；
④ 制备简便、价格便宜。

2.5　相转移催化

当两种反应物分别处于不同的相中，彼此不能互相靠拢，反应就很难进行，甚至不能进行。当加入少量所谓的"相转移催化剂"，使两种反应物转移到同一相中，使反应能顺利进行时，这种反应就称作"相转移催化"（phase transfer catalysis，PTC）反应。

相转移催化最初用于液-液非均相亲核取代反应，现也用于液-固非均相反应和液-固-液三相体系，但这些相转移催化反应的基本原理是相同的。

2.5.1　相转移催化原理

以亲核试剂 M^+Nu^- 与有机反应物 R-X 的液-液非均相亲核取代反应为例，如果

M^+Nu^- 只溶于水相而不溶于有机相，R-X 只溶于有机相而不溶于水相，这时，M^+Nu^- 和 R-X 两者不易相互靠拢，亲核取代反应很难顺利进行。在上述体系中加入季铵盐 Q^+X^- 时，它的相转移催化作用如图 2-1 所示。

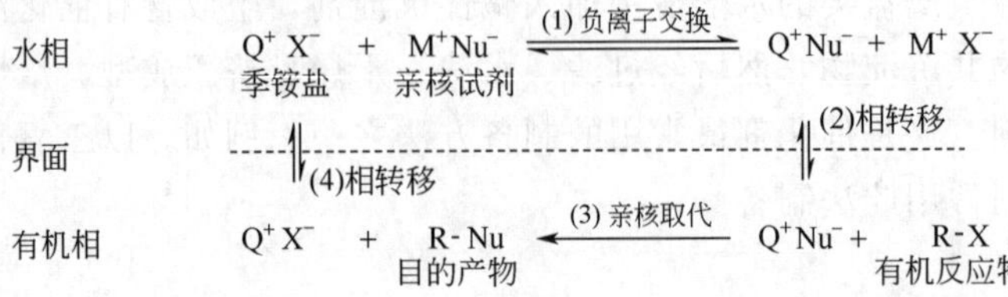

水相 　　Q^+X^- ＋ M^+Nu^- ——(1)负离子交换——→ Q^+Nu^- ＋ M^+X^-
　　　　　季铵盐　　亲核试剂

界面 ——————————ǁ(4)相转移——————————ǁ(2)相转移—————————

有机相 　Q^+X^- ＋ R-Nu ←——(3)亲核取代—— Q^+Nu^- ＋ R-X
　　　　　　　　目的产物　　　　　　　　　　　有机反应物

图 2-1　相转移催化原理示意

因为季铵正离子 Q^+ 具有亲油性，所以 Q^+X^- 既能溶解于水，又能溶解于有机溶剂。当水相中的亲核试剂 M^+Nu^- 与 Q^+X^- 接触时，可以发生 Nu^- 和 X^- 的负离子交换作用，生成离子对 Q^+Nu^-，并部分地从水相转移到有机相。Q^+Nu^- 在有机相中与有机反应物 R-X 发生亲核取代反应，生成目的产物 R-Nu，同时生成离子对 Q^+X^-。然后 Q^+X^- 从有机相又转移到水相，再与水相中的 M^+Nu^- 进行负离子交换，从而完成相转移的催化循环。

在上述催化循环中，季铵正离子 Q^+ 并不消耗，只是起着转移亲核负离子 Nu^- 的作用。因此，1mol 有机反应物只需要使用 $0.005\sim0.100$mol 的季铵盐就可以使反应顺利进行。

2.5.2　有机溶剂的使用和选择

当有机反应物或目的产物在反应条件下是液态时，一般不需要使用另外的有机溶剂。如果有机反应物和目的产物在反应条件下都是固态，就需要使用非水溶性的非质子传递性有机溶剂。在选择溶剂时，要考虑以下因素：

① 溶剂不与亲核试剂、有机反应物和目的产物发生化学反应；

② 溶剂在水中溶解度很小，对于亲核负离子 Nu^- 或离子对 Q^+Nu^- 要有较好的提取能力；

③ 溶剂对有机反应物或目的产物要有一定的溶解度。

可以考虑的溶剂有二氯甲烷、氯仿、石油醚（低碳烷烃混合物）、苯、甲苯、氯苯、苯甲醚和乙酸乙酯等。应该指出：低碳氯代烷类溶剂容易与亲核试剂发生反应，乙酸乙酯容易水解，而甲苯等对于结构复杂的芳香族化合物溶解性差，必要时应选用醚类等其他溶剂。

为了使 Q^+Nu^- 离子对在有机相中保持较高的浓度，溶剂的用量应尽可能少，它并不要求使固态反应物完全溶解，只要能使有机反应物和目的产物部分溶解，处于良好的分散润湿状态，有利于固态表面的不断更新即可。

水的存在会使 Nu^- 发生氢键缔合作用，不利于 Nu^- 进入有机相。另外，有水时在常压下反应温度一般不超过 $100℃$。对于较难进行的亲核取代反应，可以在无水状态下进行液-固相转移催化，所选用的溶剂可以是 N,N-二甲基甲酰胺、二甲基亚砜或环丁砜等非质子传递强极性溶剂。

2.5.3　相转移催化剂

具有工业使用价值的相转移催化剂必须具备以下条件：

① 用量少、效率高，自身不易发生不可逆的反应而消耗掉，或者在过程中失去转移特定离子的能力；

② 制备不太困难、价格合适；

③ 毒性小，可用于多种反应。

大多数相转移催化反应要求将负离子转移到有机相，主要的相转移催化剂有两类，一类是季铵盐和叔胺，另一类是聚醚。

(1) 季铵盐和叔胺

季铵盐 Q^+X^- 是最常用的相转移催化剂。为了使 Q^+ 既具有较好的亲油性，又具有较好的亲水性，Q^+ 中的四个烷基的总碳原子数一般以 $12\sim25$ 为宜。为了提高亲核试剂 Nu^- 的反应活性，离子对在有机相中应该容易分开，即 Q^+ 与 Nu^- 之间的中心距离应该尽可能大一些。因此，四个烷基最好是相同的，例如四丁基铵正离子。季铵盐 Q^+X^- 中的负离子 X^- 通常是 Cl^-。因为季铵盐酸盐的制备最容易，价格最低。但是当 Nu^- 是 F^- 或 OH^- 时，它比 Cl^- 更难被提取到有机相，就需要使用季铵的酸性硫酸盐 $Q^+HSO_4^-$。因为 HSO_4^- 在碱性水介质中将转变成很难提取的 SO_4^{2-}，从而使 F^- 或 OH^- 容易与 Q^+ 形成离子对。但是季铵的酸性硫酸盐的制备比较复杂，价格较贵，很少使用。目前，最常有的季铵盐有：

$C_6H_5CH_2N^+(C_2H_5)_3 \cdot Cl^-$　　苄基三乙基氯化铵（BTEAC），TEBAC Makosza 催化剂

$(C_8H_{17})_3N^+(CH_3) \cdot Cl^-$　　三辛基甲基氯化铵（ TOMAC），Stark 催化剂

$(C_4H_9)_4N^+ \cdot HSO_4^-$　　　四丁基硫酸氢铵（TBAB），Brandstrom 催化剂

此外，季鳞盐、季钟盐、季锑盐、季铋盐和季锍盐等锑盐也可以用作相转移催化剂，但制备困难、价格昂贵，目前多用于实验室研究。

有时也可以用叔胺（例如吡啶和三丁胺等）作相转移催化剂，这是因为它们在反应条件下可生成季铵盐。

(2) 聚醚

另一类负离子相转移催化剂是聚醚，其中主要是链状聚乙二醇、聚乙二醇单烷基醚（开链聚醚）和环状冠醚。这类催化剂的特点是能与正离子配合形成（伪）有机正离子。例如：

$RO\!\!-\!\!(CH_2CH_2O)_n\!\!-\!\!R'$
　　$(R=H,\ CH_3)$
链状聚乙二醇醚 600

18-冠-6的(伪)有机正离子　　　　18-冠-6的有机正离子

聚醚型相转移催化剂不仅可以将水相中的离子对转移到有机相，而且可以在无水状态或者在微量水存在下将固态的离子对转移到有机相。

开链聚醚价廉、易得、耐热性好、使用方便，是一类有发展前途的相转移催化剂。但开链聚醚分子量大，使用量大。

冠醚的催化效果非常好，但制备困难、价格贵，只有在高温相转移反应中季铵盐不稳定时，才考虑使用冠醚。冠醚的另一特点是能将水不溶性的固态芳重氮氟硼酸盐转移到有机相，与不溶于水的咔唑类发生偶合反应，生成偶氮染料。

新型的相转移催化剂还有聚乙二醇季铵盐、聚乙二醇季鳞盐和杯芳烃等。

$Cl^-\ R\!\!-\!\!N^+\!\!\!\genfrac{}{}{0pt}{}{(CH_2CH_2O)_nCH_3}{(CH_2CH_2O)_nCH_3}$
R＝烷基
聚乙二醇季铵盐

R＝烷基
聚乙二醇季鳞盐

X＝H, C(CH₃)₃, SO₃H
杯[6]芳烃

2.5.4 液-固-液三相相转移催化

考虑到溶解性相转移催化剂价格贵、难回收，又开发了不溶性固体相转移催化剂。它是将季铵盐、季磷盐、开链聚醚或冠醚化学结合到固态的高聚物上或无机载体上而生成的既不溶于水又不溶于一般有机溶剂的固态相转移催化剂，例如季铵型负离子交换树脂、固载开链聚醚等。

Nu^- 从水相转移到固态催化剂上，然后与有机相中的 R-X 发生亲核取代反应。这种方法称作液-固-液三相相转移催化。这种方法的优点是操作简便，反应后催化剂可定量回收。另外，此方法所需费用和能耗都比较低，适合于自动化连续生产。20 世纪 60 年代已成功地用于氰醇、氰乙基化和安息香缩合等反应，已引起工业界的极大兴趣。另外，这种催化剂还可用于氨基酸立体异构体的分离。近年来还开发了其他一些新型相转移催化剂，例如手性冠醚聚合物催化剂可用于手性合成等。

2.5.5 相转移催化的应用

相转移催化最初用于亲核取代反应，例如引入—CN 和—F 的亲核取代、二氯卡宾的生成、O-烃化、O-酰化、N-烃化、N-酰化、C-烃化、S-烃化、S-酰化等。后来又发展到用于氧化、过氧化、还原、亲电取代（例如偶合）等多种类型的反应，在农药、香料、照相材料、医药等领域都有应用。

2.6 均相配位催化

均相配位催化指的是用过渡金属的可溶性配合物作催化剂，在液相对有机反应进行催化的方法。这种方法在工业上有重要的应用。

2.6.1 过渡金属化学

(1) 过渡金属元素的特点

最常用的过渡金属元素主要有铜组的钛（Ti）、钒（V）、铬（Cr）、锰（Mn）、铁（Fe）、钴（Co）、镍（Ni）、铜（Cu）；银组的钼（Mo）、钌（Ru）、铑（Rh）、钯（Pd）、银（Ag）；金组的钨（W）、铼（Re）、铱（Ir）、铂（Pt）等。

典型的过渡金属原子的特点是都具有在能量特征和几何形状上适合于成键的 1 个 s 轨道、3 个 p 轨道和 5 个 d 轨道。在一定条件下，这 9 个轨道可以和 9 个配位体成键。例如，铼的配合物 $ReH_7[P(C_2H_5)_2(C_6H_5)]_2$，它有 7 个 Re—H 共价键和 2 个 Re—P 配位键。其中，铼原子一共和 9 个配位体成键。

(2) 18 电子规则

如果过渡金属原子的 9 个可以成键的轨道都是充满的，即外层成键轨道上的总电子数是 18，表明这个配合物是饱和的、稳定的，它不能再与更多的配位体配位。这时，在新配位体的取代配位之前，要先从 18 电子配合物上解配下来一个给电子配位体，变成 16 电子的"配位不饱和"型配合物，然后这 16 电子配合物再和其他配位体配位，又变成一个饱和的 18 电子配合物。这就是 18 电子规则。当然，在均相配位催化反应中，并不总是需要经过 18 电子配合物。

2.6.2 配位体

和过渡金属成键的配位体可以是单电子配位体、二电子配位体、三电子配位体、四电子配位体和六电子配位体，各种配位体的给电子能力和与过渡金属原子的成键方式，一般确定如下。

① 单电子配位体　它们提供一个电子与过渡金属原子形成共价键。例如：氢、甲基、乙基、丙基和氯基等。

② 二电子配位体　它们提供两个电子与过渡金属原子形成配位键。例如：一氧化碳（其中的碳原子）、单烯烃（其中双键的两个 π 电子）、胺类（其中的氮原子）、膦类（其中的磷原子）和氰基（其中的碳原子）等电子对给体，以及某些一价负离子等。

③ 三电子配位体　例如 π-1-甲基烯丙基（其中的一对 π 电子和相邻碳原子上的一个电子）。

④ 四电子配位体　例如共轭二烯烃（两个双键上的四个 π 电子）。

在上述各种配位体中，最常用到的是二电子配位体。

2.6.3　均相配位催化剂

均相配位催化剂是由特定的过渡金属原子与特定的配位体配位而成。

对于烯烃的加氢、加成、低聚以及一氧化碳的羰基合成等反应，所用的催化剂是过渡金属原子的低价配合物，并用"软"的或可极化的配位体使其稳定。这类配位体主要有一氧化碳、胺类、膦类、较大的卤素负离子或 CN^- 负离子等。"软"的配位体常常是通过 σ-给体键和 π-受体键的相互作用与金属原子配位的。例如，加氢所用的催化剂主要有氯化三苯基膦配铑 $Rh^I Cl[P(C_6H_5)_3]_3$ 和氰基钴负离子 $[Co(CN)_6]^{3-}$ 等。

对于氧化反应，所用的催化剂是过渡金属的高价正离子，通常用"硬"的或不可极化的配位体使其稳定。这类配位体主要有水、醇、胺、氢氧化物和羧酸根负离子等。它们是通过简单的 σ-给体键（通常是完全的离子键）连接到金属正离子上的。例如，烯烃氧化的催化剂 $Pt^{II} Cl_4^{2-} / Cu^I Cl^-$ 等。

在均相配位催化剂分子中，参加化学反应的主要是过渡金属原子，而许多配位体只是起着调整催化剂的活性、选择性和稳定性的作用，而并不参加化学反应。

2.6.4　均相配位催化的基本反应

在均相配位催化反应历程中，所发生的单元反应都是配位化学和金属有机化学中的一些基本反应。将这些基本反应适当组合，就可以得到目的产物，并重新生成催化剂。主要的基本反应有以下几种。

(1) 配位与解配

① 配位　是一个配位体以简单的共价键或配位键与过渡金属原子结合，生成配合物的反应。它是均相配位催化中不可缺少的反应。例如，在乙烯低聚制高碳 α-烯烃时，以含膦螯合配位体的氢化镍为催化剂（以 M—H 表示），第一步基本反应就是乙烯与镍原子的配位。

$$
\underset{\text{催化剂}}{M\text{—}H} + CH_2{=\!=}CH_2 \underset{\text{解配}}{\overset{\text{配位}}{\rightleftharpoons}} \underset{\text{π-配合物}}{\overset{\displaystyle \overset{M-H}{\underset{|}{}}}{CH_2{=\!=}CH_2}} \tag{2-26}
$$

② 解配　是配位的逆反应，即金属与配位体之间的共价键或配位键发生断裂，使该配位体从配合物中解离出来的反应，它也是均相配位催化中经常遇到的反应。

(2) 插入和消除

① 插入　是与过渡金属配位的双键（例如烯烃、二烯烃、炔烃、芳烃和一氧化碳等配位体中的双键）中的 π-键被打开，被插入到另一个金属-配位体之间。例如，上述乙烯低聚

的第二步基本反应就是已经配位的乙烯插入到 M—H 键之间。

$$\xrightarrow[\text{（或氢转移）}]{\text{乙烯插入}} M—CH_2CH_2—C_2H_5 \xrightarrow[\text{配位，乙烯插入}]{+nCH_2=CH_2} M—CH_2CH_2—(C_2H_4)_n—C_2H_5 \qquad (2\text{-}27)$$

在上式中，直虚线表示将要断裂的键，直虚箭头表示将要形成的键，弯箭头表示电子对的转移方向。

插入反应也可以看作是过渡金属原子上的一个配位体（在这里是氢配位体或烷基配位体）转移到另一个具有双键的配位体（在这里是 $CH_2=CH_2$）的 β-位上。因此插入反应称作配位体转移反应或重排反应。

② 消除（亦称反插入）　一般指的是一个配位体上的 β-氢（或其他基团）转移到过渡金属原子的空配位上，同时该配位体和过渡金属原子之间的键断裂，使该配位体从金属原子上消除下来，成为具有双键的化合物。例如，上述乙烯低聚反应的最后一步基本反应就是消除。

$$M \cdots CH_2—CH—(C_2H_4)_n—C_2H_5 \xrightarrow{\beta\text{-氢消除}} M—H + CH_2=CH—(C_2H_4)_n—C_2H_5 \qquad (2\text{-}28)$$
$$\text{催化剂} \qquad \text{目的产物，高碳 } \alpha\text{-烯烃}$$

(3) 氧化和还原

在氧化/还原反应中，配位催化剂中的过渡金属原子通常是在两个比较稳定的氧化态之间循环。例如 Co^{II}/Co^{III}、Mn^{II}/Mn^{III} 和 Cu^I/Cu^{II} 等，它们都是单电子循环。另外，金属原子也可以在零价态和氧化态之间循环，例如 Pd^0/Pd^{II} 是双电子循环。氧化/还原反应又分为简单的电子转移和配位体转移两类。例如，在工业上乙烯的氧化制乙醛时用 $Pd^{II}Cl_2/Cu^{II}Cl_2$ 作催化剂，在盐酸水溶液中用空气氧化，乙烯被氧化的历程大致如下：

$$\qquad (2\text{-}29)$$

Pd^0 不能直接被空气中的氧氧化成 Pd^{II}，所以要利用 Cu^{II}/Cu^I 的氧化/还原循环使 Pd^0 氧化成 Pd^{II}：

$$Pd^0 + 2Cu^{II}Cl_2 \xrightarrow{\text{简单的电子转移}} Pd^{II}Cl_2 + 2Cu^ICl \qquad (2\text{-}30)$$

$$4Cu^I Cl + 4HCl + O_2 \xrightarrow{\text{氧化}} 4Cu^{II} Cl_2 + 2H_2O \tag{2-31}$$

（4）氧化加成和还原消除

① 氧化加成　指的是一个分子断裂成两个配位体，并同时都加成配位到同一个过渡金属原子上。在加成过程中过渡金属原子提供了两个电子，所以叫做"氧化"加成。

② 还原消除　是氧化加成的逆反应，即两个配位体同时从一个过渡金属原子上解配（消除）出来，并相互结合成一个分子，在消除后过渡金属原子多了两个未成键电子，所以叫做还原消除，又称双消除。

例如，以含亚磷酸酯配位体或有机磷配位体的零价镍作催化剂（以 M^0 表示），由 1,4-丁二烯与氰化氢加成制己二腈的主要反应历程可表示如下：

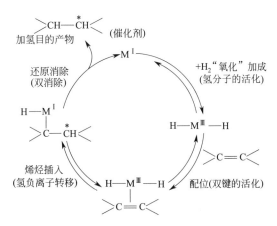

$$\tag{2-32}$$

此方法美国杜邦公司 1982 年开始投入生产，生产装置产量 10 万吨/年。

2.6.5　均相配位催化的催化循环

以碳-碳双键的手性加氢为例，用 M^I 表示催化剂中的过渡金属原子，其加氢过程的催化循环如图 2-2 所示。在图中各步基本反应按顺时针顺序画出，C^* 表示手性碳原子。

图 2-2　双键加氢的催化循环（C^* 表示手性碳原子）

在图 2-2 中，催化剂与 H_2 相作用生成 $H—M^{III}—H$ 的反应很难看作是氧化反应，加成的"氧化"特征只不过是一种名称而已。

2.6.6　均相配位催化的优点

① 催化剂选择性好　均相配位催化剂以分子态存在，每个催化剂分子都是具有同等性质的活性单位，而且一般都是按照其结构，突出一个最强的配位作用。另外，分子态催化剂的尺寸很小，对于多官能团的有机反应物分子，在同一瞬间只能有一个或少数几个官能团靠

近催化剂分子，而处于有利于反应的位置。这对于反应的良好选择性提供了条件。而多相固体催化剂则不同，它的表面是非均一的，具有多种不同的活性中心，可以同时发生多种不同方向的反应，例如铂重整和催化裂化。

② 催化剂活性高　由于中心过渡金属原子和配位体的精心筛选，使每个催化剂分子不仅具有很高的选择性，还具有很高的活性。因此，溶液中配位催化剂的浓度远远低于固体催化剂表面活性组分的浓度。

③ 催化体系的预见性　均相配位催化剂在结构上分为中心过渡金属原子和配位体两部分，在研究和设计催化体系时，可按照改变中心过渡金属原子和改变配位体的思路来调整其性能。这比气-固相接触催化中助催化剂的筛选有较好的预见性。

例如，在丙烯的加氢甲酰化时，最初用 $HCo(CO)_3$ 做催化剂，反应要在 $140\sim180℃$ 和 $25\sim30MPa$ 进行，而且正/异丁醛的比例只有（$3\sim4$）：1。后来改用三苯基膦铑型催化剂，反应可在 $90\sim120℃$ 和 $0.7\sim2.5MPa$ 进行，而且正/异丁醛比可提高到 10：1，铑催化剂的用量约为丙烯的 0.1%，已建立大型生产装置。

2.6.7　均相配位催化的局限性

① 催化剂需要回收，而且在使用贵重金属催化剂时要特别注意。

② 多数均相配位催化剂在 $250℃$ 以上是不稳定的，因此反应温度不能过高。

③ 均相配位催化反应一般在酸性介质中进行，常常要求反应器使用特种的耐腐蚀材料。

④ 许多反应，特别是以一氧化碳为起始原料的羰基合成反应，常常需要高达 $30MPa$ 的操作压力。

例如，铑的价格比钴贵几千倍，在制备正丁醛时，铑的损失如果是醛的质量分数的百万分之一，铑催化剂的费用就比钴催化剂高出好几倍，这就限制了均相配位催化的广泛应用。因此它的应用比气固相接触催化小得多，只占全部催化反应的 20% 左右。在上例中产品正/异丁醛的沸点只有 $75℃$ 和 $64.5℃$，可以用精馏法从反应液中蒸馏出来，含催化剂的母液可以循环套用，这才能使生产过程工业化。

又如，乙炔、一氧化碳和醇在镍催化剂的作用下进行加氢羧基化可制得丙烯酸酯，已经工业化。但是乙炔、一氧化碳和水在钌、铑或铁的配位催化剂的作用下进行羰基合成时，虽然可以得到收率约 70% 的对苯二酚，但是对苯二酚易溶于水，沸点很高，这对于钌、铑催化剂的回收和循环利用就很困难，而用铁催化剂时，操作压力（CO 压力）要高达 $60\sim70MPa$，因此这个工艺至今只有中试装置。

2.6.8　各种配位催化剂的应用举例

① 羰基氢铑的三苯基膦配合物均相催化剂已用于丙烯的氢甲酰化制丁醛。

$$CH_3-CH=CH_2+CO+H_2 \longrightarrow CH_3CH_2CH_2-CHO$$

② 固载铜铋催化剂用于乙炔和甲醛制 2-丁炔-1,4-二醇（液-固相反应）。

$$CH≡CH +2HCHO \longrightarrow HOCH_2C≡C-CH_2OH$$

③ $Pd-Au-CH_3COOK/SiO_2$ 催化剂用于乙烯和乙酸的催化氧化制乙酸乙烯酯（气-固相反应）。

$$CH_3COOH+CH_2=CH_2+1/2O_2 \longrightarrow CH_3COOCH=CH_2+H_2O$$

④ 固载铑-手性双膦配位体催化剂已用于几个手性药物的不对称合成。例如催化加氢已用于 L-二羟基苯丙氨酸、(L)-DOPA、(S)-萘普生、(S)-异丁基布洛芬的制备。催化氧化已用于心得安的制备（液-固相反应）。

⑤ 水溶性 Rh/TPPTS 催化剂已用于生产多种维生素前体。TPPTS 是由三苯膦用发烟硫酸磺化制得的三（间磺酸基苯基）膦的三钠盐。

2.7　杂多化合物催化

2.7.1　杂多负离子和杂多酸（盐）的组成、命名

杂多酸是由两个以上无机含氧酸缩合而成的多元酸。例如，由磷酸负离子和钨酸负离子在酸性条件下相作用，可以生成磷钨杂多酸。

$$PO_4^{3-} + 12WO_4^{2-} + 27H^+ \longrightarrow H_3[PW_{12}O_{40}] + 12H_2O \tag{2-33}$$

杂多负离子可以用以下通式来表示：

$$[X_x M_m O_y]^q \qquad (x \leqslant m)$$

式中，X 是杂原子，M 是配原子，q 是负电荷数。常见的杂原子是高价氧化态的 P^{5+} 和 Si^{4+} 等，常见的配原子是高价氧化态的 Mo^{6+} 和 W^{6+} 等，如 12-钼磷酸负离子（$[PMo_{12}O_{40}]^{3-}$）。

杂多负离子可以和质子形成杂多酸，也可以和 H^+、金属正离子、NH_4^+ 或有机碱正离子等抗衡正离子形成杂多酸的酸性盐、正盐、有机鎓盐或混合盐。因此，杂多化合物的类型很多，命名也很复杂，通常用分子式来表示。例如：

$[PMo_{12}O_{40}]^{3-}$　　　　　　12-钼磷酸负离子

$H_4[SiW_{12}O_{40}]$　　　　　　12-钨硅酸

$Na_5[PW_{10}V_2O_{40}]$　　　　　10-钨-2-钒磷酸钠

杂多酸简称 HPA。为了简便，可以把抗衡正离子和负离子的电荷数省略，甚至把氧原子也省略，例如 $H_5[PW_{10}V_2O_{40}]$ 可以简写成 $PW_{10}V_2O_{40}$ 或 $PW_{10}V_2$。

2.7.2　杂多化合物的结构

杂多化合物的晶体结构类型很多，在催化剂中最常见的结构是 1∶12 系列 A 型的所谓 Keggin 结构。Keggin 负离子的结构通常用分子式 $[XM_{12}O_{40}]^{x-8}$ 来表示，式中 x 是杂原子 X 的正电荷数。在 Keggin 结构中，杂原子 X 与 4 个氧原子呈四面体配位结合成 XO_4，位于结构的中心（因此 X 又称作中心原子），每个配原子 M 与 6 个氧原子呈八面体配位结合成 MO_6，每三个八面体共边相连成为三金属簇 M_3O_{10}，三金属簇之间以及三金属簇与中心四面体之间都以共角相连，一共有 12 个八面体与中心四面体的氧原子以共面、共边或共角配位结合形成杂多负离子，整个结构含有 40 个氧原子。

杂多酸和杂多酸盐形成离子型晶体，其结构可以分为三级：一级结构指的是杂多负离子结构；二级结构指的是杂多负离子与抗衡正离子所组成杂多酸或杂多酸盐的晶体结构；三级结构指的是由杂多负离子、抗衡正离子和结晶水所组成的晶体结构。

杂多负离子的晶体结构是多孔性大体积的纳米级金属簇，其直径通常为 1～5nm，有时

高达上百纳米。

在杂多酸中，H$^+$ 的键合状态有三种：一是 H$^+$ 被键合到整个负离子上，它可以与水合层中的 H$^+$ 快速交换；二是 H$^+$ 定域到 M—O—M 中的氧原子上；三是 H$^+$ 与杂多酸中的结晶水形成氢键。

抗衡正离子由于体积小，很少与特定的杂多负离子结合，大多是被几个杂多负离子所共有。小体积的水分子或溶剂分子可以进入晶格之间的间隙。

由于杂多化合物的多样性，包括杂原子、配原子、H$^+$ 键合状态、结晶水数量、粒子大小、孔隙度、表面积等，这就使杂多化合物在催化反应中呈现出多样性。

2.7.3 杂多化合物的主要物理性质

(1) 溶解性

杂多酸易溶于水和低碳醇、低碳醚等含氧有机溶剂。由 Li$^+$ 和 Na$^+$ 等小体积抗衡正离子形成的杂多酸盐易溶于水。由 K$^+$、Cs$^+$、NH$_4^+$ 等大体积正离子形成的杂多酸盐则难溶于水。由大体积有机碱正离子（例如四丁基铵正离子）形成的鎓盐不溶于水，但能溶于有机溶剂。

上述溶解性质可用于杂多酸（盐）催化剂的分离回收和催化剂活性的调控。

(2) 热稳定性

杂多化合物的热分解是一个复杂的多步过程。例如 H$_3$[PW$_{12}$O$_{40}$] 的水合物在加热时，在 100℃ 以下先失去结晶水，然后在 100～280℃ 失去通过氢键与质子结合的水，最后在 370～600℃ 失去所有的质子，变成 WO$_3$ 和 P$_2$O$_5$，造成结构分解，而失去催化活性。典型杂多酸的分解温度是：

$$H_3[PW_{12}O_{40}] > H_4[SiW_{12}O_{40}] > H_3[PMo_{12}O_{40}] > H_4[SiMo_{12}O_{40}]$$
$$465℃ \qquad\quad 445℃ \qquad\quad 375℃ \qquad\quad 350℃$$

杂多酸盐通常比其相应的母体酸稳定得多，其稳定性与抗衡正离子有关。例如酸性铯盐 Cs$_{2.5}$H$_{0.5}$[PW$_{12}$O$_{40}$] 在 500℃ 未观察到分解现象。用一个钒（Ⅴ）取代 H$_3$[PMo$_{12}$O$_{40}$] 分子中的一个钼（Ⅵ）可提高其热稳定性。部分还原的杂多酸比对应的全氧化态的杂多酸较为稳定。

对于需要用燃烧法除去催化剂表面上的积炭，使催化剂再生来说，杂多酸（盐）的热稳定性是不够的，这就限制了杂多化合物在催化剂领域中的应用。

2.7.4 杂多酸催化剂的活性和优点

杂多酸在水溶液中可以完全离解，是很强的质子酸。在固体杂多酸中有两种类型的质子，即水合质子和非水合质子。水合质子有很高的迁移性，这使得杂多酸的晶体具有很强的质子传递性。因此，杂多酸可以用作许多酸催化反应的催化剂。

杂多酸的酸强度可以用以下方法来调控：①调整杂多负离子的组成元素；②部分中和，形成酸性盐；③形成不同金属正离子的酸性盐；④形成有机碱的鎓盐；⑤固载在不同的载体上。

固载型杂多酸的酸强度和催化活性取决于载体的类型、固载量和预处理条件，最常用的载体是 SiO$_2$。

杂多酸催化活性的多样性取决于杂原子和配原子的种类、H$^+$ 键合状态、结晶水数量、正离子交换性、粒子大小、孔隙度和表面积等因素。

杂多酸催化剂主要有以下优点：①催化活性高、选择性好、产品质量好；②催化剂用量少，可部分回收、重复使用；③工艺流程简单，不需要高压设备；④不腐蚀设备，环境污染轻微；⑤催化剂制备容易，原料价廉。

2.7.5　杂多酸催化的工业应用

自 1972 年对于丙烯的水合生产异丙醇，用杂多酸催化剂代替传统的硫酸、硫酸/硅藻土和磺酸型离子交换树脂以来，已经有十几个工艺过程改用杂多酸催化剂。它主要是以水溶液的形式用于液相均相催化反应和液-液、液-固两相催化反应。热稳定性好的固载杂多酸催化剂可用于气-固相接触催化等氧化反应。具体实例如表 2-4 所示。

表 2-4　用杂多酸进行酸催化的主要工业化过程

序号	反 应 过 程	反应体系	催 化 剂
1	丙烯直接水合制异丙醇	液相均相	$H_4[SiW_{12}O_{40}]$ 稀水溶液
2	异丁烯直接水合制叔丁醇	液相均相	$H_3[PMo_{12}O_{40}]$ 稀水溶液
3	2-丁烯直接水合制 2-丁醇	液相均相	$H_3[PMo_{12}O_{40}]$ 稀水溶液
4	1-丁烯水合脱氢制 2-丁酮	液相均相	$H_3[PMo_{12}O_{40}]$ 稀水溶液
5	对甲酚与异丁烯 C-烷化制 2,6-二叔丁基-4-甲基苯酚(抗氧剂 264)	液-固相	HPA-7
6	乙酸和乙烯加成制乙酸乙酯	气-固相	$H_4[SiW_{12}O_{40}]/SiO_2$
7	苯酚和丙酮的 C-烷化制双酚 A	液相均相	HPA
8	苯酚与硫酸脱水缩合制 4,4′-二羟基二苯砜(双酚 S)	液相均相	HPA
9	甲醛的三聚制三聚甲醛	液相均相	HPA
10	四氢呋喃的水合、开环、聚合制聚丁二醇	液-液两相	高浓度 $H_3[PMo_{12}O_{40}]$ 水溶液
11	环己酮肟的重排制 ε-己内酰胺	液-固相	固载 HPA

许多杂多酸负离子是很强的氧化剂，杂多酸负离子中含有 V^{5+} 配原子是必要的。氧化性杂多酸负离子可以使底物被氧化，而自身中的配原子接受电子由高价氧化态被还原成低价氧化态（例如由 V^{5+} 还原为 V^{4+}），然后低价氧化态配原子可以被分子氧、过氧化物等氧化剂再氧化成高价氧化态。

杂多酸还可以与 Pd^{2+} 组成双组分催化剂，Pd^{2+} 使底物氧化，自身被还原为 Pd^0，然后 Pd^0 被杂多酸氧化成 Pd^{2+}，最后低价氧化态杂多酸被氧分子再氧化成高价氧化态。

已经研究过的使用杂多酸催化剂的氧化反应很多，但是已经工业化的氧化过程并不多。例如，2-甲基丙烯酸的传统生产方法是丙酮-氰醇法，此法消耗大量的硫酸，副产大量硫酸铵。1982 年日本三菱开发成功将 2-甲基丙烯用空气氧化成 2-甲基丙烯酸的工艺。该方法包括两步气-固相接触催化反应。第一步用 Bi-Mo 混合氧化物催化剂，使 2-甲基丙烯氧化成 2-甲基丙烯醛。第二步用杂多酸铯盐催化剂 $H_{3+n-x}Cs_x[PMo_{12-n}V_nO_{40}]$（$2<x<3$，$0<n<2$）使 2-甲基丙烯醛氧化成 2-甲基丙烯酸，采用固定床反应器，反应温度 270～350℃，接触时间 2～6s，气体进料中含甲基丙烯醛 2%～5%、水蒸气 10%～40%，甲基丙烯醛/氧的物质的量比（2～4）:1，当甲基丙烯醛的转化率为 80%～90% 时，甲基丙烯酸的选择性达到 80%～90%。

2.8　分子筛催化剂

分子筛是一类具有很多均匀微孔的非计量化合物，其微孔的孔道直径与物质分子的直径属于同一数量级。分子筛的特点是能把直径小于微孔孔道直径的分子吸附在孔道的内表面上，而把直径大于孔道直径的分子拒于孔道之外，这种能够筛分分子的物质叫做分子筛。

最早发现的分子筛是天然沸石分子筛，亦称硅铝酸盐分子筛，它的化学式一般用 $M_{2/n}[Al_2O_3 \cdot xSiO_2] \cdot yH_2O$ 表示，式中 M 是金属正离子，n 是它的价态，方括号中是负离子骨架，x 是硅铝比，y 是饱和水分子数。该分子筛负离子的骨架由 SiO_4^- 和 AlO_4^- 的四面体通过共用氧原子连接而成。按结构不同又分 A 型、X 型、Y 型、丝光型和 ZSM 型等。

后来又开发了多种类型的合成分子筛，其中重要的有磷酸铝分子筛、钛硅分子筛和各种改性分子筛等。磷酸铝分子筛的负离子骨架由 AlO_4^- 和 PO_4^- 四面体连接而成，通称 AlPO 系分子筛。钛硅分子筛的负离子骨架由 TiO_4 和 SiO_4^- 四面体连接而成，通称 TS 型分子筛。

在沸石硅铝酸盐分子筛的负离子骨架中引入非硅、铝元素，以及在 AlPO 系分子筛中引入非磷、铝元素，可以构成含杂原子的分子筛，它们又分为 MeAPO 型、MeAPSO 型、ElAPO 型和 ElAPSO 型等（Me 代表金属，El 代表元素）。

分子筛可以用作许多单元反应的催化剂，它的催化活性主要来源于其微孔的表面酸性、正离子（特别是碳镓正离子）的交换性、孔道尺寸对于底物分子的选择性吸附和反应产物的脱吸附性等。

为了调变分子筛催化剂对具体反应的催化活性和选择性，常常对分子筛进行改性，改性的主要方法是调变分子筛的微孔尺寸和表面酸碱性，调变的主要方法有：离子交换法、骨架元素的同晶取代法和骨架脱铝/铝化法等。

应该指出，要制得孔径均匀、尺寸合适、性能良好的分子筛并非易事，需要精细的制备工艺，而工艺细节常常是保密的，这使得分子筛催化剂的价格昂贵，在一定程度上限制它的广泛应用。

2.9 固体超强酸催化剂

超强酸指的是酸强度比 100％硫酸更强的酸。100％硫酸的 Hammett 酸度函数 H_0 是 -11.93，$H_0 \leqslant -11.93$ 的固体超强酸主要有以下四种类型。

① 固载在各种载体上的含卤素的超强酸，重要的含卤素超强酸有 SbF_5、SbF_5-HF、SbF_5-FSO_3H、SbF_5-CF_3SO_3H、BF_3、TaF_5、$SbCl_5$、$AlCl_3$、$AlBr_3$。所用载体主要有 SiO_2、Al_2O_3、SiO_2-Al_2O_3、SiO_2-TiO_2、SiO_2-ZrO_2、SiO_2-WO_3、HF-NH_4-Y 沸石、NH_4F-SiO_2-Al_2O_3、HF-Al_2O_3、MoO_3、ThO_2、高岭土、铝矾土、金属硫酸盐、SbF_3、AlF_3、金属（Al、Pt）、合金（Pt-Au、Ni-Mo、Al-Mg）、杂多酸（PMo_{12}、$SiMo_{12}$、$GeMo_{12}$、GeW_{12} 等）、石墨和离子交换树脂、聚合物等多孔性物质。

② 全氟环醚磺酸型离子交换树脂，例如 Nafion。

③ H-ZSM-5 沸石。

④ SO_4^{2-}/M_nO_m，式中 M_nO_m（有时写作 M_xO_y）是金属氧化物，例如 ZrO_2、TiO_2、SnO_2、Fe_2O_3、ZrO_2-TiO_2 等。

在 SO_4^{2-}/M_nO_m 超强酸中，SO_4^{2-}/TiO_2 的 $H_0 \leqslant -14.57$，SO_4^{2-}/ZrO_2 的 H_0 是 -16.04，即 SO_4^{2-}/ZrO_2 的酸强度比 100％硫酸的酸强度高 10^4 倍。因此这类超强酸引起了

人们极大的兴趣。

SO_4^{2-}/M_nO_m 超强酸的制备方法一般是将有关金属盐的水溶液与氨水反应，析出金属氢氧化物 $M(OH)_n$ 沉淀，然后经过滤、洗涤、干燥后，放入含有 H_2SO_4 或 $(NH_4)_2SO_4$ 的水溶液中浸渍，再经干燥、煅烧而得。利用制备条件的不同，或加入不同的添加剂，可以调变这类催化剂的性能。

由于 SO_4^{2-}/M_nO_m 超强酸的酸强度特别高，制备简单，成本低，热稳定性好，调变性好，可回收再用，不污染环境，可用作多种酸催化反应的催化剂，已引起人们的广泛兴趣，进行了大量的研究工作，有良好的工业化前景。

固体超强酸的研究趋向是：载体的改性；引入其他金属或金属氧化物、稀土元素、分子筛、纳米粒子、交联剂或磁性；将新技术、边缘科学技术等引入到固体超强酸的制备中，例如用微波技术进行制备，利用微乳技术制备超细纳米催化剂等。

2.10 光有机合成

波长在紫外区的光具有较高的辐射能，可以使有机分子发生各种形式的电子跃迁，并进一步发生化学反应。工业光有机合成已用于精细化工、生命材料、环境保护等领域，有广阔的开发前景。目前主要用于自由基链反应，因为这类反应的光量子收率高，消耗的光能少。

光有机合成的优点是：①可合成许多用热化学不能合成的有机化合物；②具有高的立体专一性；③产品多样性；④受温度的影响不大；⑤化学反应容易控制。

光有机合成的缺点是：①副反应多；②能耗大；③需要特殊的反应器。

2.11 电解有机合成

电解有机合成指的是有机反应物在电解槽中在电流的作用下在阴极被还原或在阳极被氧化而得到目的产物的过程。

2.11.1 重要实例

世界上已经工业化的电解有机合成产品有 60 余种，产量最大的是丙烯腈的加氢二聚（还原偶联）制己二腈。目前已有年产 10 万吨的装置，生产成本低于其他化学合成法。

丙烯腈在阴极电解还原偶联的主要反应历程可能是 ECECC 历程，E 表示在阴极表面发生的电化学反应，C 表示在电解液中发生的化学反应。全部反应历程如下式所示：

$$(2-34)$$

上述反应历程的总反应式可简单表示如下：

$$2CH_2=CH-CN+2e+2H^+ \xrightarrow{\text{阴极}} NC-CH_2-CH_2-CH_2-CH_2-CN \tag{2-35}$$

上式中所需的质子 H^+ 是由电解液中的水，在相对应的阳极上失电子析氧提供的。

$$H_2O \xrightarrow[\text{失电子}]{\text{阳极}} \frac{1}{2}O_2+2H^++2e \tag{2-36}$$

在生产过程中，美国最初采用分成阴极室和阳极室的隔膜电解槽，考虑到电解液中的有机物不会在阳极表面发生副反应，后来改用无隔膜复极式板框压滤机型电解槽。该电解槽是复极式板框压滤机型结构，由 50～200 块正方形碳钢电极板组成，电极间距 2mm。阴极面镀镉（厚度 0.1～0.2mm），阳极面是碳钢。含有丙烯腈、己二腈、水和电解质的高导电性的水相-有机相乳状液在贮槽和电解槽之间循环，使部分丙烯腈转化成己二腈，并连续地取出部分有机相分离出己二腈。按消耗的丙烯腈计，己二腈的收率大于 90%。巴斯夫公司改用复极式毛细间隙电解槽，电极间距小于 0.2mm，结构更为紧凑。生产成本低于己二酸法、丁二烯经 1,4-二氯丁烯再与氰化氢反应法和丁二烯在镍膦均相配位催化剂存在下的直接与氰化氢加成法。

2.11.2 电解有机合成的优点

电解有机合成具有如下优点：

① 在许多场合具有高选择性和特异性，例如己二酸单酯的阳极氧化脱氢偶联制癸二酸二酯，如果采用非电解法是难于实现的；

② 不需要使用价格较贵的氧化剂或还原剂；

③ 反应可在温和的条件下进行；

④ 节能，其电费比还原剂或氧化剂经济得多；

⑤ 可以是无公害的清洁反应。

2.11.3 电解有机合成的局限性

电解有机合成的局限性如下：

① 电解装置复杂，专用性强；

② 影响因素多，最佳条件的选择和电化学工程技术问题的处理比较复杂；

③ 对于可以用空气作氧化剂，或者可以用氢气作还原剂的反应，竞争力差；

④ 电费是成本的主要部分，对于要求一次转化率接近 100% 的反应，电流效率较低；

⑤ 常常需要使用有机溶剂，使工艺过程复杂化。

电解有机合成的影响因素相当多，本书从略。

2.12 化学反应器

化学反应器在结构上和材料上必须满足以下基本要求。

① 对反应物系，特别是非均相的气-液相、气-固相、液-液相、液-固相、气-固-液三相反应物系，提供良好的传质条件，便于控制反应物系的浓度分布，以利于目的反应的顺利进行。

② 对反应物系，特别是强烈放热或强烈吸热的反应物系，提供良好的传热条件，以利于热效应的移除和供给，便于反应物系的温度控制。

③ 在反应的温度、压力和介质的条件下，具有良好的机械强度和耐腐蚀性能等。

④ 能适应反应器的操作方式，如间歇操作或连续操作。

2.12.1　间歇操作和连续操作

在反应器中实现化学反应可以有两种操作方式，即间歇操作和连续操作，化学反应器则分为间歇操作反应器和连续操作反应器两大类。

(1) 间歇操作反应器

间歇操作反应器是将各种原料按一定顺序和速度加到反应器中，并在一定的温度和压力下经过一定的时间完成特定的反应，然后将生成物料从反应器中放出。因为原料是分批加到反应器中的，所以又称分批操作。主要用于规模小的生产过程，采用带搅拌器和传热装置的锅式反应器。间歇操作时，反应物料的组成随时间而改变。

间歇操作的技术开发难度比连续操作小，特别是对于小规模生成来说，开发一个连续操作常常是不值得的。而且，间歇操作的开工和停工相对容易，所用设备在生产量的大小上有较多的伸缩余地，更换产品也有灵活性。因此，对于多品种、产量不大的精细化工产品，间歇操作具有很大的优势和相当广泛的应用。

(2) 连续操作反应器

连续操作反应器是将各种反应原料按一定的比例和恒定的速度连续不断地加到反应器中，并且从反应器中以恒定速度连续不断地排出反应产物。主要用于规模较大的生产过程。在正常操作下，在反应器中的某一特定部位，反应物料的组成、温度和压力原则上是恒定的。

连续操作的优点主要体现在三个方面。第一，比较容易实现高度自动控制，产品质量稳定。第二，可以缩短反应时间，减少了间歇操作中所需要的加料、调整反应温度和压力、放料、准备下一批投料等辅助操作时间。因此，生产规模大、反应时间短的化学过程应尽可能采用连续操作，特别是气相反应和气-固相接触催化反应则必须采用连续操作。第三，容易实现节能，例如从反应器中连续移出的反应热以及热的反应产物连续冷却时由热交换器移出的热量可以用于预热冷的原料，或者把热量传递给水以产生水蒸气。

2.12.2　间歇操作反应器

液-液相和液-固相间歇操作的反应器基本上与实验室的仪器相似，所不同的是体积大，制造材料和传热方式不同，可以是敞口的反应槽，也可以是带回流冷凝器的反应锅，或者是耐压的高压釜。

最常用的传热方式是在锅体外安装夹套或在锅内安装蛇形盘管。冷却一般采用冷却水或冷冻盐水，在个别情况下也可以向反应器中直接加入碎冰。加热一般用水蒸气，可以加热到140~180℃，用发电厂等副产的高压水蒸气最高加热温度可达 240℃。如需较高温度（160~260℃），可向夹套中通入耐高温导热油，也可直接用火加热，或用电加热。

锅式反应器通常装有搅拌器，以利于传质和传热，最常用的搅拌器如图 2-3 所示。

对于某些非常黏稠物料的液-固相间歇反应，需要采用特殊的搅拌器，或改用卧式球磨机式间歇反应器。例如芳伯胺的烘焙磺化。

对于气-液相和气-固-液三相间歇反应，例如某些通氯气的氯化反应、通氢气的氢化反应以及通空气的氧化反应等，通常采用带气体鼓泡管的锅式反应器，锅内可以安装搅拌器，也可以不安装搅拌器。另外也可以采用鼓泡塔式反应器。

气-固相间歇反应需要采用特殊结构的反应器。例如粉状 2-萘酚钠与二氧化碳反应制 2-羟基萘-3-甲酸所用的反应器。锅内装有 3～5 层固定的水平切削挡板，挡板和搅拌器的水平桨叶之间的间隙很窄，两者之间的作用就像剪刀一样，能完成既是搅拌又是粉碎的任务，使酚钠盐在脱水过程和羧化过程中保持蓬松的粉末状态。许多溶剂烘焙磺化过程也需要采用类似的切削装置。

对于间歇操作的非均相催化氢化反应，当采用带鼓泡管的搅拌锅式反应器或鼓泡塔式反应器时，需要将从液面上逸出的未反应的氢气用氢气泵再循环鼓泡。为了避免氢气循环，又提出了液相喷射环流反应器，如图 2-4 所示。

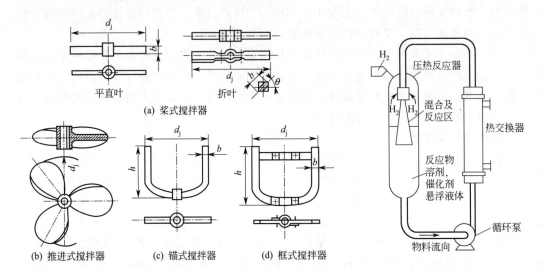

图 2-3　常用搅拌器形式　　　　　图 2-4　液相喷射环流反应器

2.12.3　液相连续反应器

液相连续反应器分为理想混合型反应器和理想置换型反应器两类。

（1）理想混合型反应器

最简单的理想混合型反应器是带搅拌装置和传热装置的单锅连续反应器，如图 2-5（a）所示。

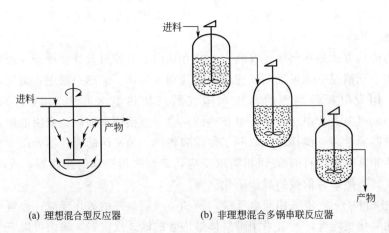

(a) 理想混合型反应器　　　　　(b) 非理想混合多锅串联反应器

图 2-5　混合型反应器

理想混合型反应器的特点是：反应原料连续地加到锅中，在搅拌下停留一定时间，同时反应产物也连续地从锅中流出。在强烈的搅拌下产生了混合作用，即新加入的原料和已存在锅中的物料瞬间混合均匀（亦称反向混合），锅内各种物料的组成和温度相同，并且接近于出口处流出的物料的组成和温度。

搅拌锅式连续反应器的主要优点是强烈的搅拌有利于非均相反应原料之间的传质，可加快反应速率。另外，也有利于强烈放热反应的传热，提高反应锅的生产能力。其中，单锅连续操作由于锅内物料的组成接近于流出物料的组成，导致很多缺点：第一，锅内反应原料的浓度相当低，从而显著影响反应速率；第二，流出的反应产物中势必残留一定数量的未反应原料，从而影响产品的收率；第三，锅内已经生成的反应产物的浓度相当高，容易进一步发生连串副反应，生成较多的副产物。因此，单锅连续操作在工业上已很少采用。

为了克服上述缺点，一般采用多锅串联连续操作，如图 2-5（b）所示。其优点是：第一，在几个锅之间没有反向混合，反应速率相当快，可大大提高设备的生产能力；第二，每个锅可以控制不同的反应温度；第三，在最后一个反应锅中反应原料的浓度已经变得很低，可以大大减少反应产物中剩余未反应物的含量，有利于提高产品收率和降低原料消耗定额；第四，还可以减少连串副反应，提高产品质量。例如，苯的冷却-氯化制氯苯和苯的冷却-硝化制硝基苯，都可以采用多锅串联连续生产工艺。

（2）理想置换型反应器

为了克服混合型连续反应器的缺点，又开发了理想置换型连续反应器，如图 2-6（a）所示。

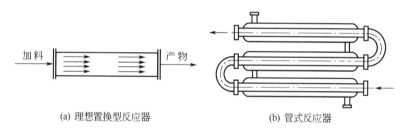

(a) 理想置换型反应器　　　　　　(b) 管式反应器

图 2-6　理想置换型反应器与管式反应器

理想置换型连续反应器的反应原料从管子的入口处进入，在管内向前流动，经过一段管长后，从管子的出口处流出。在理想情况下，反应物没有反混作用。在垂直于物料流向的任何一个载面上各点物料的组成、温度、压力、流速和停留时间都相同。

与锅式串联连续反应器相比，理想置换型反应器的优点体现在进口原料浓度高，反应速率较快，可缩短反应时间；出口反应产物中未反应原料少，可提高收率，减少连串副反应，提高产品质量。

但这类反应器也存在一定的缺点。例如，在管子的进口端，反应原料的浓度相当高，反应速率相当快，热效应非常大，会出现过热点，不适用于对反应温度敏感，需要强烈冷却的反应过程。另外，也不适用于有固体物料，会在管内沉淀堵管的反应过程。对于液-液非均相反应，为了使反应原料充分接触，以利于传质，物料在管内必须呈高速湍流状态。为此，要在管内安装强化传质的构件，同时，管径不宜太大。对于高压反应或小批量生产，可采用图 2-6（b）所示的管式反应器。

2.12.4 气-液相连续反应器

一般采用鼓泡塔式反应器，气态原料从塔的底部输入，反应后的尾气从塔的顶部排出。液态原料既可以从塔的底部输入，从塔的上部流出（并流法）（见图2-7），也可以从塔的上部输入，从塔的底部流出（逆流法）。因为反应物在塔中有一定的反混作用，为了减少其不利影响，并且加强气-液之间的传质作用，可在塔内装填料、筛板、泡罩板或各种挡板等内部构件。为了控制反应温度，可采用内部热交换器或外循环式热交换器。为了避免塔身太高而增加通入气体的压头，可采用多塔串联的方式，从每个塔的底部通入反应气体。

当气-液相反应的速率相当快，放热量相当大时，可在沸腾温度下反应或采用列管式并流反应器。在用三氧化硫-空气混合物作磺化剂时，还用到膜式反应器（见图2-8）。

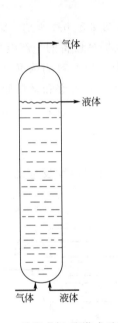

图 2-7　并流式气-液塔式反应器

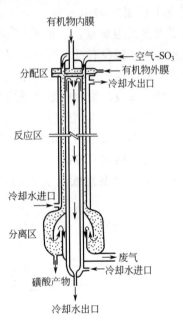

图 2-8　双膜式反应器

2.12.5 气-固相接触催化反应器

气-固相接触催化反应是将反应原料的气态混合物在一定的温度、压力下通过固体催化剂的表面而完成的。这类反应都采用连续操作的方式。反应器结构设计上的主要问题是传热和催化剂的装卸。这类反应器在结构上主要有三种类型，即绝热固定床反应器、列管式固定床反应器和流化床反应器。

(1) 绝热固定床反应器

单层绝热固定床反应器和多层绝热固定床反应器分别如图2-9和图2-10所示。

单层绝热固定床反应器的结构非常简单，反应原料从容器的一端输入，经过催化剂层，反应产物从容器的另一端输出。这类反应器造价低，催化剂装卸方便。但由于没有传热装置，只适用于热效应不大、反应产物稳定且对温度敏感度低，反应气体混合物中含大量惰性气体，单程转化率不太高的过程。

多层绝热固定床反应器则适用于反应热效应较大的过程。为了调整反应温度，可根据反应过程的特点，在两层催化剂之间，利用热交换器，对中间反应物进行冷却或加热，改善了反应的温度条件，有助于提高原料的转化率和产品的收率和质量。

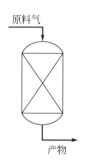
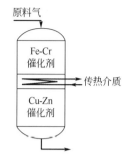
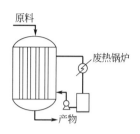

图 2-9　单层绝热固定床反应器　　图 2-10　多层绝热固定床反应器　　图 2-11　列管式固定床反应器

（2）列管式固定床反应器

列管式固定床反应器的结构如图 2-11 所示。催化剂填装在管内，热载体在管外进行冷却或加热。对于放热反应，可以用熔盐或其他热载体将热量移出，热的热载体经废热锅炉降温后再返回列管式反应器。对于吸热反应，根据所要求的温度，可以用液态或蒸汽态的热载体进行加热。

反应器管子的内径一般为 $25\sim45$mm，催化剂的粒径一般约为 5mm，每根管子内催化剂的填装量和对于气流的阻力必须基本相同，以保证反应气体均匀地通过每根催化剂管，使每根催化剂管的反应效果基本相同。

列管式固定床反应器属于理想置换型反应器，适用于热效应大、对温度比较敏感、转化率要求高、选择性好、必须使用粒状催化剂、催化剂寿命长、不需要经常更换催化剂的化学过程。其缺点是反应器结构复杂，加工制造不方便，造价高，特别是大型反应器，需要几万根管子。

（3）流化床反应器

流化床反应器的结构如图 2-12 所示。它的主要部件包括壳体、气体分布板、热交换器和催化剂回收装置。有时为了减少反向混合并改善流态化质量，还在催化剂床层内附加挡板或挡网等内部构件。

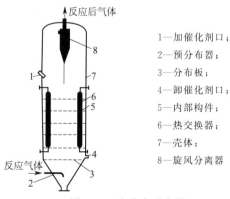

1—加催化剂口；
2—预分布器；
3—分布板；
4—卸催化剂口；
5—内部构件；
6—热交换器；
7—壳体；
8—旋风分离器

图 2-12　流化床反应器

当气体经过分布板，以适当速度均匀地通过粉状催化剂床层时，催化剂的颗粒被吹动，漂浮在气体中做不规则的激烈运动，整个床层类似沸腾的液态，所以又称"沸腾床"。

流化床反应器的主要优点是：反应气体和催化剂充分混合，传热效果好，床层温度均匀，可控制在 $1\sim3℃$ 的温度范围内。催化剂可使用多孔性载体，催化剂表面积大，利用率高，催化剂的装载和更换方便，反应器造价低。

其缺点是：由于反混作用，对于某些反应的转化率和选择性较固定床低，要求使用细粉状催化剂，催化剂容易磨损流化。为了减少反混作用，还可以采用双层流化床，例如硝基苯催化氢化制苯胺的过程。

2.12.6 气-固-液三相连续反应器

气-固-液三相连续反应器分为固定床和悬浮床两大类，主要用于液相非均相催化氢化反应。固定床反应器又分为淋液型反应器和鼓泡型反应器两种。

淋液型固定床反应器［见图 2-13（a）］是指液态反应物从塔的上部淋下，经过催化剂表面，然后从塔底流出，氢气可以自上向下流动，也可以自下向上流动。这类反应器的优点是有利于氢气与催化剂表面的接触，缺点是需要在每两层催化剂之间通入大量的氢气来移除反应热，催化剂的死角有可能过热而"烧毁"，失去活性。

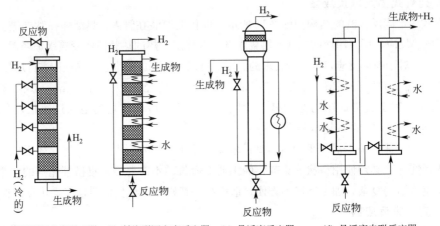

(a) 淋液型固定床反应器　(b) 鼓泡型固定床反应器　(c) 悬浮床反应器　(d) 悬浮床串联反应器

图 2-13　气-固-液三相连续反应器

鼓泡型固定床反应器［见图 2-13（b）］中，液态反应物从塔的底部流入，从塔的上部流出，这时催化剂浸没在液态反应物中，氢气必须从塔底鼓泡通入。这类反应器可以在每两层催化剂之间安装内部热交换器来移出反应热，催化剂浸没在液态反应物中，没有热点，不会"烧毁"失活。但反应过程需要较高的氢气压力，以增加液相中的氢含量，促进催化剂表面的三相反应。

上述两种固定床反应器的共同优点是从反应器流出的反应液中不含催化剂，无需催化剂的回收循环使用问题；缺点是颗粒状催化剂的表面利用率低，不适于使用粉状催化剂。

悬浮床反应器的基本结构如图 2-13（c）所示。粉状催化剂悬浮在液态反应物中从塔底进入，以湍流方式经过塔体，从塔的上侧流出，氢气也从塔底鼓泡通入，从塔顶逸出，并循环回塔的底部。它的优点是可以使用粉状催化剂，可充分利用催化剂的表面。缺点是属于"反向混合型"反应器，为了使反应完全，要使用两塔或多塔串联操作，如图 2-13（d）所示。另外，从反应器流出的反应液中含有粉状催化剂，需要分离、回收循环使用。

为了克服悬浮床的缺点，又提出了悬浮床-固定床串联操作。从悬浮床上侧流出的反应液分离掉粉状催化剂后，进入淋液型固定床反应器，由于反应液中未氢化的原料已很少，反应的热效应小，催化剂不含过热"烧毁"失活，又因固定床反应器无反向混合现象，有利于反应完全。

习　　题

2-1　写出亲电试剂、亲核试剂和自由基试剂的特点。

2-2　写出有机溶剂的五种分类方法。

2-3　什么是偶极矩和介电常数，它们对溶剂极性的影响是什么？

2-4　什么是溶剂化作用？

2-5　气-固相接触催化指的是什么？气-固相接触催化的催化剂由哪些成分组成，其活性有哪些表示方法？

2-6　相转移催化主要用于哪类反应？最常用的相转移催化剂是哪类化合物？

2-7　配位催化剂的主要成分是什么？此类催化剂的哪部分参加化学反应？

2-8　写出杂多负离子的通式。杂多酸主要用作哪类反应的催化剂？

2-9　分子筛的主要特点是什么？

2-10　超强酸的特点是什么？最常用的固体超强酸催化剂是什么，主要用于哪类反应？

2-11　光有机合成为什么主要用于自由基链反应？

2-12　什么是电解有机合成？电解槽的阴极发生什么反应，阳极发生什么反应？

2-13　在液相锅式反应器中，反向混合作用是指什么？

第3章 卤 化

3.1 概述

3.1.1 卤化的定义

向有机分子中的碳原子上引入卤原子的反应称作"卤化"。根据引入卤原子的不同，又可以细分为氟化、氯化、溴化和碘化。

根据引入卤原子的方式又可以细分为取代卤化、加成卤化、置换卤化和电解卤化。这一章只讲述重要的取代卤化、置换卤化和加成卤化。

3.1.2 卤化剂

这里只叙述取代卤化所用的卤化剂，置换卤化和加成卤化反应所用的卤化剂分别见 3.4 节和 3.5 节。

(1) 氯化剂

取代氯化时最常用的氯化剂是分子态氯。分子态氯主要来自食盐水的电解，供应量大，价廉，是最重要的氯化剂。氯化是最重要的卤化反应，也是本章的讨论重点。

在水介质中进行小规模氯化时，为了计量上的方便，也可以不用氯气，而改用盐酸加氧化剂，在水介质中产生新生态氯。并利用氧化剂的加入量来控制新生态氯的生成量。最常用的氧化剂是过氧化氢和次氯酸钠。

$$2HCl + H_2O_2 \longrightarrow 2[Cl] + 2H_2O \tag{3-1}$$

$$2HCl + NaClO \longrightarrow [Cl] + NaCl + H_2O \tag{3-2}$$

在制备贵重的小批量氯化产物时，也可以用液态的硫酰二氯 SO_2Cl_2 或固态的 N-氯代丁二酰亚胺等温和氯化剂。

$$Ar-H + SO_2Cl_2 \longrightarrow Ar-Cl + SO_2\uparrow + HCl\uparrow \tag{3-3}$$

(2) 溴化剂

在取代溴化时，最常用的溴化剂是溴素。溴素资源少，价格贵，溴化主要用于制备含溴的精细化学品。

为了充分利用溴，在取代溴化时常常向反应液中加入氧化剂，把溴化时副产的溴化氢再氧化成溴，使溴得到充分利用，最常用的氧化剂是过氧化氢和次氯酸钠。

$$Ar-H + Br_2 \longrightarrow Ar-Br + HBr \tag{3-4}$$

$$2HBr + H_2O_2 \longrightarrow 2[Br] + 2H_2O \tag{3-5}$$

在制备贵重的溴化物时，还用到 N-溴代丁二酰亚胺。

$$Ar-H + \underset{O}{\underset{\|}{\overset{O}{\overset{\|}{\diagdown}}}} N-Br \longrightarrow Ar-Br + \underset{O}{\underset{\|}{\overset{O}{\overset{\|}{\diagdown}}}} NH \tag{3-6}$$

(3) 碘化剂

最常用的碘化剂是分子态碘，亦称碘素。碘的资源很少，价格很贵，碘化只用于小批量的贵重含碘精细化学品，C—I 键的键能比较弱，取代碘化反应是可逆反应，副产的碘化氢可以使碘化物还原脱碘，为了充分利用碘，并抑制脱碘副反应，要向反应液中加入氧化剂，例如双氧水和氯气。为了避免生成碘化氢和氧化副反应，可以用氯化碘作碘化剂。氯化碘是由碘素和氯气反应制得的，价格贵。

$$Ar—H + ICl \longrightarrow Ar—I + HCl \tag{3-7}$$

(4) 氟化剂

用分子氟与有机物反应时，取代氟化的反应焓变（$\Delta_r H_m^{\ominus} \approx -449kJ/mol$），大于 C—C 键的断裂能（约 $376kJ/mol$），会发生 C—C 键的断裂和聚合等副反应。所以在有机分子中引入氟原子时，不用亲电取代氟化法，而用氟化钾置换氟化法、氟化氢加成氟化法和电解氟化法。

3.2 芳环上的取代卤化

3.2.1 卤化反应历程

芳环上没有强供电子基（例如氨基、烷氨基、芳氨基、酰氨基、羟基、烷氧基、芳氧基、酰氧基）时，芳环上的取代卤化要用催化剂，以苯的一氯化为例，通常用无水氯化铁作催化剂，$FeCl_3$ 是电子对受体，它能使氯分子极化或生成氯正离子，其反应历程如下式所示。

$$Cl_2 + FeCl_3 \Longleftrightarrow \left[FeCl_3 \cdots \overset{\delta-}{Cl} \overset{\delta+}{Cl} \right] \Longleftrightarrow Cl^+ + FeCl_4^- \tag{3-8}$$
活性高

$$\tag{3-9}$$
π-配合物　　σ-配合物

$$\tag{3-10}$$

$$H^+ + FeCl_4^- \Longleftrightarrow FeCl_3 + HCl\uparrow \tag{3-11}$$

在氯化过程中，$FeCl_3$ 并不消耗，因此用量很少。要注意如果反应物中有水，会使 $FeCl_3$ 溶解而失去催化活性。原料苯中水分要小于 0.2%。不同的卤化反应要用不同的催化剂，将结合具体实例叙述。当有机物容易被氯化时，反应可以在水介质中进行，这时一般不需要使用催化剂，其反应历程可简单表示如下：

$$Cl_2 + H_2O \Longleftrightarrow \overset{\delta-}{HO} \cdots \overset{\delta+}{Cl} + H^+ + Cl^- \tag{3-12}$$

$$\overset{\delta-}{HO} \cdots \overset{\delta+}{Cl} + H^+ \Longleftrightarrow H_2O + Cl^+ \tag{3-13}$$

3.2.2 卤化动力学

芳环上的卤化反应是连串反应。以苯的氯化为例：

$$\tag{3-14}$$

$$\tag{3-15}$$

$$\text{Cl}-\text{C}_6\text{H}_4-\text{Cl} +\text{Cl}_2 \xrightarrow{k_3} \text{Cl}_2-\text{C}_6\text{H}_3-\text{Cl} +\text{HCl} \tag{3-16}$$

苯的取代氯化属于亲电取代反应，在苯环上引入一个氯原子后，使苯环上的电子云密度稍稍下降，使氯苯再氯化生成二氯苯的反应速率常数 k_2 下降到苯一氯化生成氯苯的反应速率常数 k_1 的 1/10 左右。

根据 1948 年 Mac Mullen 测得的苯的间歇槽式氯化（理想混合型反应器）的氯化液组成和连串反应动力学公式，可以算出 $k_2/k_1=K=0.123$。$x_{B,max}=0.745$，相应地 $x_A=0.092$，$x_C=0.163$。苯/氯物质的量比=1.071:1，如图 3-1 所示。

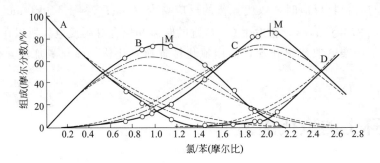

图 3-1 苯氯化时的氯化液组成

——分批操作（或活塞流型连续操作）；-----单槽连续操作；-·-·-双槽连续操作

实验数据：A—苯；B—氯苯；C—二氯苯；D—三氯苯；温度 55℃，催化剂 FeCl$_3$，M 为最大值

根据 $K=0.123$，还可以算出苯在槽式连续氯化时的氯化液组成和 $x_{B,max}$ 和氯化槽个数的关系，如表 3-1 所示。

表 3-1 苯在槽式连续一氯化时氯苯的最大值

槽数 N	$N=1$	$N=2$	$N=3$	$N=4$	$N=5$
x_A	0.260	0.185	0.150	0.135	0.130
$x_{B,max}$	0.548	0.632	0.666	0.690	0.695
x_C	0.192	0.183	0.184	0.175	0.175
x	0.932	0.998	1.034	1.040	1.045

由表 3-1 可以看出，用单槽连续氯化时 $x_{B,max}$ 下降到 0.548，x_C 上升到 0.192，用四槽连续氯化时，$x_{B,max}=0.690$，再增加槽数效果已不明显，即苯的槽式连续氯化时，槽数没有必要多于四个。

对于不同的取代卤化反应，为了减少多氯化副反应，可以采用以下几种方法：①控制卤化深度；②选择催化剂；③选择卤化剂；④选择溶剂；⑤调整卤化介质的 pH 值；⑥改变合成路线。详见具体实例。

另外，有些卤化反应还是平行反应，为了调整异构体的生成比例，也需要采用上述各种方法。

3.2.3 氯化重要实例

3.2.3.1 氯苯的制备

(1) 工艺发展过程

氯苯可以用作分析试剂和有机溶剂，主要用作染料、医药、农药、有机合成的中间体，需要量很大。例如用于生产三氯杀螨砜、滴滴涕等农药品种，用于合成染料、医药、助剂，以及对二氯苯、对氯苯磺酸、2,4-二硝基氯苯、邻硝基氯苯、对硝基氯苯、硝基酚等其他有机化工产品。

氯苯的制备最初采用槽式低温间歇氯化法，为了提高设备能力，将其改装成四槽串联连续氯化法，以减少反混作用的影响。后来又改为单塔低温连续氯化法，以消除反向混合作用。但是低温氯化器受到传热效率等因素的限制，现在都已改用单塔沸腾连续氯化法，利用氯化液的沸腾来移出反应热，大大提高了氯化器的生产能力。

（2）沸腾氯化器

沸腾氯化器的结构如图 3-2 所示，它的优点是结构简单，造价低，用废铁管作催化剂（产生 $FeCl_3$），装卸方便。氯化生产流程如图 3-3 所示。

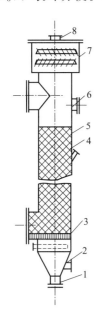

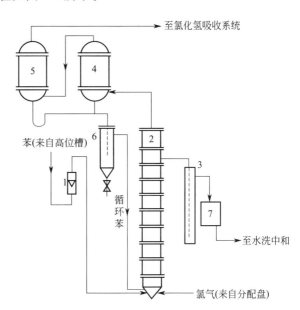

图 3-2　沸腾氯化器

1—酸水排放口；2—苯及氯气入口；

3—炉条；4—填料铁圈或废铁管；

5—钢壳衬耐酸砖；6—氯化液出口；

7—挡板；8—气体出口

图 3-3　苯的沸腾氯化流程

1—流量计；2—氯化塔；3—液封槽；

4,5—冷凝器；6—酸-苯分

离器；7—冷却器

（3）氯化工艺

原料苯和回收苯经固体烧碱脱水后，与氯气按一定的物质的量比和一定的流速从底部进入氯化塔，经过充满废铁管的反应区，反应后的氯化液由塔的上侧经液封槽 3 和冷却器 7 后，再经连续水洗、碱洗中和、精馏，即得到回收苯，主产品氯苯和副产混合二氯苯。为了控制氯化液中氯苯和二氯苯的质量比，需要控制较低的氯化深度，氯化液的质量分数组成约为苯 66%～74%、氯苯约 25%～35%，多氯苯 1%以下。

（4）副产氯化氢的回收工艺

氯化反应热使氯化液沸腾，并且使一部分苯和氯苯蒸发汽化，随氯化氢气体一起逸出，沸腾温度与氯化液的组成和塔顶气体的绝对压力有关，一般为 75℃～82℃。由塔顶逸出的热的气体经石墨冷凝器 4 和 5 使大部分苯蒸气和氯苯蒸气冷凝下来，经过酸-苯分离器 6，分离掉微量的盐酸后，循环回氯化塔。初步冷却至 20～30℃的氯化氢气体经进一步处理，得到回收苯和副产盐酸。

3.2.3.2 二氯苯的制备

二氯苯是重要的医药、农药、染料等有机合成中间体，也是重要的溶剂之一。可用于白蚁、蝗虫、穿孔虫的杀虫剂，用于三氯杀虫酯、苏灭菌酯、新燕灵的生产，也可用于合成邻苯二酚、氟氯苯胺、3,4-二氯苯胺和邻苯二胺等。其中邻二氯苯可作蜡、树胶、树脂、焦油、橡胶、油类和沥青等的溶剂，在染料士林黑和士林黄棕、高档颜料、药物洗必泰、聚氨酯原料 TDI 生产中都采用此溶剂。邻二氯苯作为抗锈剂、脱脂剂，可除去发动机零件上的碳和铅，脱除金属表面的涂层而不腐蚀金属，还可脱除照明气体中的硫，可作金属抛光剂的配料成分等。

二氯苯由苯的一步二氯化制得，这里不能采用 $FeCl_3$ 催化剂，因为用 $FeCl_3$ 时对/邻比只有（1.49～1.55）：1，为了使对/邻比接近市场需求比，要改用定位催化剂，例如用 Sb_2S_3 催化剂时，对/邻比（3.3～3.6）：1，用 Sb_2S_3-苯磺酸催化剂时，对/邻比 2.2：1。

得到的二氯化液先蒸出未反应的苯（沸点 80.5℃）和氯苯（131.5℃），然后用高效结晶法分离出纯度 99.9％对二氯苯（熔点 53℃，沸点 174.4℃）。结晶母液用高效精馏法分离出高纯度邻二氯苯（沸点 180.5℃）。

这里采用的氯化器是带冷却的塔式连续氯化器、低温氯化器，而不能采用沸腾氯化器，因为二氯化液的沸点比较高，会引起各种副作用。

3.2.3.3 2-氯-4-硝基苯胺的制备

由对硝基苯胺用理论量的次氯酸钠溶液进行一氯化制得，如果在稀盐酸介质中氯化，副产二氯化物多，产品纯度只有 93％～95％，而改在乙醇介质中在 H_3PO_4-NaH_2PO_4 缓冲剂存在下，调 pH 4～6 进行氯化，可抑制二氯化副反应，产品纯度可提高到 97％。

$$O_2N-\!\!\!\!\bigcirc\!\!\!\!-NH_2 + H^+ + NaClO \xrightarrow[\text{pH 4～6}]{\text{乙醇介质}} O_2N-\!\!\!\!\bigcirc\!\!\!\!-\!\!\!\!\!\!\begin{smallmatrix}NH_2\\Cl\end{smallmatrix} + Na^+ + H_2O \qquad (3\text{-}17)$$

2-氯-4-硝基苯胺主要用作有机颜料及分散染料的中间体，如颜料银朱 R 及分散染料红GFL、分散红 B 等。也用作医药中间体，如生产灭钉螺农药和制取血防-67 糊剂等。

3.2.4 溴化实例

（1）2-溴-4-硝基苯胺的制备

2-溴-4-硝基苯胺由对硝基苯胺的一溴化制得，如果用溴素溴化，副产二溴物多，较好的方法是将对硝基苯胺溶于热的稀硫酸中，加入溴化氢水溶液，然后在 30～50℃加入双氧水进行一溴化，几乎不生成二溴化物。

$$O_2N-\!\!\!\!\bigcirc\!\!\!\!-NH_2 + HBr + H_2O_2 \xrightarrow[\text{30～50℃}]{\text{稀硫酸介质}} O_2N-\!\!\!\!\bigcirc\!\!\!\!-\!\!\!\!\!\!\begin{smallmatrix}NH_2\\Br\end{smallmatrix} + 2H_2O \qquad (3\text{-}18)$$

（2）四溴苯酐的制备

四溴苯酐（TBPA）由邻苯二甲酸酐四溴化而得：

$$(3\text{-}19)$$

纯品含溴（质量分数）68.9％，熔点 279～280℃，不溶于水和脂烃，微溶于氯代烃类溶剂。通常是在发烟硫酸中，在碘催化剂的存在下，用溴素在 75℃→120～200℃进行溴化的，副产的溴化氢被三氧化硫氧化成溴。

$$2HBr + SO_3 \longrightarrow Br_2 + SO_2\uparrow + H_2O \qquad (3\text{-}20)$$

逸出的 SO_2 气体中还含有 SO_3、Br_2 和 HBr 等，可用（上批滤出产品后冷的）发烟硫

酸吸收气体中的 SO_3、Br_2 和 HBr 并循环使用。另外，还有在硫酸介质中用 HBr 溴化，或用 $Br_2 + 70\%H_2O_2$（质量分数）溴化的专利。

四溴苯酐是一种反应型阻燃剂，可用于聚酯树脂、环氧树脂的阻燃，也可直接添加于聚苯乙烯、聚丙烯、聚乙烯和 ABS 等树脂中起阻燃作用。此外，该产品还可以作为合成其他阻燃剂的中间体。

3.2.5 碘化实例

2,6-二碘-4-氰基苯酚是由对氰基苯酚在甲醇中，于 20～25℃用碘和氯气进行碘化而得。

$$\text{(3-21)}$$

另外，2-碘苯氧乙酸是植物生长调节剂，商品名"增产灵"。该化合物由苯氧乙酸在乙酸和四氯化碳溶剂中，在少量硫酸存在下，用碘和双氧水进行碘化而得。

$$\text{(3-22)}$$

3.3　芳环侧链 α-氢的取代卤化

3.3.1 反应历程

芳环侧链 α-氢的取代卤化是典型的自由基链反应，其反应历程包括链引发、链增长和链终止三个阶段。

① 链引发　氯分子在高温、光照或引发剂的作用下，均裂为自由基。

$$Cl_2 \xrightarrow{\text{均裂}} 2Cl\cdot \tag{3-23}$$

② 链增长　氯自由基与甲苯按以下历程发生氯化反应。

$$C_6H_5CH_3 + Cl\cdot \longrightarrow C_6H_5CH_2\cdot + HCl\uparrow \tag{3-24}$$

$$C_6H_5CH_2\cdot + Cl_2 \longrightarrow C_6H_5CH_2Cl + Cl\cdot \tag{3-25}$$

$$C_6H_5CH_3 + Cl\cdot \longrightarrow C_6H_5CH_2Cl + H\cdot \tag{3-26}$$

$$H\cdot + Cl_2 \longrightarrow Cl\cdot + HCl\uparrow \tag{3-27}$$

应该指出，在上述条件下，芳环侧链的非 α-氢一般不发生卤基取代反应。

③ 链终止　自由基相互碰撞将能量转移给反应器壁，或自由基与杂质结合，可造成链终止。例如：

$$Cl\cdot + Cl\cdot \longrightarrow Cl_2 \tag{3-28}$$

$$Cl\cdot + O_2 \longrightarrow ClOO\cdot \tag{3-29}$$

其中，$ClOO\cdot$ 是不活泼的自由基。

3.3.2 反应动力学

芳环侧链 α-氢的取代卤化也是连串反应。例如，甲苯在侧链氯化时，其 α-氢可以依次被氯取代。

$$C_6H_5CH_3 \xrightarrow[k_1]{Cl_2} C_6H_5CH_2Cl \xrightarrow[k_2]{Cl_2} C_6H_5CHCl_2 \xrightarrow[k_3]{Cl_2} C_6H_5CCl_3 \qquad (3\text{-}30)$$

沸点/℃	110.6	179.4	207.2	220.6
密度/(g/cm³)	0.886	1.103	1.256	1.380

1996 年唐薰研究了甲苯侧链氯化时的产品分布，其氯化液的组成图与苯的环上亲电氯化相似。如图 3-4 所示。

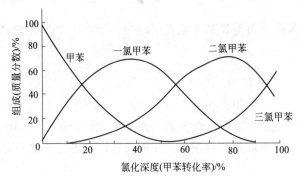

图 3-4　甲苯侧链氯化时氯化液组成与氯化深度的关系

唐薰还指出了有关反应条件对产物分布的影响。提高反应温度有利于 α,α-二氯甲苯和 α,α,α-三氯甲苯的生成。铁离子的存在、低温和水会导致环上氯化，水还会引起氯基水解副反应。另外，光源和引发剂也会影响产物分布和反应速率。

3.3.3　主要影响因素

（1）光源

氯分子的离解能是 238.6kJ/mol，甲苯在沸腾温度下，其侧链一氯化已具有明显的反应速率，可以不用光照和引发剂。但是在侧链二氯化和三氯化，在黑暗下反应速率较慢，需要光的照射。氯分子的光离解能是 250kJ/mol，它需要波长小于 478.5nm 的光才能引发，一般可用富有紫外线的日光灯或高压汞灯（波长 253.7nm）。

（2）引发剂

重要的引发剂主要有三类，分别是高效引发剂、持久性引发剂和复合引发剂。

最常用的高效自由基引发剂是过氧化苯甲酰和偶氮二异丁腈，它们的引发作用是在受热时分解产生自由基。

$$ \qquad (3\text{-}31)$$

$$ \qquad (3\text{-}32)$$

上述引发剂的优点是效率高，缺点是在引发过程中逐渐消耗，需要不断补充。

在自由基卤化时，还可以加入各种持久性引发剂，如硫黄、红磷、三氯化磷、有机氯化物、有机酰胺和活性炭等，其中最常用的是三氯化磷。

$$2P \xrightarrow[\text{氯化}]{3Cl_2} 2PCl_3 \xrightarrow[\text{氯化}]{2Cl_2} 2PCl_5 \qquad (3\text{-}33)$$

$$PCl_3 + Cl_2 \xrightarrow{\text{离解}} \dot{P}Cl_4 + \dot{C}l \qquad (3\text{-}34)$$

这类引发剂的优点是在引发过程中并不消耗，缺点是效率不高，一般和光照合用。

复合引发剂是近期提出的引发剂，复合引发剂中的添加剂可以加速自由基链反应，主要引发剂有三乙醇胺、吡啶、苯基吡啶、六亚甲基四胺、烷基酰胺等，添加剂的用量一般是被氯化物质的 0.1%～2%，有时也把复合型引发剂称作"催化剂"。

（3）杂质

凡是能使氯分子极化的物质，例如微量的铁、铝和水分等，都有利于芳环上的亲电取代氯化反应。因此在甲苯和氯气中都不应含有这类杂质。有微量铁离子时，加入三氯化磷等可以与铁离子配位掩蔽，使铁离子不致影响侧链氯化。

氯气中如果含有氧，它会与氯自由基结合成稳定的自由基 $ClOO\cdot$，导致链终止，所以侧链氯化时要用经过冷冻液化后，再蒸发的高纯度氯气。加入被氯化物质量分数 3.6%～5.4% PCl_3 时，即使氯气中含有体积分数 5% 的氧，也可以使用。

（4）温度

为了使氯分子或引发剂热引发生成自由基，需要较高的反应温度，但是温度太高容易引起副反应，现在趋向于在光照和复合引发剂的作用下适当降低氯化温度。例如，从对氯甲苯的侧链二氯化制对氯二氯苄时，传统的方法是用三氯化磷引发剂，在 120～170℃ 氯化。1998 年殷桂芹以四氯化碳为溶剂，用复合催化剂和光照，可在 60～80℃ 氯化。

3.3.4 重要实例

（1）α-氯苄的制备

由甲苯经侧链一氯化制得，采用塔式连续热氯化或光氯化精馏法。原料甲苯、循环甲苯和氯气连续地进入塔的中部进行气液相氯化，利用反应热使未反应的甲苯由塔顶连续蒸出，冷凝后循环回塔。主产物一氯苄由塔的下部分离出来，副产二氯苄由塔底排出，由于在反应区氯化深度低，副产二氯苄很少，一氯苄的选择性可以高达 96%。由于甲苯、一氯苄和二氯苄的沸点相差较大，容易实现连续精馏分离。α-氯苄可以直接合成有机磷杀菌剂稻瘟净和异稻瘟净，还可用于合成苯乙腈、苯甲酰氯、间苯氧基苯甲醛等中间体。

（2）α,α-二氯苄的制备

生产规模不大时可采用玻璃塔式填料反应器，六塔串联，甲苯由第一塔的塔底连续输入，氯气由每个塔的底部输入，氯化液由第六塔的顶部输出，采用灯管外部照射，氯化温度由反应热维持。逐塔升高至 140～145℃，氯化液的密度控制在 1.28～1.29g/cm³。

（3）α,α,α-三氯苄的制备

生产规模不大时，采用搪瓷釜间歇氯化法，用汞灯照射，并加入三氯化磷等引发剂，氯化温度只需要 150℃，直到氯化液密度达到 1.38g/cm³，三氯苄质量分数大于 95% 为止。α,α,α-三氯苄是合成紫外线吸收剂 UV-9 和 UV-531 的基本原料，在染料方面可以用于合成三苯基甲烷染料、蒽醌染料和喹啉染料等。

3.4 置换卤化

卤原子置换有机分子中已有取代基的反应统称为"置换卤化"，它是有机卤化物的另一类合成路线。可被卤原子置换的取代基主要有羟基、重氮基、硝基、氯基、溴基和磺酸基等。

3.4.1 卤原子置换醇羟基

醇羟基被卤原子置换是酸催化的亲核取代反应，这个反应是可逆反应，在低碳醇的卤化时，可以蒸出沸点比较低的卤代烷，使平衡右移。

(1) 氯置换醇羟基

在醇羟基被氯置换时，可以用盐酸作氯化剂，氯化锌作催化剂，例如：

$$n\text{-}C_4H_9OH+HCl \underset{}{\overset{ZnCl_2}{\rightleftharpoons}} n\text{-}C_4H_9Cl+H_2O \tag{3-35}$$

沸点　117.7℃　　　　　　　　　78℃

当高碳醇水溶性很低时，则需要加入相转移催化剂，来提高收率，或改用气态无水氯化氢作卤化剂，用无水氯化锌作脱水剂，或改用亚氯酰氯作氯化剂。氯甲烷和氯乙烷主要用其他方法生产。

(2) 溴置换醇羟基

在醇羟基被溴置换时，所用的溴化剂可以是48％的溴化氢和浓硫酸、溴化钠和浓硫酸。溴化氢和溴化钠都比溴素价格贵，在大规模生产溴乙烷时，改用溴素和硫黄产生溴化氢和硫酸。在高碳醇的置换溴化时，可以加入相转移催化剂来提高收率。

$$3Br_2+S+4H_2O \longrightarrow 6HBr+H_2SO_4 \tag{3-36}$$

$$HBr+C_2H_5OH \longrightarrow C_2H_5Br+H_2O \tag{3-37}$$

(3) 碘置换醇羟基

在制备碘代烷时要在相应的醇中先加入赤磷，然后再加入碘，用生成的三碘化磷作碘化剂。

$$3I_2+2P \longrightarrow 2PI_3 \tag{3-38}$$

$$3CH_3(CH_2)_3CH_2OH+PI_3 \longrightarrow 3CH_3(CH_2)_3CH_2I+H_3PO_3 \tag{3-39}$$

碘甲烷是由硫酸二甲酯和碘化钾反应而得。

$$(CH_3)_2SO_4+2KI \underset{H_2O}{\overset{CaCO_3}{\longrightarrow}} 2CH_3I+K_2SO_4 \tag{3-40}$$

3.4.2　卤原子置换羧羟基

卤原子置换羧羟基制得的羧酰卤非常活泼，遇水会分解，必须在无水状态下用光气、亚硫酰氯、三氯化磷和三氯氧磷等活泼的卤化剂与羧酸或羧酸酐相反应，例如：

$$CH_3(CH_2)_5COOH+SOCl_2 \longrightarrow CH_3(CH_2)_5COCl+HCl\uparrow+SO_2\uparrow \tag{3-41}$$

上述卤化剂都比较活泼，一般不需要太强的反应条件。光气的优点是反应后无残留，产品质量好，但是剧毒的气体，因此它的应用受到很大限制。近年来又出现了用二光气或三光气代替光气的新方法。亚硫酰氯的优点是反应后只残留很少的 $SOCl_2$、SCl_2 等杂质，操作简便，但价格较贵。三氯化磷的优点是价廉，有广泛应用，但反应后残留亚磷酸，产品需分离精制。三氯氧磷价格贵，使用较少。

3.4.3　氯原子置换杂环上的羟基

芳环上和吡啶环上的羟基很难被卤原子置换，但某些杂环上的羟基则容易被氯原子或溴原子置换。所用的卤化剂可以是 $COCl_2$ 和 $SOCl_2$，在要求较高的反应温度时可用三氯氧磷（沸点137.6℃）或五氯化磷（熔点148℃，可由 PCl_3+Cl_2 在反应介质中就地制得）等活泼的氯化剂。例如：

$$+3PCl_3+4Cl_2 \xrightarrow[\text{亲电氯基取代}]{\text{氯置换羟基}} \text{（产物）} +3POCl_3+HCl \tag{3-42}$$

2,4,5,6-四氯嘧啶

3.4.4　氟原子置换氯原子

氟原子置换氯原子是制备有机氟化物的重要方法之一。常用的氟化剂是无水氟化氢（沸点 19.4℃）、氟化钠和氟化钾等。用氟化氢时反应可在液相中进行，也可在气相进行。用氟化钠或氟化钾时，反应都在液相进行。

（1）氟置换芳环侧链上的 α-氯

芳环侧链上的 α-氯原子比较活泼，氟置换反应较易进行，这个反应广泛用于含三氟甲基的医药和杀虫剂中间体的合成。例如 3,4-二氯-α,α,α-三氟甲苯的合成路线如下：

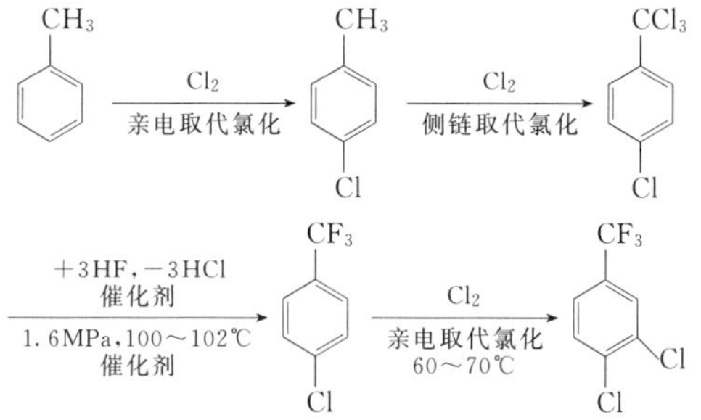

$$\tag{3-43}$$

（2）氟置换脂链上的氯

脂链上的 C—Cl 键比较稳定，需要很强的氟化条件。例如 1,1,1,2-四氟乙烷（商品名 HFC-134a）生产普遍采用的三氯乙烯气相二步氟化法的反应式如下：

$$CCl_2=CHCl+3HF \xrightarrow[\substack{320\sim345℃\\加成氟化和置换氟化}]{CrF_3\ 气\text{-}固相催化剂} CF_3-CH_2Cl+2HCl \tag{3-44}$$

$$CF_3-CH_2Cl+HF \xrightarrow[\substack{约350℃，置换氟化}]{Cr\text{-}Zn\text{-}Al\ 气\text{-}固相催化剂} CF_3-CH_2F+HCl \tag{3-45}$$

制冷剂 HFC-134a

制冷剂 HFC-134a 是对大气臭氧层无破坏作用的制冷剂组分。除上述方法外，它的合成路线还有四氯乙烯气相氟化法和三氯乙烯液相二步氟化法。

1,1,1,2-四氟乙烷除用作制冷剂，还可用作医药、化妆品的气雾喷射剂。作为动物用抗菌药，质量稳定，抗菌活性高，不易产生耐药性和交叉耐药性，主要用于畜禽大肠菌病、霍乱、白痢、慢性呼吸道感染等疾病的防治。

（3）氟置换芳环和杂环上的氯

芳环上的氯原子不够活泼，只有当氯原子的邻位和对位有强吸电子基（主要是硝基或氰基）时，氯原子才比较活泼，但仍需很强的反应条件。为了使反应较易进行，要使用对氟化钠或氟化钾有一定溶解度的高沸点无水非质子传递性强极性有机溶剂，如 N,N-二甲基甲酰胺（沸点 153℃）、二甲基亚砜（沸点 189℃）、N-甲基-2-吡咯烷酮（沸点 204℃）和环丁砜（沸点 287℃）等。为了促使氟化钾分子中的氟离子活化，最好加入耐高温的相转移催化剂，例如：

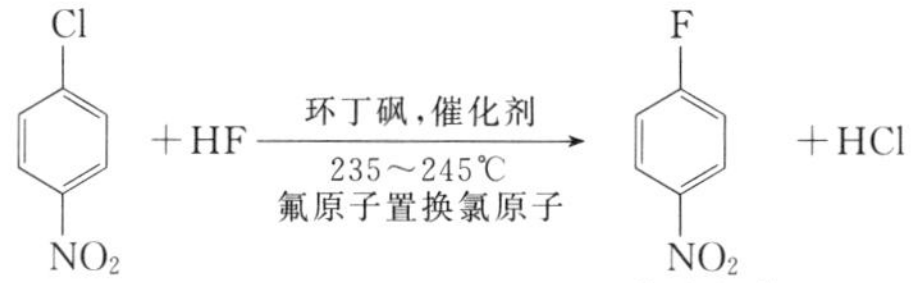

$$\tag{3-46}$$

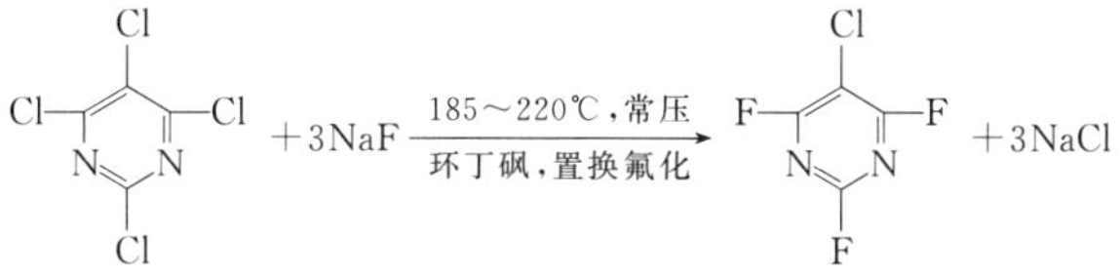

$$\tag{3-47}$$

在四氯嘧啶中，不与氮原子相连的 C—Cl 键相当稳定，不能被氟原子置换。四氯嘧啶和三氟一氯嘧啶都是活性染料的活性基团，用于蛋白质纤维的染色。

3.5 加成卤化

3.5.1 卤素对双键的加成卤化

卤素对双键的加成卤化反应主要是用氯或溴的加成卤化。因为氟与烯烃的加成反应过于激烈，难于控制，而碘与烯烃的加成反应比较困难。用氯或溴的加成卤化一般采用亲电加成反应，但有时也采用自由基成反应。

3.5.1.1 亲电加成卤化

亲电加成卤化的反应历程在大学有机化学教材中已做了详细叙述。用卤素的亲电加成卤化一般采用 $FeCl_3$ 等 Lewis 酸催化剂，有时也可以不用催化剂。

当卤化产物是液体时，可以不用溶剂或用卤化产物作溶剂。当卤化产物为固体时，一般用四氯化碳、三氯乙烯等惰性非质子传递性溶剂。在不致引起副反应时，也可以用甲醇、乙醇等质子传递性溶剂。

温度对于烯烃卤化的反应历程和反应方向有很大影响。例如乙烯与氯的反应在 40～70℃和催化剂存在下是亲电加成反应。在 90～130℃，无催化剂，在气相是自由基加成氯化。在 250～360℃，无催化剂则过渡为自由基取代氯化。表 3-2 给出各种烯烃由亲电加成氯化过渡为自由基取代氯化的温度范围。

表 3-2　各种烯烃由亲电加成氯化过渡为自由基取代氯化的温度范围

烯烃	异丁烯和其他叔烯	2-戊烯	2-丁烯	丙烯	乙烯
过渡温度范围/℃	−40 以下	150～200	150～225	200～350	250～350

1,2-二氯乙烷是生产规模很大的产品，它是以乙烯为原料，通过与氯亲电加成氯化或者与氯化氢和（空气中的）氧进行氧氯化制得。乙烯与氯的加成氯化在工业上主要采用沸腾氯化法，以产品 1,2-二氯乙烷为溶剂（沸点 83.6℃），铁环为催化剂。乙烯单程转化率和选择性均接近理论值，单套设备生产能力可达数十万吨。

再如四溴乙烷可以由乙炔和溴亲电加成而得。

$$CH\equiv CH \xrightarrow{+3Br_2} CHBr=CHBr \xrightarrow{+3Br_2} CHBr_2-CHBr_2 \tag{3-48}$$

沸点/℃　　　　　　−84　　　　　　108～110　　　　　239～242（分解）

密度/(g/cm³)　　　　　　　　　　　2.27　　　　　　　2.97

乙炔由玻璃反应塔下部通入，溴由塔的上部加入，溴化液由底部移出，利用溴（沸点58.78℃，相对密度2.828）在反应液中溶解，快速下沉，在下部反应区吸收反应热，沸腾汽化移出反应热。由于二溴乙烯的溴化速率比乙炔的溴化速率快，因此，就是使用不足量的溴，二溴乙烯也不能成为主要产物。当乙炔过量 1%～5% 时，合成液中除四溴乙烷以外，还有少量的二溴乙烯、三溴乙烯、三溴乙烷和少量溴化氢。乙炔中带入的少量水（极性分子）可使反应加快。

3.5.1.2 自由基加成卤化

在光、高温或引发剂的作用下，氯分子和溴分子可以均裂为氯自由基或溴自由基，两者可以与双键发生自由基加成卤化链反应。

$$CH_2 = CH_2 + \overset{\cdot}{C}l \longrightarrow CH_2\overset{\cdot}{C}l{-}CH_2 \qquad (3\text{-}49)$$

$$CH_2\overset{\cdot}{C}l{-}CH_2 + Cl_2 \longrightarrow CH_2Cl{-}CH_2Cl + Cl\cdot \qquad (3\text{-}50)$$

值得注意的是，在自由基引发剂的存在下，烯烃也会发生聚合反应，因此自由基加成卤化的应用受到很大限制。这里仅举一例。

由 1,3-丁二烯与氯进行自由基加成氯化可以制得 1,4-二氯-2-丁烯和 3,4-二氯-1-丁烯，它们都是重要的有机中间体。

$$CH_2 = CH{-}CH = CH_2 \xrightarrow{Cl_2} \underset{Cl}{CH_2}{-}CH = CH{-}\underset{Cl}{CH_2} + CH_2 = CH{-}\underset{Cl}{CH}{-}\underset{Cl}{CH_2} \qquad (3\text{-}51)$$

丁二烯的加成氯化有气相热氯化、液相热氯化、熔融盐热氯化和氧氯化等方法。气相热氯化不用引发剂，反应速率快、选择性在 90% 以上，设备紧凑，工业上多采用此法。将 1,3-丁二烯与氯按 (5～50):1 的物质的量比，在 200～300℃、0.1～0.7MPa 进行加成氯化时，反应时间可小于 20s。

3.5.2 卤化氢对双键的加成卤化

卤化氢对双键的加成是弱的放热可逆反应。例如：

$$CH_2 = CH_2 + HX \longrightarrow CH_3{-}CH_2X + Q \qquad (3\text{-}52)$$

反应温度升高，平衡左移，降低温度对加成反应有利。低于 50℃ 时，反应几乎不可逆。卤化氢的加成卤化一般采用亲电加成反应，但有时则需要采用自由基加成反应。

3.5.2.1 亲电加成卤化

一般认为反应是分两步进行的，第一步是 HX 分子中的 H^+ 对双键进行亲电进攻，生成碳正离子中间体，第二步是 X^- 的进攻，生成加成产物。

$$HX \xrightarrow{\text{裂解}} H^+ + X^- \qquad (3\text{-}53)$$

$$\overset{}{\underset{}{C}}{=}\overset{}{\underset{}{C} \xrightarrow[\text{亲电加成}]{+H^+}} \left[\overset{}{\underset{H}{C}}{-}\overset{+}{\underset{}{C}} \right] \xrightarrow{+X^-} \overset{}{\underset{H}{C}}{-}\overset{}{\underset{X}{C}} \qquad (3\text{-}54)$$

在反应液中加入 $FeCl_3$、$AlCl_3$ 等 Lewis 酸催化剂，有利于 HX 的异裂，例如：

$$H{-}Cl + FeCl_3 \longrightarrow H^+ + FeCl_4^- \qquad (3\text{-}55)$$

卤化氢的活泼性次序是：$HI > HBr > HCl > HF$，当双键中的碳原子上有供电子基（例如各种烷基或卤基）时，双键中的 π-电子向含供电子基少、含氢多的碳原子转移，H^+ 加到含氢多的碳原子上，卤素连到含氢少的碳原子上，即服从 Markovnikov 规则。

$$CH_3 \longrightarrow \overset{\delta^+}{CH}\overset{\frown}{=}\overset{\delta^-}{CH_2} \qquad \overset{\delta^+}{CH_2}\overset{\frown}{=}\overset{\delta^-}{CH} \longrightarrow CN$$

当双键中的碳原子上连有强吸电子基 [例如—COOH、—CN、—CF$_3$、—$^+$N(CH$_3$)$_3$] 时，双键中的 π-电子向含强吸电子基多、含氢少的碳原子转移，H^+ 加到含氢少的碳原子上，即与 Markovnikov 规则相反。

例如重要的合成香料中间体 1-氯-3-甲基-2-丁烯是由异戊二烯与氯化氢进行亲电加成氯化和异构化而制得的。

$$H_2C = \underset{CH_3}{C}{-}CH = CH_2 \xrightarrow[\text{亲电加成}]{+HCl} CH_3\overset{Cl}{\underset{CH_3}{-C-}}CH{-}CH = CH_2 \underset{\text{异构化}}{\overset{\text{催化}}{\rightleftharpoons}} CH_3{-}\underset{CH_3}{C}{=}CH{-}CH_2Cl \qquad (3\text{-}56)$$

亲电加成氯化反应可以不用催化剂，但是异构化反应需要催化剂。在氯化亚铜催化剂存在下，在 0～20℃，向异戊二烯中通入氯化氢气体时亲电加成氯化和异构化同时进行。但是异构化反应速率慢，所以加成氯化后，要将反应液保温一定时间，使异构化达到平衡，生成 1-氯-3-甲基-2-丁烯的选择性可达 95％以上，异戊二烯转化率 90％以上。氯化亚铜不溶于有机相，因此又提出了各种复合催化剂的专利，例如 Cu_2Cl_2-醇、Cu_2Cl_2-季铵盐、Cu_2Cl_2-叔胺和 Cu_2Cl_2-有机磷等。

3.5.2.2 自由基加成卤化

在没有异裂催化剂，并在过氧化物自由基引发剂的存在下，溴化氢可以均裂产生溴自由基，它进攻碳-碳双键，发生加溴化氢链反应。

$$R{-}O{-}O{-}R \longrightarrow 2R{-}O\cdot \tag{3-57}$$

$$R{-}O\cdot + HBr \longrightarrow R{-}OH + \overset{\cdot}{B}r \tag{3-58}$$

$$\overset{\cdot}{B}r + CH_3{-}CH{=}CH_2 \longrightarrow CH_3{-}\overset{\cdot}{C}H{-}CH_2Br \tag{3-59}$$

$$CH_3{-}\overset{\cdot}{C}H{-}CH_2Br + HBr \longrightarrow CH_3{-}CH_2{-}CH_2Br + \overset{\cdot}{B}r \tag{3-60}$$

因为仲碳自由基活性中间体 $CH_3{-}\overset{\cdot}{C}H{-}CH_2Br$ 比伯碳自由基活性中间体 $\overset{\cdot}{C}H_3{-}CHBr{-}CH_2$ 较稳定，所以自由基加成溴化时，溴连到含氢多的碳原子上，即与前述 Markovnikov 规则相反。

值得注意的是：溴化氢的键能和 C=C 双键中 π-键的键能相差不大，因此在引发剂的作用下，也可能发生烯烃的自由基聚合反应，所以限制了溴化氢或氯化氢的自由基加成卤化反应的应用。

习 题

3-1 什么是卤化反应？引入卤原子有哪些方式？

3-2 除了氯气以外，还有哪些其他氯化剂？

3-3 在用溴素进行溴化时，如何充分利用溴？

3-4 用碘和氯气进行芳环上的取代碘化时，氯气用量不易控制，是否有简便的碘化方法？

3-5 请写出芳环上取代卤化的反应历程。

3-6 哪些类型的化合物容易被氯化，反应可以在水介质中进行？

3-7 芳环上取代卤化在动力学上属于哪类反应？

3-8 苯的一氯化和氯苯的二氯化，哪个反应速率快？

3-9 对于芳环上的取代卤化，为了避免多氯化副反应，可以采用哪些方法？

3-10 简单介绍制备氯苯的工艺发展过程。

3-11 请说明沸腾氯化器的结构、用沸腾氯化器制备氯苯时的氯化工艺以及副产氯化氢的回收工艺。

3-12 在制二氯苯时为什么不用氯化铁做催化剂？为什么不用沸腾氯化？

3-13 由对硝基芳胺制备 2-氯-4-硝基苯胺和 2-溴-4-硝基苯胺时，为什么不用氯气或溴素做卤化剂？

3-14 芳环侧链 α-氢的取代卤化的反应历程包括哪些步骤？有哪些高效引发剂和持久性引发剂？

3-15 芳环侧链 α-氢的取代卤化的动力学。

3-16 芳环侧链 α-氢的取代氯化，为什么要用高纯度氯气？

3-17 在制备 α-氯苄时，为什么可以用塔式连续氯化精馏氯化器？

3-18 低碳醇的氯化时为什么可以用盐酸作氯化剂？而高碳醇的氯化时，要用无水氯化氢作氯化剂，并用无水氯化锌作脱水剂？

3-19 氯原子置换杂环上的羟基时，用什么氯化剂？

3-20　写出以下卤化反应的主要产物和反应类型

（1）$CH_2{=}CH{-}CH_3 \xrightarrow{Cl_2，500℃}$

（2）$CH_2{=}CH{-}CH_3 \xrightarrow{Cl_2，液相，无水，低温}$

（3）$CH_2{=}CH{-}CH_3 \xrightarrow{Cl_2，水中，45\sim60℃}$

（4）$CH_2{=}CH{-}CH_3 \xrightarrow{HCl，活性白土，120\sim140℃}$

（5）$CH_2{=}CH{-}CH_2Cl \xrightarrow{HBr，过氧化苯甲酰}$

（6）$CH_2{=}CH{-}CH_2CN \xrightarrow{HCl，低温}$

3-21　写出从甲苯制备以下化合物的合成路线。

（1） 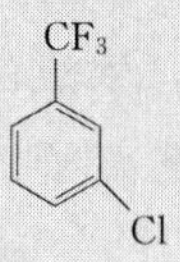

（2） 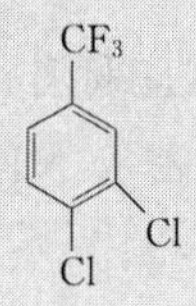

（3） 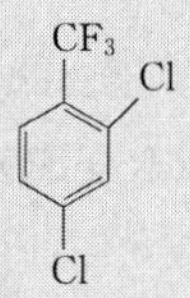

（4） 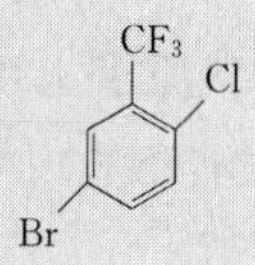

第4章 磺化和硫酸化

4.1 概述

在有机分子中的碳原子上引入磺基（—SO_3H）的反应称作"磺化"，生成的产物是磺酸（R—SO_3H，R 表示烃基）、磺酸盐（R—SO_3M；M 表示 NH_4 或金属离子）或磺酸氯（R—SO_2Cl）。

在有机分子中的氧原子上引入—SO_3H 或在碳原子上引入—OSO_3H 的反应叫做"硫酸化"。生成的产物可以是单烷基硫酸酯（AlK—O—SO_2—O—H），也可以是二烷基硫酸酯（AlK—O—SO_2—O— AlK，AlK 表示烷基）。

磺化反应和硫酸化反应所用的反应试剂基本相同。本章将重点讨论以下内容：①芳环上的取代磺化；②亚硫酸盐的置换磺化；③阴离子表面活性剂的制备反应。

4.2 芳环上的取代磺化

在芳环引入磺基的主要目的如下：
① 使产品具有水溶性、酸性、表面活性或对纤维素具有亲和力；
② 将磺基转化为—OH、—NH_2、—CN 或—Cl 等取代基；
③ 先在芳环上引入磺基，完成特定反应后，再将磺基水解掉。

芳磺酸是不挥发的无色结晶，因所含结晶水不同，熔点也不同。芳磺酸的吸水性很强，很难制成无水纯品。除了氨基单磺酸因形成内盐，在水中溶解度很小以外，大多数芳磺酸都易溶于水，但不溶于非极性或极性小的有机溶剂。芳磺酸的铵盐和各种金属盐类，包括钠盐、钾盐、钙盐、钡盐在水中都有一定的溶解度。通常将芳磺酸以铵盐、钠盐或钾盐的形式从水溶液中盐析出来。

芳环上取代磺化的主要方法有过量硫酸磺化法、芳伯胺的烘焙磺化法、氯磺酸磺化法和三氧化硫磺化法等。

芳环上取代磺化的主要磺化剂是浓硫酸、发烟硫酸、氯磺酸和三氧化硫，将结合各种磺化方法叙述。

4.2.1 过量硫酸磺化法

过量硫酸磺化法应用范围最广，涉及的产品最多，本章将做详细讨论。

4.2.1.1 磺化剂

过量硫酸磺化法所用的磺化剂是浓硫酸和发烟硫酸。工业硫酸有两种规格，一种含

H_2SO_4 约 92.5%（质量分数，下同）（熔点 $-27 \sim -3.5$℃），另一种含 H_2SO_4 约 98%（熔点 $1.8 \sim 7$℃）。工业发烟硫酸也有两种规格，一种含游离 SO_3 约 20%（熔点 $-10 \sim 2.5$℃），另一种含游离 SO_3 约 65%（熔点 $0.35 \sim 5$℃）。这四种规格的硫酸在常温下都是液体，运输、贮存和使用都比较方便。

如果需要使用其他浓度的硫酸或发烟硫酸，一般用上述规格的硫酸、发烟硫酸或水配制。

发烟硫酸的含量可以用游离 SO_3 含量 $w(SO_3)$（质量分数，下同）表示，但为了酸碱滴定分析或配酸上的方便，常常折算成 H_2SO_4 的含量 $w(H_2SO_4)$ 来表示。两种表示方法的换算公式如下：

$$w(H_2SO_4) = 100\% + 0.225w(SO_3) \tag{4-1}$$

$$w(SO_3) = 4.44[w(H_2SO_4) - 100\%] \tag{4-2}$$

例如，含游离 SO_3 20% 的发烟硫酸换算成 H_2SO_4 的百分含量为：

$$w(H_2SO_4) = 100\% + 0.225 \times 20\% = 104.5\% \tag{4-3}$$

从联合散射光谱可以看出，在发烟硫酸中，除 SO_3 以外，还含有 $H_2S_2O_7$、$H_2S_4O_{13}$ 和 $H_2S_3O_{10}$ 等质点。在 100% 硫酸（18.66mol/L，20℃）中，含有约 0.027mol/L 的 HSO_4^-，这可能是按下式离解生成的：

$$2H_2SO_4 \rightleftharpoons H_3SO_4^+ + HSO_4^- \tag{4-4}$$

$$3H_2SO_4 \longrightarrow H_2S_2O_7 + H_3O^+ + HSO_4^- \tag{4-5}$$

式中，$H_3SO_4^-$ 和 $H_2S_2O_7$ 分别相当于 $SO_3 \cdot H_3O^+$ 和 $SO_3 \cdot H_2SO_4$。

在 100% 硫酸中加入少量水时，水和硫酸几乎完全按下式离解。

$$H_2O + H_2SO_4 \rightleftharpoons H_3O^+ + HSO_4^- \tag{4-6}$$

生成的 H_3O^+ 和 HSO_4^- 使式(4-4) 和式(4-5) 的平衡左移，$H_3SO_4^+$ 和 $H_2S_2O_7$ 的浓度下降，且加入的水越多，$H_3SO_4^+$ 和 $H_2S_2O_7$ 的浓度越低。

4.2.1.2　反应历程

磺化是亲电取代反应，SO_3 分子中硫原子的电负性（2.4）比氧原子的电负性（3.5）小，所以硫原子带有部分正电荷而成为亲电质点。在发烟硫酸和浓硫酸中，各种亲电性质点的亲电性次序是：

$SO_3 > 3SO_3 \cdot H_2SO_4$（即 $H_2S_4O_{13}$）$> 2SO_3 \cdot H_2SO_4$（即 $H_2S_3O_{10}$）$> SO_3 \cdot H_2SO_4$（即 $H_2S_2O_7$）$> SO_3 \cdot H_3O^+$（即 $H_3SO_4^+$）$> SO_3 \cdot H_2O$（即 H_2SO_4）

上述亲电质点都可能参加磺化反应，但其磺化活性差别很大。另外，硫酸浓度的改变对上述质点的浓度变化也有很大影响，这就给主要磺化质点的确定造成了困难。根据动力学研究，一般认为：在发烟硫酸中主要磺化质点是 SO_3，在 93%（质量分数，下同）左右含量较高的硫酸中，主要磺化质点是 $SO_3 \cdot H_2SO_4$（即 $H_2S_2O_7$），在 80%～85% 含量较低的硫酸中，主要磺化质点是 $SO_3 \cdot H_3O^+$（即 $H_3SO_4^+$），在含量更低的硫酸中，主要磺化质点是 $SO_3 \cdot H_2O$（即 H_2SO_4）。以 SO_3 为例，其反应历程可分别表示如下：

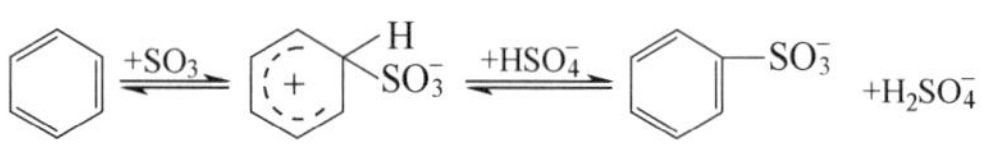

$$\tag{4-7}$$

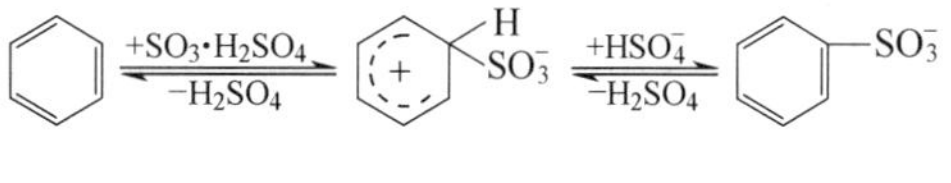

$$\tag{4-8}$$

$$\text{(4-9)}$$

$$\text{(4-10)}$$

首先是 SO_3 或它的配合物亲电质点向芳环发生亲电进攻，生成配合物，后者在碱（HSO_4^-）的作用下，脱去质子生成芳磺酸负离子。

4.2.1.3 磺化动力学

磺化是亲电取代反应，因此芳环上有供电子基使磺化反应速率变快，有吸电子基使磺化反应速率变慢。表 4-1 是某些芳烃及其衍生物（D）在硫酸中、在 40℃，一磺化时相对于苯（B）的相对反应速率常数 k_D/k_B。

表 4-1　部分芳烃及其衍生物用硫酸磺化时相对于苯的相对反应速率常数

被磺化物	k_D/k_B	被磺化物	k_D/k_B	被磺化物	k_D/k_B
萘	9.12	氯苯	0.68	对二溴苯	0.065
间二甲苯	7.53	溴苯	0.61	1,2,3-三氯苯	0.047
甲苯	5.08	间二氯苯	0.43	硝基苯	0.015
1-硝基萘	1.68	对硝基甲苯	0.21		
对氯甲苯	1.10	对二氯苯	0.063		

磺化也是连串反应，但是与氯化不同，磺酸基对芳环有较强的钝化作用，一磺酸比相应的被磺化物难于磺化，而二磺酸又比相应的一磺酸难于磺化。因此，苯系和萘系化合物在磺化时，只要选择合适的反应条件，例如磺化剂的浓度和用量、反应的温度和时间，在一磺化时可以使被磺化物基本上完全一磺化，只副产很少量的二磺酸；在二磺化时只副产很少量的三磺酸。

硫酸的浓度对磺化反应速率有很大影响。对硝基甲苯用 2.4% 发烟硫酸磺化的反应速率比用 100% 硫酸高 100 倍，在 92%～98% 硫酸中，其磺化反应速率与硫酸中水的浓度的平方成反比，即硫酸浓度由 92%（含 H_2O 约 8.11mol/L）提高到 99%（含 H_2O 约 1.01mol/L）时，磺化反应速率约提高 64.4 倍。在实际生产中，随着磺化反应的进行，硫酸的浓度逐渐下降，仅此一项因素，磺化开始阶段和磺化末期，磺化反应速率可能下降几十倍，甚至几百倍，如果再考虑被磺化物浓度的下降，则总的磺化反应速率可能相差几千倍之多，因此磺化后期总要保温一定的时间，甚至需要提高反应温度。

磺化液中生成的芳磺酸的浓度也会影响磺化反应速率，因为芳磺酸能与水结合。

$$Ar\!-\!SO_3H + nH_2O \Longleftrightarrow Ar\!-\!SO_3H \cdot nH_2O \tag{4-11}$$

这就缓解了磺化液中 SO_3、$H_2S_2O_7$、H_2SO_4、$H_3SO_4^+$ 等磺化质点浓度的下降，即缓解了磺化反应速率的下降，对于相同浓度的硫酸，芳磺酸的浓度越高，这种缓解作用越明显。

在磺化液中加入 Na_2SO_4，会抑制磺化反应的速率。这是因为 Na_2SO_4 与 H_2SO_4 相作用会离解出 HSO_4^-。

$$Na_2SO_4 + H_2SO_4 \Longleftrightarrow 2Na^+ + 2HSO_4^- \tag{4-12}$$

按照式(4-8)和式(4-9)，HSO_4^- 浓度的增加，使化学平衡左移，降低了 $H_3SO_4^+$ 和

$H_2S_2O_7$ 等磺化质点的浓度。

加美吉太等人发现，苯和甲苯在浓硫酸中进行非均相磺化时，反应发生在酸相的液膜中，苯和甲苯向酸相中的扩散速率低于化学反应速率，即传质速率是整个磺化过程的控制步骤。这时搅拌强度非常重要。

4.2.1.4 反应热力学——磺酸的异构化和水解

以浓硫酸或发烟硫酸为磺化剂的磺化反应是可逆的，即在一定条件下，可以发生磺酸的异构化反应或磺基水解的脱磺基反应。例如，萘在80℃用浓硫酸磺化时，主要生成萘-1-磺酸。将低温磺化液加热至160℃，或将萘在160℃用浓硫酸磺化，则主要生成萘-2-磺酸。

$$\text{(4-13)}$$

将上述高温磺化液用水稀释，并在140℃左右通入水蒸气，则萘-1-磺酸即被水解成萘，并随水蒸气蒸出，而萘-2-磺酸则不被水解。

一般认为磺酸的异构化和水解都是可逆的平衡反应。

（1）芳磺酸的异构化

芳磺酸在浓硫酸中的异构化，一般认为是通过水解再磺化而完成的。在发烟硫酸中的异构化（例如萘二磺酸的异构化），一般认为是通过分子内重排而完成的。萘在浓硫酸中一磺化时，磺化温度对异构体生成比例的影响如表 4-2 所示。

表 4-2 萘一磺化时温度对异构体生成比例的影响

温度/℃	80	90	100	110.5	124	129	138.5	150	161
α-位比例/%	96.5	90.0	83.0	72.6	52.4	44.4	28.4	18.3	18.4
β-位比例/%	3.5	10.0	17.0	27.4	47.6	55.6	71.6	81.7	81.6

应该指出，在平衡混合物中 α-异构体的含量随硫酸浓度的提高而增加。另外低温、短时间有利于 α-取代，而高温、长时间有利于 β-取代。

甲苯用浓硫酸进行一磺化时，异构体的生成比例既与硫酸的浓度和用量有关，又与磺化的温度和时间有关，如表 4-3 和表 4-4 所示。

表 4-3 用硫酸对甲苯一磺化时反应温度和甲苯/硫酸物质的量比对异构产物分布的影响

反应温度/℃	磺酸含量（摩尔分数）/%	甲苯/硫酸（物质的量比）	异 构 体 分 布/%		
			对 位	间 位	邻 位
0	96	1:2	56.4	4.1	39.5
0	96	1:6	53.8	4.3	41.9
35	96	1:2	66.9	3.9	29.2
35	96	1:6	61.4	5.3	33.3
75	96	1:1	75.4	6.3	19.3
75	96	1:6.4	72.8	7.0	20.2
100	94	1:8	76.0	7.6	16.2
100	94	1:41.5	78.5	6.2	15.3
100	94	1:6	72.5	10.1	17.4

表 4-4　甲苯一磺化时的异构产物分布①

反应温度 /℃	时间/h	异构产物分布/%			反应温度 /℃	时间/h	异构产物分布/%		
		对位	间位	邻位			对位	间位	邻位
101	4	80.0	3.4	16.6	162	70	39.8	53.1	7.1
101	400	82.0	8.2	9.8	181	4	53.2	38.2	8.6
128	88	60.1	33.3	6.6	181	27	52.5	43.3	4.3
128	1687	41.0	55.5	3.5	200	1	52.0	40.1	7.9
162	44	68.2	24.0	7.8	200	4	54.8	40.7	4.5

① 温度大于 100℃，以 2.5mol、94%（摩尔分数）的 H_2SO_4 进行甲苯一磺化。

将甲苯蒸气在 120℃ 通入质量分数 98% 硫酸中进行共沸去水磺化时，磺化产物的典型组成是：甲基苯磺酸 88.3%、硫酸 4.7%、砜 0.7%、甲苯 1.0% 和水 5.3% 以上（均为质量分数）。在甲基苯磺酸中 86% 是对位、10% 是邻位、4% 是间位。

还应该指出，甲苯用浓硫酸在 100% 共沸去水磺化时，如果加入 1% 的无水硫酸钠，混合甲苯磺酸的总收率可达 95% 以上，其中邻位体可达 85% 以上（均为质量分数）；产品是铸造用树脂砂的固化剂。

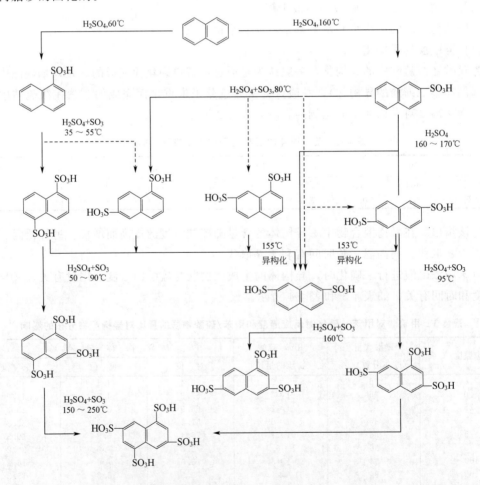

图 4-1　萘在不同条件下磺化时的主要产物（虚线表示副反应）

又如间二甲苯在 150℃用浓硫酸磺化时，主要产物是 3,5-二甲基苯磺酸。

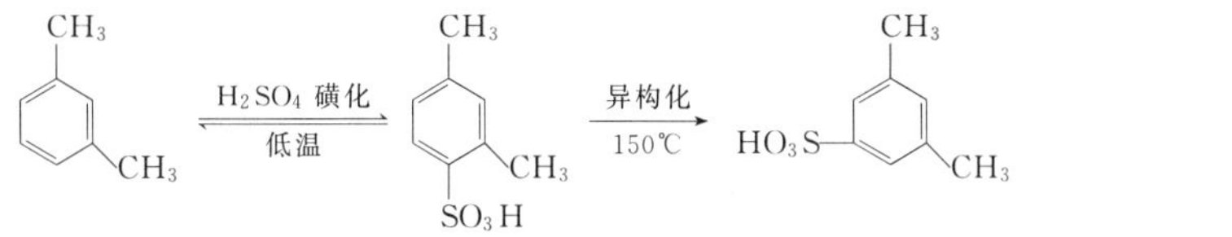

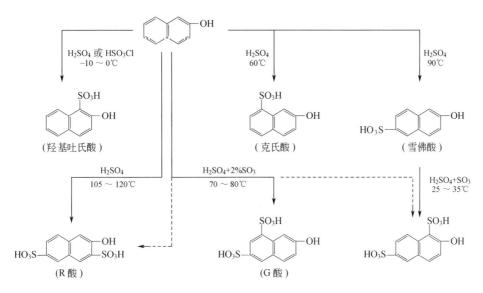

$$\text{(4-14)}$$

萘和 2-萘酚在不同条件下磺化时的主要产物如图 4-1 和图 4-2 所示。

图 4-2　2-萘酚磺化时的主要产物（虚线表示副反应）

（2）芳磺酸的水解

芳磺酸的水解也是亲电取代反应，一般认为其反应历程如下：

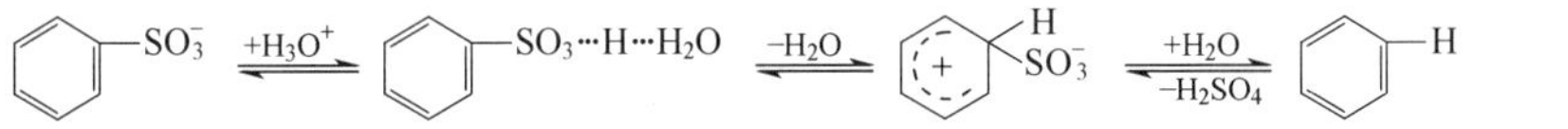

$$\text{(4-15)}$$

通常，H_3O^+浓度越高，水解速率越快，但是为了避免再磺化反应，通常在质量分数 $30\%\sim70\%$ 硫酸中进行水解。另外，水解温度越高，水解速率越快，但是为了避免树脂化等副反应，水解温度不宜超过 $150\sim170℃$。

在常压水解时，一般是在硫酸水溶液的沸腾温度下进行的。硫酸浓度和沸点的关系如图 4-3 所示。如果需要较低的硫酸浓度和较高的水解温度，则需要在密闭的高压釜中进行水解。

芳环上有甲基、氨基等供电子基团，特别是取代基在磺基的邻位和对位时，磺基的水解较易进行。有弱吸电子基（例如氯基）时，水解较难进行；有强吸电子基（例如硝基）时，甚至使磺基很难水解。在萘环上，α-磺基容易水解，而 β-磺基则很难水解。

图 4-3　不同浓度硫酸的沸点

芳磺酸的水解在工业生产上有重要的用途。将芳香族化合物先磺化，接着进行指定的反应，然后再将磺基水解掉的合成路线用于制备某些重要的化工产品，如 2,6-二氯苯胺、2-萘磺酸钠、J 酸、4-氨基-4-硝基二苯胺和 4,4′-二氨基二苯胺等，具体合成路线可见相关章节。

4.2.1.5 主要影响因素

(1) 硫酸的浓度和用量

当用浓硫酸作磺化剂时,每引入一个磺基生成 1mol 水,随着磺化反应的进行,硫酸的浓度逐渐降低。对于具体的磺化过程,当硫酸浓度降低到一定程度时,磺化反应的速率慢得近乎停止。1919 年 Guyot 用 "π" 值表示 "废酸" 的浓度。π 值是将废酸中所含 H_2SO_4 的质量换算成 SO_3 的质量后的质量分数,即按投料计,π 值可用下式来计算。

$$\pi = \frac{\text{废酸中所含 } H_2SO_4 \text{ 质量} \times \frac{80}{98}}{\text{原用硫酸质量} - \text{消耗的 } H_2SO_4 \text{ 质量} \times \frac{80}{98}} \times 100\%$$

$$= \frac{\text{废酸中所含 } H_2SO_4 \text{ 质量} \times \frac{80}{98}}{\text{原用发烟硫酸质量} - \text{消耗的 } SO_3 \text{ 质量}} \times 100\% \tag{4-16}$$

另外,π 值也可以用磺化液中 H_2SO_4 和 H_2O 的质量分数来估算

$$\pi \doteq \frac{100 \times \frac{80}{98} \times w(H_2SO_4)}{w(H_2SO_4) + w(H_2O)} = 81.63 \times \frac{w(H_2SO_4)}{w(H_2SO_4) + w(H_2O)} \tag{4-17}$$

某些磺化反应的 π 值如表 4-5 所示。

表 4-5 某些磺化反应的 π 值和废酸的 $w(H_2SO_4)/[w(H_2SO_4) + w(H_2O)]$

化合物	苯	萘					硝基苯	对硝基甲苯
磺化程度	一磺化	一磺化		二磺化			一磺化	一磺化
磺化温度/℃	—	55~65	160	10	80~90	160	—	—
π 值	66.40	56	52	≤82	80	66.5	约82	约82
$\dfrac{w(H_2SO_4)}{w(H_2SO_4)+w(H_2O)}$	81.3%	68.6%	63.7%	100.5%	≤98%	81.5%	约100.5%	约100.5%

为了消除磺化反应生成的水的稀释作用的影响,必须使用过量很多的硫酸,1kmol 有机物在一磺化时所需浓硫酸或发烟硫酸的用量 x(以 kg 计),可用下式计算。

$$x = 80 \frac{100 - \pi}{a - \pi} \tag{4-18}$$

式中,a 是把所用磺化剂中的 H_2SO_4 都折算成 SO_3 的浓度,即 100% 硫酸相当于含 $SO_3 = 100 \times \frac{80}{98} = 81.6$。由此可以看出,所用磺化剂的浓度 a 越高,用量越少。当所用磺化剂为三氧化硫时,$a = 100$,因为反应中不生成水,$x = 80$kg,即相当于理论量。

【例 4-1】 在实际生产中,300kg 对硝基甲苯(相对分子质量 137)用 20% 的发烟硫酸 800kg 在 100~125℃ 进行一磺化制 2-甲基-5-硝基苯磺酸,试计算其废酸的 π 值和 $w(H_2SO_4)/[w(H_2SO_4) + w(H_2O)]$。

解: 对硝基甲苯的量 $= \frac{300}{137} = 2.19$kmol

800kg 20% 发烟硫酸含 $H_2SO_4 = 800 \times 104.5\% = 836$kg

一磺化消耗 $H_2SO_4 = 2.19 \times 98 = 214.62$kg

$$\pi = \frac{(836 - 214.62) \times \frac{80}{98}}{800 - 214.62 \times \frac{80}{98}} \times 100 = 81.18$$

即
$$\frac{w(\mathrm{H_2SO_4})}{w(\mathrm{H_2SO_4})+w(\mathrm{H_2O})}=99.44\%$$

【例 4-2】 300kg 对硝基甲苯在 100~125℃一磺化时，设 π 值为 82，试计算 20％发烟硫酸的用量。

解：
$$a=104.5\times\frac{80}{98}=85.31$$

$$x=80\times\frac{100-82}{85.31-82}=435.0\mathrm{kg}$$

需 20％发烟硫酸质量 $=2.19\times435.0=952.6\mathrm{kg}$（比生产实际用量大得多）。

应该指出：在 π 值的计算中没有考虑"废酸"中芳磺酸含量的影响，因此 π 值概念的实际应用有很大的局限性。实际上，对于具体的磺化过程，所用硫酸的浓度和用量以及磺化的温度和时间，都是通过大量最优化实验而综合确定的。而且，磺化终点是根据磺化液的总酸度来确定的，总酸度指的是将磺化液试样用氢氧化钠标准溶液滴定，然后按下式计算得出的：

$$总酸度=\frac{c(\mathrm{NaOH})V(\mathrm{NaOH})\times0.04904}{m_{试}}\times\frac{V_{容量瓶}}{V_{移液管}}\times100\% \tag{4-19}$$

式中 $c(\mathrm{NaOH})$ ——NaOH 的浓度，mol/L；

$V(\mathrm{NaOH})$、$V_{容量瓶}$、$V_{移液管}$ ——NaOH、容量瓶和移液管的体积，mL；

0.04904 —— $\frac{1}{2}\mathrm{H_2SO_4}$ 的物质的量，mmol；

$m_{试}$ ——试样质量，g。

即总酸度包括试样中硫酸以及芳磺酸和游离三氧化硫均按当量换算成硫酸量的总和。

（2）磺化的温度和时间

在叙述磺化热力学时已经指出，磺化温度会影响磺基进入芳环的位置和异构磺酸的生成比例。特别是在多磺化时，为了使每一个磺基都尽可能地进入所希望的位置，对于每一个磺化阶段都需要选择合适的磺化温度（参见图 4-1 和图 4-2）。

提高磺化温度可以加快反应速率，缩短反应时间，但是温度太高会引起多磺化、砜的生成、氧化和焦化等副反应。实际上，具体磺化过程的加料温度、保温温度和保温时间都是通过最优化实验确定的。

（3）加入辅助剂

在磺化过程中为了抑制氧化、砜的生成或多磺化等副反应，或是为了改变定位作用，常常加入适量的辅助剂。

例如，在 2-萘酚一磺化制 2-萘酚-6-磺酸，二磺化制 2-萘酚-3,6-二磺酸时，加入无水硫酸钠，可以抑制硫酸的氧化作用。羟基蒽醌在用发烟硫酸磺化时加入硼酸，使羟基转变为硼酸酯基，可以抑制氧化副反应。

当磺化的温度高、硫酸的浓度也高时，生成的芳磺酸会与硫酸作用生成芳砜正离子 $\mathrm{ArSO_2^+}$，再与被磺化物 Ar—H 相作用生成二芳基砜。

$$\mathrm{Ar{-}SO_2OH+2H_2SO_4 \Longleftrightarrow Ar{-}SO_2^+ + H_3O^+ + 2HSO_4^-} \tag{4-20}$$

或
$$\mathrm{Ar{-}SO_2OH+SO_3 \Longleftrightarrow Ar{-}SO_2^+ + HSO_4^-} \tag{4-21}$$

$$\mathrm{Ar{-}SO_2^+ + ArH \Longleftrightarrow Ar{-}SO_2{-}Ar + H^+} \tag{4-22}$$

在这里加入硫酸钠，可以增加磺化液中 $\mathrm{HSO_4^-}$ 的浓度，使式（4-20）和式（4-21）的平衡左移，从而抑制了 $ArSO_2^+$ 和砜的生成。

蒽醌在用发烟硫酸磺化时，如果没有汞盐定位剂，磺基主要进入 β-位；而有汞盐定位剂，则磺基主要进入 α-位。生产上曾用汞盐定位磺化法生产蒽醌-1-磺酸、蒽醌-1,5-二磺酸和蒽醌-1,8-二磺酸。由于汞对人体有严重危害，因此对上述产品及其下游产品中的汞含量和生产废水中的汞含量均有严格限制，而脱汞技术相当复杂，所以中国工厂已停止使用汞盐定位磺化法。其下游产品1,5-二羟基蒽醌和1,8-二羟基蒽醌等已改用其他合成路线。

4.2.1.6 重要实例

用过量硫酸化法制得的芳磺酸品种很多，下面举几个重要的生产实例，其中 CLT 酸的制备说明合成路线的重要性，其他两个实例都涉及萘的高温一磺化生成萘-2-磺酸，这里利用上海地区的数据说明因后继反应不同，其磺化条件和 π 值也各不同。另外，它们也是磺化产物分离方法的重要实例。

(1) CLT 酸

学名 2-氨基-4-甲基-5-氯苯磺酸，它是重要的有机颜料中间体，可以用于生产金光红 C、大红色淀 C、立索尔大红 2G 等，需要量很大。现在工业上，CLT 酸是以甲苯为起始原料，经磺化、氯化、硝化、还原而制得。

$$(4\text{-}23)$$

向磺化锅中加入 920kg 甲苯，升温至 105℃，用 2h 滴加 2880kg 质量分数为 100% 的硫酸，在 105～110℃ 回流 2h 完成磺化反应，磺化完毕后不需要分离出磺化产物，冷却至 65～70℃，向磺化液中通入氯气约 710kg 进行氯化，直到总酸度下降到一定程度为止。逸出的氯化氢气体用水吸收，氯化完毕后，在 60～65℃ 向氯化液中滴加质量分数 98% 硝酸进行硝化，硝化完毕后加入适量水和上一批的结晶析出母液，并冷却至 12℃ 以下，使2-硝基-4-甲基-5-氯苯磺酸结晶析出，将滤出的硝基磺酸结晶用铁粉或氢气还原即得到CLT 酸。

磺化时主产物对甲苯磺酸的收率只有 80% 左右，在氯化和硝化时也生成异构产物，所以按甲苯计 CLT 酸的收率只有理论的 53%。对于硝基磺酸的析出，传统的方法是稀释、加氯化钠盐析法，它的缺点是 CLT 酸的收率只有 49%，副产的含 $NaCl$-H_2SO_4 的盐析母液很难利用和治理，而且费用高。改用稀释析出法，副产的总酸度 50%～54% 的废硫酸母液虽然含有大量的硝基磺酸异构体，但不含无机盐，可浓缩成浓硫酸（在浓缩时，有机物完全被氧化分解），或与硫化钡水溶液反应产生硫化氢。

$$H_2SO_4 + BaS \longrightarrow BaSO_4 \downarrow + H_2S \uparrow \qquad (4\text{-}24)$$

逸出的硫化氢可进一步加工成多种化工商品。从残液过滤出水不溶性硫酸钡，与煤粉混合后，用热还原法再制成硫化钡循环使用或制成工业品硫酸钡。也有研究表明，将磺化反应温度提高到 110～130℃，反应时间延长到 6h，反应中脱去生成的水，可以将硫酸用量减少到 20%。

关于 CLT 酸的制备，还研究过许多其他合成路线。例如邻氯甲苯的溴化、溴基氨解磺化法；间甲苯胺的光气化（或乙酰化）、氯化、磺化、碳酰基（或乙酰基）水解法；间甲苯胺盐酸盐的氯化、磺化法和对甲苯磺酰氯法等，但均未能取代甲苯法。

（2）萘-2-磺酸钠

由萘的高温一磺化制得，萘-2-磺酸钠有多种用途，主要用于通过碱熔制 2-萘酚，也可用作动物胶的乳化剂。

$$\text{（萘）} + H_2SO_4 \xrightarrow[160\sim162℃]{\substack{\text{高温一磺化}\\97\%\sim98\% H_2SO_4}} \text{（萘-SO}_3\text{H）} + H_2O \qquad (4\text{-}25)$$

$$2\,\text{（萘-SO}_3\text{H）} + Na_2SO_3 \xrightarrow{\text{中和、盐析}} 2\,\text{（萘-SO}_3\text{Na）} + H_2O + SO_2\uparrow \qquad (4\text{-}26)$$

$$H_2SO_4 + Na_2SO_3 \xrightarrow{\text{过量硫酸的中和}} Na_2SO_4 + H_2O + SO_2\uparrow \qquad (4\text{-}27)$$

$$\text{（萘-SO}_3\text{Na）} + 2NaOH \xrightarrow{\text{碱熔}} \text{（萘-ONa）} + H_2O + Na_2SO_3 \qquad (4\text{-}28)$$

$$2\,\text{（萘-ONa）} + SO_2 + H_2O \xrightarrow{\text{酸化}} 2\,\text{（萘-OH）} + Na_2SO_3 \qquad (4\text{-}29)$$

$$2NaOH + SO_2 \xrightarrow{\text{碱熔物中过量碱的酸化}} H_2O + Na_2SO_3 \qquad (4\text{-}30)$$

在磺化锅中，将 400kg 熔融态精萘升温至 140℃，用 20min 加入 343kg 质量分数为 97%～98% 的硫酸，然后在 160～162℃ 保温 2h，即认为磺化达到终点。总酸度 25%～27%，加入少量水，在 140～150℃ 保温 1h，使副产的萘-1-磺酸水解成萘，然后通入水蒸气吹出未反应的和水解生成的萘，回收萘脱水后可以循环使用，水解液用碱熔时副产的亚硫酸钠水溶液中和盐析，中和液冷却后萘-2-磺酸钠即盐析出来，滤出的萘-2-磺酸钠湿滤饼可直接用于碱熔制 2-萘酚，中和时逸出的二氧化硫气体直接用于碱熔物的酸化。

上述磺化反应的特点是：未反应的萘可以回收循环使用，为了减少二磺化副反应，硫酸/萘物质的量比只有 1.10：1，萘没有完全磺化，按萘完全一磺化计算的 π 值只有 26.36。

关于萘-2-磺酸钠的生产工艺改进，有许多报道。B. B. ПассеТ 等人指出，分两次加入硫酸可以提高萘-2-磺酸钠的收率。C. A. АНОШИН 等人指出，提高搅拌转数可以提高萘-2-磺酸钠的收率。Т. Т. ДупейКО 等人指出，萘-2-磺酸钠的溶解度随溶液中硫酸钠浓度的提高而下降，而且对温度很敏感。张松柏指出，由于萘-2-磺酸钠的溶解度很大，在萘-2-磺酸钠的盐析母液和洗液中加入一种化学试剂，可以有效地将萘-2-磺酸钠沉淀出来。上述磺化、水解、吹萘、中和盐析等过程可以采用间歇操作，也可以采用多锅串联反应器全部连续化。另外，水解和吹萘改用塔式逆流连续操作，可减少水蒸气消耗量，并降低水解后水解液中未水解的萘-1-磺酸的含量。

（3）1,6-克立夫酸和 1,7-克立夫酸

学名是 1-氨基萘-6-磺酸和 1-氨基萘-7-磺酸，它们是由萘的高温一磺化、硝化和还原同时制得的染料中间体，主要用于制备偶氮染料和硫化染料。例如 1,6-克立夫酸是生产直接耐晒蓝 BGL 和硫化蓝 CV 的原料，而 1,7-克立夫酸则主要用于直接耐晒蓝 B2R、BGL、灰 LBN、棕 RTL、直接黑 FF 以及硫化盐 CD 等的制备。

将 320kg 熔融态精萘加热至 120℃，用 45min 加入 315kg 质量分数为 96.5％的硫酸，用 40min 升温至 160~162℃，保温 1.5h，总酸度 26％~28％，降温至 120℃，用 40min 再加入 437kg 质量分数 96.5％硫酸，降温至 33~37℃，滴加硝酸进行硝化，然后放入水中稀释，用白云石（主要成分是碳酸钙，并含有少量碳酸镁）中和、过滤出不溶性硫酸钙，得到硝基萘磺酸镁盐水溶液（脱硫酸钙分离法），再经还原、分离得到 1,6-克立夫酸和 1,7-克立夫酸。

上述磺化反应的特点是：为了减少二磺化副反应，硫酸/萘的物质的量比只有 1.24∶1，萘也没有完全一磺化，按萘完全一磺化计算 π 值只有 41.85。在 160℃一磺化后，降温至 120℃，又补加硫酸，一方面是使萘完全一磺化，硫酸/萘物质的量比达到 2.96∶1，计算 π 值 71.09，远高于低温一磺化的 π 值 56，但低于中温二磺化的 π 值 80。这是为了使下一步硝化反应时反应物不致太稠。

(4) H 酸

学名 1-氨基-8-羟基萘-3,6-二磺酸，是重要的染料中间体。H-酸单钠盐主要用于生产酸性、直接和活性染料，如酸性品红 6B、酸性大红 G、酸性黑 10B、直接黑、活性艳红 K-2BP、活性紫 K-3R、活性溶蓝 K-R 等 90 余种染料。它是由萘经过一磺化、二磺化、三磺化（总酸度 67.6％~68.6％）、硝化、还原和碱熔制得的。

$$(4-31)$$

将 547.4kg 100％硫酸（质量分数，下同）加热至 45~60℃，向其中加入粉状精萘420kg，用 1.5h 升温至 145℃，保温 1h，冷却至 100℃，加入 417.6kg 100％硫酸，以免萘磺酸结晶析出；再冷却至 60℃，在低于 85℃用 2h 加入 974kg 65％发烟硫酸，用 1h 加热至155℃，保温 3h，冷却至 153℃，快速加入 326kg 65％发烟硫酸，在 155℃保温 1h，冷却、稀释、加混酸硝化、稀释、脱硝、氨水中和、铁粉还原、盐析得 1-氨基萘-3,6,8-三磺酸铵钠盐，后者经碱熔、酸析即得 H 酸单钠盐。

上述高温一磺化的特点是使用 100% 的硫酸，而且硫酸用量多，硫酸/萘物质的量比 1.70:1，萘不仅完全一磺化，并且生成了少量的萘二磺酸，计算 π 值高达 64.71，接近萘高温二磺化的 π 值 66.5。

关于 H 酸生产工艺改进的报道很多。在二磺化和三磺化时用三氧化硫代替 65% 发烟硫酸，三氧化硫的用量仅为发烟硫酸用量的 2/3，并且可以减少废液处理量。关于硝基萘三磺酸反应液的处理，传统工艺采用石灰中和、脱硫酸钙法，但此法副产的硫酸钙废渣太多，为了从硫酸钙滤饼中洗出所含硝基萘三磺酸，用水量大，所得硝基萘三磺酸浓度低，还原损失大，改用氨水中和法，可简化工艺、减少损失。

4.2.1.7 磺化产物的分离

从上述重要生产实例可以看出，从磺化反应液中分离出所需要的芳磺酸可以有很多方法，其中重要的方法有以下几种。

① 稀释析出法 例如前述重要生产实例 4.2.1.6（1）中，2-硝基-4-甲基-5-氯苯磺酸低温时在总酸度 50%～54% 的废酸（相当于 60% 左右的硫酸水溶液）中溶解度很小，因此可以用稀释法使其析出。这种方法的优点是操作简便，费用低。副产的废硫酸母液便于回收或利用。

② 稀释盐析法 许多芳磺酸盐在水中的溶解度很大，但是在相同正离子的存在下，则溶解度明显下降，因此可以向磺化稀释液中加入 $NaCl$、Na_2SO_4、KCl、K_2SO_4、$MgSO_4$ 等，使芳磺酸盐析出来。

最常用的盐析法是氯化钠盐析法，但是含有大量氯化钠的稀硫酸，很难利用和治理，如果改用硫酸钠盐析法，由于硫酸钠在质量分数 30%～40% 稀硫酸中的溶解度比氯化钠大得多，可提高盐析析出率。另外，副产的含硫酸钠的废硫酸水溶液可用于与硫化钠水溶液相反应产生硫化氢，副产粗品硫酸钠可经热还原再制成硫化钠循环使用。

稀释盐析法还可以用来分离芳磺酸盐异构体。例如，在 2-萘酚的二磺化时生成 2-羟基萘-6,8-二磺酸（G 酸）和 2-羟基萘-3,6-二磺酸（R 酸），向磺化稀释液中先加氯化钾水溶液或硫酸钾水溶液，可使 G 酸以二钾盐的形式析出。滤出 G 盐后，再向滤液中加入氯化钠水溶液或硫酸钠水溶液，可以使 R 酸以二钠盐的形式析出。

另外，为了减少母液体积，稀释盐析法也可以不用氯化钠或硫酸钠，而改用氢氧化钠水溶液将磺化稀释液中的一部分硫酸中和成硫酸钠进行盐析。例如 2-氨基萘-1-磺酸在用发烟硫酸三磺化、水解掉 1-位磺基后，用水稀释、用氢氧化钠部分中和，即可析出磺化产物 2-氨基萘-5,7-二磺酸单钠盐。后者经碱熔可制得 2-氨基-5-羟基萘-7-磺酸（J 酸），它是重要的染料中间体。

③ 中和盐析法 例如，前述重要生产实例 4.2.1.6（2），萘-2-磺酸的中和盐析。中和盐析时除了用亚硫酸钠以外，也可以用碳酸钠、氢氧化钠、氨水或液氨。但在大多数情况下，在盐析时没有必要将磺化液中的过量硫酸完全中和。

④ 脱硫酸钙法 例如前述重要生产实例中，1,6-硝基萘磺酸和 1,7-硝基萘磺酸、1-硝基萘-3,6,8-三磺酸的后处理。这种方法的优点是可以得到不含 SO_4^{2-} 的芳磺酸盐水溶液。缺点是副产硫酸钙滤饼中仍含有芳磺酸盐，不仅影响芳磺酸盐的收率，而且影响副产硫酸钙的利用，因此已逐渐被其他分离方法所代替。

⑤ 溶剂萃取法 例如将萘高温一磺化的稀释液用 N,N-二苄基十二胺（或其他高碳仲

胺或叔胺）的甲苯溶液进行萃取。萘-2-磺酸可以同高碳叔胺或仲胺形成亲油性配合物而溶于甲苯层中，将甲苯层用碱液中和就得到萘-2-磺酸钠的水溶液，含高碳叔胺或仲胺的甲苯溶液可以循环使用。此法也可用于从反应液中分离出硝基萘磺酸。此法的优点是可以得到不含无机盐的芳磺酸钠水溶液，分离出的废硫酸水溶液基本上不含有机物，便于利用。缺点是甲苯易燃，甲苯和叔胺的损耗费用高，工艺复杂。

4.2.2 芳伯胺的烘焙磺化法

（1）芳伯胺烘焙磺化法的特点

大多数芳伯胺的一磺化都采用芳伯胺与等物质的量比的硫酸先生成硫酸性酸盐，然后在 $130 \sim 300℃$ 脱水，生成氨基芳磺酸的方法。

$$\text{Ar}-\text{NH}_2 + \text{H}_2\text{SO}_4 \xrightarrow[\text{成盐}]{} \text{ArNH}_2 \cdot \text{H}_2\text{SO}_4 \xrightarrow[-\text{H}_2\text{O}]{\text{脱水}} \text{Ar}\begin{array}{c}\text{NH}_2\\ \text{SO}_3\text{H}\end{array} \tag{4-32}$$

因为上述脱水反应最初是在烘焙炉中进行的，所以叫做"烘焙磺化法"。烘焙磺化法的优点是只用理论量的硫酸，不产生废酸，磺基一般只进入氨基的对位，当对位被占据时则进入氨基的邻位，而极少进入其他位置。例如，1-萘胺用过量浓硫酸在 $100℃$ 进行磺化时，一磺化物总收率 88%，其中除了 1-氨基萘-4-磺酸以外，还含有质量分数 $20\% \sim 25\%$ 的 1-氨基萘-5-磺酸，而用烘焙磺化法则只生成很少量的 1-氨基萘-5-磺酸。

但也有一些芳伯胺的一磺化仍采用过量硫酸磺化法。此时如果芳环上有强供电子基，则磺基将进入强供电子基的邻位或对位。例如：

$$\tag{4-33}$$

$$\tag{4-34}$$

（2）烘焙磺化的操作方式

烘焙磺化的传统操作有以下四种方式。

① 炉式烘焙磺化法　是将芳伯胺的酸性硫酸盐放在烘盘中，然后放入烘焙炉中。在料温 $170 \sim 180℃$，或炉气温度 $225 \sim 280℃$ 和微真空下进行脱水磺化。此法的缺点是劳动条件差，热能消耗大，温度不易均匀，易生成碳化物，收率低，现已不采用。

② 滚筒球磨反应器烘焙磺化法　此法的优点是劳动条件好，缺点是滚筒体积不能太大、装料少、生产能力低、物料混合效果差、易生成碳化物、收率低，现已不采用。

③ 无溶剂搅拌锅烘焙磺化法　此法只适用于芳伯胺酸性硫酸盐熔融体在脱水磺化成固态氨基芳磺酸的过程中物料仍可搅拌的过程，例如 4-氨基-2-甲基苯胺的烘焙磺化制 2-氨基-5-氯-3-甲基苯磺酸。此法还曾用于对甲苯胺制 2-氨基-5-甲基苯磺酸的试生产（投料 40.5kg），因为脱水过程中物料变得太稠，搅拌困难，而未能用于大生产。

④ 溶剂烘焙磺化法　此法是在搅拌锅中加入惰性有机溶剂、芳伯胺和接近等物质的量比的硫酸，在 $80 \sim 200℃$、回流温度下进行共沸脱水磺化。此法的优点是反应温度均匀，碳化物少，收率稍高，未反应的芳伯胺溶于有机溶剂中，便于回收使用。缺点是有溶剂损耗。

目前国内主要采用此法。

溶剂烘焙磺化时，可根据最佳脱水温度来选择溶剂。通常选用与共沸带出的水不互溶的惰性有机溶剂。最常用的溶剂是粗品二氯苯（邻二氯苯沸点 179.5℃，对二氯苯沸点 174℃）和粗品三氯苯（1,2,4-三氯苯沸点 213℃，1,2,3-三氯苯沸点 219℃）。需要在较低温度下脱水磺化时，可用氯苯（沸点 131.5℃）作溶剂。例如对甲苯胺的脱水磺化制 2-氨基-5-甲基苯磺酸时，如果在 150～170℃进行，可选用氯苯和二氯苯的混合溶剂；如果在 80～100℃进行，沸点合适的溶剂有 1,2-二氯乙烷（沸点 83.5℃）和 1,2-二氯丙烷（沸点 96.4℃）。考虑到二氯苯和三氯苯在高温时会偶联成致癌的多氯联苯，而氯代脂肪烃毒性大，又提出了改用不含烯烃的煤油溶剂、汽油和石油醚等溶剂。

此外，原民主德国比特菲尔德联合公司提出了用螺旋挤压反应器生产对氨基苯磺酸的专利。烘焙磺化法的其他改进还有微波加热法、氯磺酸溶剂磺化法、加入氨基磺酸法和环砜剂法等。

4.2.3　氯磺酸磺化法

氯磺酸是有刺激臭味的无色或棕色油状液体，凝固点 −80℃，沸点 151～152℃。氯磺酸是遇水立即分解成硫酸和氯化氢，并放出大量的热，容易发生喷料或爆炸事故，因此所用有关物料和设备都必须充分干燥，以保证正常、安全生产。

氯磺酸是由三氧化硫和无水氯化氢反应制得，它可以看作是 SO_3 和 HCl 配合物（$SO_3 \cdot HCl$），比硫酸（$SO_3 \cdot H_2O$）和发烟硫酸（$SO_3 \cdot H_2SO_4$）的磺化能力强得多。氯磺酸的质量对磺化效果有很大影响，最好使用存放时间短的氯磺酸。因为存放时间长的氯磺酸会因吸潮分解而含有磺化能力弱的硫酸。

氯磺酸的磺化能力强，在芳环上引入磺基制备芳磺酸时，可以使用接近理论量的氯磺酸。

$$Ar{-}H + SO_3 \cdot HCl \longrightarrow Ar{-}SO_3H + HCl\uparrow \qquad (4\text{-}35)$$

芳磺酸都是固体，所以用氯磺酸进行磺化制芳磺酸时，要用惰性有机溶剂作为反应介质。氯磺酸磺化法的优点是不副产废硫酸水溶液，不污染环境，反应条件温和，产品收率高。

例如，2-萘酚的低温一磺化制 2-羟基萘-1-磺酸时，最初用浓硫酸或发烟硫酸作磺化剂，硫酸用量多，稀释、盐析时产品收率低。现已改用氯磺酸作磺化剂，在惰性有机溶剂中，用 0～10℃磺化。中国主要用制药厂副产的邻硝基乙苯作溶剂，因为其价廉、凝固点低（−23℃），其他可以使用的溶剂还有硝基苯、硝基甲苯、邻二氯苯和二氯乙烷等。

$$(4\text{-}36)$$

由于氯磺酸价格高，磺化时要用惰性溶剂，并且有氯化氢气逸出，操作复杂。因此限制了它在制备芳磺酸的广泛应用。

氯磺酸磺化法主要用于制备芳磺酰氯。其反应式如下：

$$Ar{-}H + SO_3 \cdot HCl \longrightarrow Ar{-}SO_3H + HCl\uparrow \qquad (4\text{-}37)$$

$$Ar{-}SO_3H + SO_3 \cdot HCl \rightleftharpoons Ar{-}SO_2Cl + H_2SO_4 \qquad (4\text{-}38)$$

第二步反应(4-38)生成 Ar—SO_2Cl 的反应是可逆的，为了使第二步反应完全，要用过量很多的氯磺酸，氯磺酸与被磺化物的物质的量比一般是（4～5）：1，有时高达（6～8）：1，以免反应物过于黏稠。氯磺化的反应温度不宜过高，以免发生二磺化或生成砜等副反应，但是当芳环上有硝基时，则氯磺化反应可以在 100℃ 左右进行。

为了减少氯磺酸的用量，可在反应液中加入惰性有机溶剂，例如四氯化碳、1,2-二氯乙烷、三氯乙烯等。在用有机溶剂时，反应温度不宜过高，以免溶剂发生分解反应。另外，也可以在反应液中加入氯化钠或硫酸钠，使氯磺化反应中生成的硫酸转变为硫酸氢钠，使式(4-38)平衡右移而提高收率，并减少氯磺酸的用量。

对硝基氯苯的氯磺化很难反应完全，需要先将对硝基氯苯用过量发烟硫酸磺化制成 2-氯-5-硝基苯磺酸钠，然后再用氯磺酸进行氯磺化。

另外，也可以在惰性有机溶剂中，用（由三氯化磷加氯气制成的）五氯化磷、三氯化磷或氯化亚砜将芳磺酸转变为芳磺酰氯。在氯磺化反应液中加入适量的氯化亚砜或三氯化磷可以大大减少氯磺酸的用量，提高产品收率，并减少废酸量。

芳磺酰氯一般不溶于水，将氯磺化物倒入大量冰水中，芳磺酰氯就以油状物或固体结晶出。芳磺酰氯在冷水中会慢慢水解，因此分离出的芳磺酰氯应立即甩干脱水，或立即进行下一步反应。

磺酰氯基是一个活泼基团，由芳磺酰氯进一步加工，可以制得一系列有用的中间体，如表 4-6 所示。

表 4-6　由芳磺酰氯制得的各种中间体

制得的中间体	结 构 式	主要反应剂
芳磺酰胺	$ArSO_2NH_2$	NH_3（氨水）
N-烷基芳磺酰胺	$ArSO_2NHR$	RNH_2（水介质＋NaOH）
N,N-二烷基芳磺酰胺	$ArSO_2NRR'$	$RR'NH$（水介质＋NaOH）
芳磺酰芳胺	$ArSO_2NHAr'$	$Ar'NH_2$（水介质＋NaOH 或 Na_2CO_3）
芳磺酸烷基酯	$ArSO_2OR$	ROH（加 NaOH 或吡啶）
芳磺酸酚酯	$ArSO_2OAr'$	$Ar'OH$（水介质，NaOH）
芳磺酰氟	$ArSO_2F$	KF
二芳基砜	$ArSO_2Ar'$	$Ar'H$（＋$AlCl_3$ 催化）
芳亚磺酸	$ArSO_2H$	用 $NaHSO_3$ 还原
烷基芳基砜	$ArSO_2R$	$ArSO_2Na$＋RCl
硫酚	ArSH	用 Zn＋H_2SO_4 还原

4.2.4　三氧化硫磺化法

三氧化硫在常压的沸点是 44.8℃，固态三氧化硫有 α、β、γ 和 δ 四种晶型，其熔点分别为 62.3℃、32.5℃、16.8℃ 和 95℃。γ 型在常温为液态，它是环状三聚体和单分子 SO_3 的混合物，α、β 和 δ 型都是链式多聚体。

环状三聚（γ 型）　　　　　链式多聚体

液态的 γ 型不稳定，特别是有微量水存在时容易转变为 α 型和 β 型。为了防止液态的 γ 型在低于 32.5℃ 时转变为固态 β 型，可在液态三氧化硫中加入少量稳定剂。常用的稳定剂可以是硼酐、硫酸二甲酯、二苯砜和四氯化碳等。但有人认为添加稳定剂防止结晶还不具备实施条件，因为从钢瓶或槽车中蒸发出来的三氧化硫气体中不含稳定剂，不能防止三氧化硫气体在管道中凝固而发生事故。

三氧化硫磺化法的优点是：在磺化反应过程中不生成水，不产生废硫酸。但是三氧化硫非常活泼，应注意防止或减少发生多磺化，砜的生成、氧化和树脂化等副反应。用高浓度的气态三氧化硫直接磺化时，除了磺化反应热以外，还释放三氧化硫气体的液化热，反应过于剧烈，故生产上极少采用。工业上采用的三氧化硫磺化法主要有三种，即液态三氧化硫磺化法、三氧化硫-溶剂磺化法和三氧化硫-空气混合物磺化法。

（1）液态三氧化硫磺化法

用液态三氧化硫磺化时反应剧烈，只适用于稳定的、不活泼的芳香族化合物的磺化，而且要求被磺化物和磺化产物在反应温度下是不太黏稠的液体。液态三氧化硫磺化法的优点是：不产生废硫酸、后处理简单、产品收率高。缺点是副产的砜类比过量发烟硫酸磺化法多，小规模生产时，要自己将质量分数 20%～25% 的发烟硫酸加热至高温，蒸出三氧化硫气体，冷凝成液体，为了防止液态三氧化硫凝固堵管，液态三氧化硫的贮槽、计量槽、操作管线、阀门和液面计等都应安放在简易暖房中，暖房外的管线均应伴有水蒸气管保持 40～60℃。为了防止三氧化硫汽化逸出，贮槽和计量槽均应密闭带压操作。由于用液态三氧化硫磺化工艺复杂，国内只有少数企业用于硝基苯的一磺化。

间硝基苯磺酸钠最早是由硝基苯用发烟硫酸磺化，然后用水稀释、盐析而得。但更好的方法是向硝基苯中滴加液体三氧化硫。由于反应放热，温度由室温升至 90℃，加完 SO_3，再升温至 115℃，保温 3h，然后稀释、中和、过滤、除去二硝基二苯砜，得到间硝基苯磺酸钠水溶液，可直接用于还原制间氨基苯磺酸。

2-氯-5-硝基苯磺酸现在中国仍用对硝基氯苯的过量发烟硫酸磺化而得。但更好的方法是先将熔融的对硝基氯苯与少量 100% 硫酸混合；然后在 110～116℃ 通入（由液体三氧化硫蒸发出的）气态三氧化硫，保温 11～13h，收率可达 99.40%。

（2）三氧化硫-溶剂磺化法

三氧化硫能溶于二氯甲烷、1,2-二氯乙烷、石油醚、液体石蜡和液体二氧化硫等惰性溶剂中，溶解度可在质量分数 25% 以上。用这种三氧化硫溶液作磺化剂，反应温和，温度容易控制，有利于抑制副反应，可用于被磺化物和磺化产物都是固态的低温磺化过程。例如萘的低温二磺化制萘-1,5-二磺酸。考虑到三氧化硫的价格比发烟硫酸贵得多，而且还要消耗有机溶剂，所以三氧化硫-溶剂磺化法的应用受到很大限制。在中国萘的低温磺化制萘-1,5-二磺酸仍采用过量发烟硫酸磺化法和溶剂-发烟硫酸磺化法。

（3）三氧化硫-空气混合物磺化法

三氧化硫-空气混合物是一种温和的磺化剂。它可以由干燥的空气通入发烟硫酸而配得，但是成本高。在大规模生产时是将硫黄和干燥空气在炉中燃烧，先得到含 SO_2 3%～7%（体积分数）的混合物，然后降温到 420～440℃，再经过含五氧化二钒的固体催化剂，得到含 SO_3 4%～8%（体积分数）的混合气体。这种磺化剂已用于十二烷基苯的磺化以代替发烟硫酸磺化法，并用于其他阴离子表面活性剂的生产（见 4.3 节）。

十二烷基苯的磺化包括磺化和老化两步反应。

$$R-C_6H_5 + 2SO_3 \xrightarrow{\text{磺化}} R-C_6H_4-SO_2-O-SO_3H \qquad (4\text{-}39)$$

$$\text{焦磺酸}$$

$$R-C_6H_4-SO_2-O-SO_3H + R-C_6H_5 \xrightarrow{\text{老化}} 2R-C_6H_4SO_3H \qquad (4\text{-}40)$$

磺化反应强烈放热，反应速率极快，可在几秒内完成，有可能发生多磺化、生成矾、氧化和树脂化等副反应。老化反应是慢速的放热反应，时间约需 30min。两步反应要在不同的反应器中进行，十二烷基苯磺酸在反应条件下呈液态，并具有适当的流动性，其生产工艺流程如图 4-4 所示。混合气体中 SO_3 的体积分数为 5.2%～5.6%，SO_3 与十二烷基苯的物质的量比为 (1.0～1.03)∶1，磺化温度 35～53℃，SO_3 停留时间小于 0.2s；离开磺化器时磺化收率为 95%，老化水解后收率可达 98%。

磺化反应器最初采用搅拌槽式串联连续反应器（CSTR），后来又开发多管降膜反应器（MTFFR）、降膜反应器（FFR）和冲击喷射式反应器（Jet R）三大类。中国引进的意大利 Ballestra 公司的多管降膜磺化反应器如图 4-5 所示。管材为不锈钢，管经 25mm，管长 6mm，分 24 管、48 管和 72 管三种类型，其中 24 管反应器已国产化，十二烷基苯磺酸的生产能力为 1t/h。

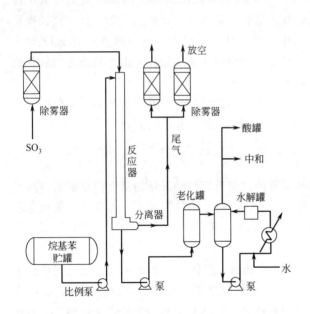

图 4-4　SO_3 膜式磺化流程

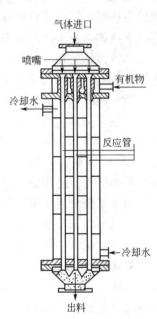

图 4-5　Ballestra 多管降膜磺化反应器

4.3　亚硫酸盐的置换磺化

脂链上的卤基、芳环上活化的卤基和硝基，以及脂链上的磺氧基（即酸性硫酸酯基 —OSO_3H）可以被亚硫酸盐置换成磺酸基，这类反应都是亲核置换反应，反应是在亚硫酸盐的水溶液中加热完成的。其重要实例可以列举如下。

4.3.1　牛磺酸的制备

牛磺酸的化学名称是 2-氨基乙基磺酸，它是动物体生长发育所必需的氨基酸，对促幼龄的生长发育有很重要的作用。牛磺酸是重要的药物和保健营养品，大量用于医药工业、食品工业，也用于洗涤剂、荧光增白剂和生化试剂的生产中。它的合成路线很多，其中重要的方法如下。

① 1,2-二氯乙烷先用亚硫酸钠置换磺化得 2-氯乙基磺酸钠，后者再用浓氨水氨解。

② 环氧乙烷先与亚硫酸氢钠加成得 2-羟基乙基磺酸钠，后者再用浓氨水氨解。

③ 环氧乙烷先用浓氨水胺化得乙醇胺（氨基乙醇），后者用氯化氢（或溴化氢）氯化（或溴化）得 2-氯（或溴）乙基胺，最后再用亚硫酸氢钠将氯（或溴）置换成磺基。

④ 乙醇胺先用浓硫酸酯化得 2-氨基乙基酸性硫酸酯，后者再用亚硫酸钠将磺氧基置换成磺基，其反应式如下：

$$H_2NCH_2CH_2OH + H_2SO_4 \xrightarrow[\text{减压脱水}]{\text{硫酸酯化}} H_2NCH_2CH_2OSO_3H + H_2O \tag{4-41}$$

$$H_2NCH_2CH_2OSO_3H + Na_2SO_3 \xrightarrow[\text{回流}]{\text{置换磺化}} H_2NCH_2CH_2SO_3H + Na_2SO_4 \tag{4-42}$$

其中氨基乙醇的溴化、置换磺化法收率高，但需回收溴、工艺复杂。氨基乙醇的硫酸酯化、置换磺化法虽然收率一般，但工艺、设备简单。置换磺化后将反应液浓缩，趁热离心过滤分离出硫酸钠，过滤母液冷却结晶得粗品牛磺酸，再经离子膜脱去无机盐，即得精品，结晶母液仍含有牛磺酸，可用于配制亚硫酸钠水溶液循环使用。

另一种新的方法是将乙醇胺在氮气流中雾化，在 $Cs_{0.9}Ba_{0.1}P_{0.8}$ 催化剂存在下高温脱水，发生分子内环合反应生成亚乙基亚胺，然后与亚硫酸氢铵发生开环加成反应成牛磺酸。据报道，此法成本低、投资少、不需分离副产物，国外已在 20 世纪 80 年代末投入工业化生产。

$$H_2NCH_2CH_2OH \xrightarrow[\text{脱水环合}]{\text{催化剂、高温}} \underset{\underset{H}{N}}{CH_2\!-\!CH_2} \tag{4-43}$$

$$\underset{\underset{H}{N}}{CH_2\!-\!CH_2} + NH_4HSO_3 \xrightarrow{\text{开环加成磺化}} H_2NCH_2CH_2SO_3H + NH_3\uparrow \tag{4-44}$$

值得注意的是亚乙基亚胺是致癌性剧毒物，沸点 55～56℃，是一级易燃液体，对生产和使用的技术安全要求高。

4.3.2　邻氨基苯磺酸的制备

邻氨基苯磺酸主要用作活性染料的中间体，可以合成活性艳红 K-2B、艳红 K-2BP、艳红 K-2G、艳红 M-2B、艳红 X-B、艳红 X-10B、活性紫 K-3R 等多种活性染料。其传统制法是以邻硝基氯苯为原料，经以下复杂合成路线而完成的。

$$\tag{4-45}$$

邻硝基氯苯分子中的氯不够活泼，与亚硫酸钠按传统方法反应制邻硝基苯磺酸时，反应速率太慢，收率太低。1991 年，陈文友提出邻硝基氯苯和亚硫酸钠在水介质中，在相转移催化剂存在下，在 80～100℃保温 10h，可得到高收率的邻硝基苯磺酸。

此外磺酸基置换硝基的反应还可用于间二硝基苯的精制和 1-硝基蒽醌的精制。

4.4　用磺化法制备阴离子表面活性剂的反应

用于制备阴离子表面活性剂的磺化和硫酸化反应主要有以下几种：①α-烯烃用三氧化硫

取代磺化；②长链烷烃用二氧化硫的磺氧化和磺氯化；③烯烃与亚硫酸盐的加成磺化；④烯烃的硫酸化。

4.4.1 α-烯烃用三氧化硫的取代磺化

α-烯烃用三氧化硫-空气混合物进行硫化的主要产物是 α-烯烃磺酸和其他内烯烃磺酸，其盐是一类重要的阴离子表面活性剂。从 α-烯烃与 SO_3 的反应历程看，是亲电加成-氢转移过程（见图 4-6）。

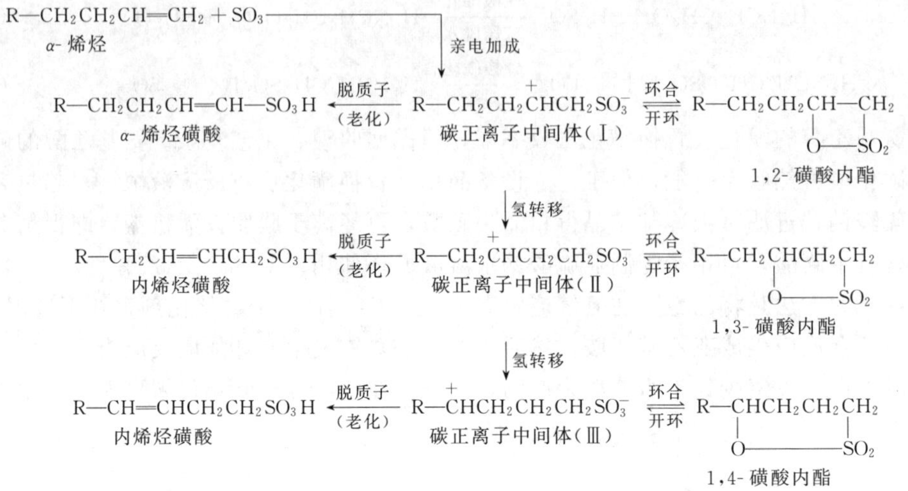

图 4-6　α-烯烃与 SO_3 的反应历程

首先是 α-烯烃与 SO_3 发生亲电加成反应生成碳正离子中间体（Ⅰ），（Ⅰ）可以脱质子（老化）生成产品 α-烯烃磺酸，或环合生成 1,2-磺酸内酯，也可以发生氢转移反应生成碳正离子中间体（Ⅱ）和（Ⅲ），（Ⅱ）和（Ⅲ）也可以发生脱质子、环合或氢转移反应。

各种烯烃磺酸可以进一步与 SO_3 反应生成烯烃多磺酸和磺酸内酯磺酸等副产物，另外，烯烃磺酸也可以自身聚合生成低聚酸，如图 4-7 所示。

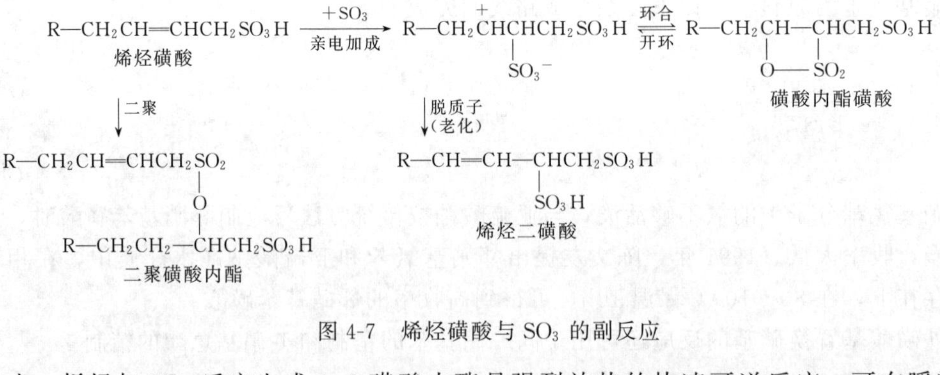

图 4-7　烯烃磺酸与 SO_3 的副反应

由 α-烯烃与 SO_3 反应生成 1,2-磺酸内酯是强烈放热的快速可逆反应，可在瞬间完成，其反应速率是直链烷基苯磺化速率的 100 倍，所以要用低浓度的 SO_3。由 1,2-磺酸内酯转变为烯烃磺酸和 1,3-磺酸内酯等产物的反应都是慢速反应，亦称老化反应。磺化液在 30℃ 经 3~5min 老化，1,2-磺酸内酯完全消失。老化时间长，会生成较多难水解的 1,4-磺酸内酯。

老化液要用氢氧化钠水溶液中和，并在约 150℃ 进行水解，这时各种磺酸内酯都水解成烯烃磺酸和羟基烷基磺酸，并进一步反应生成磺酸钠盐表面活性剂。

$$R-CH_2CH=CHCH_2SO_2 \xrightarrow{+2NaOH} R-CH_2CH=CHCH_2SO_3Na + R-CH_2CH_2CHCH_2SO_3Na \qquad (4-46)$$
$$\overset{|}{O}$$
$$\overset{|}{OH}$$
$$R-CH_2CH_2CHCH_2SO_3H + H_2O$$

$$R-CH_2CHCH_2CH_2 + NaOH \longrightarrow R-CH_2CHCH_2CH_2SO_3Na \qquad (4-47)$$
$$\overset{|}{O}-\overset{|}{SO_2} \qquad\qquad\qquad \overset{|}{OH}$$

$$R-CH_2CH-CHCH_2SO_3H + 2NaOH \longrightarrow R-CH_2CH-CHCH_2SO_3Na + H_2O \qquad (4-48)$$
$$\overset{|}{O}-\overset{|}{SO_2} \qquad\qquad\qquad\qquad \overset{|}{OH}\ \overset{|}{SO_3Na}$$

水解后，产物中约含烯烃磺酸钠 55%～60%（质量分数，下同）、羟基烷基磺酸钠 25%～30% 和烯烃二磺酸二钠 5%～10%。

4.4.2 长链烷烃用二氧化硫的磺氧化和磺氯化

长碳链烷基磺酸是一类重要的表面活性剂，用量很大。链烷烃相当稳定，不能用硫酸、氯磺酸、氨基磺酸或三氧化硫等亲电试剂进行取代磺化。目前采用的磺化方法是用二氧化硫的磺氧化法和磺氯化法，它们都是自由基链反应。高碳链烷基磺酸也可由烯烃与亚硫酸氢钠进行加成磺化而得（见 4.4.3 节）。

（1）链烷烃的磺氧化

高碳链烷烃 R—H（C_{14}～C_{18}）的磺氧化是以二氧化硫和空气中的氧为反应剂的自由基链反应，其反应历程可简单表示如下。

引发：
$$R-H \xrightarrow{\text{光或引发剂}} R\cdot + H\cdot \qquad (4-49)$$
$$R\cdot + SO_2 \longrightarrow R-SO_2\cdot \qquad (4-50)$$

链增长：
$$R-SO_2\cdot + O_2 \longrightarrow R-SO_2O_2\cdot \qquad (4-51)$$
$$R-SO_2O_2\cdot + R-H \longrightarrow R-SO_2O_2H + R\cdot \qquad (4-52)$$
$$R-SO_2O_2H \longrightarrow R-SO_2O\cdot + \cdot OH \qquad (4-53)$$
$$R-SO_2O\cdot + R-H \longrightarrow R-SO_3H + R\cdot \qquad (4-54)$$
$$R-H + \cdot OH \longrightarrow R\cdot + H_2O \qquad (4-55)$$

副反应：
$$R-SO_2O_2H + H_2O + SO_2 \longrightarrow R-SO_3H + H_2SO_4 \qquad (4-56)$$

上述反应可以用紫外光、γ 射线以及臭氧和过氧化物等自由基引发剂来引发。生成产品烷基磺酸的反应速率控制步骤是过磺酸 $R-SO_2O_2H$ 的生成。过磺酸在 40℃ 左右的反应温度下相当稳定，但水的存在可促进其分解为磺酸。光照并向反应器中加水的方法称作"水光磺氧化法"，工艺比较成熟。

在磺氧化反应中，磺酸基进入碳链的位置是随机的，大部分磺基和仲碳原子相连，产品主要是仲烷基磺酸盐，有强吸潮性，性能不理想。

磺氧化法的优点是原料成本低；缺点是需要光源。如要提高单磺化物的含量，链烷烃的转化率要低。但使未反应的链烷烃分离、回收并循环使用需要庞大的设备，设备费用高，必须大规模生产才有良好的经济效益。

（2）链烷烃的磺氯化

链烷烃的磺氯化是以二氧化硫和氯气为反应剂的自由基链反应，生成的产物是磺酰氯，其反应历程可简单表示如下。

引发：
$$Cl_2 \xrightarrow{\text{光}} 2Cl\cdot \tag{4-57}$$

$$R{-}H+Cl\cdot \longrightarrow R\cdot+HCl\uparrow \tag{4-58}$$

$$R\cdot+SO_2 \longrightarrow R{-}SO_2\cdot \tag{4-59}$$

链增长：
$$R{-}SO_2\cdot+Cl_2 \longrightarrow R{-}SO_2Cl+Cl\cdot \tag{4-60}$$

磺氯化反应是在 $300\sim400\mathrm{nm}$ 紫外线的照射下，在 $30\sim65℃$ 进行的。为了抑制烷烃的氯化副反应，SO_2/Cl_2 的物质的量比为 $(1.05\sim1.10):1$。磺氯化产物中伯烷基磺酰氯含量较多，但二磺酰氯含量也高，为了抑制二磺氯化副反应，必须控制链烷烃的转化率。将磺氯化产物用氢氧化钠水溶液水解、中和就得到链烷基磺酸钠水溶液，水层经蒸水、干燥后就得到产品，未反应的链烷烃可回收、循环使用。

链烷烃的磺氧化和磺氯化是开发较早的生产阴离子表面活性剂的方法，其缺点是消耗定额高，三废处理难，产品的洗涤性能不理想，因此在阴离子表面活性剂的总产量中只占 $3\%\sim5\%$。

4.4.3　烯烃与亚硫酸盐的加成磺化

烯烃和炔烃与亚硫酸盐的加成磺化一般是通过自由基链反应而完成的，其反应历程可简单表示如下。

引发：
$$HSO_3^- \xrightarrow{\text{引发剂}} \dot{H}+\dot{S}O_3^- \tag{4-61}$$

$$R{-}CH{=}CH_2+\dot{S}O_3^- \longrightarrow R{-}\dot{C}H{-}CH_2SO_3^- \tag{4-62}$$

链增长：
$$R{-}\dot{C}H{-}CH_2SO_3^-+HSO_3^- \longrightarrow R{-}CH_2CH_2SO_3^-+\dot{S}O_3^- \tag{4-63}$$

最常用的烯烃是高碳 α-烯烃（$C_{10}\sim C_{20}$），加成产物是高碳伯烷基磺酸钠，它也是一类阴离子表面活性剂，性能良好，但 α-烯烃供应量少、价格高，产品成本高。

当烯烃的共轭碳原子上连有羰基、氰基、硝基等强吸电子基时，它与亚硫酸盐的反应就不再是自由基加成反应，而是亲核加成反应。例如，顺丁烯二酸异辛酯与亚硫酸氢钠水溶液在常压回流几小时可制得琥珀酸二异辛酯磺酸钠，商品名称渗透剂 T。

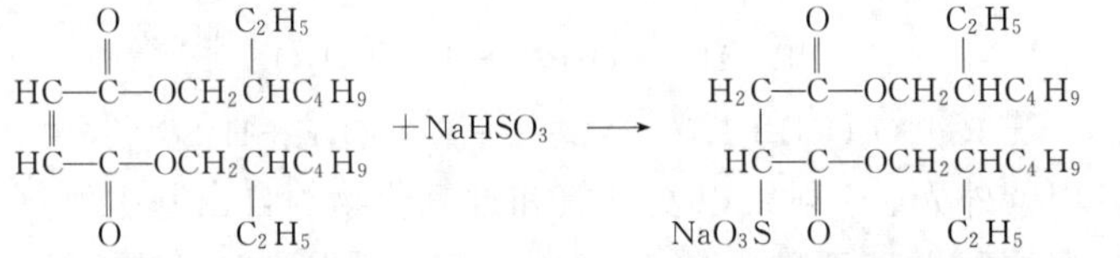

$$\tag{4-64}$$

在上述反应中不需要外加相转移催化剂，因为单酯的钠盐可起到磺化的相转移催化作用。各种琥珀酸单酯和琥珀酸双酯的磺酸钠是一类重要的阴离子表面活性剂。

4.4.4　烯烃的硫酸化

烯烃与过量的浓硫酸或发烟硫酸反应时，不是发生取代磺化反应，而是发生硫酸化反应，得到的产品主要是一仲烷基酸性硫酸酯和二仲烷基硫酸酯。

(1) 高碳 α-烯烃的硫酸化

烯烃的硫酸化是亲电加成反应，其反应历程和主要产物可简单表示如图 4-8 所示。

其主反应是烯烃首先加质子生成碳正离子中间体，它是反应速率最慢的控制步骤，它服从 Markovnikov 规则，即质子加至含氢多的碳原子上。然后碳正离子中间体与硫酸反应生成一仲烷基酸性硫酸酯和二仲烷基硫酸酯。因为碳正离子中间体可以通过氢转移，快速地发

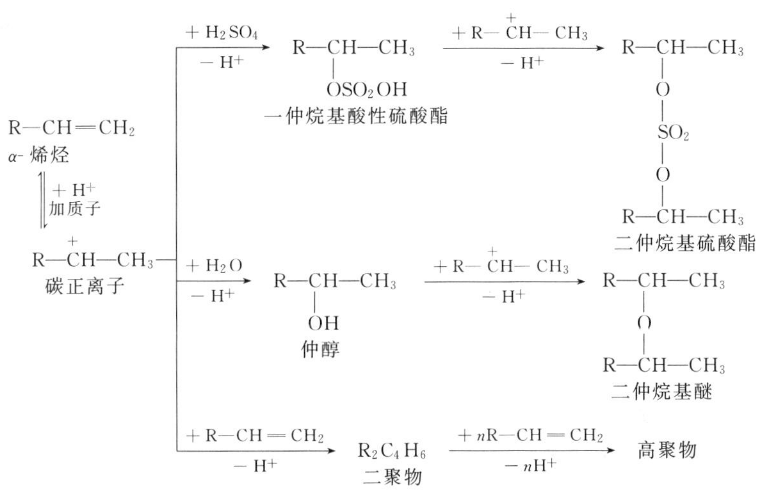

$$
\begin{array}{c}
\text{R—CH=CH}_2 \\
\alpha\text{-烯烃} \\
\\
\big\updownarrow\ \dfrac{+\ \text{H}^+}{\text{加质子}} \\
\\
\text{R—}\overset{+}{\text{C}}\text{H—CH}_3 \\
\text{碳正离子}
\end{array}
$$

$\xrightarrow[-\text{H}^+]{+\ \text{H}_2\text{SO}_4}$ R—CH—CH$_3$，OSO$_2$OH 一仲烷基酸性硫酸酯

$\xrightarrow[-\text{H}^+]{+\ \text{R}-\overset{+}{\text{C}}\text{H}-\text{CH}_3}$ 二仲烷基硫酸酯

$\xrightarrow[-\text{H}^+]{+\ \text{H}_2\text{O}}$ R—CH—CH$_3$，OH 仲醇

$\xrightarrow[-\text{H}^+]{+\ \text{R}-\overset{+}{\text{C}}\text{H}-\text{CH}_3}$ 二仲烷基醚

$\xrightarrow[-\text{H}^+]{+\ \text{R}-\text{CH}=\text{CH}_2}$ R$_2$C$_4$H$_6$ 二聚物 $\xrightarrow[-n\text{H}^+]{+\ n\text{R}-\text{CH}=\text{CH}_2}$ 高聚物

图 4-8 烯烃硫酸化的反应历程和主要产物

生异构化反应，所以高碳烯烃的硫酸化产物是硫酸酯基处于不同碳原子上的各种仲烷基硫酸酯的混合物。另外，碳正离子中间体还可以发生生成仲醇、二仲烷基醚和聚合物等的副反应。

直链 α-烯烃（C$_{12}$～C$_{18}$）的硫酸化可在带冷却装置的槽式反应器中进行，反应温度保持 10～20℃，以抑制副反应。产品高碳直链仲烷基酸性硫酸酯的钠盐是性能良好的阴离子表面活性剂。商品名称 Teepol，但易吸潮，一般用于制液体或浆状洗涤剂。

（2）低碳烯烃的硫酸化

将纯度为 35%～95%（体积分数）的乙烯（气体）与质量分数为 94%～98% 的硫酸，于 88～80℃和 0.101～0.355MPa（1～3.5atm）在多个吸收塔中反应，可得到硫酸单乙酯、硫酸二乙酯和过量硫酸的混合物，经脱硫酸处理后，与无水硫酸钠共热，减压蒸馏，可得到纯度 99%（质量分数）的硫酸二乙酯，收率 85% 以上。小规模生产时也可以用乙醇与硫酸反应先制得硫酸单乙酯，再将后者制成硫酸二乙酯。

另外，将上述硫酸化反应物在 70～100℃加水水解可得到乙醇，这是工业上从乙烯制乙醇的主要方法之一，工业上也可以用乙烯直接水合法生产乙醇。

（3）不饱和脂肪酸酯的硫酸化

不含羟基的不饱和脂肪酸酯与过量硫酸的硫酸化反应用于制备阴离子表面活性剂。例如，将油酸丁酯在 0～5℃与过量的发烟硫酸（SO$_3$ 质量分数为 20%）反应，然后加水稀释，破乳、分出油层、用氢氧化钠水溶液中和，即得到磺化油 AH，它是合成纤维的上油剂。

$$
\text{CH}_3(\text{CH}_2)_7\text{CH}=\text{CH}(\text{CH}_2)_7\text{COOC}_4\text{H}_9 \xrightarrow[0\sim5℃]{+\ \text{H}_2\text{SO}_4\ \text{硫酸化，NaOH 中和}} \text{CH}_3(\text{CH}_2)_7\text{CH—CH}_2(\text{CH}_2)_7\text{COOC}_4\text{H}_9
$$

OSO$_3$Na
磺化油 AH

$$(4\text{-}65)$$

习 题

4-1 磺化的定义。磺化反应中，磺化试剂有哪些?

4-2 芳环上的取代磺化有哪些方法?

4-3 发烟硫酸如何换算成 H$_2$SO$_4$ 的百分含量?

4-4 芳环上的磺化反应在动力学上属于哪类反应？

4-5 芳磺酸的水解反应历程？芳磺酸的水解反应中，取代基（供电子基及吸电子基）对其影响是什么？

4-6 磺化反应的终点是如何测定的？

4-7 磺化反应的辅助剂有哪些？它们的作用各是什么？硼酸或硫酸钠作为磺化反应辅助剂的作用机理是什么？

4-8 CLT 酸是如何制备的？CLT 酸制备过程中废酸是如何处理的？

4-9 由萘如何制备萘-2-磺酸？

4-10 磺化产物的分离方法有哪些？

4-11 烘焙磺化法的优点有哪些？

4-12 芳磺酰氯的制备过程中可加入哪些添加剂？

4-13 三氧化硫有哪些晶型？液态三氧化硫磺化法的适用范围是什么？

4-14 十二烷基苯的磺化过程？十二烷基苯的磺化的反应器有哪些？

4-15 牛磺酸的不同合成方法各有何优劣？

4-16 α-烯烃用三氧化硫取代磺化的产品及比例？

4-17 写出由对硝基甲苯制备下列芳磺酸的路线？

(1) 对氨基甲苯邻位磺酸 (CH_3, SO_3H, NH_2) (2) (CH_3, SO_3H, NH_2) (3) (CH_3, Cl, SO_3H, NH_2)

第 5 章　硝化和亚硝化

5.1　概述

向有机分子的碳原子上引入硝基的反应称作硝化，引入亚硝基的反应称作亚硝化。脂肪族的硝化产物品种少，主要用作炸药、火箭燃料和溶剂等，而且制备方法特殊。本章只叙述芳环和杂环上的硝化和亚硝化。

在芳环或杂环上引入硝基的目的主要有三个方面。

① 将引入的硝基转化为其他取代基，例如硝基还原，是制备芳伯胺的一条重要合成路线。

② 利用硝基的强吸电子性使芳环上的其他取代基（特别是氯基）活化，易于发生亲核置换反应。

③ 利用硝基的特性，赋予精细化工产品某种特性，例如使染料的颜色加深，作为药物、火炸药或温和的氧化剂等。

工业上最常用的硝化剂是硝酸。工业硝酸有两种规格，即质量分数为 98％的发烟硝酸和 65％左右的浓硝酸。精细有机合成中主要使用 98％发烟硝酸，需要低浓度的硝酸时，常用发烟硝酸配制。因为发烟硝酸对金属铝的腐蚀性小，可用铝制容器贮存和运输。

采用硝酸硝化时，反应生成水，随着水的生成，硝酸的浓度逐渐下降，硝化能力也明显下降。

$$Ar—H + HNO_3 \longrightarrow Ar—NO_2 + H_2O \tag{5-1}$$

当硝酸浓度下降到一定程度时，就失去硝化能力。在室温下，当硝酸浓度下降到摩尔分数约为 80％（质量分数约 93％）时就不能使硝基苯再硝化。

为了消除硝酸被水稀释的不利影响，需要使用过量许多倍的硝酸。考虑到这样容易引起多硝化副反应，而且过量的废硝酸的回收也比较麻烦，因此限制了发烟硝酸硝化法的应用。

消除硝酸被水稀释的不利影响，还可以采用硫酸存在下的硝化法和有机溶剂-混酸硝化法，也可以用乙酐作脱水剂，此时乙酐既是脱水剂，也是溶剂。

硝化的方法很多，本章只讨论用硝酸-硫酸的混酸硝化、硫酸介质中的硝化、在乙酐或乙酸中的硝化和稀硝酸硝化。

5.2　混酸硝化

为了克服单用硝酸硝化法的缺点，出现了用硝酸和硫酸混合物作硝化剂的所谓混酸硝化法。混酸硝化法主要用于在反应温度下，反应物和产物为液态，不溶于废硫酸，可用分层法与废硫酸分离的情况。它主要用于苯、甲苯、二甲苯、氯苯、二氯苯和萘等的一硝化以及硝基苯、硝基甲苯和硝基氯苯等的再硝化。由于这些硝基化合物的产量都很大，因此混酸硝化法成为最重要的硝化方法，研究工作也最多。

混酸硝化法主要具有以下优点：

① 硫酸的供质子能力比硝酸强，可提高硝酸离解为 NO_2^+ 的程度，因此混酸的硝化能力强、反应速率快，并且可以使用接近理论量的硝酸；

② 混酸中硝酸的氧化性低，氧化副反应少；

③ 硫酸用量不多，硝化完毕后，废酸中硫酸的质量分数在 $50\%\sim80\%$ 之间，液态的硝化产物不溶于废硫酸中，可用分层法与废酸分离，分出的废酸便于回收循环使用。

5.2.1 反应历程

用混酸硝化时，普遍认为硝化活性质点是 NO_2^+。用拉曼光谱测得，在质量分数 100% 的硝酸中，约有 97% 硝酸以 HNO_3 的分子态存在，约有 3% 的硝酸经分子间的质子转移生成硝基正离子 NO_2^+。

$$HNO_3 + HNO_3 \Longleftrightarrow H_2NO_3^+ + NO_3^- \tag{5-2}$$

$$H_2NO_3^+ \Longleftrightarrow H_2O + NO_2^+ \tag{5-3}$$

向质量分数 100% 的硝酸中加入水，式(5-3) 平衡左移，NO_2^+ 的浓度下降。在摩尔分数 82%（质量分数 94%）的硝酸中，用拉曼光谱已测不出 NO_2^+。

由于硫酸的供质子能力比硝酸强，它可以提高硝酸离解为 NO_2^+ 的程度。

$$HONO_2 + 2H_2SO_4 \Longleftrightarrow NO_2^+ + H_3O^+ + 2HSO_4^- \tag{5-4}$$

在 $HNO_3\text{-}H_2SO_4\text{-}H_2O$ 三元体系中，用拉曼光谱测得的 NO_2^+ 的含量曲线如图 5-1 所示。可以看出，在摩尔分数约 50%（质量分数约 84.5%）的硫酸中，用拉曼光谱已测不出 NO_2^+。目前还不能测定含水较多的硫酸中 NO_2^+ 的含量，有人指出在质量分数为 68% 硫酸中，NO_2^+ 摩尔分数的数量级约为 10^{-8}。

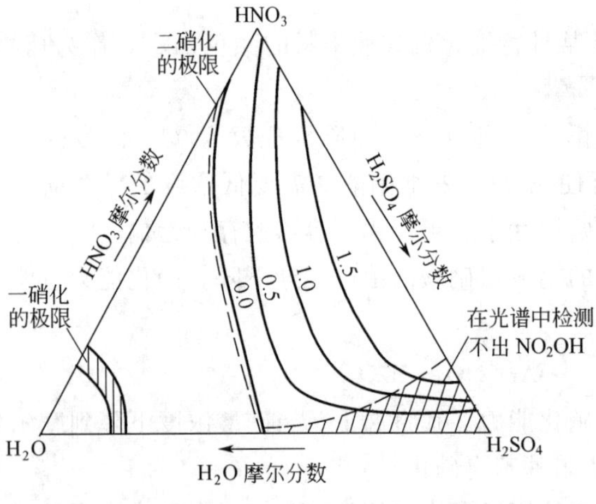

图 5-1　$HNO_3\text{-}H_2SO_4\text{-}H_2O$ 三元系统中 NO_2^+ 的含量
（单位：g 离子/1000g 溶液）

以苯的一硝化为例，硝化反应历程是：首先 NO_2^+ 进攻苯环生成 π-配合物，接着经过激发态转变为 σ-配合物，然后从苯环上脱去质子得到硝基苯。

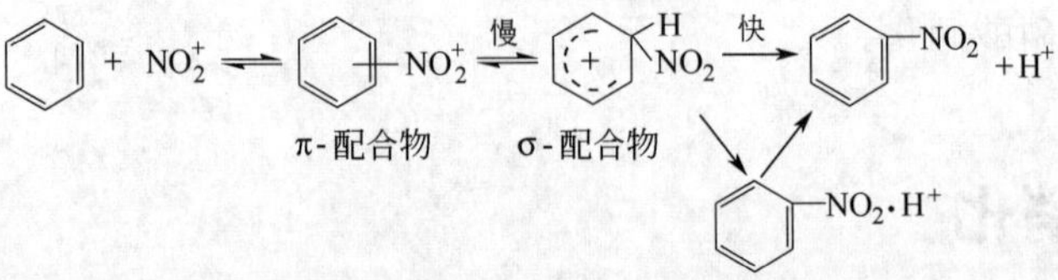

$$\tag{5-5}$$

硝化是不可逆反应，水（或 H_3O^+）的存在不会导致硝基脱落的逆反应，但是水会影响硝化反应的速率和硝基物异构体的生成比例。

硝基是强吸电子基，在苯环上引入一个硝基后，使苯环上的电子云密度明显降低，在相同条件下再引入第二个硝基时的反应速率常数 k_2 降低到苯一硝化时的反应速率常数的 $10^{-5} \sim 10^{-7}$。因此只要控制适宜的硝化条件，在苯环上引入一个或两个硝基时可以只生成极少量的多硝基物。但是蒽醌则不同，在它的一个苯环上引入硝基后，对于另一个苯环的影响不是十分大，所以在制备 1-硝基蒽醌时总会副产一定数量的二硝基蒽醌。

5.2.2　混酸的硝化能力

对于每个具体的混酸硝化过程都要求所用混酸具有适当的硝化能力。硝化能力太弱，反应速率慢，甚至反应不完全；硝化能力太强，虽然反应速率快，但容易发生多硝化副反应。工业上常用"硫酸脱水值"（D. V. S.）或"废酸计算含量"（F. N. A.）来表示混酸的硝化能力。

5.2.2.1　硫酸脱水值和废酸计算含量

硫酸脱水值（dehydrating value of sulfuric acid）简称"D. V. S."或"脱水值"，是指硝化终了时废酸中（即硝酸含量很低时）H_2SO_4 与 H_2O 的计算质量比。

$$\text{D. V. S.} = \frac{\text{废酸中含 } H_2SO_4 \text{ 质量}}{\text{废酸中含 } H_2O \text{ 质量}} = \frac{\text{混酸中含 } H_2SO_4 \text{ 质量}}{\text{混酸中含 } H_2O \text{ 质量} + \text{硝化生成 } H_2O \text{ 质量}} \quad (5\text{-}6)$$

由上式可以看出，脱水值高，表示废酸中 H_2SO_4 含量多，H_2O 含量少，混酸的硝化能力强。

废酸计算含量（factor of nitrating activity）简称"F. N. A."，亦称"硝化活性因子"。是指硝化终了时废酸中 H_2SO_4 的计算含量（质量分数）。当硝酸比（硝酸与被硝化物的物质的量比）$\Phi \geqslant 1$ 时，以 100 份质量混酸为基准计算分式推导如下。

$$\text{废酸质量} = 100 - \frac{w(HNO_3)}{\Phi} + \frac{2w(HNO_3)}{7\Phi} = 100 - \frac{5w(HNO_3)}{7\Phi} \quad (5\text{-}7)$$

$$\text{F. N. A.} = \frac{w(H_2SO_4)}{100 - \dfrac{5w(HNO_3)}{7\Phi}} \times 100\% \quad (5\text{-}8)$$

当 $\Phi \leqslant 1$ 时，硝酸全部反应生成水，则废酸计算含量可由下式计算：

$$\text{F. N. A.} = \frac{w(H_2SO_4)}{100 - \dfrac{5w(HNO_3)}{7}} \times 100\% \quad (5\text{-}9)$$

由式(5-9)可以看出，对于具体的硝化过程，当 F. N. A. 为常数，$w(H_2SO_4)$ 和 $w(HNO_3)$ 为变数，该式是一个直线方程，如图 5-2 所示。

图 5-2 中 AD 线表示 $\Phi = 1.00$，F. N. A. = 73.7%（质量分数）时的各种混酸组成线。这表明可满足相同 F. N. A. 的混酸组成是多种多样的，但具有实际意义的混酸组成只是直线的一小段而已。

对于具体的硝化过程，D. V. S. 和 F. N. A. 与被硝化物的性质、混酸组成、硝酸比以及硝化温度、硝化时间、操作方式和硝化器结构等因素有关。表 5-1 是某些硝化过程的早期数据。

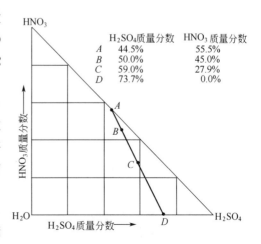

	H_2SO_4质量分数	HNO_3质量分数
A	44.5%	55.5%
B	50.0%	45.0%
C	59.0%	27.9%
D	73.7%	0.0%

图 5-2　硝化过程中的混酸组成变化

A—混酸Ⅰ；B—混酸Ⅱ；C—混酸Ⅲ；D—废酸

近年来对于许多硝化过程的 D. V. S. 或 F. N. A. 做了改进。对于一硝化，一般稍稍降低 F. N. A. 或废酸中 H_2SO_4 的分析浓度（质量含量），以进一步降低二硝化副产物。

表 5-1　某些重要硝化过程的部分参考数据

被硝化物	主要硝化产物	硝酸比	脱水值	废酸计算含量/%	混酸组成/%		备注
					H_2SO_4	HNO_3	
萘	1-硝基萘	1.07~1.08	1.27	56	27.84	52.28	加58%底酸
苯	硝基苯	1.01~1.05	2.33~2.58	70~72	46~49.5	44~47	连续法
甲苯	邻硝基甲苯和对硝基甲苯	1.01~1.05	2.18~2.28	68.5~69.5	56~57.5	26~28	连续法
氯苯	邻硝基氯苯和对硝基氯苯	1.02~1.05	2.45~2.8	71~72.5	47~49	44~47	连续法
氯苯	邻硝基氯苯和对硝基氯苯	1.02~1.05	2.50	71.4	56	30	间歇法
硝基苯	间二硝基苯	1.08	7.55	约88	70.04	28.12	间歇法
氯苯	2,4-二硝基氯苯	1.07	4.9	约83	62.88	33.13	连续法

5.2.2.2　配酸计算

前面叙述了已知混酸组成和硝酸比 Φ 时计算 F. N. A. 的公式，现将已知原料硝酸和硫酸的含量、D. V. S. 和 Φ 时，计算硝酸用量、硫酸用量、F. N. A. 和废酸组成的方法举例说明如下。

【例 5-1】　设 1kmol 萘在一硝化时用质量分数为98%硝酸和98%硫酸，要求混酸的脱水值为 1.35，硝酸比 Φ 为 1.05，试计算要用98%硝酸和98%硫酸各多少千克、所配混酸的组成、废酸计算含量和废酸组成（在硝化锅中预先加有适量上一批的废酸，计算中可不考虑，即假设本批生成的废酸的组成与上批循环废酸的组成相同）。

解：计算步骤

$$100\% \text{的硝酸用量} = 1.05\text{kmol} = 66.15\text{kg}$$

$$98\% \text{的硝酸用量} = \frac{66.15}{0.98} = 67.50\text{kg}$$

$$\text{所用硝酸中含 } H_2O = 67.50 - 66.15 = 1.35\text{kg}$$

$$\text{理论消耗 } HNO_3 = 1.00\text{kmol} = 63.00\text{kg}$$

$$\text{剩余 } HNO_3 = 66.15 - 63.00 = 3.15\text{kg}$$

$$\text{反应生成 } H_2O = 1.00\text{kmol} = 18.00\text{kg}$$

设所用 98%硫酸的质量为 x kg；所用 98%硫酸中含 $H_2O = 0.02x$ kg，则：

$$\text{D. V. S.} = \frac{0.98x}{1.35 + 18 + 0.02x} = 1.35$$

解得：

$$\text{所用 } 98\% \text{硫酸的质量 } x = 27.41\text{kg}$$

$$\text{混酸中含 } H_2SO_4 = 27.41 \times 0.98 = 26.86\text{kg}$$

$$\text{所用 } 98\% \text{硫酸中含 } H_2O = 27.41 - 26.86 = 0.55\text{kg}$$

$$\text{混酸中含 } H_2O = 1.35 + 0.55 = 1.90\text{kg}$$

$$\text{混酸质量} = 67.50 + 27.41 = 94.91\text{kg}$$

混酸组成（质量分数）：H_2SO_4 28.30%；HNO_3 69.70%；H_2O 2.00%

$$\text{废酸质量} = 26.86 + 3.15 + 1.35 + 0.55 + 18 = 49.91\text{kg}$$

$$\text{废酸计算含量（质量分数）F. N. A.} = \frac{26.86}{49.91} = 53.82\%$$

$$废酸中 HNO_3 含量(质量分数) = \frac{3.15}{49.91} = 6.31\%$$

$$废酸中 H_2O 含量(质量分数) = \frac{1.35 + 0.55 + 18}{49.91} = 39.87\%$$

应该指出：用上述方法计算出的废酸计算含量是简化的理论计算值，没有考虑硝化不完全、多硝化以及氧化副反应所消耗的硝酸和生成的水、被硝化物先用于萃取上一批废酸中的硝酸等因素的影响。实际上，只要废酸的分析组成在规定的范围之内，即可认为操作正常。

5.2.3　混酸硝化的影响因素

(1) 硝酸比

用混酸进行一硝化时，可使用接近理论量的硝酸，硝酸比 Φ 约为 $0.97 \sim 1.05$；对于一硝基物的再硝化，需要使用超过理论量的硝酸，硝酸比 Φ 约为 $1.07 \sim 1.20$。

(2) 混酸组成

如图 5-2 所示，在确定了 Φ 和 F.N.A. 以后，可以选用多种组成的混酸。在选择混酸组成时应考虑原料酸所能配出的混酸范围、尽量节省硫酸的用量以及尽量少生成多硝基化合物。

如例 5-1 所示，1kmol 萘在一硝化时，如果用质量分数 98% 硫酸和 98% 硝酸来配制混酸，则 98% 硫酸的用量只有 27.41kg。如果改用 92.5% 硫酸和 96% 硝酸来配制混酸，则 92.5% 硫酸的用量将增加很多。

对于氯苯的一硝化，如表 5-2 所示。选用混酸 Ⅰ，需要用发烟硫酸和 98% 硝酸来配制，经济上不合算。选用混酸 Ⅱ，可用 92.5% 的回收硫酸和 98% 硝酸来配制，每 1kmol 氯苯按 100% H_2SO_4 的用量计只有 70.0kg。而改用混酸 Ⅲ，则按 100% H_2SO_4 的用量将增加至 133.2kg。

表 5-2　氯苯一硝化时采用三种不同混酸的计算数据

硝酸比 $\Phi = 1.00$		混酸 Ⅰ	混酸 Ⅱ	混酸 Ⅲ
混酸组成 (质量分数)/%	H_2SO_4	44.5	50.0	59.0
	HNO_3	55.5	45.0	27.0
	H_2O	0.0	5.0	13.1
	F.N.A.	73.7%		
	D.V.S.			
1kmol 氯苯	需混酸量/kg			
	需质量分数 100% 的 H_2SO_4 量/kg			
	废酸量/kg			

工业上早期使用接近混酸 Ⅱ 的组成。近年来对某些硝化过程的混酸组成做了改进，例如苯的一硝化制硝基苯，已改用低含量回收硫酸（见 5.2.4 节）配制低硝酸含量的混酸，并取得了良好效果，可将副产二硝基苯的生成量由质量分数 0.3% 降低至 0.1% 以下。

(3) 温度

硝化是强放热反应，同时混酸中的硫酸被反应生成的水稀释时，还放出稀释热。由于反应速率相当快，为了保持适宜的硝化温度，必须尽可能快地移出大量热，否则会使反应温度和反应速率迅速上升，引起多硝化、氧化等副反应，同时还会造成硝酸的大量分解，产生大量的棕红色氧化氮气体，严重时甚至发生爆炸事故。

为了使硝化反应顺利进行，必须将硝化温度严格控制在规定的范围内。具体可采用以下措施：①加强冷却，在硝化器内安装蛇管或列管冷却装置，以增加传热面积；②加强搅拌，以提高传热系数；③在硝化器中预先加入适量上批硝化废酸，增加酸相的比例。一方面利用酸相的传热系数大，有利于移出热效应；另一方面，硝化反应主要在酸相中进行，有利于加快反应速率。

提高硝化温度可加快硝化反应速率，缩短反应时间。间歇硝化时可控制混酸的加料速率并逐步提高反应温度；连续硝化时可采用多锅串联法，并逐锅提高反应温度。另外，硝化温度对于硝化产物异构体的生成比例也有一定影响。

（4）搅拌

混酸硝化是非均相反应，为了提高传质和传热效率，硝化反应器必须有良好的搅拌装置，工业上搅拌器的转数一般在 100r/min 以上。

在间歇硝化过程中，特别是在反应的开始阶段，突然停止搅拌或由于搅拌器桨叶脱落而导致搅拌失效是非常危险的，因为这时两相很快分层，如果继续加入混酸，硝酸将在酸相中积累，一旦再开动搅拌，会突然发生剧烈反应，瞬间放出大量的热，使温度失控，严重时可能发生爆炸事故，因此必须注意并采取必要的安全措施。

（5）酸油比和循环废酸比

酸油比指的是混酸与被硝化物的质量比，从表 5-2 以及例 5-1 可以看出：当脱水值和硝酸比固定时，酸油比与混酸组成有关。使用含水量多的混酸时，可在硝化反应器中预先加入适量的上一批硝化的废酸，使滴入的混酸（含水少的）立即被废酸所稀释，减少多硝基物的生成。另外，加入循环废酸还有利于传热和提高反应速率。但循环废酸太多又会降低设备的生产能力，因此循环废酸与被硝化物的质量比应综合考虑。

（6）副反应

硝化时的主要副反应是多硝化和氧化。避免多硝化副反应的主要方法是控制混酸的硝化能力、硝酸比、循环废酸的用量、反应温度和采用低硝酸含量的混酸。

氧化副反应主要是在芳环上引入羟基，例如，在甲苯一硝化时总会生成少量的硝基酚类。因此，硝化后分离出的粗品硝基物异构体混合物必须用稀碱液充分洗涤，除净酚类副产物，否则，在粗品硝基物脱水和用精馏法分离异构体时有爆炸危险。

在发生氧化副反应的同时，硝酸分解为二氧化氮，而二氧化氮又会促进氧化副反应，例如，二氧化氮会使多烷基苯上的烷基发生复杂的氧化副反应，影响粗产品的质量。必要时可加入适量的尿素将二氧化氮破坏掉，以抑制氧化副反应。

$$3N_2O_4 + 4CO(NH_2)_2 \longrightarrow 8H_2O + 4CO_2 \uparrow + 7N_2 \uparrow \qquad (5-10)$$

为了使生成的二氧化氮气体能及时排出，硝化器上应配有良好的排气装置和吸收二氧化氮的装置。另外，硝化器上还应该有防爆孔，以防意外。

5.2.4 废酸处理

苯、甲苯、氯苯的一硝化产物的生产能力一般都在万吨级以上，副产的废酸量相当大，因此必须设法回收利用。这类废酸中硫酸的质量分数一般在 68%～72% 之间，并含有少量硝酸、亚硝酸和硝化产物。以苯的一硝化废酸为例，最常用的处理方法是：首先用原料苯对废酸进行萃取，一方面萃取出硝基苯和硝基苯酚，另一方面利用废酸中所含的硝酸，使其生成硝基苯，萃取苯供一硝化之用，萃取后的废酸用过热水蒸气在 170℃ 左右吹出废酸中残余的硝酸和亚硝酸，然后再高温蒸发浓缩成质量分数 90%～93% 硫酸循环使用。

上述浓缩方法的缺点：热能消耗大，有酸雾污染环境，需要特殊的浓缩设备。对于苯的一硝化制硝基苯的废酸的回收，近年来又开发了新方法，在 110～140℃、减压至 21.3～23.1kPa（160～174mmHg）（或利用原有浓缩设备在微负压）下蒸出水，将 68%～72% 废酸浓缩成 77%～78% 硫酸供循环使用。

5.2.5 混酸硝化反应器

间歇硝化都采用有冷却夹套锅式硝化器。连续硝化除了采用锅式硝化器以外，还有采用环形（列管式）硝化器和泵式硝化器等。含量高于质量分数 68％的硫酸对铸铁的腐蚀性很小，当硝化废酸中硫酸的含量高于质量分数 68％时，可以采用铸铁制的硝化器，间歇硝化也可以采用搪瓷锅，但传热效果差。连续硝化时尽可能采用不锈钢硝化器，因为不锈钢的传热效果和耐腐蚀性好。为了加强传热还可以在硝化器内安装冷却蛇管或列管。

硝化过程必须有良好的搅拌，常用搅拌器有推进式、涡轮式和桨式，搅拌器转速应尽可能快一些，一般在 $100\sim400r/min$。为了增强混合效果，有时在硝化锅内安装导流筒，或利用冷却蛇管兼起导流筒的作用。这时两圈蛇管之间必须没有缝隙，以免物料从缝隙短路。图 5-3 是间歇硝化锅，图 5-4 是连续硝化锅。

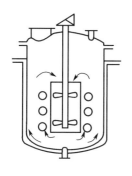

图 5-3　间歇硝化锅

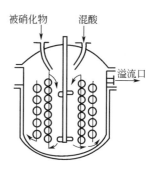

图 5-4　连续硝化锅

连续硝化时，常采用两个、三个或四个硝化锅串联的方式以减少反向混合作用。在第一、第二硝化锅中，硝酸浓度比较高，物料体系属于传质控制的快速型反应，反应速率快，放热量大，需要较大的传热面积和较强的搅拌。在后面的硝化锅中，硝酸浓度很低，反应速率慢、放热量小，对于传热面积和搅拌强度的要求可以低一些。

近年来又开发了环形（列管式）连续硝化器。图 5-5 是一种效果较好的环形硝化器。有机物和混酸从右侧加入，与硝化器中的冷循环物料经过多层推进式搅拌器，使之强烈混合，并使反应热被冷的循环物料所吸收。混合后的反应物进入左侧的冷却区，冷却后的物料一部分作为出料，大部分作为循环料，使右侧进入的反应物冷却并使酸相中的硝酸稀释。因为物料的循环速度快、循环量大，实际上两侧的温度差只有 $1\sim2℃$。根据混酸硝化动力学研究，既可以采用几个环形硝化器串联，也可以采用环形硝化器与锅式硝化器串联。

环形硝化器已用于苯、甲苯、氯苯的一硝化。环形硝化器造价高、生产能力大，只适用于大吨位的连续硝化。有专利提出，为了减少二硝化和酚类副产物，可将液态被硝化物经射流装置喷入硝化反应物中。

小吨位的连续硝化（例如间二甲苯的连续硝化）可

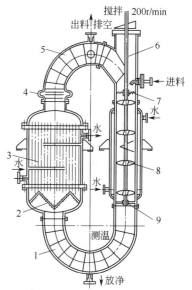

图 5-5　环形连续硝化器

1—下弯管；2—匀流折板；3—换热器；
4—伸缩节；5—上弯管；6—搅拌轴；
7—弹性支承；8—搅拌器；9—底支承

以采用泵锅串联法。即将被硝化物、混酸和冷的循环废酸连续地加入高速离心泵中，反应物在泵中强烈混合并完成大部分硝化反应，反应热被冷的循环废酸所吸收，从泵中流出的反应物再进入锅式硝化器中使反应完全。

5.2.6 苯一硝化制硝基苯

硝基苯是重要的有机中间体，用于生产多种医药和染料中间体，如苯胺、间氨基苯磺酸、二硝基苯等。它也是重要的非质子传递极性溶剂，还可用作气相色谱固定液。硝基苯早期采用混酸间歇硝化法。随着苯胺需要量的迅速增长，逐步开发了锅式串联、泵-列管串联、塔式、管式、环形串联等常压冷却连续硝化法和带压绝热连续硝化法。

5.2.6.1 常压冷却连续硝化法

图 5-6 是锅式串联连续硝化流程示意图。首先萃取苯、混酸和冷的循环废酸连续地加入 1 号硝化锅中，反应物再经过三个串联的硝化锅 2，停留时间 10～15min，然后进入连续分离器 3，分离成废酸层和酸性硝基苯层，废酸进入连续萃取锅 4，用工业苯萃取废酸中所含的硝基苯，并利用废酸中所含的硝酸，然后经分离器 5，分离出的萃取苯（俗称酸性苯）用泵 6 连续地送往 1 号硝化锅，萃取后的废酸用泵 7 送去浓缩成质量分数 90%～93% 或 76%～78% 的硫酸，套用于配制混酸。酸性硝基苯经水洗器 8、分离器 9、碱洗器 10 和分离器 11 除去所含的废酸和副产的硝基酚，即得到中性硝基苯。

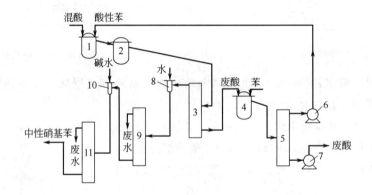

图 5-6 苯连续一硝化流程示意

1,2—硝化锅；3,5,9,11—分离器；4—连续萃取锅；6,7—泵；8,10—文丘里管混合器

近年来有改用四台环形硝化器串联或三环一锅串联的方法（物料停留时间约 12min），该方法具有以下优点：

① 换热面积大，传热系数高，冷却效果好，节省冷却水；

② 物料停留时间分布的散度小，物料混合状态好，温度均匀，有利于生产控制；与锅式法比较，未反应苯的质量分数由 1% 左右下降到 0.5% 左右；

③ 减少了滴加混酸处的局部过热，减少了硝酸的受热分解，排放的二氧化氮少，有利于安全生产；

④ 与锅式法比较，酸性硝基苯中二硝基苯的质量分数由 0.3% 下降到 0.1% 以下，硝基酚质量分数下降到 0.005%～0.06%。

5.2.6.2 带压绝热连续硝化法

常压冷却连续硝化法的主要缺点是需要大量的冷却水，20 世纪 70 年代国外又开发成功了带压绝热连续硝化法，并建成了年产 19 万吨/年硝基苯生产装置。带压绝热连续硝化主要有锅式带压绝热硝化法和管式带压绝热硝化法两种方法。

（1）锅式带压绝热硝化法

1997 年中国邯郸滏阳化工集团有限公司引进一套 2 万吨/年的绝热法生产硝基苯的装置。所用硝化器是三个串联的无冷却装置的搅拌锅式反应器，每个反应器容积为 1m³。其工艺流程如图 5-7 所示。

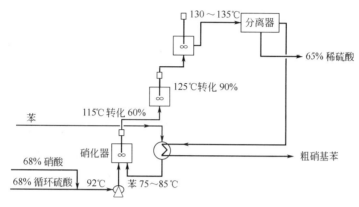

图 5-7　苯绝热硝化工艺流程示意

92℃的 68％循环硫酸和由 98％硝酸稀释至 68％的浓硝酸经混合泵后进入第一硝化器，混酸中约含硝酸 5％，原料苯经热交换器预热至 75～85℃，进入第一硝化器，苯过量 5％～10％。在第一硝化器中苯的转化率 50％以上，硝酸的转化率约 60％，由于硝化反应放热，硝化混合物升温至约 115℃。在第二硝化器中硝酸转化率约 90％，料温升至约 125℃。在第三硝化器中，硝酸基本上完全转化成硝基苯，出口温度 130～135℃。反应物的总停留时间约 1min。粗硝基苯中约含 6％未反应的苯，为了防止苯的汽化，绝热分离器也需要密闭，压力约 0.2MPa。分离出的热的粗硝基苯经热交换器使原料苯预热。分离出的热的 65％稀硫酸经钽材列管加热器和搪玻璃闪蒸器，在 8kPa 和 92℃进行减压闪蒸，将 65％稀硫酸浓缩成 68％循环硫酸。闪蒸所需热量的 80％～85％由稀硫酸自身的显热提供。粗硝基苯经水洗、碱洗、精馏后得工业品硝基苯。

这种工艺的优点是产品收率和质量高，精制后的工业硝基苯，按消耗的苯计收率为 99.1％，二硝基苯含量小于 0.05％。而且，可利用出料 135℃硝化的显热，在常压蒸出回收苯，然后在减压下将 65％废酸浓缩到约 68％，循环利用，浓缩的能耗只有冷却连续硝化法的 11％。

（2）管式带压绝热硝化法

沈阳化工学院与辽阳市庆阳化工厂合作开发了苯的管式绝热连续硝化反应器。四管串联，每小时生产能力为 6.8t 硝基苯（合年产 5 万吨）。硝化管最后出口温度 140℃，反应物停留时间 2～4min。按苯计收率提高到 99.3％，产品硝基苯中二硝基物含量下降到 0.03％，浓缩能耗下降到冷却硝化法的 6％。

管式反应器的优点是在管中装有静态混合元件，径向混合效果好；轴向反向混合作用少，反应速率快，反应进行彻底，原料利用率高；不需要搅拌装置，无活动部件，动力消耗低；密闭性好、更安全。至 2003 年已在线生产 5 年。

5.2.7　其他生产实例

（1）氯苯的一硝化制邻位和对位硝基氯苯

主要采用常压冷却连续硝化法，因为冷却硝化温度低，对硝基氯苯得量高，粗品硝基氯苯混合物中约含有邻位体 33%，间位体 1% 和对位体 66%，分离时为了节省能耗采用冷却结晶和高效精馏的方法。中国已拥有世界上生产能力最大的装置，年生产能力 7 万吨，采用锅式硝化器，少数工厂采用环形硝化器。

孟山都公司提供的氯苯绝热硝化法，混酸在 100～110℃进料，氯苯/硝酸物质的量比 1.1:1，反应时间 2.5h，硝酸转化率 99.5%。粗硝基氯苯异构体混合物中对位体 58% 左右，与冷却法相比，能耗降低 50%～80%，设备生产能力提高 1～2 倍，硝基物收率提高 3%～4%。

中国只有沧州一家工厂采用绝热硝化法，因为高温硝化时，硝化物中用途较大的对位体含量下降到 58%，降低了 8%，不能回收利用的间位体的含量上升了，这给异构体的分离精制增添了麻烦，在中国没有推广应用。

邻硝基氯苯在染料工业中用于制黄色基 GC、橙色基 GR 等，在助剂工业用于制造橡胶促进剂 M 和 DM，在香料工业中用于香草醛的合成，在农药工业用于生产托布津和甲基托布津、多菌灵等，它也是生产苯并三氮唑类紫外线吸收剂的原料和重要的医药中间体。对硝基氯苯也是生产偶氮染料和硫化染料、非那西丁和扑热息痛药物、农药除草醚以及橡胶防老剂 4010 等的重要原料。

（2）邻位和对位硝基甲苯

由甲苯用混酸硝化而得。由于需要量大，都采用常压冷却连续硝化法，三锅串联可年产 2.0 万～2.5 万吨。粗硝基甲苯异构体混合物中约含邻位体 57.5%，间位体 4%，对位体 38.5%，可采用连续高效精馏法直接分离成邻位体、间位体和对位体三个产品。

一硝基甲苯中对位体的需要量比邻位体大得多。但混酸硝化法的对/邻比只有（0.67～0.70）:1。为了提高对/邻比，又对许多其他硝化方法进行了研究，对/邻比可提高到（1.45～1.76）:1，但均属实验室研究。

邻硝基甲苯主要用于生产邻甲苯胺、联甲苯胺等中间体，在医药工业用于生产硝苯吡啶、痛惊宁、丙咪嗪盐酸盐、溴己胺盐酸盐和双氯苯唑青霉素钠等。对硝基甲苯主要用于生产对甲苯胺、甲苯二异氰酸酯、联甲苯胺、对硝基苯甲酸、对硝基甲苯-2-磺酸、2-硝基对甲苯胺、3-氯-4-硝基甲苯和二硝基甲苯等有机中间体。

（3）间二硝基苯

间二硝基苯是制造间苯二胺、间二氯苯等染料、农药和医药中间体的原料，也用作分析试剂。由硝基苯再硝化而得，一般采用分批硝化法。二硝化物中约含间位体 90%、邻位体 8%～9%、对位体 1%～2%。最初采用冷却结晶法提纯（物理法分离）。后根据邻位体和对位体的亲核反应活性高的特性，改用化学分离法。用亚硫酸钠水溶液处理法使邻位体和对位体转变成水溶性的硝基苯磺酸而除去，间位体的精制收率只有 93.66%。后改用在相转移催化剂存在下用氢氧化钠水溶液处理的化学分离法，间位体的精制收率可达 97%，其反应式如下：

$$\text{（5-11）}$$

该法的优点是：收率高，生成的硝基酚可回收利用。此外，还有邻、对二硝基苯的相转移催化甲氧基化、还原分离法。

5.3　硫酸介质中的硝化

当被硝化物和硝化产物是固态而且不溶或微溶于中等浓度硫酸时，常常将被硝化物完全或大部分溶解于浓度较高的硫酸中，然后加入混酸或硝酸进行硝化。在这里硫酸用量多，硝化反应前后硫酸的浓度变化不大，因此不计算 D. V. S. 或 F. N. A.。

各种不同结构的芳香族化合物在浓硫酸中进行硝化时，都是当硫酸浓度在 90% 左右时反应速率常数有最大值。根据 ^{14}N 和 ^{17}O 的核磁共振谱的研究，这是因为当 H_2SO_4 浓度高于 90% 时，NO_2^+ 逐步被 H_2SO_4 分子包围，形成"溶剂壳"，从而削弱了 NO_2^+ 的活性。

选择硫酸的浓度还应考虑对被硝化物有较好的溶解度，用量少又不致引起磺化等副反应。另外硫酸浓度和反应温度还会影响硝基进入芳环的位置，这将用以下实例来说明。

（1）2-硝基-4-乙酰氨基苯甲醚

将 4-乙酰氨基苯甲醚溶于浓硫酸中，在 5～10℃滴加混酸进行硝化而得。

$$(5-12)$$

在反应液中加入尿素可抑制氧化副反应，收率可达 96%。2-硝基-4-乙酰氨基苯甲醚经还原可制得 2-氨基-4-乙酰氨基苯甲醚。此产品的另一主要合成路线是将 2,4-二硝基苯甲醚完全还原得 2,4-二氨基苯甲醚，后者再选择性地单乙酰化。

$$(5-13)$$

应该指出，4-乙酰氨基苯甲醚在水介质中用稀硝酸硝化，则生成 3-硝基-4-乙酰氨基苯甲醚。

（2）1-硝基蒽醌

最初采用发烟硝酸硝化法，缺点是收率低（73%）、副产大量废硝酸，难于回收利用，而且有爆炸危险。现在国内均采用蒽醌在硫酸介质中的非均相硝化法。此法的优点是：硝酸比可降低至 1.37∶1，可用邻苯甲酰基苯甲酸为原料，先在浓硫酸中脱水环合生成蒽醌（见14.2.1），然后将反应物加水稀释至硫酸质量分数为 80.5%，再滴加混酸或硝酸，在（40±2）℃下硝化 8h，然后稀释、过滤得粗品 1-硝基蒽醌，其中含有 2-硝基蒽醌和各种二硝基蒽醌。将粗品硝基蒽醌用亚硫酸钠水溶液处理，可使大部分 2-硝基蒽醌转变为水溶性的蒽醌-2-磺酸钠而除去，使 1-硝基蒽醌的纯度提高到 85%～90%（质量分数），供制备 1-氨基蒽醌之用。1-硝基蒽醌经硝化可以制备 1,5-二硝基蒽醌和 1,8-二硝基蒽醌。

（3）硝基芳磺酸

芳香族化合物先在适当浓度的硫酸中磺化，然后加入硝酸或混酸进行硝化可制得一系列硝基芳磺酸。例如萘先在发烟硫酸中低温二磺化生成萘-1,5-二磺酸，接着在发烟硫酸中硝化，主要生成 3-硝基萘-1,5-二磺酸。将反应物稀释后，加入氧化镁，3-硝基萘-1,5-二磺酸就以镁盐形式析出，而少量副产的 4-硝基萘-1,5-二磺酸则保留在盐析母液中。应该指出，萘-1,5-二磺酸如果在浓硫酸中硝化，则主要生成 4-硝基萘-1,5-二磺酸。3-硝基萘-1,5-二磺酸经还原得 3-氨基萘-1,5-二磺酸，商品名氨基 C 酸。

$$(5-14)$$

5.4　在乙酐或乙酸中的硝化

在乙酐中的硝化反应比较复杂，目前认为最有可能的硝化活泼质点是 NO_2^+ 和 $CH_3COONO_2H^+$。

$$(5-15)$$

硝酸在乙酐中能任意溶解，常用含硝酸 $10\% \sim 30\%$（质量分数）的乙酐溶液。应该指出，硝酸的乙酐溶液如放置过久，温度升高，会生成四硝基甲烷而有爆炸危险，故应在使用前临时配制。为了减少乙酐的用量，也可向被硝化物的乙酐溶液中直接滴加发烟硝酸，必要时也可以使用氯代烷烃类惰性溶剂。在乙酐中硝化时为了避免爆炸危险，要求在很低的温度下进行反应。

在乙酐中硝化时，反应生成的水与乙酐反应转变为乙酸，反应液并未被水稀释，故硝化能力很强，在低温下只要用过量很少的硝酸即可完成硝化反应。

从乙酐价格和安全上的考虑，在乙酐中硝化方法的应用受到很大的限制。因此，当不宜采用混酸硝化和硫酸介质中的硝化时，才采用此种硝化方法。

葵子麝香是一种人造麝香，在含硝基的人造麝香中香气最佳，用于配制多种香精，并可用作定香剂，适用于各种日用香精。葵子麝香不采用发烟硝酸硝化法是为了避免氧化和置换硝化副反应，不采用在硫酸介质中的硝化法是为了避免磺化副反应。

$$(5-16)$$

粗品中含有以下副产物，需反复精制才能得到香料级产品。

呋喃环和烯双键在乙酐中硝化是因为这两种化合物对强酸不稳定。1983 年，捷克专利提出了将呋喃丙烯酸、乙酐、硝酸和硫酸按 $1:7.2:1.27:0.02$ 物质的量比，在 $-12 \sim -5℃$ 下进行连续硝化的方法。

$$\text{（图：呋喃丙烯酸）} \xrightarrow[-18 \sim -10℃]{\text{乙酐-三氯乙烷中硝化}} \text{（图：硝基呋喃丙烯酸）} \tag{5-17}$$

吡啶类化合物在强酸中可被质子化，从而使硝化困难。因此 2-羟基-3-氰基-4-甲氧甲基-5-硝基-6-甲基吡啶需要采用乙酐中硝化法制得。

$$\text{（图：吡啶衍生物）} \xrightarrow[57 \sim 58℃]{\text{乙酐中硝化}} \text{（图：硝基吡啶衍生物）} \tag{5-18}$$

维生素 B_6 的中间体

苊很活泼，在硫酸中可磺化，在过量硝酸中又可多硝化，所以采用乙酸作介质。硝化完成后，向反应液中加入重铬酸钠进行氧化，即得到 5-硝基萘-1,8-二甲酸，它是分散染料中间体。

$$\text{（图：苊）} \xrightarrow[\substack{\text{乙酸介质} \\ 20 \sim 70℃}]{65\%硝酸硝化} \text{（图：硝基苊）} \xrightarrow[\substack{\text{氧化} \\ 60 \sim 100℃}]{\text{补加 Na}_2\text{Cr}_2\text{O}_7} \text{（图：5-硝基萘-1,8-二甲酸）} \tag{5-19}$$

5.5 稀硝酸硝化

酚类、酚醚和某些 N-酚基芳胺容易与亲电试剂发生反应，可以用稀硝酸硝化。所谓稀硝酸硝化指的是反应在水介质中进行，硝酸的浓度比较低，加入的硝酸可以是质量分数 $10\% \sim 69\%$ 的硝酸，也可以是 98% 的硝酸。硝酸的用量约为理论量的 $110\% \sim 150\%$，同时不断地加入少量的亚硝酸钠或亚硫酸氢钠。硝化温度一般在 $20 \sim 75℃$ 之间。为了使反应顺利进行，常常加入氯苯、四氯化碳、二氯乙烷等惰性有机溶剂，使被硝化物和硝化产物全部或部分溶解。

采用稀硝酸硝化时，硝化反应速率与被硝化物的浓度和亚硝酸的浓度成正比，因此提出了亚硝化-氧化历程，即：

$$\text{Ar—H} + \text{HNO}_2 \xrightarrow{\text{亚硝化}} \text{Ar—NO} + \text{H}_2\text{O} \tag{5-20}$$

$$\text{Ar—NO} + \text{HNO}_3 \xrightarrow{\text{氧化}} \text{Ar—NO}_2 + \text{HNO}_2 \tag{5-21}$$

根据式(5-21)，也可以不用硝酸作氧化剂，而是采用超过理论量的亚硝酸，它既是亚硝化剂，又是氧化剂。例如间苯二酚先用亚硝酸亚硝化，再用亚硝酸将亚硝基氧化成硝基生产 4,6-二硝基-1,3-苯二酚，收率可达 85%。

$$\text{（图：间苯二酚）} \xrightarrow[\text{pH 3.5}]{\substack{\text{亚硝化} \\ \text{NaNO}_2 + \text{CH}_3\text{COOH}}} \text{（图：二亚硝基苯二酚）} \xrightarrow[\text{pH 3.5}]{\substack{\text{氧化} \\ \text{NaNO}_2 + \text{CH}_3\text{COOH}}} \text{（图：4,6-二硝基-1,3-苯二酚）} \tag{5-22}$$

3-硝基-4-乙酰氨基苯甲醚的制备方法是 4-氨基苯甲醚用乙酐在氯苯、乙酸、四氯化碳或二氯乙烷介质中乙酰化，不分离，用水稀释后直接用稀硝酸硝化制得。

$$\text{(5-23)}$$

应该指出，4-乙酰氨基苯甲醚如果在浓硫酸中硝化，则硝基将进入甲氧基的邻位。

酚类和酚醚的稀硝酸硝化还可以用于制备以下产品。

应该指出，许多邻位或对位硝基酚或硝基酚醚并不采用上述稀硝酸硝化的合成路线，而采用将硝基氯苯类分子中的氯基置换为羟基或烷氧基的合成路线，例如用此法可以制得以下酚类或酚醚。

5.6 亚硝化

向芳环或杂环的碳原子上引入亚硝基的反应称作亚硝化。亚硝化的对象主要是酚类、芳仲胺和芳叔胺。亚硝化的反应剂是亚硝酸，它是由亚硝酸钠在水介质中与硫酸或盐酸相反应而生成的。亚硝化反应通常是在水介质中、0℃左右进行的。亚硝化也是亲电取代反应，亚硝基主要进入芳环上羟基和叔氨基的对位，对位被占据时则进入邻位。仲胺在亚硝化时，亚硝基优先进入氮原子上。

5.6.1 酚类的亚硝化

将苯酚与 NaOH 和 NaNO$_2$ 的混合水溶液在 $5\sim7$℃滴加到稀硫酸中可制得对亚硝基苯酚，它是苯醌肟的互变异构体。

$$\text{(5-24)}$$

对亚硝基苯酚不稳定，干品有爆炸性，湿滤饼必须立即用于下一步反应。它是制备硫化蓝 BRN、硫化深蓝 BBF 和硫化还原蓝 RNZ 等染料以及橡胶交联剂、扑热息痛等药物的中间体。

在 4～8℃以下，向 2-萘酚钠和亚硝酸钠的水悬浮液中（向液面下）滴加稀硫酸，直到 pH 值 2～3，即得到 1-亚硝基-2-萘酚。该化合物可以用作分光光度法测定钴、钯、锆的显色剂，富集 Cr^{3+}、Co^{2+}、Fe^{2+}、UO 的共沉淀剂，以及 Ag^+、Cd^{2+}、Co^{2+}、Cu^{2+}、Ni^{2+}、Th^{4+} 等的萃取剂，还用作有机合成中间体。

$$\text{(2-萘酚钠)} + NaNO_2 + H_2SO_4 \xrightarrow{\text{亚硝化}} \text{(1-亚硝基-2-萘酚)} + Na_2SO_4 + H_2O \qquad (5-25)$$

为了避免将 2-萘酚用氢氧化钠水溶液溶解成钠盐，以减少亚硝化时硫酸的用量和废液中无机盐的含量，又提出了将 2-萘酚先溶于水-异丙醇中，然后在 10℃ 加入亚硝酸钠，再滴加硫酸进行亚硝化，然后加入亚硫酸氢钠进行还原磺化的方法。水-异丙醇溶剂可以多次重复使用。

5.6.2 芳仲胺的亚硝化

二苯胺在稀盐酸中与亚硝酸钠反应得 N-亚硝基二苯胺。

$$\text{(二苯胺)} \xrightarrow[\text{约 26℃}]{\text{亚硝化} \atop NaNO_2 + 2HCl} \text{(N-亚硝基二苯胺)} \qquad (5-26)$$

此外，中国专利提出了在乙醇盐酸介质中用亚硝酸钠进行亚硝的方法；日本专利提出了在甲苯/2-乙基己醇介质中用 NO 和 NO_2 进行 N-亚硝化的方法。

N-亚硝基二苯胺在盐酸-甲醇-氯仿介质中可以重排成 4-亚硝基二苯胺，后者用多硫化钠还原得 4-氨基二苯胺。

$$\text{(N-亚硝基二苯胺)} \xrightarrow{\text{盐酸-甲醇-氯仿溶液}} \text{(4-亚硝基二苯胺)} \xrightarrow[\text{还原}]{Na_2S_x} \text{(4-氨基二苯胺)}$$

$$(5-27)$$

4-氨基二苯胺是染料及助剂合成的重要中间体，主要用于制造 4010NA、4020 和 668 等多种防老剂，以及蓝色盐 RT、酸性大红 GR 和分散黄 GFL 等染料。由于二苯胺价格较贵，工业上在制备 4-氨基二苯胺时还采用对硝基氯苯和甲酰苯胺的芳氨基化-还原法，现在正在开发对硝基苯胺和苯胺的芳氨基化-还原法。而最新的生产方法是硝基苯和苯胺混合物的液相催化氢化法。

5.6.3 芳叔胺的亚硝化

N,N-二甲基苯胺在稀盐酸中、0℃左右与亚硝酸钠反应得 4-亚硝基-N,N-二甲基苯胺。

$$\text{(N,N-二甲基苯胺)} \xrightarrow[\text{约 0℃}]{\text{亚硝化} \atop NaNO_2 + 2HCl} \text{(4-亚硝基-N,N-二甲基苯胺)} \qquad (5-28)$$

同样的方法还可以制得 4-亚硝基-N,N-二乙基苯胺等 C-亚硝基芳叔胺。

习　　题

5-1　写出硝化和亚硝化定义。

5-2　硝酸硝化过程中的不利影响是什么？

5-3　混酸硝化的适用范围是什么？它的优点是什么？

5-4　F. N. A. 的含义是什么？

5-5 混酸硝化有哪些影响因素？

5-6 在混酸硝化过程中是如何控制反应温度的？

5-7 废酸处理有哪些方法？

5-8 冷却混酸硝化反应器中环形连续硝化器的结构？

5-9 带压绝热连续硝化法制硝基苯有哪些优点？

5-10 管式反应器的优点是什么？

5-11 氯苯的一硝化制邻位和对位硝基苯中，为了节省能耗采用什么分离方法？

5-12 C酸的制备过程中，加入 MgO 的作用是什么？

5-13 在乙酐中进行硝化反应应注意什么？

5-14 稀硝酸硝化的反应历程包含哪些步骤？

5-15 酚类、酚醚类化合物的硝化采用什么试剂？

5-16 写出由甲苯制备下列甲基硝基苯胺的路线？

(1) 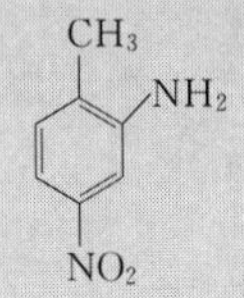 (2) 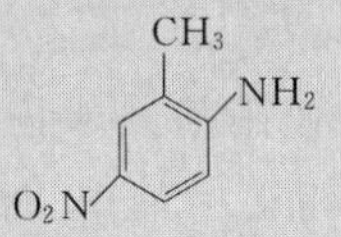 (3)

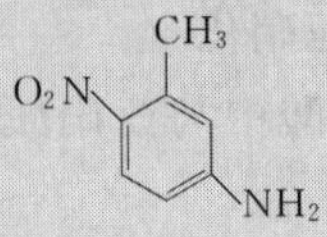

(4) 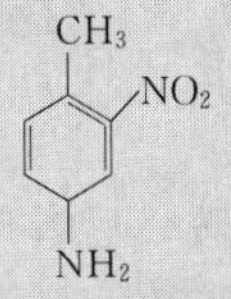 (5)

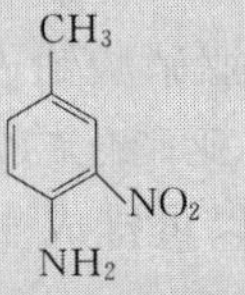

5-17 对于 1kmol 氯苯，在配制混酸Ⅲ时，要用多少千克 98% 的 HNO_3 和多少千克 98% 的 H_2SO_4？（选做题）

5-18 在配制混酸Ⅰ时，仍用 98% 的硝酸，但为了避免加水，试计算要改用什么浓度的硫酸？用多少千克这种硫酸？（选做题）

5-19 在配制苯的绝热硝化制硝基苯的混酸时，已知混酸中硝酸的含量是 5%，废酸计算浓度是 65%。在配酸时使用 68% 的硝酸，试计算对于 1kmol 苯的硝化，要用多少千克 68% 的硝酸，要用什么浓度的循环硫酸，用多少千克，并计算所用混酸的量和组成。

第 6 章　还　原

6.1　概述

广义地说，还原反应指的是化合物获得电子的反应，或使参加反应的原子上电子云密度增加的反应。狭义地说，有机物的还原反应指的是有机物分子中增加氢的反应或减少氧（以及硫或卤素）的反应，或两者兼而有之的反应。

还原反应的方法可以分为三大类：

① 化学还原，使用氢以外的化学物质作还原剂的方法；

② 催化氢化，使用氢在催化剂的作用下使有机物还原的方法；

③ 电化学还原，在电解槽的阴极室进行还原的方法。

6.1.1　还原反应的类型

还原反应的类型主要有如下五种。

① 碳-碳不饱和键的还原　例如炔烃、烯烃、多烯烃、脂环单烯烃和多烯烃、芳烃和杂环化合物中碳-碳不饱和键的部分加氢或完全加氢。

② 碳-氧双键的还原　例如醛羰基还原为醇羟基或甲基，酮羰基还原为醇羟基或次甲基，羧基还原为醇羟基，羧酸酯还原为两个醇，羧酰氯还原为醛基或羟基等。

③ 含氮基的还原　例如氰基和羧酰氨基还原为亚甲氨基，硝基和亚硝基还原为肟基（$>$NOH）、胲基（羟氨基—NHOH）和氨基，硝基双分子还原为氧化偶氮基、偶氮基或氢化偶氮基，偶氮基和氢化偶氮基还原为两个氨基，重氮盐还原为肼基—NHNH$_2$ 或被氢置换等。

④ 含硫基的还原　例如碳-硫不饱和键还原为巯基或亚甲基，芳磺酰氯还原为芳亚磺酸或硫酚，硫-硫键还原为两个巯基等。

⑤ 含卤基的还原　例如卤基被氢置换等。

还原产物的类型有几十种之多，本书只讲述个别重要的还原产物的制备。

6.1.2　不同官能团还原难易比较

表 6-1 列出了某些官能团在催化氢化时由易到难的次序。表 6-1 的排列次序是相对的，由于被还原物的整个分子结构的不同，被还原基团所处化学物理环境（电子效应和空间效应）的不同、所用氢化催化剂种类的不同或还原条件的不同，都可能改变其难易次序。但是在通常条件下，这个次序仍可作为选择还原条件的参考。当分子中有多个可还原基团时，一般是表中序号小的基团比序号大的基团容易被还原，如果选择适当的还原条件，就可以进行选择性还原，只还原特定的基团，而不影响其他可还原基团。

另外，表 6-1 对于化学还原也有重要参考价值。例如，间硝基苯甲醛在用硫酸亚铁或二硫化钠还原时，可以只将硝基还原成氨基，而不影响醛基和苯环。

从表 6-1 还可以看出，催化氢化包括两类反应。一类只涉及 π-键的加氢，称作加氢反应。如表 6-1 中的序号 3、4、5、6、8、9、10 和 13。另一类涉及 σ-键的断裂，称作氢解反应，如表 6-1 中的序号 1、2、7、11、12 和 14。在硝基苯的催化氢化生成苯胺的反应历程中，实际上既有加氢反应，又有氢解反应。因此有时把序号 2、7 等氢解反应也称作加氢。

$$
C_6H_5-N\underset{O}{\overset{O}{\diagdown}} \xrightarrow[-H_2O]{+H_2} C_6H_5-N=O \xrightarrow[\text{加氢}]{+H_2} C_6H_5-N\underset{OH}{\overset{H}{\diagup}} \xrightarrow[-H_2O]{+H_2} C_6H_5-NH_2 \tag{6-1}
$$

氢解　　　　　　　　　　　　　　　　　　氢解

表 6-1　各种官能团在催化氢化时由易到难的次序

序号	被还原基团	还原产物	序号	被还原基团	还原产物
1	$R-\overset{O}{\overset{\|}{C}}-Cl$	$R-\overset{O}{\overset{\|}{C}}-H$	10	稠环芳烃	部分加氢
2	$R-NO_2$	$R-NH_2$			
3	$RC\equiv CR'$	$RCH=CHR'$	11	$R-\overset{O}{\overset{\|}{C}}-OR'$	$R-CH_2OH+R'OH$
4	$R-\overset{O}{\overset{\|}{C}}-H$	$R-CH_2OH$			
5	$RCH=CHR'$	RCH_2CH_2R'	12	$R-\overset{O}{\overset{\|}{C}}-NH_2$	$R-CH_2NH_2$
6	$R-\overset{O}{\overset{\|}{C}}-R'$	$R-\overset{OH}{\overset{\|}{C}}H-R'$			
7	$C_6H_5CH_2-O-R$ $C_6H_5CH_2Cl$	$C_6H_5CH_3+ROH$ $C_6H_5CH_3+HCl$	13	⟨苯⟩$-R$	⟨环己⟩$-R$
8	$R-C\equiv N$	$R-CH_2NH_2$			
9	吡啶、喹啉、吡咯	哌啶、四氢喹啉、吡咯烷	14	$R-\overset{O}{\overset{\|}{C}}-OH$	$R-CH_2OH$
			15	$R-\overset{O}{\overset{\|}{C}}-ONa$	不能氢化

6.1.3　化学还原剂的种类

主要的无机还原剂有以下几种。

① 活泼金属及其合金　如铁粉、锌粉、铝粉、锡粒、金属钠、锌汞齐和钠汞齐等。

② 低价元素的化合物　如 NaHS、Na_2S、Na_2S_x、Na_2SO_3、$NaHSO_3$、$Na_2S_2O_4$、SO_2、$SnCl_2$、$FeCl_2$、$FeSO_4$、$TiCl_3$、NH_2OH、H_2NNH_2 和 H_3PO_2 等。

③ 金属复氢化合物　如 $NaBH_4$、KBH_4、$LiBH_4$ 和 $LiAlH_4$ 等。

主要的有机还原剂有：乙醇、甲醛、甲酸、甲酸与低碳叔胺的配合物、烷氧基铝｛如 $Al[OCH(CH_3)_2]_3$｝、硼烷和葡萄糖等。

同一个化学还原剂可以用于多种类型的还原反应。同一个具体的还原反应也可以选用不同的还原方法或不同的化学还原剂，这时应根据技术上的难易、投资、成本、环保、产品质量和产量等多方面的因素进行综合考虑，选用最切合实际的还原方法或化学还原剂。

6.2　铁粉还原法

6.2.1　铁粉还原的反应历程

铁粉还原反应是通过电子的转移而实现的。在这里铁是电子给体，被还原物的某个原子首先在铁粉的表面得到电子生成负离子自由基，后者再从质子给体（例如水）得到质子而生成产物。以芳香族硝基化合物被铁粉还原成芳伯胺的反应为例，其反应历程可简单表示如下。

$$Fe^0 \longrightarrow Fe^{2+} + 2e \tag{6-2}$$

$$Fe^0 \longrightarrow Fe^{3+} + 3e \tag{6-3}$$

$$Ar—NO_2 + 2e + 2H^+ \longrightarrow Ar—NO + H_2O \tag{6-4}$$

$$Ar—NO + 2e + 2H^+ \longrightarrow Ar—NHOH \tag{6-5}$$

$$Ar—NHOH + 2e + 2H^+ \longrightarrow Ar—NH_2 + H_2O \tag{6-6}$$

6.2.2 铁粉还原法的应用范围

铁的给电子能力比较弱，只适用于容易还原的基团的还原，这个特点又使它成为选择性还原剂，在还原过程中，不易被还原的基团可不受影响。铁粉还原剂的主要应用范围如下。

6.2.2.1 芳环上的硝基还原成氨基

以铁粉为还原剂，在芳环上将硝基还原成氨基的方法曾在工业上获得广泛的应用，其优点是铁粉价廉，工艺简单。但此法副产的氧化铁铁泥中含有芳伯胺，有环境污染问题，发达国家已不再使用。中国也逐渐改用氢气还原法或硫化碱还原法。但是在制备水溶性的芳伯胺和某些小批量生产的非水溶性芳伯胺时，特别是在离氢源较远时，仍采用在电解质存在下的铁粉还原法。此方法的重要实例可以举出以下重要染料中间体。

铁粉还原法还特别适用于以下硝基还原过程。按下式制备维生素 B_6 时用铁粉还原可避免发生氯基脱落、氰基或乙酰氧基的水解等副反应，收率可达 90%，如果用氢气或 $SnCl_2$/HCl 还原，则收率只有 50%。

$$\tag{6-7}$$

维生素 B_6

6.2.2.2 环羰基还原成环羟基

环羰基还原成环羟基通常采用铁粉还原法，实例可列举如下。

（1）对苯醌还原制对苯二酚

对苯二酚的需要量很大，是生产显影剂及染料、药物的原料，可以用于合成除草剂喹禾灵、吡氟禾草灵、噻唑禾草灵、噁唑禾草灵、氟吡氯禾灵和乳氟禾草灵等，也可以用于制取 N,N'-二苯基对苯二胺等中间体。对苯二酚及其烷基化物广泛用于单体贮运过程添加的阻聚剂以及橡胶及汽油的抗氧剂和抗臭剂。中国最初采用将苯胺在硫酸介质中用二氧化锰氧化成对苯醌，然后将对苯醌用铁粉还原成对苯二酚的方法。

$$(6-8)$$

（2）四溴靛蓝的还原-硫酸酯化制溶靛素 O4B

$$(6-9)$$

在无水吡啶介质中、氯磺酸存在下，铁使羰基还原为羟基，然后羟基被氯磺酸硫酸化成硫酸酯，再水解脱去吡啶，中和，就得到水溶性的溶靛素 O4B。

四溴靛蓝是还原染料的重要品种，主要用于纤维素纤维的染色及印花，匀染性和染色牢度较好。也用于维棉混纺织物染色，经颜料化处理后还可用于油墨和塑料着色。溶靛素是由靛族染料经还原得到的可溶性还原染料，主要用于棉织品的染色和印花。用上述方法，可以将一系列还原染料进行还原-硫酸酯化制成可溶性还原染料。

6.2.2.3 醛基还原成醇羟基

醛基还原成醇羟基的反应一般采用氢气还原法，但也有个别实例采用铁粉还原法。例如正庚醛还原成正庚醇。

$$C_6H_{13}-CHO \xrightarrow[约100℃]{Fe/过量稀盐酸} C_6H_{13}-CH_2OH \qquad (6-10)$$

6.2.2.4 芳磺酰氯还原成硫酚

芳磺酸相当稳定，不易被还原成硫酚，所以硫酚主要是由芳磺酰氯还原制得的。用铁粉-硫酸还原法的实例列举如下。

$$(6-11)$$

硫酚收率约50％。硫酚容易被空气氧化成二硫化物，在存放或作为商品出售时应加有抗氧剂。硫酚化合物是合成染料、医药、农药、阻聚剂、抗氧剂等精细化学品的中间体。

6.2.2.5 二芳基二硫化物还原成硫酚

当不易制得相应的芳磺酰氯时，可以改用以下合成路线，例如 2-羧基苯硫酚的制备。

$$(6-12)$$

还原时生成的 2-羧基苯硫酚可以不从反应液中分离出来，中和后直接与氯乙酸反应制得

2-羧基苯基巯基乙酸。

二芳基二硫化物另一合成路线的实例是邻硝基氯苯与二硫化钠反应得 2,2'-二硫化物,然后还原得邻氨基苯硫酚。

6.2.2.6 还原脱溴

当需要将已经引入的与碳原子相连的卤原子脱去时,主要采用氢气还原法。但有个别实例采用铁粉还原法。例如 3,6-二溴-2-甲氧萘的还原脱溴制 6-溴-2-甲氧基萘,这是合成萘普生等药物的中间体。

$$(6-13)$$

用上述方法还可以从 2-萘酚的溴化-还原脱溴制 6-溴-2-萘酚。应该指出,6-氯-2-萘酚的制备并不能采用上述合成路线,而需要采用相当复杂的合成路线。

6.2.3 铁粉还原法的主要影响因素

(1) 铁粉的质量

一般采用干净、质软的灰色铸铁粉,因为它含有较多的碳,并含有硅、锰、硫、磷等元素,在含电解质的水溶液中能形成许多微电池(碳正极,铁负极),促进铁的电化学腐蚀,有利于还原反应的进行。另外,灰色铸铁粉质脆,搅拌时容易被粉碎,增加了与被还原物的接触面积。铁粉的粒度以 60~100 目为宜。铁粉的活性还与铁粉的表面是否生成氧化膜等因素有关,因此使用前应先做小试,以确定其活性是否符合使用要求。

(2) 铁粉的用量

从反应历程可以看出,1mol 单硝基化合物被还原成芳伯胺时需要 6 个电子,如果原子铁被氧化成二价铁,就需要 3g 原子铁;如果原子铁被氧化成三价铁,就只需要 2g 原子铁。在含有电解质的弱酸性水介质中,Fe^{2+} 和 Fe^{3+} 分别生成 $Fe(OH)_2$ 和 $Fe(OH)_3$,两者又转变成黑色的磁性氧化铁 $FeO \cdot Fe_2O_3$。因此,还原后铁泥的主要成分是 Fe_3O_4,所以硝基被还原成氨基时的总反应式通常表示如下:

$$4Ar-NO_2 + 9Fe + 4H_2O \longrightarrow 4Ar-NH_2 + 3Fe_3O_4 \qquad (6-14)$$

按式(6-14),1mol 单硝基化合物被还原为芳伯胺时需要用 2.25g 原子铁,但实际上要用 3~4g 原子铁。这一方面与铁的质量有关,另一方面是因为有少量铁与水反应而放出氢气。因此要用过量较多的铁。

(3) 电解质

在硝基还原为氨基时,需要有电解质存在,并保持介质的 pH 值 3.5~5,使溶液中有铁离子存在。电解质的作用是增加水溶液的导电性,加速铁的电化学腐蚀。通常是先在水中放入适量的铁粉和稀盐酸(或稀硫酸、乙酸),加热一定时间进行铁的预蚀,除去铁粉表面的氧化膜,并生成 Fe^{2+} 作为电解质。另外,也可以加入适量的氯化铵或氯化钙等电解质。电解质不同,水介质的 pH 值也不同,对于具体的还原反应,用何种电解质为宜,应通过实验确定。

(4) 反应温度

硝基还原时,反应温度一般为 95~102℃,即接近反应液的沸腾温度。应该指出,铁粉还原是强烈的放热反应,如果加料太快,反应过于激烈,会导致爆沸溢料。反应后期用直接水蒸气保温时也应注意防止爆沸溢料。

对硝基乙酰苯胺用铁粉还原制对氨基乙酰苯胺时,为了避免乙酰氨基的水解,要在 75~80℃ 还原。

(5) 反应器

铁屑的相对密度比较大，容易沉在反应器的底部，因此最初所用的反应器是衬有耐酸砖的平底钢槽和铸铁制的慢速耙式搅拌器，但是现在已改用衬耐酸砖的球底钢槽和不锈钢制的快速螺旋桨式搅拌器，并用直接水蒸气加热。对于小批量生产也可以采用不锈钢制的反应器。

6.3 锌粉还原法

6.3.1 锌粉及锌粉还原的特性

锌粉容易被空气氧化，使锌粉的表面被氧化锌膜所覆盖，而降低锌粉的活性，甚至不能达到适用效果。特别是在强碱性介质中还原时必须使用刚刚制得的新鲜锌粉，锌粉不宜存放时间过久，以免失效。

锌粉还原大都是在酸性介质中进行的，最常用的酸是稀硫酸。当被还原物或还原产物难溶于水时，可以加入乙醇或乙酸以增加其溶解度。有时也可以加入甲苯等非水溶性溶剂。锌粉容易与酸反应放出氢气，故一般要用过量较多的锌粉。但在个别情况下，则需要用锌粉在强碱性介质中还原。

锌粉的还原能力比铁粉强一些，它的应用范围比铁粉广。但锌粉的价格比铁粉贵得多，因此它的使用受到很大限制，下面仅叙述锌粉还原的一些重要实例。

6.3.2 锌粉还原法的应用范围

锌粉还原也是电子转移还原，还原能力比铁粉强，应用范围比铁粉法广，下面是四个重要实例。

(1) 芳磺酰氯还原成芳亚磺酸

芳环上的磺酸基很难还原，因此芳亚磺酸通常都是由芳磺酰氯还原而得。芳磺酰氯分子中的氯相当活泼，容易被还原。用锌粉还原的实例列举如下。

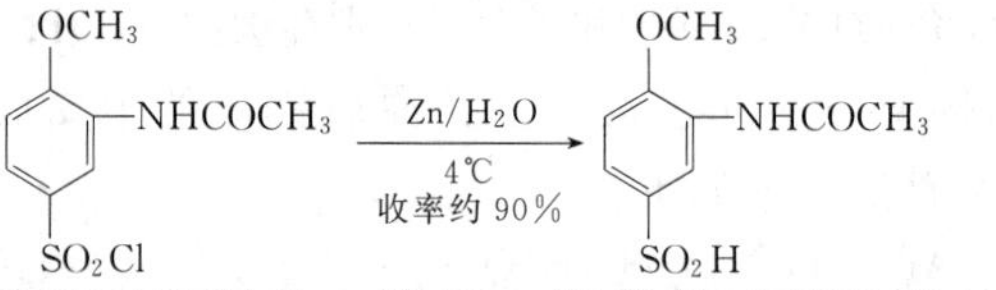

$$\text{(6-15)}$$

用类似的温和反应条件还可以制备 3-羧基-4-羟基苯亚磺酸等有机中间体。芳亚磺酸主要用作医药中间体，自身不稳定，容易被空气氧化，制得后应立即用于下一步反应。

(2) 芳磺酰氯还原成硫酚

芳磺酰氯在较强的还原条件下，可以被还原为硫酚。如：

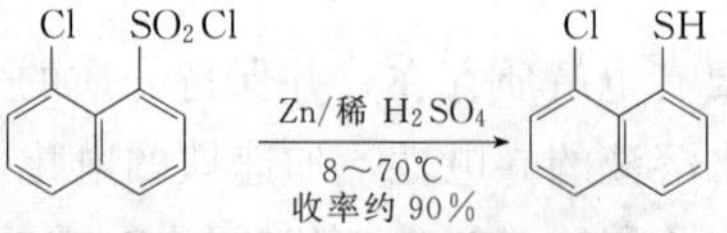

$$\text{(6-16)}$$

用类似的反应条件还可以制备 2-氰基-5-甲氧基苯硫酚等有机中间体。但制备苯硫酚的更经济的方法是将氯苯和硫化氢在 $580\sim600℃$ 的非催化气相反应。

(3) 碳硫双键还原-脱硫成亚甲基

碳硫双键比碳氧双键容易还原，用锌粉还原时可以选择性地只还原 $C=S$ 键而不影响 $C=O$ 键。例如：

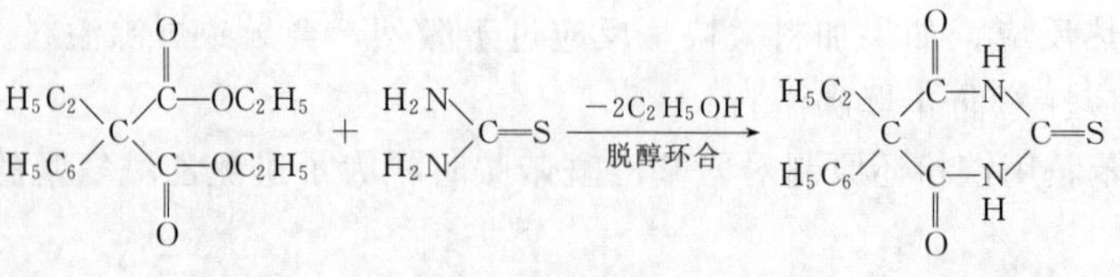

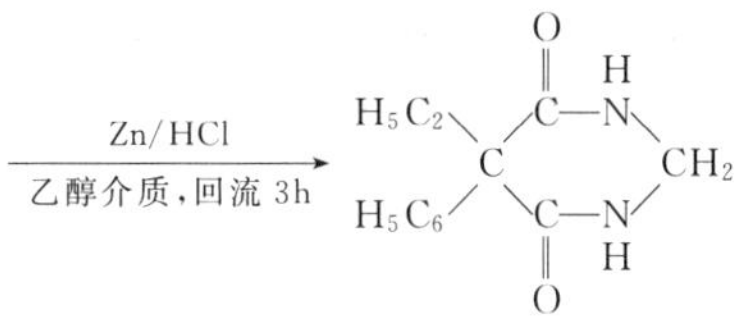

$$\xrightarrow[\text{乙醇介质,回流3h}]{\text{Zn/HCl}}\quad\text{扑痫酮} \tag{6-17}$$

扑痫酮

如果环合时不用硫脲，而用尿素，则在还原时要求只还原两个氮原子之间的 C ═O 键而不还原另外两个 C ═O 键，而这是很难的。

（4）芳香族硝基化合物双分子还原成氧化偶氮、偶氮和氢化偶氮化合物

锌粉在氢氧化钠水溶液的强碱性条件下，可以使硝基苯发生双分子还原反应，依次生成氧化偶氮苯、偶氮苯和氢化偶氮苯。

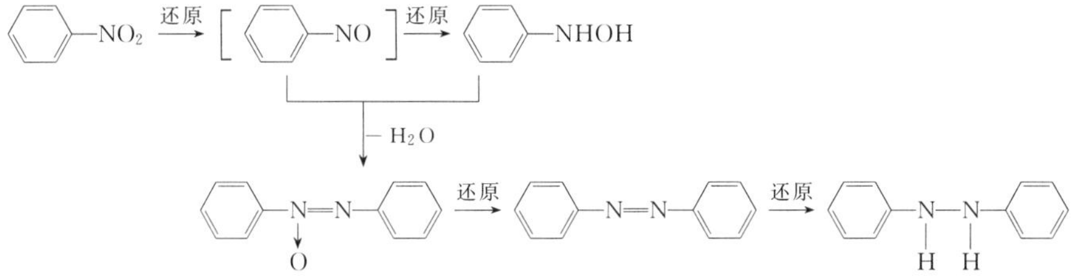

$$—NO_2 \xrightarrow{\text{还原}} [—NO] \xrightarrow{\text{还原}} —NHOH \tag{6-18}$$

$$\downarrow -H_2O$$

上述产物都是有用的中间体，氢化偶氮苯在强酸性介质中发生分子内重排反应而生成联苯胺。

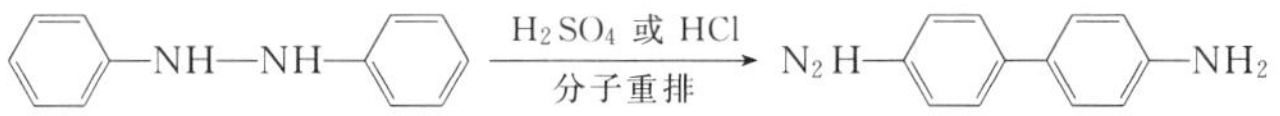

$$—NH—NH— \xrightarrow[\text{分子重排}]{H_2SO_4 \text{ 或 } HCl} N_2H——NH_2 \tag{6-19}$$

联苯胺曾经是重要的染料中间体，因发现它有强致癌性，世界各国已禁止生产和使用。但是对于联苯胺衍生物的致癌性仍有异议，并未禁用。利用上述方法可以从相应的硝基化合物制得一系列联苯胺衍生物，其中重要的有：

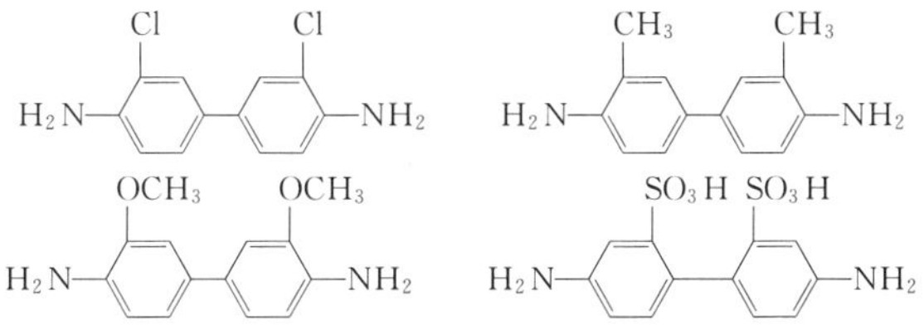

3,3′-二氯联苯胺是重要的有机颜料中间体，现在锌粉还原法已被新的还原法所代替，如 H_2-Pd/C 法、水合肼法、葡萄糖（先还原至氧化偶氮化合物）-锌粉法、甲醛（先还原至氧化偶氮化合物）-锌粉法、甲醛（先还原至氧化偶氮化合物）-电解法和电解法等。据报道，高邮市磷肥厂采用甲醛（先还原至氧化偶氮化合物）-水合肼二步还原法，是中国目前最先进的方法。国内目前催化加氢法已解决了催化过程的脱氯问题，收率可达 90%，产品纯度可达 99% 以上，正在开发中。

另外，在某些情况下。锌粉还可以只还原指定的碳-碳双键或碳-氮双键而不影响其他一些可还原基团。

6.4　硫化碱还原法

6.4.1　硫化碱还原法的特点

这类还原剂的特点是还原性温和，主要用于将芳环上的硝基还原为氨基。当芳环上有吸电子基时使还原反应加速,有供电子基时使还原反应变慢。由 Hammett 方程计算,间二硝基苯的还原速率比间硝基苯胺的还原速率快 1000 倍以上,因此当芳环上有多个硝基时,在适当条件下,可以选择性地只还原其中的一个硝基。对于硝基偶氮化合物可以只还原硝基而不影响偶氮基。例如:

$$\tag{6-20}$$

$$\tag{6-21}$$

对位 GP 红色基

另外,也可以用于将偶氮基还原成氨基。

6.4.2　常用硫化碱的性质

① 硫化钠　硫化钠有工业品,价廉易得。但是硫化钠水溶液的 pH 值高达 12.6,碱性太强,而且在使硝基还原时,还生成游离氢氧化钠,使还原反应液的 pH 值升高至 14。

$$4ArNO_2 + 6Na_2S + 7H_2O \longrightarrow 4ArNH_2 + 3Na_2S_2O_3 + 6NaOH \tag{6-22}$$

因此会发生双分子还原,生成氧化偶氮化合物、偶氮化合物或氢化偶氮化合物之类的副产物,所以硫化钠只适于对碱性不敏感的硝基化合物的还原。

② 二硫化钠　二硫化钠是由硫化钠水溶液与硫黄反应而得,二硫化钠水溶液的 pH 值下降为 12.5,在使硝基还原时,不产生游离氢氧化钠,可避免发生双分子还原副反应。

$$ArNO_2 + Na_2S_2 + H_2O \longrightarrow ArNH_2 + Na_2S_2O_3 \tag{6-23}$$

当反应液需要较低的 pH 值时,可在还原液中加入 NH_4Cl、$MgCl_2$、$MgSO_4$ 或 $NaHCO_3$,但是这将对从还原废液中回收硫代硫酸钠造成困难。

③ 硫氢化钠　硫氢化钠是由硫化钠水溶液或氢氧化钠水溶液吸收气态硫化氢配制而成。硫氢化钠水溶液的 pH 值是 10.2,在使硝基化合物还原时,不产生游离氢氧化钠,可以避免双分子还原副反应。

$$4ArNO_2 + 6NaHS + H_2O \longrightarrow 4ArNH_2 + 3Na_2S_2O_3 \tag{6-24}$$

所以硫氢化钠特别适用于对碱性敏感的硝基化合物的还原和多硝基化合物的部分还原。但是,硫氢化钠水溶液的制备工艺复杂,价格贵,一般避免使用。

6.4.3　硫化碱还原的应用

(1) 多硝基化合物的部分还原

对于芳香族多硝基化合物的部分还原通常采用 Na_2S_2、$NaHS$ 或 $Na_2S + NaHCO_3$ 作还原剂,硫化碱的用量只需超过理论量的 5%~10%,还原温度 40~80℃,一般不超过 100℃,以避免发生完全还原副反应。有时还加入硫酸镁以降低还原介质的碱性。用部分还原法制得的重要有机中间体列举如下。

由前 4 个实例可以看出，在多硝基化合物的部分还原时，处于—OH 或—OR 等基团邻位的硝基可被选择性地优先还原，收率良好。但是 2,4-二硝基甲苯在用二硫化铵进行选择性部分还原时得到的主要产物是 4-氨基-2-硝基甲苯，而不是 2-氨基-4-硝基甲苯。

2-氨基-4-硝基甲苯是由邻甲苯胺在浓硫酸中在 0℃左右用混酸或发烟硝酸硝化而得。另外，2-氨基-4-硝基苯甲醚的制备也可采用将邻氨基苯甲醚溶于质量分数 85％硫酸中，然后在 1～5℃用混酸硝化的方法。

（2）硝基化合物的完全还原

单硝基化合物还原成芳伯胺，以及某些二硝基化合物还原成二氨基化合物，常常用硫化碱还原法代替传统的铁粉还原法。硫化碱还原法特别适用于所制得的芳伯胺容易与副产的硫代硫酸钠废液分离的情况。

完全还原时通常用 Na_2S 或 Na_2S_2 作还原剂，硫化碱的用量一般要超过理论量的 10％～20％，还原温度一般为 60～110℃，有时为了还原完全，缩短反应时间，可在 125～160℃、在高压釜中反应。

用硝基完全还原法制得的有机中间体列举如下。

1-氨基蒽醌的制备最初采用蒽醌-1-磺酸的氨解法，后因制备蒽醌-1-磺酸时有汞害，改用 1-硝基蒽醌的硫化碱还原法。1998 年中国有工厂又改用 1-硝基蒽醌的氨解法。

6.5 金属复氢化合物还原法

这类还原剂中最重要的是氢化铝锂（$LiAlH_4$）、硼氢化钠（$NaBH_4$）和硼氢化钾（KBH_4）。这类还原剂中的氢是负离子 H^-，它对 $\rangle=O$ 、$\rangle N—$ 、—$N=O$ 和 $\rangle S=O$ 等极化双键可发生亲核进攻而加氢，但是对于极化程度比较弱的双键则一般不发生加氢反应。这类还原剂中氢化铝锂的还原能力较强，可被还原的官能团范围广，硼氢化钠和硼氢化钾的还原能力较弱，可被还原的官能团范围较窄，但还原选择性较好。这类还原剂价格很贵，目前只用于制药工业和香料工业。

6.5.1 氢化铝锂

氢化铝锂遇到水、酸、含羟基或巯基的有机化合物会放出氢气而生成相应的铝盐。用氢化铝锂时，要用无水乙醚或四氢呋喃等醚类溶剂，这类溶剂对氢化铝锂有较好的溶解度。氢化铝锂虽然还原能力较强，但价格比硼氢化钠和硼氢化钾贵，限制了它的使用范围。其应用实例如下。

（1）酰胺羰基还原成氨亚甲基或氨甲基

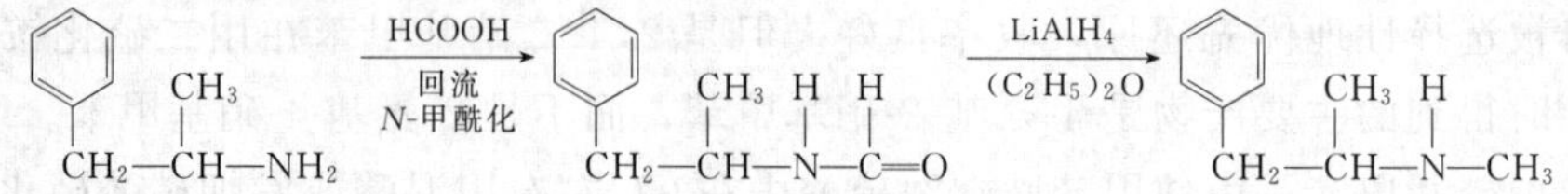

$$\text{（图 6-25）} \qquad \qquad (6-25)$$

（2）羰基还原成醇羟基

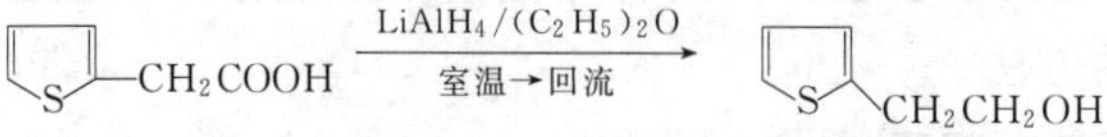

$$\text{（图 6-26）} \qquad \qquad (6-26)$$

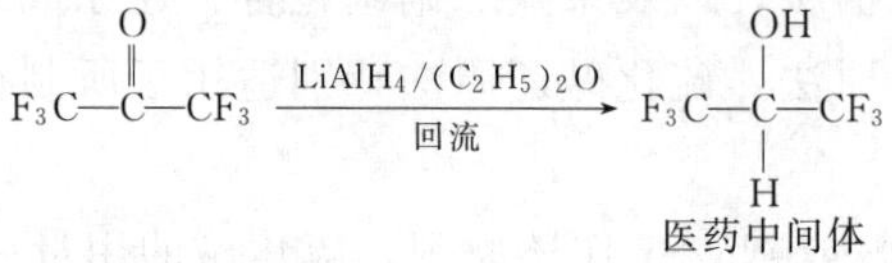

$$\text{（图 6-27）} \qquad \qquad (6-27)$$

6.5.2 硼氢化钠和硼氢化钾

硼氢化钠和硼氢化钾不溶于乙醚，在常温可溶于水、甲醇和乙醇而不分解，可以用无水甲醇、异丙醇或乙二醇二甲醚、二甲基甲酰胺等溶剂。硼氢化钠比硼氢化钾价廉，但较易潮解。其应用实例列举如下。

（1）环羰基还原成环羟基

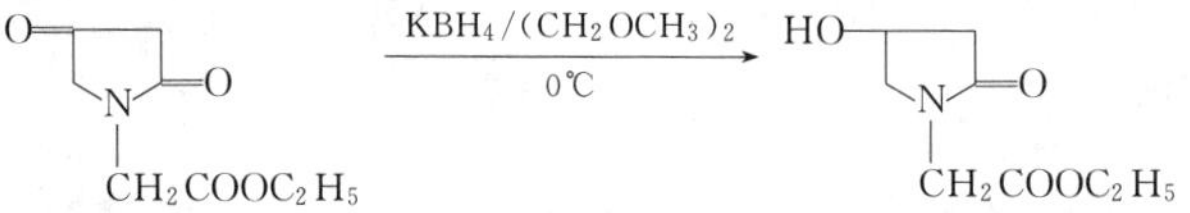

$$\text{（图 6-28）} \qquad \qquad (6-28)$$

此例中，只选择性地还原了一个环羰基，而不影响另一个羰基和羧酯基。

（2）醛羰基还原成醇羟基

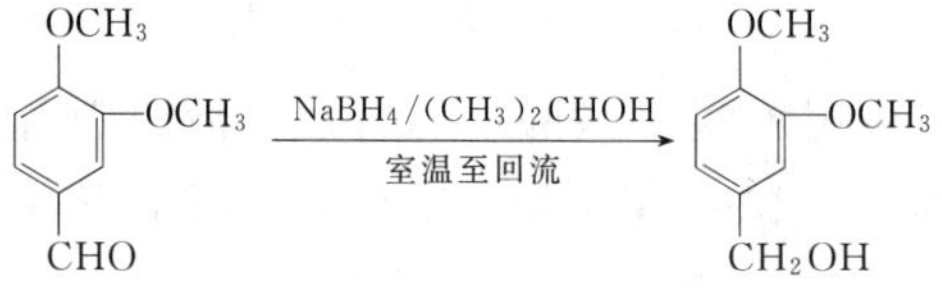

$$\text{（图 6-29）} \qquad \qquad (6-29)$$

（3）亚氨基还原成氨基

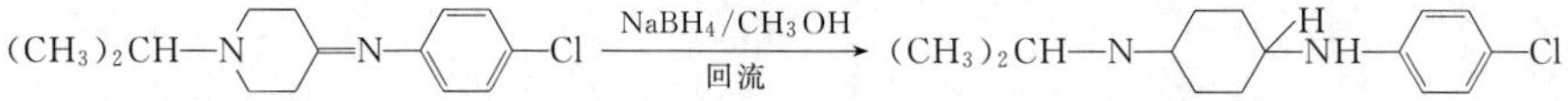

$$\text{（图 6-30）} \qquad \qquad (6-30)$$

6.6　用氢气的催化氢化

6.6.1　催化氢化的方法

催化氢化共有三种方法，即气-固相接触催化氢化、气-固-液三相非均相催化氢化（简称液相法）和液相均相配位催化氢化。同一个目的反应可以采用上述一种、两种，甚至三种氢化方法。而一种化工原料在用不同的氢化方法或不同的反应条件时可以得到不同的产物。关于均相配位催化氢化的基本知识已在 2.6 节中叙述过了，这里不再重复。

（1）气-固相接触催化氢化

气-固相接触催化氢化反应是将被氢化物的蒸气和氢气的混合气体在高温（例如 250℃

以上）和常压或稍高于常压下，通过固体催化剂而完成的。

此类氢化方法的优点：催化剂寿命长、价廉、消耗定额低、产品纯度高、收率高、三废少、氢气价廉、生产成本低。但这种方法要求反应物具有适当的挥发性，可以在一定的温度下自身蒸发汽化或在热的氢气流中蒸发汽化，而且要求反应物和还原产物在高温时具有良好的热稳定性。另外，这种氢化方法是连续操作，不适应小批量多品种的生产。这就限制了这种氢化方法的应用范围。

（2）气-固-液非均相催化氢化

气-固-液非均相催化氢化的特点是气态的氢与液态的或溶剂中的固态被氢化物被吸附在固体催化剂的表面上，然后发生氢化反应。

这类反应在小规模生产时可以采用间歇操作的搅拌锅式高压釜。中等规模生产时可采用间歇操作的鼓泡塔式反应器，大规模生产时可采用淋液型三相固定床反应器或三相悬浮床反应器。

气-固-液非均相催化氢化的主要优点如下：

① 反应活性高，能使那些用化学还原剂难于还原的化合物氢化，应用范围广；

② 与化学还原法相比，反应的选择性好，副反应少、产品质量好、收率高；

③ 反应完毕后，只要过滤出催化剂，蒸出溶剂即可得到产品，不会造成环境污染；

④ 与气-固相接触催化氢化相比，可用于难汽化的被氢化物和中、小规模多品种生产；

⑤ 还原剂氢气价廉。

由于以上优点，原来许多用化学还原法生产的产品，现已改用气-固-液非均相催化氢化法。

气-固-液非均相催化氢化法需要考虑以下问题：

① 要有价廉、方便的氢源；

② 使用氢气的安全；

③ 使用压力设备的安全；

④ 催化剂的制备、活化、回收、循环使用和使用安全等；

⑤ 设备投资。

由于以上问题，中国目前尚有许多小规模的还原过程仍采用化学还原法。

6.6.2 气-固-液非均相催化氢化

6.6.2.1 催化剂

气-固-液非均相催化氢化所用的催化剂主要是元素周期表中第ⅧB族的金属，其中最重要的是镍、铂和钯，此外也用到铬、钌、铑和铱。

不同金属的催化剂，其活性和选择性相差很大。同一种金属的催化剂，由于制备方法不同，活性也相差很大，因此催化剂制备方法是非常重要的。关于这类催化剂制备的详细叙述，可参阅有关参考书。下面重点介绍镍、铂和钯三种金属催化剂。

（1）镍催化剂

镍催化剂中应用最广的是骨架镍。此外还有载体镍、还原镍和硼化镍等。

将镍铝合金粉放入质量分数为 $20\%\sim30\%$ 的氢氧化钠水溶液中，在适当的条件下处理，使合金中的铝变成水溶性的铝酸钠，然后过滤，水洗，就得到比表面积很大的黑色粉状多孔性骨架镍催化剂。

$$2Ni\text{-}Al+2NaOH+2H_2O \longrightarrow 2Ni+2NaAlO_2+3H_2\uparrow \qquad (6\text{-}31)$$

新制得的骨架镍，其内、外表面吸附有大量的氢，具有很高的催化活性，但在放置时会慢慢失去氢，在空气中活性下降很快。干燥的骨架镍在空气中会自燃，因此制得的骨架镍必须存放在乙醇或其他惰性有机溶剂的液面下，隔绝空气密封，才能保持其活性。新制得的骨架镍催化剂的存放期不宜超过 6 个月，以防变质。

用过的骨架镍催化剂，可以多次回收、循环使用。活性下降到一定程度的废骨架镍催化剂，不得任意丢弃，因为它还吸附有活性氢，干燥后会自燃，甚至会引起爆炸事故。废骨架镍应放于稀盐酸或稀硫酸中，使其失去活性。

改变镍-铝合金的成分、氢氧化钠溶液的浓度和用量、溶铝的温度和时间以及洗涤条件等因素，可以制得不同活性的骨架镍催化剂。

骨架镍催化剂容易中毒，含硫、磷、砷、铋的化合物，有机卤素（特别是碘）化合物以及含锡、铅的有机金属化合物会使骨架镍在不同程度上中毒。

骨架镍催化剂可在弱碱性或中性条件下使用，在弱酸性条件下活性下降，pH 值小于 3 则活性消失。

骨架镍催化剂可用于硝基、炔键、烯键、羰基、氰基、芳香性杂环、芳香性稠环、碳-卤键和碳-硫键的氢化；对于苯环、羧酸基的氢化活性很弱；对于酰氧基和酰氨基中的羰基的氢化则几乎没有催化活性。

与贵金属的铂和钯相比，骨架镍催化剂的催化活性较弱，要求较高的氢化温度和压力。但骨架镍价格便宜，因此得到广泛使用。

（2）铂催化剂

铂催化剂有还原铂黑、熔融二氧化铂和载体铂等。其中最常用的是铂/炭（Pt/C）载体催化剂，它是由氯铂酸盐固载在活性炭上，然后用甲醛还原而制得的。Pt/C 催化剂在空气中干燥后不会失活，也不会自燃。

铂催化剂较易中毒，若反应物中含有硫、磷、砷、碘离子、酚类和有机金属化合物，会使铂催化剂中毒，使活性明显下降。

铂催化剂活性高、氢化反应条件温和，甚至可在常温、常压下使用。铂催化剂的适用范围广，除了镍催化剂应用的范围以外，还可以用于羧酸基、酰氨基和苄位结构的氢化，但选择性差。

铂催化剂比镍催化剂贵得多，因此应用范围受到限制。但铂催化剂可用于中性或酸性条件，而镍催化剂则不适用于酸性条件。

铂的价格很贵，因此铂催化剂必须能多次循环使用，使用损失少，单位质量产品的消耗定额很低，而且失去活性的催化剂应回收铂。

（3）钯催化剂

钯催化剂有还原钯黑、熔融氧化钯和载体钯等。其中最常用的是钯/炭（Pd/C）载体催化剂，它是将氯化钯固载在活性炭上，然后在使用前用氢气还原，洗去氯化氢即可使用。

钯的催化作用比较温和，在温和条件下，对于羰基、苯环和氰基等基团的氢化几乎没有催化活性，但对于炔键、烯键、肟基、硝基和芳环侧链上的不饱和键的氢化则具有较高的催化活性。钯是最好的脱卤、脱苄基的氢化催化剂，但是对于含碳-碳双键化合物的氢化，常会引起双键的迁移。

在贵金属中，钯比铂价格便宜，可在碱性和酸性条件下使用，对毒物的敏感性小，故应用范围较广。

每次用过的 Pd/C 催化剂，经处理后可多次使用，失去活性的 Pd/C 催化剂应回收钯。

6.6.2.2 主要影响因素

（1）溶剂

当被氢化物和氢化产物都是液体而且不大黏稠时，可以不用溶剂，但有时为了有利于传质和提高催化剂的活性，也使用溶剂。当被氢化物或氢化产物是固体时，则必须使用溶剂。当被氢化物是难溶的固体，在溶剂中呈悬浮态，但生成物可溶于溶剂时，催化氢化反应也可顺利进行。但如果氢化产物在所用溶剂中难以全溶，或反应时生成沉淀，则氢化反应难以进行，甚至中止。

溶剂不仅起溶解作用，而且还会影响反应的速率和方向。所用溶剂要求不与被氢化物或氢化产物发生反应，而且还要求溶剂在反应条件下不被氢化。

常用溶剂对氢化反应的活性次序排列为：

乙酸＞甲醇＞水＞乙醇＞丙酮＞乙酸乙酯、乙醚＞甲苯＞苯＞环己烷＞石油醚

对于氢解反应，特别是含杂原子化合物的氢解，最好使用质子传递型溶剂，如乙醇、甲醇、乙二醇单甲醚或水等。对于烯烃和芳烃的加氢最好使用非质子传递型溶剂。

（2）介质的 pH 值

介质的 pH 值会影响催化剂表面对氢的吸附作用，从而影响反应速率和反应的选择性。一般来说，加氢反应大多在中性条件下进行，而氢解反应则在碱性或酸性条件下进行。碱可以促进碳-卤键的氢解，少量酸促进碳-碳键、碳-氧键和碳-氮键的氢解。

有时介质 pH 值的选择是为了控制化学反应的方向，以得到所需要的目的产物。例如，硝基苯在强碱性介质、中性介质、强酸性低温和强酸性高温条件下，用氢气催化氢化或用化学还原时，将分别得到不同的产物，这将在以后有关章节中叙述（见 6.6.4 节）。

（3）温度和压力

氢化温度与氢化反应的类型和所用催化剂的活性有关，另外温度还会影响催化剂的活性和寿命。确定氢化温度时还应考虑反应的选择性、副反应以及反应物和产物的热稳定性。在可以完成目的反应的前提下，应尽可能选择较低的反应温度。

在使用铂、钯等高活性催化剂时，一般可在较低的温度和氢压下进行。在使用镍催化剂时要求较高的氢化温度，但在使用活性较高的骨架镍时如果氢化温度超过 100℃，会使反应过于剧烈，甚至使反应失去控制。

提高氢压可以加速反应，克服空间位阻，但压力过高会降低反应的选择性，出现副反应，有时会使反应变得剧烈。例如，使用高活性骨架镍时，氢压超过 5.88MPa 会有危险。另外，氢压高还增加设备的造价。

6.6.3 催化氢化的应用范围

催化氢化的应用范围相当广泛。如前所述，同一种化工原料在用不同的氢化方法或不同的反应条件时可以制得多种类型的氢化产物。

例如，顺丁烯二酸酐（以下简称顺酐）在不同条件下催化氢化可制得 1,4-丁二酸酐（琥珀酸酐）、γ-丁内酯、1,4-丁二醇和四氢呋喃等产品。

$$ \tag{6-32} $$

再如，苯的氢化是一个连串反应。第一个双键加氢后，立即失去芳环的稳定性，很容易发生第二个和第三个双键的加氢而生成环己烷，要使反应产物中含有环己二烯或环己烯是非常困难的。但近年来已开发成功同时生产环己烷和环己烯的工艺。

$$\text{（结构式：苯} \xrightarrow[\text{加氢}]{+H_2} \text{环己二烯} \xrightarrow[\text{加氢}]{+H_2} \text{环己烯} \xrightarrow[\text{加氢}]{+H_2} \text{环己烷}\text{）} \tag{6-33}$$

6.6.4 硝基苯的催化氢化

硝基苯的催化氢化可以制得八种不同类型的化工产品。这里只重点介绍其中四种已经工业化的化工产品的生产工艺。

6.6.4.1 催化氢化制苯胺

硝基苯催化氢化制苯胺现在共有列管式固定床气-固相接触催化氢化法、流化床气-固相接触催化氢化法和液相法等三种工艺。

（1）列管式固定床气-固相接触催化氢化法

苯胺的生产最初采用铁粉还原法，1954年美国联合化学公司用颗粒状硫化镍催化剂实现了固定床气-固相接触催化氢化法。后来各公司改用铜催化剂。该工艺硝基苯与氢气的物质的量之比约 $1:(4.5\sim6)$，硝基苯转化率大于 99%，产品苯胺纯度可达 99.8% 以上，硝基苯含量小于 5×10^{-6}。中国只有一个公司采用固定床法，但生产能力不大。

列管式固定床反应器的结构如图2-11所示。反应放出的热由管外的热载体移出，最常用的热载体是熔盐，是等物质的量比的硝酸钾和亚硝酸钠的混合物，熔点为 $141℃$。

这种工艺反应速率快，但在列管进口处，反应气体中原料浓度高，反应热大；在列管出口处，原料浓度列管式固定床低，反应热小，即沿管长有反应温度偏高的"热点"。而且，每根列管中装填的催化剂的质量和对反应气体的阻力不可能完全相同，为了保证硝基苯的高转化率，不得不把硝基苯和氢的物质的量之比提高到 $1:9$，即需要有大过量的氢气在反应器中循环。另外，由于列管中的催化剂有"热点"，影响了催化剂的活性，催化剂的寿命只有几个月，废催化剂的卸出和新催化剂的装填，占用了反器的部分生产时间。由于上述技术问题的出现，国外许多公司已改用液相法。

（2）流化床气-固相接触催化氢化法

典型的流化床反应器的结构如图2-12所示。硝基苯催化氢化的流化床法是20世纪60

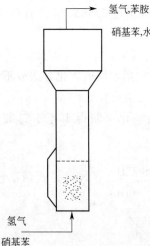

图6-1 两段式流化床示意

年代中期由美国氰胺公司开发的，世界上许多公司曾使用流化床法，一般以粉状 Cu/SiO_2 为催化剂，氢化温度 $220\sim320℃$。

中国也有许多公司采用流化床法，年生产能力不大。只有兰州化学工业公司采用清华大学开发的两段式流化床法（见图6-1所示）已通过试生产，流化床直径 $4.5m$，高 $30m$，年生产能力7万吨。但未见扩大应用范围的报道。

在扩大生产能力时，流化床存在的问题是：流化床尺寸太大，为了使流化床保持良好、均匀的流化状态，在床层内要安装多层使反应气体均匀分布的构件。为了捕集上升到第二层流化床的过多的催化剂和气相中夹带的催化剂，使其回到第一层流化床，使流化床结构过于复杂。同时，为了保持硝基苯的高转化率，硝基苯和氢气的物质的量之比由 $1:4.5$ 提高到 $1:9$ 以上，即需要大大过量的氢气在流化床中循环。

(3) 液相法

由于上述两种工艺出现的问题，国外许多公司已改用液相法。20 世纪 60 年代 ICI 公司开发了液相连续催化氢化工艺，最初采用镍硅藻土催化剂，产品苯胺做溶剂，后来杜邦公改用贵金属催化剂。

液相法的优点是：①采用贵金属催化剂，活性高，寿命长，不会导致苯环上加氢；②反应温度低（150～250℃），生成苯胺的转化率高；③不需要大过量的循环氢气；④一套年产十几万吨苯胺的装置，其尺寸只有气-固相固定床法和气-固相流化床法的一半，不需要复杂的内部构件，总投资低。

液相法的缺点是操作压力高，产品苯胺、溶剂和催化剂必须分离，设备操作费用高。

6.6.4.2 液相催化氢化转位法制对氨基苯酚

对氨基苯酚的生产最初采用对硝基苯酚或对亚硝基苯酚的还原等方法，现在最先进的方法是硝基苯在液相的催化氢化转位法。

转位法要求硝基苯在催化剂表面氢化时，最先生成的苯基羟胺尽快从催化剂表面脱吸附，立即进入含有稀硫酸、表面活性剂和相转移催化剂的水相，并立即质子化、转位成水溶性的对氨基苯酚。

$$
\underset{}{NO_2\text{—}} \quad \overset{+2H_2}{\underset{-H_2O}{\longrightarrow}} \quad \left[\underset{}{NHOH\text{—}} \quad \overset{+H^+}{\underset{\text{质子化}}{\longrightarrow}} \quad \underset{}{N^+H_2OH\text{—}} \right] \quad \overset{-H^+}{\underset{\text{转位}}{\longrightarrow}} \quad \underset{OH}{NH_2\text{—}} \tag{6-34}
$$

硝基苯和稀硫酸在 Pt/C 催化剂、表面活性剂和季铵盐存在下，在 82～86℃、压力略大于常压下，氢化一定时间，硝基苯总转化率 75%～85%，反应液经分离后，对氨基苯酚的收率可达 79%，副产苯胺约 15%。

硝基苯催化氢化转位法制对氨基苯酚成本低、工艺简单，许多国家已实现工业化。缺点是催化剂费用高，反应的选择性有待于进一步提高，反应液中含有对氨基苯酚、苯胺、硝基苯和催化剂等，分离工艺较复杂，并产生一定的废液。中国对此工艺也开展了大量研究和开发工作。

6.6.4.3 液相双分子催化氢化制氢化偶氮苯

氢化偶氮苯是医药、农药中间体，其传统生产方法采用锌粉还原（见 6.3.2(4)），国外已改用硝基苯的液相催化氢化法。

此法是将硝基苯在氢氧化钠的醇溶液，在 Pt/C 催化剂存在下进行氢化。甲醇或乙醇不仅能溶解氢化偶氮苯、甲醇钠或乙醇钠，还能抑制苯胺的生成，缩短反应时间，提高收率。醇的用量约为硝基苯质量的 2.2～2.5 倍。醇可以回收循环套用。氢氧化钠的用量约为醇质量的 10%，催化剂含钯的质量分数为 2%～4%，催化剂用量约为硝基苯质量的 0.4%～0.6%，氢化温度 30～90℃，最高不超过 120℃，氢压 0.2～1.2MPa。反应器为搅拌锅式，搅拌器转速为 800～1000r/min，装料系数为 50%～60%。在最佳条件下，氢化偶氮苯的收率大于 83%，产品含量大于 95%。

这种方法具有收率高、成本低、三废少等优点，是目前最先进的方法。

6.6.4.4 液相催化氢化制 4-氨基二苯胺

这种方法是由孟山都公司开发成功的，是将硝基苯和苯胺的混合液在一定条件下进行偶合反应和液相非均相催化氢化制 4-氨基二苯胺的方法。全部过程包括四步反应。

第一步，强碱性催化剂四甲基氢氧化铵水溶液脱去苯胺上氨基的一个氢生成脱水中间体。

$$\text{C}_6\text{H}_5\text{—NH}_2 + (\text{CH}_3)_4\text{NOH} \xrightarrow{-\text{H}_2\text{O}} \text{C}_6\text{H}_5\text{—}\overset{-}{\text{N}}\text{HN}^+(\text{CH}_3)_4 \qquad (6\text{-}35)$$

第二步，脱水中间体与硝基苯的对位发生偶合反应，生成芳香亲核过渡态的配合物。

$$\qquad (6\text{-}36)$$

第三步，配合物发生分子内氧化和分子间氧化生成中间体 4-亚硝基二苯胺（Ⅰ）和 4-硝基二苯胺（Ⅱ）。

$$\qquad (6\text{-}37)$$

（Ⅰ）　　　　　　　　　　　（Ⅱ）

第四步，（Ⅰ）和（Ⅱ）在液相催化氢化生成 4-氨基二苯胺。

具体工艺过程为：将苯胺、硝基苯和四甲基氢氧化铵按 6.0：1.0：1.2 的物质的量比加入带搅拌器的反应器中，在 70～80℃真空脱水约 4h，硝基苯转化率 98％～99％，（Ⅰ）和（Ⅱ）的总收率为 95％～96％，（Ⅰ）和（Ⅱ）的比例约为 3：1。

在带搅拌的高压釜中放入上述偶合液和 Pd/C 催化剂，在 80℃ 和 1.5MPa 氢压下反应 0.5h，4-氨基二苯胺收率约为 93.2％。

这种方法生产 4-氨基二苯胺，原料价廉易得，工艺简单，反应条件温和，能耗低，成本低，三废极少，是最先进的方法，曾获美国总统绿色化学挑战奖。

习　　题

6-1　还原反应的定义和类型。

6-2　还原方法的类型。

6-3　铁粉还原的反应历程、特点和应用范围。

6-4　锌粉的特性和锌粉还原法的应用范围。

6-5　写出由邻硝基氯苯生成 3,3′-二氯联苯胺的反应式。

6-6　硫化碱还原的特点。

6-7　硫化钠、二硫化钠和硫氢化钠还原剂的性质。

6-8　金属复氢化合物还原法的主要特点和重要的还原剂？

6-9　结合催化氢化说明列管式固定床气-固相接触催化反应器的结构特点和优缺点。

6-10　结合催化氢化说明流化床的结构特点和优缺点。

6-11　硝基苯液相非均相催化氢化制苯胺的优缺点。

6-12　硝基苯液相催化氢化转位法制对氨基苯酚的基本原理和优缺点。

6-13　硝基苯液相双分子催化氢化制氢化偶氮苯时用什么溶剂？为什么？

6-14　硝基苯液相催化氢化制 4-氨基二苯胺时涉及哪些反应？该工艺有哪些优点？

第7章　氧　化

7.1　概述

广义地讲，凡是失电子或氧化数增加的反应都称作氧化反应。本章所述的氧化反应指的是：在氧化剂的作用下，使有机分子中增加氧或减少氢的反应。一般认为，氧化反应包括以下几种情况：

① 氧对底物的加成，如乙烯转化为环氧乙烷的反应；

② 脱氢，如烷→烯→炔、醇→醛、酮→酸等脱氢反应均为氧化反应；

③ 从分子中除去一个电子，如酚的负离子转化成苯氧自由基的反应。

所以利用氧化反应既可以制得醇、醛、酮、羧酸、酚、环氧化合物和过氧化物等有机含氧的化合物，还可用来制备某些脱氢产物，例如环己二烯脱氢生成苯和乙苯催化脱氢生成苯乙烯的反应等。

有机物的氧化涉及一系列的平行反应和连串反应，生成各种不同类型的氧化产物，包括过度氧化和氧化成二氧化碳和水等。因此，对于氧化反应，要求其按一定的方向进行，并且只氧化到一定的深度，对目的产物有良好的选择性、收率和质量。另外还要求成本低，环境友好，工艺尽可能简单等。这就要求针对某一特定的反应，选择合适的氧化剂、氧化方法、最佳催化剂、最佳氧化条件和最佳氧化设备。

氧化剂的种类很多，其作用特点各异。一方面是一种氧化剂可以对多种不同的基团发生氧化反应；另一方面，同一种基团也可以因所用氧化剂和反应条件的不同，给出不同的氧化产物。

工业上最价廉易得而且应用最广的氧化剂是空气。用空气做氧化剂时，反应可以液相进行，也可以在气相进行。另外，在吨位较小的精细化学品和药物的生产中还经常用到许多的化学氧化剂，例如高锰酸钾、六价铬的衍生物、高价金属氧化物、硝酸、双氧水和有机过氧化物等。此外，有时还用到电解氧化法。

7.2　空气液相氧化法

烃类的空气液相氧化在工业上可直接制得有机过氧化氢物、醇、醛、酮、羧酸等一系列产品。另外，有机过氧化氢物的进一步反应还可以制得酚类和环氧化合物等一系列产品。因此，这类反应是非常重要的。

7.2.1　反应历程

空气液相氧化大都是自由基链反应，其反应历程包括链的引发、链的传递和链的销毁三个步骤。

（1）链的引发

被氧化物 R—H 在热能、光辐射、高价过渡金属盐或引发剂的作用下，发生 C—H 键的均裂，生成自由基 R·。例如：

$$R{-}H \xrightarrow{\text{热能或光能}} R\cdot + \cdot H \tag{7-1}$$

$$R{-}H + Co^{3+} \longrightarrow R\cdot + H^+ + Co^{2+} \tag{7-2}$$

上式中的 R 可以是多种类型的烃基，自由基 R· 的生成给自由基氧化反应提供了链传递物。

一般而言，烃基的 C—H 键比较稳定，在不加入引发剂时，C—H 键的均裂需要较高的能量（高温或光辐射），否则在氧化反应的初期需要较长的时间才能积累起一定浓度的自由基 R·。为了使氧化反应能以较快的速率进行，通常需要加入引发剂或高价金属催化剂。

加入引发剂是由于引发剂在较低的温度下就可以均裂而产生活泼的自由基，与被氧化物反应而产生烃基自由基，从而引发反应。

$$R{-}H + \cdot X \longrightarrow R\cdot + HX \tag{7-3}$$

例如常用的引发剂偶氮二异丁腈（AIBN）的引发机理如下式所示。

$$NCC(CH_3)_2 N{=}NC(CH_3)_2 CN \longrightarrow 2N\dot{C}C(CH_3)_2 \tag{7-4}$$

常用的高价金属催化剂一般是 Co、Cu、Mn、V、Cr、Pb 等金属的盐类，利用其电子转移而使被氧化物在较低的温度下产生自由基。最常用的是各种钴盐，因为 Co^{3+} 在引发过程中生成的 Co^{2+} 可以被空气氧化成 Co^{3+}，并不消耗。有时还加入溴化物等助催化剂，以促进自由基 R· 的生成。

$$HBr + Co^{3+} \longrightarrow Br\cdot + H^+ + Co^{2+} \tag{7-5}$$

$$R{-}H + Br\cdot \longrightarrow R\cdot + HBr \tag{7-6}$$

（2）链的传递

自由基 R· 与空气中的氧相作用，生成烃类的过氧化氢物。

$$R\cdot + O_2 \longrightarrow R{-}O{-}O\cdot \tag{7-7}$$

$$\underset{\text{过氧化氢自由基}}{R{-}O{-}O\cdot} + R{-}H \longrightarrow \underset{\text{过氧化氢物}}{R{-}O{-}OH} + R\cdot \tag{7-8}$$

通过上述两个反应，可以使 R—H 持续地生成自由基 R·，并且被氧化成最初产物有机过氧化氢物。

（3）链的销毁

R· 和 R—O—O· 在一定条件下会结合成稳定的化合物，使自由基销毁，例如：

$$2R\cdot \longrightarrow R{-}R \tag{7-9}$$

$$R\cdot + R{-}O{-}O\cdot \longrightarrow R{-}O{-}O{-}R \tag{7-10}$$

显然，有一个自由基销毁，就有一个反应链终止，使自由基氧化反应变慢，因此，对于各种具体的自由基氧化反应，要采取适当的措施，防止自由基的销毁。

液相氧化产物的生成与式(7-8)中有机过氧化氢物的稳定性有关。若所生成的过氧化氢物在反应条件下稳定，可为最终产物；若不稳定则可分解为醇、醛、酮、酸等产物。例如，被氧化烃为 R—CH₃（伯碳原子）时，在可变价金属存在下，生成醇、醛、酸的反应式如下：

$$RCH_2{-}O{-}O{-}H + RCH_3 \xrightarrow{Co^{2+}} RCH_2OH + R\dot{C}H_2 + \dot{O}H + Co^{3+} \tag{7-11}$$

$$R-CH_2-O-O\cdot \xrightarrow{Co^{2+}} R-\overset{\overset{\displaystyle H}{|}}{C}=O +OH^- +Co^{3+} \tag{7-12}$$

$$R-\overset{\overset{\displaystyle H}{|}}{C}=O \xrightarrow{Co^{3+}} R-\overset{\overset{\displaystyle O}{||}}{C}\cdot +H^+ +Co^{2+} \tag{7-13}$$

$$R-\overset{\overset{\displaystyle O}{||}}{C}\cdot +O_2 \longrightarrow R-\overset{\overset{\displaystyle O}{||}}{C}-O-O\cdot \tag{7-14}$$

$$R-\overset{\overset{\displaystyle O}{||}}{C}-O-O\cdot \xrightarrow{RCH_3} R-\overset{\overset{\displaystyle O}{||}}{C}-O-OH +R\overset{\displaystyle \cdot}{C}H_2 \tag{7-15}$$

$$R-\overset{\overset{\displaystyle O}{||}}{C}-O-OH \xrightarrow{Co^{2+}} R-\overset{\overset{\displaystyle O}{||}}{C}-O\cdot +OH^- +Co^{3+} \tag{7-16}$$

$$R-\overset{\overset{\displaystyle O}{||}}{C}-O\cdot \xrightarrow{RCH_3} R-\overset{\overset{\displaystyle O}{||}}{C}-OH +R\overset{\displaystyle \cdot}{C}H_2 \tag{7-17}$$

如果被氧化的是烃类分子中的仲碳原子 R_2CH_2 或叔碳原子 R_3CH，则分解产物还可以是酮。从上述反应可以看出，如果要生产过氧化氢物，不宜采用可变价金属盐为催化剂。

7.2.2 被氧化物结构的影响

有机分子中 C—H 键均裂成自由基 R· 和 H· 的难易程度与其结构有关。一般是叔 C—H 键，即 R_3C-H 最易均裂，其次是仲 C—H 键，即 R_2CH_2，然后是伯 C—H 键，即 $R-CH_3$。因此异丙苯在自由基氧化时主要生成叔过氧化氢物，而乙苯在自由基氧化时主要生成仲过氧化氢物。

$$\text{异丙苯} \xrightarrow[\text{自由基氧化}]{+O_2} \text{叔碳过氧化氢物} \tag{7-18}$$

叔碳过氧化氢物

$$\text{乙苯} \xrightarrow[\text{自由基氧化}]{+O_2} \text{仲碳过氧化氢物} \tag{7-19}$$

仲碳过氧化氢物

叔碳过氧化氢物和仲碳过氧化氢物在一定条件下，比较稳定，可以作为自由基氧化的最终产物加以利用。但通常是将过氧化氢物在一定条件下进一步分解而转变为醇、醛、酮、羧酸、酚等精细化工产品。

7.2.3 空气液相氧化法的特点

与空气气-固相接触催化氧化法相比，空气液相氧化法反应温度较低（100～250℃），反应的选择性好，可用于制备多种类型的精细化工产品。

与化学氧化法相比，不消耗价格较贵的化学氧化剂，经济效益好。

但液相氧化法也存在一定的局限性，使其应用受到一定的限制。

① 在较低的温度下，氧化能力有限。

② 为了减少氧化产物的分解和过度氧化，以免降低反应的选择性，要控制较低的单程转化率，后处理操作复杂。

③ 反应液是酸性的，氧化设备要用优质耐腐蚀材料。

④ 一般要带压操作，以提高空气中的氧在氧化液中的浓度，从而提高自由基氧化的反应速率，并缩短反应时间，减少尾气中有机物的损失等。

7.2.4 异丙苯的氧化-酸解制苯酚和丙酮

异丙苯氧化-酸解制苯酚是烷基芳烃氧化-酸解制酚类化合物的典型实例。其反应过程如下：

$$
\text{(异丙苯)} \xrightarrow[\text{C—H 键均裂}]{-\text{H}\cdot} \text{(自由基)} \xrightarrow[\text{氧化}]{+O_2} \text{(过氧自由基)} \tag{7-20}
$$

$$
\text{(过氧自由基)} + \text{(异丙苯)} \xrightarrow{\text{H}\cdot\text{转移}} \underset{\substack{\text{异丙苯过氧化氢物}\\\text{（简称 CHP）}}}{\text{(CHP)}} + \text{(自由基)} \tag{7-21}
$$

$$
\underset{\text{CHP}}{\text{(CHP)}} \xrightarrow[\text{酸催化分解}]{H^+} \underset{\text{苯酚}}{\text{(苯酚)}} + \underset{\text{丙酮}}{H_3C-\overset{O}{\underset{}{C}}-CH_3} \tag{7-22}
$$

在异丙苯的氧化过程中，不采用可变价金属盐作催化剂，因为它们会促进 CHP 的分解。传统工艺采用自催化法，即在 90～120℃，常压至 1.0MPa 的反应条件下，CHP 会发生缓慢的热分解而产生自由基·OH，提供了链传递物。所以在连续生产时，CHP 本身就是引发剂。

$$
\text{(结构式)} \xrightarrow{\text{热分解}} \underset{\alpha\text{-甲基苯乙烯}}{\text{(}\alpha\text{-甲基苯乙烯)}} + 2\cdot\text{OH} \tag{7-23}
$$

为了减少 CHP 的热分解损失，氧化液中 CHP 的浓度不宜过高，异丙苯的单程转化率一般不超过 15％～25％，这时 CHP 的选择性约为 90％。据报道，为了使异丙苯快速氧化，并减少 CHP 的热分解，已采用新型过渡金属配合物催化剂，可以使 CHP 的选择性提高到 93％。

氧化反应结束后，要减压蒸出氧化液中未反应的异丙苯，提浓到 CHP 含量 80％～90％，再送去进行酸解反应。应该指出，如果氧化温度或提浓温度超过 120℃，会发生 CHP 的剧烈连锁自动热分解反应而导致爆炸。

CHP 的酸解最初采用硫酸作催化剂，后来改用强酸性离子交换树脂作催化剂，将 CHP 提浓液在 60～90℃，连续地流过装有树脂催化剂的反应器，即得到含苯酚和丙酮的酸解液。

由于异丙苯法生产苯酚成本低，已完全代替传统的生产工艺。苯磺酸钠碱熔法、氯苯的气相催化水解法、氯苯的液相碱性高压水解法和甲苯的氧化脱羧法都已停止使用。

有机过氧化氢物除了上述酸解反应以外，还可以通过其他方式分解而转变成醇、醛、酮和羧酸。其重要实例还有：间甲基异丙苯的氧化酸解制间甲酚、间二异丙苯的氧化酸解制间苯二酚、高碳直链烷烃氧化制高碳脂肪仲醇（锰催化剂，硼酸酯化保护，单程转化率约 15％）、高碳直链烷烃氧化制高碳脂肪酸（锰催化剂，单程转化率约 30％）、环己烷氧化制环己醇/环己酮混合物（自催化，转化率 3％～5％）、甲苯氧化制苯甲酸（钴催化，转化率 25％）、甲苯氧化制苯甲醛（钴催化，溴化物助催化，转化率 10％）、二甲苯氧化制甲基苯甲酸（钴催化，转化率 50％）以及对二甲苯氧化制对苯二甲酸（乙酸溶剂、钴-锆催化、高转化率）等。

7.3　空气的气-固相接触催化氧化

7.3.1　概述

将有机物的蒸气与空气（或氧气）的混合物在较高温度（300～500℃）下通过固体催化剂，使有机物适度氧化生成目的产物的反应叫做气-固相接触催化氧化。

气-固相接触催化氧化的主要优点：与空气液相氧化法相比，反应速率快，生产能力大，在制备羧酸和酸酐时，可以使被氧化物基本上完全参加氧化反应，转化率相当高，后处理操作比较简单，不需要有机溶剂，对设备腐蚀性小，投资费用低。与化学氧化法相比，不消耗价格很贵的化学氧化剂。

气-固相接触催化氧化的局限性主要表现在如下两个方面。

① 由于反应温度较高，要求有机原料、氧化中间产物和氧化目的产物在反应条件下有足够的热稳定性，而且要求目的产物对进一步氧化有足够的化学稳定性，不易发生各种副反应。例如对二甲苯的氧化制对苯二甲酸不宜采用气-固相接触催化氧化法，因为中间产物对甲基苯甲酸和产品对苯二甲酸在反应条件下容易发生脱羧副反应，使收率下降。

② 不易筛选出适合具体反应的性能良好的催化剂。例如丙烯的氧化制环氧丙烷还没有找到选择性良好的催化剂。

气-固相接触催化氧化法在工业上主要用于制备某些醛类、羧酸、酸酐、醌类和腈类（氨氧化法）等产品。

7.3.2　乙烯的气-固相接触催化氧化制环氧乙烷

乙烯气-固相接触催化氧化制环氧乙烷的主反应方程式为：

$$H_2C{=}CH_2 \ +1/2O_2 \ \xrightarrow{Ag} \ H_2C{-}CH_2 \quad\quad (7\text{-}24)$$
$$\underset{O}{\diagdown\diagup}$$

反应体系中同时存在的副反应为：

$$H_2C{=}CH_2 \ +3O_2 \longrightarrow 2CO_2+2H_2O \quad\quad (7\text{-}25)$$

这个反应已经找到符合工业化要求的银催化剂，经多次改进，效果最好的银催化剂选择性可达 $85\%\sim86\%$。

反应采用列管式固定床反应器。最初用空气作氧化剂，此法要用两台氧化器，第二台氧化器是催化燃烧净化器，它的作用是把最后尾气中未反应的乙烯完全燃烧掉，然后排入大气。

后来又开发了氧气氧化法。经过氧化器后的气体用水吸收环氧乙烷，再用碳酸钾水溶液吸收部分二氧化碳后，大部分未反应的乙烯和氧可直接返回氧化器，排放的尾气极少，不需要尾气净化器。在循环气体中保留部分二氧化碳的作用是调整反应气体中乙烯和氧的浓度，以防止爆炸。

氧气氧化法的主要优点是：①反应气体中有害毒物少，催化剂寿命长；②只用一台氧化器设备，投资少；③乙烯消耗定额低，成本低。新建厂都采用乙烯氧气氧化法生产环氧乙烷。

环氧乙烷是重要的有机化工原料，主要用于生产乙二醇、乙醇胺等，作为烷基化试剂可以在有机分子中引入羟乙基和聚氧乙烯基，后者是制备非离子表面活性剂的基本反应之一。

环氧乙烷还可以作为杀菌消毒剂使用。

7.3.3 丙烯的氧化制丙烯醛

醛类容易进一步氧化，所以气-固相接触催化氧化只适用于个别醛类的制备，并要求选用接触时间短的高效温和催化剂，并控制空气的用量，一般还要用水蒸气将空气稀释。

烯烃的氧化制醛主要用于丙烯的氧化制丙烯醛。丙烯醛是生产甘油和蛋氨酸等产品的重要原料，最大的丙烯醛生产装置可年产 2.4 万吨。

$$CH_2\!=\!\!CH\!-\!CH_3 \xrightarrow[氧化]{O_2} CH_2\!=\!\!CH\!-\!CHO + H_2O \qquad (7\text{-}26)$$

为了避免双键的氧化和其他深度氧化副反应，并提高丙烯转化率，采用载于二氧化硅上的氧化铜（CuO/SiO_2）或硅酸铜催化剂。原料丙烯、空气和水蒸气的物质的量比约为 1：10：2，混合后进入列管式固定床反应器，在 $0.101\sim0.202MPa$、$350\sim450℃$下进行反应，气-固接触时间约为 0.8s。在最佳条件下，丙烯的转化率可达 97%，丙烯醛的收率可达 90%。

丙烯醛在国外用作油田注入水的杀菌剂，以抑制注入水中的细菌生长，防止细菌在地层造成腐蚀及堵塞等问题。在有机合成方面，可用于制造蛋氨酸，丙烯醛经还原生成的烯丙醇用作生产甘油的原料，经氧化生成丙烯酸，可进一步制丙烯酸酯用于丙烯酸酯涂料。此外，丙烯醛的二聚体可用于制备二醛类化合物，广泛用作造纸、鞣革和纺织助剂。丙烯醛与溴作用得到的 2,3-二溴丙醛是生产抗肿瘤药甲胺蝶呤等的中间体。丙烯醛也用作色谱分析标准物质。

7.3.4 甲醇的脱氢氧化制甲醛

甲醛是广泛应用于医药、农药、合成纤维、合成树脂、塑料防腐剂等合成的有机化工原料，具有强还原性，有杀菌作用，可用作消毒剂。

采用甲醇脱氢氧化法制甲醛最初为了避免甲醇的过度氧化。该法主反应方程式如下：

$$CH_3OH \underset{脱氢}{\rightleftharpoons} HCHO + H_2 \qquad\qquad \Delta_r H_m^{\ominus} = +84kJ/mol \qquad (7\text{-}27)$$

$$H_2 + \frac{1}{2}O_2 \xrightarrow{氧化} H_2O \qquad\qquad \Delta_r H_m^{\ominus} = -243kJ/mol \qquad (7\text{-}28)$$

$$CH_3OH + \frac{1}{2}O_2 \xrightarrow{氧化} HCHO + H_2O \qquad\qquad \Delta_r H_m^{\ominus} = -159kJ/mol \qquad (7\text{-}29)$$

此法的主要特点是主反应为甲醇的脱氢生成甲醛（吸热反应，$\Delta_r H_m^{\ominus} = 85.0kJ/mol$），不要求脱落的氢完全氧化成水（强放热反应，$\Delta_r H_m^{\ominus} = -243kJ/mol$）；可以使用低于化学计算量的空气；可以减少过度氧化副反应；由于空气量少，热效应少；可在高于甲醇爆炸上限（36.5%）的条件下操作。另外还用水蒸气稀释反应物带走一部分反应热。

脱氢氧化的催化剂是银，可以是负载在低比表面浮石载体上的银或电解银。为了脱氢，反应要在 $600\sim650℃$进行。由于反应温度高，催化剂寿命只有几个月。所以要采用催化剂便于装卸的绝热多层固定床反应器（见图 2-10），反应区有三层铜网，每层铜网上铺有银催化剂，在两层铜网之间安装有冷却蛇管，用冷却水移出部分反应热。

在最佳条件下，甲醇转化率 95%，生成甲醛的选择性为 80%～95%。反应气体经后处理，可得到 37%～55%甲醛水溶液，甲醇含量约 0.5%。此法已在中国使用，优点是反应器体积小，设备投资少。缺点是为制得含低甲醇的高浓度甲醛水溶液，要消耗大量水蒸气；催化剂对铁和硫非常敏感；原料甲醇和空气都需要严格净化。

7.3.5 顺丁烯二酸酐的制备

顺丁烯二酸酐（简称顺酐）的生产有三种原料，即苯、丁烯馏分和丁烷馏分。丁烷馏分来自炼厂气、裂解气或油田伴生气，价格低，有取代苯成为生产顺酐的主要原料的趋势。这三种原料在中国均有采用。

所用的氧化方法都是气-固相接触催化法。所用的催化剂主要是钒-磷型催化剂，但助催化剂各不相同。所用的反应器可以是直径 6m 的流化床，也可以是直径 6m、有 13000 根列管的固定床，单台生产能力都在 1 万吨/年以上。

顺酐是生产 1,4-丁二醇、γ-丁内酯、四氢呋喃、琥珀酸、不饱和聚酯树脂、醇酸树脂、农药马拉硫磷、高效低毒农药 4049 和长效碘胺等的原料，也用于医药和农药，在有机合成中具有广泛的用途。

7.3.6 邻苯二甲酸酐的制备

邻苯二甲酸酐简称苯酐，是杀菌剂灭菌丹、杀虫剂亚胺硫磷、除草剂灭草松的中间体，还可用于生产不饱和聚酯树脂、醇酸树脂、染料及颜料、多种油漆、食品添加剂、医药中的缓泻剂酚酞、农药中的亚胺硫磷、灭草松以及糖精钠等，其衍生物邻苯二甲酸二丁酯、邻苯二甲酸二辛酯和邻苯二甲酸二异丁酯等可用作 PVC 等塑料的增塑剂。

邻苯二甲酸酐最初主要采用萘的气-固相接触催化氧化法制备，以多孔型 V_2O_5-K_2SO_2/SiO_2 为催化剂。K_2SO_4 的作用是抑制深度氧化副反应。早期采用固定床反应器，1944 年又开发了流化床反应器，其主要优点是：①流化床反应器加工制造容易，造价低；②使用微球形粉状多孔催化剂，可强化催化剂与原料气的传质与传热，整个反应器温度均匀，有利于提高收率；③可直接向流化床中喷萘，可在萘的爆炸极限内操作，空气、萘的质量比可降低到（10～12）∶1，可降低空压机的动力消耗；④反应气体中苯酐的浓度高，冷却至 140℃ 时，可使 40%～60%（质量分数）苯酐以液态冷凝下来，降低热熔冷凝器的负荷。

由于焦油萘的资源有限、石油萘价格较贵，于是开发了邻二甲苯氧化制苯酐的工艺，新建厂都改用此法。邻二甲苯在气-固相接触催化氧化时，中间产物邻甲基苯甲酸容易发生热脱羧副反应而影响收率。为了减少这个副反应，就要求使用表面型催化剂。但是表面涂层催化剂不耐磨损，不能使用流化床氧化器，这促进了大型固定床氧化器的发展。1973 年已能制造直径 6m、列管 21600 根的大型固定床氧化器，单台生产能力可达 3.6 万吨/年。该工艺所用催化剂的活性组分是 V_2O_5-TiO_2，载体是低比表面积的三氧化二铝或带釉瓷球等。催化剂可制成环形或球形。氧化条件是列管外熔盐温度 370～375℃，管内床层热点温度 380～470℃，各管内热点温度差 10℃。催化剂的负荷 210g/(L·h)，接触时间约 1s。按纯邻二甲苯计，苯酐的理论收率可达 78.8%～80.9%。

7.3.7 氨氧化制腈类

氨氧化指的是将带甲基的有机物与氨和空气的混合物在催化剂存在下生成腈类的反应。

$$2R—CH_3 + 3O_2 + 2NH_3 \longrightarrow 2R—CN + 6H_2O \tag{7-30}$$

这类反应一般采用气-固相接触催化法。氨氧化最初用于从甲烷制氢氰酸、从丙烯制丙烯腈。后来又用于从甲苯及其取代衍生物制苯甲腈及其取代衍生物，从相应的甲基吡啶制氰基吡啶等，其主要产品有：

甲基芳烃的氨氧化用 V_2O_5 作主催化剂，另外还加入 P_2O_5、MoO_3、Cr_2O_3、BaO、SnO_2、TiO_2 等助催化剂，载体一般用硅胶或硅铝胶。不同的氨氧化过程，其催化剂的组成和反应条件也各有差异。

目前研究最多的是 3-甲基吡啶的氨氧化制 3-氰基吡啶。例如 3-甲基吡啶/空气/NH_3 以物质的量比 $1:32.6:4.6$ 混合，于 360℃ 在含有 V-Cr-P-O/SiO_2 催化剂的流化床中进行氨氧化，3-氰基吡啶（烟腈）的收率可达 97.2%，纯度可达 98%。

$$(7-31)$$

7.4 化学氧化法

为了讨论上的方便，本书把空气和氧气以外的氧化剂统称为化学氧化剂，并且把用化学氧化剂的氧化方法统称为化学氧化法。化学氧化剂大致可以分为如下五种类型。

① 金属元素的高价化合物 例如 $KMnO_4$、MnO_2、$Mn_2(SO_4)_3$、CrO_3、$Na_2Cr_2O_7$、$K_2Cr_2O_7$、PbO_2、$Ce(SO_4)_2$、$Ce(NO_3)_4$、$Ti(NO_3)_3$、$SnCl_4$、$FeCl_3$ 和 $CuCl_2$ 等。

② 非金属元素的高价化合物 例如 HNO_3、$NaNO_3$、N_2O_4、$NaNO_2$、SO_3、H_2SO_4、$NaClO$、$NaClO_3$ 和 $NaIO_4$ 等。

③ 其他无机高氧化合物 例如臭氧、双氧水、过氧化钠、过碳酸钠、过硼酸钠、二氧化硒等。

④ 富氧有机化合物 例如有机过氧化物、硝基苯、间硝基苯磺酸钠、2,4-二硝基氯苯、二甲基亚砜等。

⑤ 非金属元素 例如卤素和硫黄等。

各种氧化剂各有特点。其中属于强氧化剂的主要有 $KMnO_4$、MnO_2、CrO_3、$Na_2Cr_2O_7$、HNO_3 等，它们主要用于制备羧酸和醌类，但是在温和条件下也可用于制备醛和酮，以及在芳环上直接引入羟基。其他的化学氧化剂大部分属于温和氧化剂，并且局限于特定的应用范围。

7.4.1 化学氧化法的优缺点

化学氧化法的优点是选择性好，反应条件温和，容易调控，操作简便，只要选用合适的化学氧化剂就可以得到良好的结果。尤其是对于产量小、价值高的精细化工产品，使用化学氧化剂更为方便，至今仍有广泛的应用。例如价格较贵的化学氧化剂高锰酸钾、二氧化锰和重铬酸钠等仍然经常用到。

化学氧化法的缺点是化学氧化剂价格贵，有三废治理问题。在大吨位精细化工产品中使用的化学氧化剂主要有硝酸、有机过氧化氢物和过氧化氢。

7.4.2 硝酸氧化法

硝酸价格低廉，对于某些氧化反应选择性好，收率高，工艺简单。只用硝酸作氧化剂时，硝酸本身被还原成 NO_2 和 N_2O_3。

$$2HNO_3 \longrightarrow [O]+H_2O+2NO_2\uparrow \qquad (7\text{-}32)$$

$$2HNO_3 \longrightarrow 2[O]+H_2O+N_2O_3\uparrow \qquad (7\text{-}33)$$

为了提高硝酸分子中氧的利用率，要加入钒、铜、铝等催化剂，以便使硝酸在氧化过程中被还原成无毒的 N_2O，其反应式可简单表示如下：

$$2HNO_3 \longrightarrow 4[O]+H_2O+N_2O\uparrow \qquad (7\text{-}34)$$

硝酸氧化法的重要实例是环己醇/酮混合物（KA 油）的开环氧化制己二酸和乙二醛的部分氧化制乙醛酸。

$$ (7\text{-}35) $$

$$OHC—CHO \xrightarrow{HNO_3} OHC—COOH \qquad (7\text{-}36)$$

环己醇/酮混合物开环氧化制己二酸采用含 $0.1\%\sim0.5\%$ Cu 和 $0.1\%\sim0.2\%$ V 的催化剂、$50\%\sim60\%$ 硝酸在 $60\sim80℃$ 和 $0.1\sim0.9MPa$ 进行氧化，KA 油的转化率可达 100%，己二酸的选择性 95%。中国神马集团采用此法，用多釜串联反应器，己二酸收率可达 94%。

硝酸氧化法的缺点是释放的氧化亚氮在大气中会形成酸雨，破坏臭氧层，需要用催化分解技术进行处理，然后排放。此外，硝酸腐蚀性强，有废酸处理问题。

由于硝酸氧化法的缺点，己二酸的生产正致力于开发过氧化氢氧化法。例如郑州大学用 30% 双氧水使环己烯氧化成己二酸，在用原位合成的磷钨杂多酸为催化剂、季铵盐为相转移催化剂、1,2-二氯乙烷为溶剂、环己烯/双氧水的物质的量比为 $1:4$、反应时间 8h 时，己二酸最高收率可达 95.4%。但存在的问题是反应时间长、催化剂难回收，双氧水费用高，还有待进一步完善。另外，乙醛酸的生产有的工厂已采用草酸的电解还原法。

硝酸氧化法的其他实例还有：二苯甲烷的氧化制二苯甲酮、环十二醇/酮混合物的氧化制十二碳二酸和乙醛的氧化制乙二醛等。乙二醛的生产国内也有工厂采用乙二醇的空气-固相接触催化氧化法，但成本比乙醛法高。

7.4.3 有机过氧化氢物共氧化法

共氧化法的重要实例是环氧丙烷的生产。最新的共氧化法是将丙烯与苯异丙基过氧化氢物（CHP）发生环氧化反应，生成环氧丙烷和二甲基苄醇，然后二甲基苄醇经脱水生成 α-甲基苯乙烯，后者再加氢生成异丙苯循环用于生成 CHP。其反应式如下：

$$ (7\text{-}37) $$

$$ (7\text{-}38) $$

所用催化剂是钛基固体催化剂。所有反应器是多级串联气-液-固三相固定床反应器。目前已有年产 20 万吨环氧丙烷的生产装置。

7.4.4 过氧化氢氧化法

过氧化氢俗称双氧水，是比较温和的氧化剂，氧化工艺流程简单，产品收率高。它的最大优点是反应后变成水，不生成有害物，是环保型氧化剂。但过氧化氢不够稳定，只能在低温下使用，氧化能力有限，商品过氧化氢水溶液的体积分数一般只有 20%～30%，而 60%～70% 的高体积分数过氧化氢不稳定，运输困难，价格很贵。大规模使用时，需要联产过氧化氢和精细化工产品。

使用双氧水氧化法的重要生产实例是苯酚的羟基化制邻苯二酚和对苯二酚。其生产工艺主要有：①法国罗纳-普朗克法，用磷酸和过氯酸为催化剂，用 70% 双氧水；②意大利的 Brichime 法，用 Fe、Co 盐混合物催化剂，用 60% 双氧水；③日本宇部兴产法，用硫酸和甲乙酮催化剂，用 60% 双氧水；④意大利埃尼法，用钛硅分子筛 TS-1 催化剂，用低浓度双氧水。前三种方法用高浓度双氧水，第四种方法虽然克服了用高浓度双氧水和转化率低的缺点，但催化剂价格太贵。国内正在开发的新催化剂有烷基吡啶杂多酸盐催化剂、由 $TiCl_4$ 制得的分子筛、Ti-ZSM-5 分子筛、二氧化锆、稀土金属改性的二氧化锆等。另外，正在开发的方法还有苯酚过氧酸（或过氧酮）氧化法和 1,2-环己二醇的催化脱氢法、苯用双氧水的氧化法等。

双氧水还用于制备多种有机过氧化物。例如，乙酸制过氧乙酸、丁二酸酐制过氧化丁二酸、苯甲酰氯制过氧化二苯甲酰、氯代甲酸酯制过氧化二碳酸酯等。

$$R-O-\overset{\overset{\displaystyle O}{\|}}{C}-Cl + H_2O_2 + 2NaOH \xrightarrow[5～15℃]{氧化} R-O-\overset{\overset{\displaystyle O}{\|}}{C}-O-O-\overset{\overset{\displaystyle O}{\|}}{C}-O-R + 2NaCl + 2H_2O \qquad (7\text{-}39)$$

双氧水还可以与不饱和酸或不饱和酯发生氧化加成反应生成环氧化合物。例如，从顺丁烯二酸酐的环氢化-水解制 2,3-二羟基丁酸（酒石酸）。

$$\begin{array}{c}
\text{CH}-\text{C}-\text{OH}\\
|\\
\text{CH}-\text{C}-\text{OH}
\end{array} \xrightarrow[\substack{65～70℃}]{\substack{H_2O_2 \; 环氧化 \\ 钨酸催化剂}} \begin{array}{c} O \\ \diagup \diagdown \\ \text{CH}-\text{C}-\text{OH} \\ | \\ \text{CH}-\text{C}-\text{OH} \end{array} \xrightarrow[\substack{100℃,回流}]{\substack{H_2O,水解开环}} \begin{array}{c} \text{HO}-\text{CH}-\text{C}-\text{OH} \\ | \\ \text{HO}-\text{CH}-\text{C}-\text{OH} \end{array} \qquad (7\text{-}40)$$

此外，丙烯的氧化制环氧丙烷已有年产 30 万吨的生产装置。过氧化氢氧化法的技术关键是筛选价格低廉、可循环使用的催化剂。钛硅型分子筛 TS-1 催化剂价格太贵，已用催化剂有磷酸催化剂、铁-钴盐混合物催化剂和硫酸甲乙酮催化剂。目前正在开发的催化剂还有烷基吡啶杂多酸催化剂、钛型分筛、Ti-ZSM-5 分子筛、二氧化锆和稀土金属改性的二氧化锆等。

习　题

7-1 写出氧化反应的定义、应用范围、反应的特点和要求。

7-2 空气液相氧化在反应历程上属于哪种类型的反应？用最简单的反应式表示出空气液相氧化的反应历程。

7-3 空气液相氧化主要用什么引发剂和催化剂？它们的特点和作用是什么？

7-4 写出被氧化物的结构对过氧化氢物的影响。

7-5 写出空气液相氧化法的优点和局限性。

7-6 异丙苯的空气液相氧化为什么可以不用引发剂？采用新型过渡金属配合物催化剂，为什么可以提高 CHP 的选择性？

7-7　在高碳直链烷烃的空气液相氧化制高碳脂肪醇时，为什么主要生成仲醇？

7-8　写出气-固相接触催化氧化法的优点和局限性。

7-9　乙烯的气-固相接触催化氧化制环氧乙烷，为什么用氧气作氧化剂？

7-10　丙烯氧化制环氧丙烷为什么不能采用气-固相接触催化氧化法？

7-11　丙烯的氧化制丙烯醛为什么可以采用气-固相接触催化氧化法？

7-12　写出甲醇气-固相接触催化脱氢氧化法的特点。为什么所用催化剂的寿命只有几个月？

7-13　写出气-固相接触催化氧化所用绝热反应器的特点。

7-14　写出制备顺丁烯二酸酐所用的主要原料。

7-15　邻二甲苯的氧化制邻苯二甲酸酐为什么采用表面涂层型催化剂？

7-16　为什么对二甲苯制对苯二甲酸不能用气-固相接触氧化法？

7-17　氨氧化用于制备哪类精细化工产品？

7-18　写出化学氧化法的优点和缺点。

7-19　硝酸氧化法的优点和缺点是什么？如何提高硝酸氧化法中硝酸的利用率？写出硝酸氧化法的两个重要生产实例。

7-20　写出丙烯用异丙苯过氧化氢物进行环氧制环氧丙烷的几个基本反应式。

7-21　写出过氧化氢氧化法的优点和局限性，并列举两个重要生产实例。

第8章 重氮化和重氮盐的反应

8.1 重氮化反应

8.1.1 定义

含有伯氨基的有机化合物在无机酸的存在下与亚硝酸钠作用生成重氮盐的反应称作重氮化反应。

脂链伯胺生成的重氮盐极不稳定，没有实用价值。脂链上的苄基伯胺和脂环伯胺等经重氮化-分解生成的正碳离子可以进一步反应得到某些产品，但应用实例不多。芳环伯胺和芳杂环伯胺的重氮盐在水溶液中、低温下比较稳定，且具有一定的反应活性，进一步反应可制得一系列有机中间体。本节将重点介绍芳伯胺的重氮化反应。

8.1.2 重氮化试剂的活性质点和反应历程

反应动力学证明，芳伯胺在无机酸中用亚硝酸钠进行重氮化时，重氮化的主要活泼质点与无机酸的种类和浓度有密切关系。

① 亚硝酰氯 在稀盐酸中重氮化时，主要活泼质点是亚硝酰氯（ON—Cl），活性质点和重氮盐是按以下反应生成的。

$$NaNO_2 + HCl \Longleftrightarrow ON-OH + NaCl \tag{8-1}$$

$$ON-OH + HCl \Longleftrightarrow ON^{\delta^+}-Cl^{\delta^-} + H_2O \tag{8-2}$$

$$ArNH_2 + ON^{\delta^+}-Cl^{\delta^-} \longrightarrow Ar-\overset{+}{N}\equiv NCl^- + H_2O \tag{8-3}$$

重氮化的总反应式可表示如下：

$$ArNH_2 + NaNO_2 + 2HCl \longrightarrow Ar-\overset{+}{N}\equiv NCl^- + NaCl + 2H_2O \tag{8-4}$$

亚硝酰氯是比较活泼的亲电质点，反应速率快，所以重氮化反应一般是在稀盐酸中进行。

② 亚硝酰溴 在稀盐酸中重氮化时，有时为了加速重氮化反应，可在稀盐酸中加入少量溴化钠或溴化钾，以产生更活泼的亲电质点亚硝酰溴（ON—Br），其反应式如下。

$$NaBr + HCl \Longleftrightarrow HBr + NaCl \tag{8-5}$$

$$ON-OH + HBr \Longleftrightarrow ON^{\delta^+}-Br^{\delta^-} + H_2O \tag{8-6}$$

③ 亚硝酸酐 当重氮化不宜在卤素负离子存在下进行时，可在稀硫酸中进行，这时重氮化质点是亲电性较弱的亚硝酸酐（即三氧化二氮 ON—NO₂）：

$$2ON-OH \Longleftrightarrow ON-NO_2 + H_2O \tag{8-7}$$

$$ArNH_2 + ON-NO_2 + H_2SO_4 \longrightarrow Ar-\overset{+}{N}\equiv N \cdot HSO_4^- + ON-OH + H_2O \tag{8-8}$$

④ 亚硝基正离子 当被重氮化的芳伯胺不够活泼时，重氮化反应需要在浓硫酸中进行，

这时重氮化质点是相当活泼的亚硝基正离子（ON$^+$），

$$NaNO_2 + 2H_2SO_4 \rightleftharpoons ON^+ \cdot HSO_4^- + NaHSO_4 + H_2O \tag{8-9}$$

因为重氮化质点都是亲电性的，所以被重氮化的芳伯胺是以游离分子态，而不是以芳伯胺盐或芳伯胺合氢正离子参加反应的。

$$ArNH_2 + HCl \rightleftharpoons ArNH_2 \cdot HCl \rightleftharpoons ArNH_3^+ \cdot Cl^- \tag{8-10}$$

重氮化的反应历程是 N-亚硝化-脱水反应，可简单表示如下：

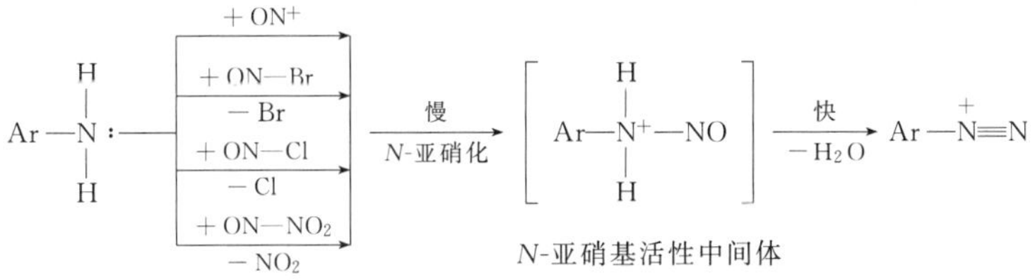

$$\tag{8-11}$$

8.1.3　重氮盐的性质

（1）溶解性

芳伯胺重氮正离子和强酸负离子形成的盐一般可溶于水，呈中性。因为全部离解成离子，所以不溶于有机溶剂。但是含有一个磺酸基的重氮化合物则形成在水中溶解度很低的内盐。例如：

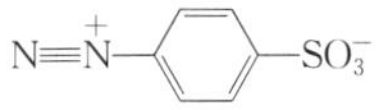

（2）重氮盐的稳定性

芳伯胺的重氮盐在水溶液中，在低温下一般都比较稳定。但是重氮盐具有很高的反应活性，因此重氮盐的水溶液不宜存放过久，而应立即用于下一步反应。

干燥的芳重氮盐不稳定，受热或摩擦、撞击时易快速分解放氮而发生爆炸。因此，可能残留有芳重氮盐的设备在停止使用前都必须清洗干净，以免干燥后发生爆炸事故。

某些芳重氮盐可以做成稳定的形式，例如芳重氮盐酸盐和氯化锌的复盐、芳重氮-1,5-萘二磺酸盐等。重氮盐对光不稳定，在光照下易分解，某些稳定重氮盐曾用于印染行业或用作感光材料。

8.1.4　一般反应条件

① 反应温度　重氮化反应一般在 0～10℃进行，温度高容易加速重氮盐的分解。当重氮盐比较稳定时，重氮化反应可以在稍高的温度下进行。例如，对氨基苯磺酸的重氮化可在 15～20℃进行，1-氨基萘-4-磺酸的重氮化可在 30～35℃进行。

重氮化是强放热反应，为了保持适宜的反应温度，在稀盐酸或稀硫酸介质中重氮化时，可采取直接加冰冷却法；在浓硫酸介质中重氮化时，则需要用冷冻氯化钙水溶液或冷冻盐水间接冷却。

② 无机酸的用量和浓度　按照反应式（8-4），在水介质中重氮化时，理论上 1mol 一元芳伯胺需要 2mol 盐酸或 1mol 硫酸，但实际上要用 2.5～4mol 盐酸或 1.5～3mol 硫酸，使反应液始终保持强酸性，pH 值始终小于 2 或始终对刚果红试纸呈酸性（变蓝）。如果酸量不足，会导致芳伯胺溶解度下降、重氮化反应速率下降，甚至导致生成的重氮盐与尚未重氮化的芳伯胺相作用而生成重氮氨基化合物或氨基偶氮化合物等副产物。

$$Ar-N_2^+ Cl^- + H_2N-Ar \longrightarrow Ar-N=N-NH-Ar + HCl \tag{8-12}$$

$$Ar-N_2^+ Cl^- + Ar-NH_2 \longrightarrow Ar-N=N-Ar-NH_2 + HCl \tag{8-13}$$

在稀盐酸中重氮化时，为了使被重氮化的芳伯胺和生成的重氮盐完全溶解，介质中盐酸的浓度是很低的。应该指出，亚硝酸钠与浓盐酸相作用会放出氯气，影响反应的顺利进行。

$$2NO_2^- + 2Cl^- + 4H^+ \longrightarrow 2NO\uparrow + Cl_2\uparrow + 2H_2O \tag{8-14}$$

在稀硫酸中的重氮化，一般只用于能生成可溶性芳伯胺硫酸盐、可溶性重氮酸性硫酸盐或不希望有氯离子存在的情况。应该指出，稀硫酸质量分数超过 25％时，三氧化二氮的逸出速度将超过重氮化速率。

在浓硫酸介质中重氮化时，硫酸的用量应该能使亚硝酸钠、芳伯胺和反应产物重氮盐完全溶解或反应物料不致太稠。所用的浓硫酸一般是质量分数 98％和 92.5％的工业硫酸。

另外，某些芳伯胺的重氮化不能使用无机酸，而需要使用酸性较弱的有机酸或无机酸的重金属盐，这将在重氮化方法中叙述。

③ 亚硝酸钠的用量　亚硝酸钠的用量必须严格控制，只稍微超过理论量。当加完亚硝酸钠溶液并经过 5～30min 后，反应液仍可使碘化钾-淀粉试纸变蓝，即可认为亚硝酸钠已经微过量，芳伯胺已经完全重氮化，达到反应终点。

重氮化完毕后，过量的亚硝酸会促进重氮盐的缓慢分解，并且不利于重氮盐的进一步反应。因此，重氮化完毕后应在低温搅拌一定时间，使过量的亚硝酸完全分解为亚硝酸酐逸出，或向反应液中加入适量尿素或氨基磺酸使过量的亚硝酸完全分解。

$$H_2N-\overset{\overset{\displaystyle O}{\|}}{C}-NH_2 + 2HNO_2 \longrightarrow CO_2\uparrow + 2N_2\uparrow + 3H_2O \tag{8-15}$$

$$H_2N-SO_3H + HNO_2 \longrightarrow H_2SO_4 + N_2\uparrow + H_2O \tag{8-16}$$

但过多地加入尿素或氨基磺酸，有时会产生破坏重氮盐的副作用。当亚硝酸过量较多时，也可以补加少量芳伯胺原料，将过量的亚硝酸消耗掉。

应该指出：在稀盐酸中或稀硫酸中重氮化时，如果亚硝酸钠用量不足，或亚硝酸钠溶液的加料速度太慢，已经生成的重氮盐会与尚未重氮化的芳伯胺相作用，生成重氮氨基化合物或氨基偶氮化合物，见式(8-12) 和式(8-13)。

④ 重氮化试剂的配制　亚硝酸钠在水中的溶解度很大，在稀盐酸或稀硫酸中重氮化时，一般可用质量分数 30％～40％的亚硝酸钠水溶液，以利于向芳伯胺的稀无机酸水溶液中快速地加入亚硝酸钠水溶液。

在浓硫酸中重氮化时，通常要将干燥的粉状亚硝酸钠慢慢加到浓硫酸中配成亚硝酰硫酸溶液。生成亚硝基正离子的反应是强烈的放热反应，加料温度不宜超过 60℃，在 70～80℃使亚硝酸钠完全溶解后，要冷却到室温以下才能使用。

8.1.5　重氮化方法

根据所用芳伯胺化学结构的不同，和所生成的重氮盐性质的不同，需要采用不同的重氮化方法和不同的重氮化反应条件。下面扼要叙述最常遇到的四种类型芳伯胺的重氮化方法。

(1) 碱性较强的芳伯胺的重氮化

碱性较强的芳伯胺包括不含其他取代基的芳伯胺，芳环上含有甲基、甲氧基等供电子基的芳伯胺。这类芳伯胺的特点是在稀盐酸或稀硫酸中生成易溶于水的胺盐，胺盐主要以胺合氢正离子的形式存在，游离胺的浓度很低，重氮化反应的速率慢。另外，生成的重氮盐不易与尚未重氮化的游离胺相作用生成重氮氨基化合物。

这类芳伯胺的重氮化方法是先在室温将芳伯胺溶解于过量较少的稀盐酸或稀硫酸中，加冰冷却到 0～10℃左右，然后先快后慢地加入亚硝酸钠水溶液，直到微过量为止，此法通常称作"正重氮化法"。重氮化终点以加完亚硝酸钠 5～30min 后，反应液仍可使碘化钾-淀粉试纸变蓝为准。

$$2HNO_2 + 2KI + 2HCl \longrightarrow I_2 + 2KCl + 2H_2O + 2NO \tag{8-17}$$

（2）碱性较弱的芳伯胺的重氮化

碱性较弱的芳伯胺包括芳环上有强吸电子基（例如硝基、氰基）的芳伯胺和芳环上有两个以上卤原子的芳伯胺等。这类芳伯胺的特点是在稀盐酸或稀硫酸中生成的胺盐溶解度小，已溶解的胺盐有相当一部分仍以游离胺的形式存在，重氮化反应速率快。另外，生成的重氮盐容易与尚未重氮化的游离芳伯胺相作用生成重氮氨基化合物。

这类芳伯胺的重氮化方法通常是先将这类芳伯胺溶解于过量较多、浓度较高的温热的无机酸中，然后加冰快速稀释并降温至 0～10℃左右，使大部分胺盐以很细的沉淀析出，然后快速加入稍过量的亚硝酸钠水溶液，使芳伯胺快速完全重氮化，以避免生成重氮氨基化合物。当芳伯胺完全重氮化后，再加入适量的尿素或氨基磺酸，将过量的亚硝酸破坏掉。必要时应将制得的重氮盐水溶液过滤，以除去副产的重氮氨基化合物。

（3）碱性很弱的芳伯胺的重氮化

碱性很弱的芳伯胺主要有 2,4-二硝基苯胺、2-氰基-4-硝基苯胺、1-氨基蒽醌等。这类芳伯胺的特点是碱性很弱，不溶于稀无机酸，但是能溶于浓硫酸，它们的浓硫酸溶液不能用水稀释，因为它们的酸性硫酸盐在稀硫酸中会转变成游离胺析出。这类芳伯胺在浓硫酸中并未完全转变为酸性硫酸盐，仍有一部分是游离胺，所以在浓硫酸中很容易重氮化，而且生成的重氮盐不会与尚未重氮化的芳伯胺相作用生成重氮氨基化合物。

这类芳伯胺的重氮化方法是先将芳伯胺溶解于 4～5 倍质量的浓硫酸中，然后在 10～50℃加入微过量的亚硝酰硫酸溶液或干燥的粉状亚硝酸钠，重氮化完成后，再进行下一步处理。

（4）氨基芳磺酸和氨基芳羧酸的重氮化

这类芳伯胺主要有苯系和萘系的单氨基磺酸、联苯胺-2,2′-二磺酸、4,4′-二氨基二苯乙烯-2,2′-二磺酸和 1-氨基萘-8-甲酸等。它们的特点是在稀无机酸中形成内盐，在水中溶解度很小，但它们的钠盐或铵盐则易溶于水。

这类芳伯胺的重氮化方法通常是先将胺类溶解在微过量的氢氧化钠水溶液或氨水中，然后加入稀盐酸或稀硫酸使氨基芳磺酸以很细的沉淀析出，接着立即加入微过量的亚硝酸钠水溶液，必要时可加入少量的胶体保护剂，例如拉开粉（二丁基萘磺酸）。

另一种重氮化方法是先将氨基芳磺酸的钠盐水溶液在微碱性条件下与微过量的亚硝酸钠配成混合水溶液，然后在 15～35℃放入稀无机酸中。这种重氮化方法称作"反重氮化法"。得到的芳重氮盐单磺酸通常都形成内盐，不溶于水，可过滤出来，将湿滤饼进行下一步处理。

苯系和萘系的单氨基多磺酸和苯系单氨基单羧酸一般易溶于稀无机酸，可采用通常的正重氮化法。

8.2　重氮盐的反应

这一节只扼要叙述重氮盐的六种重要反应。

8.2.1 重氮盐的偶合反应

偶合反应指的是芳重氮盐作为亲电试剂与芳胺或酚类发生亲电取代反应，生成偶氮化合物的反应。

$$\overset{+}{Ar-N}{\equiv}N \cdot X^- + Ar'-NH_2 \longrightarrow Ar-N=N-Ar'-NH_2 + HX \qquad (8\text{-}18)$$

$$\overset{+}{Ar-N}{\equiv}N \cdot X^- + Ar'-OH \longrightarrow Ar-N=N-Ar'-OH + HX \qquad (8\text{-}19)$$

偶合反应主要用于制备偶氮染料，有时也用于制备某些有机中间体。参与偶合反应的重氮盐称作"重氮组分"，与重氮盐相反应的胺类或酚类称作"偶合组分"。

偶合反应的难易取决于反应物的结构和反应条件。当重氮盐的芳环上有吸电子基时，能使—N^{2+}上的正电荷增加，偶合能力增强。反之，芳环有供电子基时，则使偶合能力减弱。一般地，重氮盐的亲电能力较弱，它们只能与芳环上具有较大电子云密度的酚类或胺类进行偶合。

偶合时偶氮基通常进入偶合组分中—OH、—NH_2、—NHR、—NR_2等基团的对位，当对位被占据时，则进入邻位。

偶合时，通常是将重氮盐水溶液放到冷的含偶合组分的水溶液中而完成的。偶合介质的pH值取决于偶合组分的结构。偶合组分是胺类时，要求介质的pH值为4～7（弱酸性）；偶合组分是酚类时，要求介质的pH值为7～10。偶合组分中同时含有氨基和羟基时，则在酸性偶合时，偶氮基进入氨基的邻、对位；在碱性偶合时，偶氮基进入羟基的邻、对位。

8.2.2 重氮基还原为肼基

重氮盐在盐酸介质中用强还原剂（氯化亚锡或锌粉）进行还原时可以得到芳肼。但在工业上最实用的还原剂是亚硫酸钠和亚硫酸氢钠，这时整个反应实际上是先发生 N-加成磺化反应（Ⅰ）和（Ⅱ），然后再发生水解-脱磺基反应（Ⅲ）和（Ⅳ），而得到芳肼盐酸盐，当芳环上有磺基时，则生成芳肼磺酸内盐。其反应过程如下：

$$\overset{+}{Ar-N}{\equiv}NCl^- \xrightarrow[N\text{-加成磺化（Ⅰ）}]{+Na_2SO_3/-NaCl} \underset{\text{重氮-}N\text{-磺酸钠}}{Ar-N=N-SO_3Na} \xrightarrow[N\text{-加成磺化（Ⅱ）}]{+NaHSO_3} \underset{\underset{\text{芳肼-}N,N'\text{-二磺酸二钠}}{\overset{|}{SO_3Na}}}{Ar-N-NHSO_3Na}$$

$$\xrightarrow[-NaHSO_4]{+H_2O} \underset{\text{芳肼-}N\text{-磺酸钠}}{Ar-NH-NHSO_3Na} \xrightarrow[-NaHSO_4]{+H_2O,\ +HCl} \underset{\text{芳肼盐酸盐}}{Ar-NHNH_2 \cdot HCl}$$

水解-脱磺基（Ⅲ）　芳肼-N-磺酸钠　水解-脱磺基（Ⅳ）　芳肼盐酸盐 　　　　　　(8-20)

N-加成磺化反应（Ⅰ）和（Ⅱ）要在弱酸性或弱碱性水介质（pH值6～8）中进行。如果酸性太强，会失去氮原子，并发生硫原子与芳环相连生成亚磺酸等一系列副反应，使芳肼的收率下降。如果在强碱性水介质中还原，则重氮盐将发生被氢置换而失去两个氮原子的副反应。N-加成磺化的反应条件一般是$NaHSO_3/ArNH_2$（物质的量比）为（2.08～2.80）：1；pH值6～8；温度0～80℃；时间2～24h。当芳环上有吸电子基时，$NaHSO_3/ArNH_2$的物质的量比较大，反应时间较长。必要时可在重氮盐完全消失后，加入少量锌粉使重氮-N-磺酸钠完全还原。

芳肼-N,N'-二磺酸的水解-脱磺基反应（Ⅲ）和（Ⅳ）是在pH<2的强酸性水介质中于60～90℃、加热数小时而完成的。芳环上有吸电子基时水解-脱磺基较难进行。

重氮盐还原为芳肼的基本操作大致如下：将酸性的重氮盐水溶液、水悬浮液或湿滤饼加到由稍过量的亚硫酸氢钠和碳酸钠配成的水溶液中，在 pH 6～8 和一定的温度下保持一定时间，完成 N-加成磺化。然后加入浓盐酸或硫酸，调pH值小于2，在一定温度下保持一定时间，完成水解-脱磺基反应，即得到芳肼。芳肼可以盐酸盐或硫酸盐的形式盐析出来，也可以芳肼磺酸内盐的形式析出。另外，也可以将芳肼盐酸盐、硫酸盐的水溶液直接用于下一步反应。

当用亚硫酸盐不易还原完全时，可在还原后期加少量锌粉，或改用氯化亚锡作还原剂，并回收锡。

用此法制得重要芳肼可以举例如下：

由以上实例可以看出，在用亚硫酸盐作还原剂制备芳肼时，芳环上的硝基不受影响。

8.2.3　重氮基被氢置换——脱氨基反应

将重氮盐用适当的温和还原剂进行还原时，可以使重氮基被氢置换（脱氨基反应），并放出氮气。最常用的还原剂是乙醇和丙醇，其反应历程是自由基反应，可简单表示如下：

$$Ar\!-\!N_2^+\,X^- \longrightarrow Ar\cdot + X\cdot + N_2\uparrow \tag{8-21}$$

$$Ar\cdot + CH_3CH_2OH \longrightarrow Ar\!-\!H + CH_3\dot{C}HOH \tag{8-22}$$

$$CH_3\dot{C}HOH + X\cdot \longrightarrow \underset{\underset{X}{|}}{CH_3CHOH} \longrightarrow CH_3CHO + HX \tag{8-23}$$

$$Ar\!-\!N_2^+ + CH_3\dot{C}HOH \longrightarrow Ar\cdot + CH_3\overset{+}{C}HOH + N_2\uparrow \tag{8-24}$$

$$CH_3\overset{+}{C}HOH \longrightarrow CH_3CHO + H^+ \tag{8-25}$$

还原反应的总反应式为：

$$Ar\!-\!N_2^+\,X^- + CH_3CH_2OH \longrightarrow Ar\!-\!H + CH_3CHO + HX + N_2\uparrow \tag{8-26}$$

据发现，Cu^{2+} 和 Cu^+ 对脱氨基反应有催化作用。在乙醇中还原时，还会发生重氮基被乙氧基置换生成芳醚的离子型副反应。

$$Ar\!-\!N_2^+\,X^- + CH_3CH_2OH \longrightarrow Ar\!-\!OCH_2CH_3 + HX + N_2\uparrow \tag{8-27}$$

上述两个反应与芳环上的取代基和醇的种类有关，当芳环上有吸电子基（例如硝基、卤基、羧基等）时，脱氨基反应收率良好。而未取代的重氮苯及其同系物，则主要生成芳醚。用甲醇代替乙醇有利于生成芳醚的反应，而用丙醇则主要生成脱氨基产物。

用次磷酸还原时，不论芳环上有吸电子基或供电子基，脱氨基反应都可得到良好的收率。其反应历程也是自由基型，可简单表示如下：

$$Ar\cdot + H_3PO_2 \longrightarrow Ar\!-\!H + H_2\dot{P}O_2 \tag{8-28}$$

$$Ar\!-\!N_2^+ + H_2\dot{P}O_2 \longrightarrow Ar\cdot + H_2PO_2^+ + N_2\uparrow \tag{8-29}$$

$$H_2PO_2^+ + H_2O \longrightarrow H_3PO_3 + H^+ \tag{8-30}$$

总反应式可表示为：

$$Ar-N_2^+X^-+H_3PO_2+H_2O \longrightarrow Ar-H+H_3PO_3+HX+N_2\uparrow \qquad (8\text{-}31)$$

用次磷酸进行还原是在室温或较低温度下将反应液长时间放置而完成的，加入少量的 $KMnO_4$、$CuSO_4$、$FeSO_4$ 或 Cu 可大大加速反应。按反应式(8-31)，1mol 重氮盐只需用 1mol 次磷酸，但实际上要用 5mol，甚至 $10\sim15mol$ 次磷酸才能得到良好的收率。

重氮基置换为氢，如果在酸性介质中进行，也可以用氧化亚铜或甲酸作还原剂，如果在碱性介质中进行，可以用甲醛、亚锡酸钠作还原剂，但不宜用于制备含硝基的化合物。在个别情况下也可以用氢氧化亚铁、亚硫酸钠、亚砷酸钠、甲酸钠或葡萄糖作还原剂。

重氮化时所用的酸最好是硫酸，而不宜使用用盐酸。

脱氨基反应的用途是，先利用氨基的定位作用将某些取代基引入芳环上指定的位置。然后再脱去氨基，以制备某些不能用简单的取代反应制备的化合物。例如，在 $0\sim5℃$ 向 2,6-二氯-4-硝基苯胺、异丙醇和水的溶液中加入浓硫酸，然后滴加亚硝酸钠水溶液进行重氮化，搅拌 0.5h 后，加入硫酸铜，升温回流 2h，得 3,5-二氯硝基苯，收率 85%～88%，含量 90%～95%。另外，也可将 2,6-二氯-4-硝基苯胺在浓硫酸中 50℃ 下重氮化，然后将重氮盐放入乙醇中，在一价铜催化剂存在下，于 70℃ 加热 2h，得 3,5-二氯硝基苯，收率 92%～93%。

8.2.4 重氮基被卤原子置换

当不能用直接卤化法把卤原子引到芳环上的指定位置时，或者直接卤化时卤化产物很难分离精制时，可采用重氮基被卤原子置换的方法。重氮基置换成不同的卤原子，所采用的方法各不相同。

8.2.4.1 重氮基被氯或溴置换

重氮基被氯置换的反应是将芳伯胺在稀盐酸中重氮化，然后将重氮盐水溶液放到含有氯化亚铜催化剂的稀盐酸中而完成。其总的反应式可简单表示如下。

$$ArNH_2 \xrightarrow{NaNO_2/HCl} Ar-N\equiv N\cdot Cl^- \xrightarrow{CuCl/HCl} Ar-Cl+N_2\uparrow \qquad (8\text{-}32)$$

如果改用氢溴酸和溴化亚铜，将发生重氮基被溴置换的反应。在氯化亚铜或溴化亚铜的存在下，重氮基被氯或溴置换的反应称作 Sandmeyer 反应。这个反应要求芳伯胺重氮化时所用的卤氢酸和卤化亚铜分子中的卤原子都与要引入到芳环上的卤原子相同。

Sandmeyer 反应的历程比较复杂，一般认为首先是亚铜盐 CuCl 与 Cl^- 反应生成铜盐负离子 $[CuCl_2]^-$，并与重氮盐正离子生成配合物 $ArN_2^+\cdot CuCl_2^-$；然后配合物经电子转移生成芳自由基 $Ar\cdot$ 和 $CuCl_2$，同时放出氮气；最后芳自由基 $Ar\cdot$ 与 $CuCl_2$ 反应生成氯代产物 ArCl，并重新生成催化剂 CuCl。

氯化亚铜不溶于水，但易溶于盐酸，亚铜离子的最高配位数是 4，氯化亚铜在盐酸中主要以 $[CuCl_2]^-$ 一价复合负离子存在，它具有很高的反应活性。如果溶液中 Cl^- 浓度高，酸性低，则生成 $[CuCl_4]^{3-}$ 三价配位负离子，它的配位数已经饱和，不能再与重氮盐正离子形成配合物。氯化亚铜的用量一般是重氮盐当量的 $1/10\sim1/5$。

形成配合物的反应速率与重氮盐的结构有关。芳环上有吸电子基时，有利于重氮盐端基正氮离子与 $[CuCl_2]^-$ 的结合，而加快反应速率。芳环上已有取代基对反应速率的影响按以下顺序递减：

$$p\text{-}NO_2 > p\text{-}Cl > H > p\text{-}CH_3 > p\text{-}OCH_3$$

Sandmeyer 反应一般有两种操作方法。一种是将冷的重氮盐水溶液慢慢滴入卤化亚铜-卤氢酸水溶液中，滴加速度以立即分解放出氮气为宜，这种方法使 $[CuCl_2]^-$ 对重氮盐处于过量状态，适用于反应速率较快的重氮盐。另一种方法是将重氮盐水溶液一次加入冷的卤化亚铜-卤氢酸水溶液中，低温反应一定时间后，再慢慢加热使反应完全。这种方法使重氮盐对 $[CuCl_2]^-$ 处于过量状态，适用于配位速率和电子转移速率较慢的重氮盐。

　　除了采用氯化亚铜或溴化亚铜以外，也可以将铜粉加入冷的重氮盐的卤氢酸水溶液中进行重氮基被氯（或溴）置换的反应，这个反应称作 Gattermann 反应。

　　重氮基被氯基或溴基置换的反应可用于制备许多有机中间体，例如：

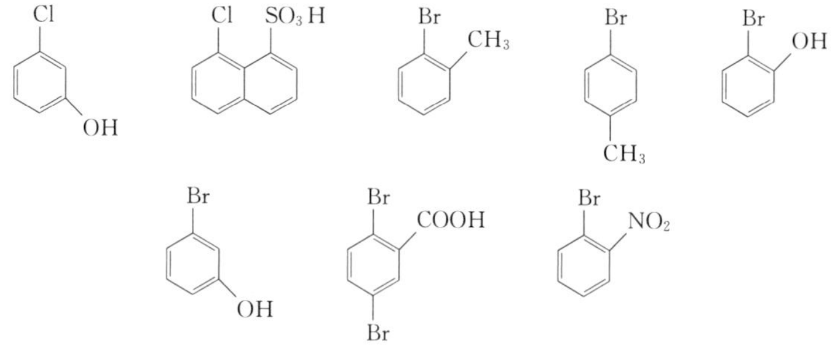

　　一个特殊的实例是用 Sandmeyer 反应制 2-溴吡啶时收率很低，但是向 2-氨基吡啶的溴氢酸的水溶液中（-5℃）加入溴素，然后在 0℃ 加入亚硝酸钠水溶液，可同时发生重氮化和重氮基被溴置换的反应，产品 2-溴吡啶的收率可达 83.8%。其反应历程可能类似于重氮基被碘置换的反应（见 8.2.4.2 节）。此法也适用于制备某些 2-溴吡啶衍生物、苯并噻唑溴化物和吩噻嗪溴化物。

8.2.4.2　重氮基被碘置换

　　重氮基被碘置换的反应较易进行，将芳伯胺在稀盐酸、稀硫酸或乙酸中重氮化，然后加入碘化钾水溶液，在一定温度保持一定时间，即可完成碘置换反应。其总的反应式如下：

$$Ar \overset{+}{-N} \equiv N \cdot Cl^- + KI \longrightarrow Ar-I + KCl + N_2 \uparrow \tag{8-33}$$

　　对于某些速率较慢的碘置换反应则需要将重氮盐溶液加入碘化钾水溶液中，然后再加铜粉或碘化亚铜。

　　重氮基被碘置换的反应可用于制备以下有机中间体。

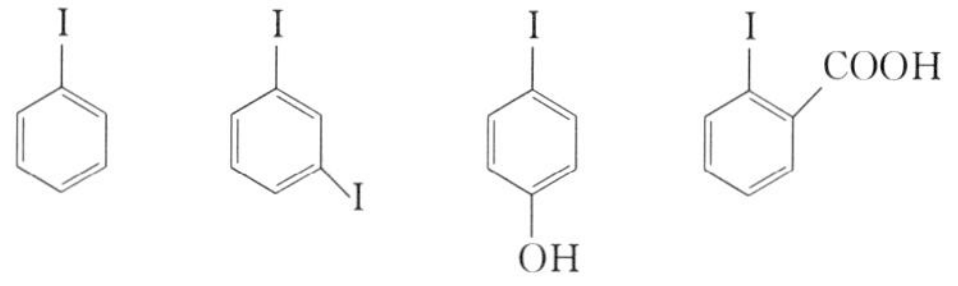

8.2.4.3　重氮基被氟置换

　　重氮基被氟置换的反应主要有三种方法，即希曼反应、无水氟化氢法和水介质铜粉催化分解氟化法。

（1）希曼反应

　　氟化亚铜很不稳定，在室温下即迅速自身氧化还原变成氟化铜和元素铜。重氮基被氟置换的反应主要通过希曼（Schiemann）反应完成。将芳伯胺在稀盐酸中重氮化，然后加氟硼酸（或氟化氢和硼酸）水溶液，滤出水溶性很小的重氮氟硼酸盐，水洗，乙醇洗，低温干燥，然后将无水、无乙醇的干品重氮氟硼酸盐加热至适当温度，使发生分解反应，逸出氮气和三氟化硼，然后分离精制，即得相应的氟置换产物。

$$Ar \overset{+}{-N} \equiv N \cdot Cl^- + HBF_4 \longrightarrow Ar \overset{+}{-N} \equiv N - BF_4^- \downarrow + HCl \tag{8-34}$$

$$Ar\overset{+}{-N}\!\!\equiv\!\!N\!-\!BF_4^- \xrightarrow{\text{加热分解}} Ar\!-\!F\!+\!N_2\uparrow\!+\!BF_3\uparrow \tag{8-35}$$

重氮氟硼酸盐从水中析出的收率与苯环上的取代基有关。一般地,在重氮基的邻位有取代基时,重氮氟硼酸盐溶解度较大,收率低。对位有取代基时,溶解度小,收率高。间位取代基对重氮氟硼酸盐的溶解度影响较小。苯环上有羟基和羧基等时,使重氮氟硼酸盐溶解度增加,收率下降,必要时可以用芳伯胺的相应醚(或羧酸酯)为原料,在重氮化和分解氟化后,再将醚基(或酯羧基)水解成羟基(或羧基)。为了降低重氮盐的溶解度,可以用六氟磷酸或氟硅酸代替氟硼酸,但六氟磷酸和氟硅酸价格贵,热分解条件苛刻。

重氮氟硼酸盐的热分解必须在无水、无醇条件下进行,有水则重氮盐水解成酚类和树脂状物,有乙醇则使重氮基被氢置换。

重氮氟硼酸盐的热分解是快速的强烈放热反应,一旦超过分解温度,即产生大量的热,使物料温度升高,分解加速,这种恶性循环可在短时间内产生大量气体,甚至发生爆炸事故。为了便于控制分解温度和气体的逸出速度,曾提出过许多种方法。例如,局部加热引发法、加入惰性有机溶剂法、加入砂子法,以及将重氮氟硼酸盐慢慢加入热的反应器中边分解、边蒸出等。

无水重氮氟硼酸盐的热分解收率与苯环上的取代基有关。苯环上无取代基或有供电子基时,一般收率较好,苯环上有吸电子基时收率较低。另外,热分解的收率还与重氮盐中负离子的种类有关。例如,从邻溴苯胺制邻溴氟苯时,如果用重氮氟硼酸盐,热分解收率只有37%;改用重氮六氟磷酸盐,在165℃热分解,则收率可达73%~75%。

无水重氮氟硼酸盐热分解法虽然操作麻烦,但适用范围广,以下产品均用此法制得。

(2) 无水氟化氢法

20世纪40年代德国用无水氟化氢法生产氟苯。将无水氟化氢(沸点19.5℃)用冷冻盐水冷却至-5~5℃,在搅拌下,向其中加入干燥的苯胺盐酸盐,温度不超过10℃,然后加入干燥的亚硝酸钠进行重氮化,保持5h,然后升温至40℃,蒸出氟化氢,并使氟化重氮盐分解氟化,分离精制后得氟苯。其反应过程可表示为:

$$Ar\!-\!NH_2\cdot HCl\!+\!HF \longrightarrow Ar\!-\!NH_2\cdot HF\!+\!HCl \tag{8-36}$$

$$Ar\!-\!NH_2\cdot HF\!+\!HF\!+\!NaNO_2 \longrightarrow Ar\!-\!N_2^+\cdot F^-\!+\!NaF\!+\!2H_2O \tag{8-37}$$

$$Ar\overset{+}{-N_2}\cdot F^- \xrightarrow{\text{分解}} Ar\!-\!F\!+\!N_2\uparrow \tag{8-38}$$

逸出的氮气中含有氟化氢,经冷冻盐水冷却使部分氟化氢冷凝回收,冷的氮气再经水洗脱净HF后排放。液态反应物静置分层后,上层粗氟苯精制后收率约80%,下层含水和氟化钠的液态氟化氢用硫酸处理,蒸馏、得到纯度95%以上的无水液态氟化氢(含HCl),可循环使用。

(3) 水介质铜粉催化分解氟化法

将固体2-羧基-5-氯苯重氮氟硼酸盐湿滤饼放于适量水中,加入少量氯化亚铜,在80~90℃搅拌2h,可制得2-羧基-5-氯氟苯,按所用2-羧基-5-氯苯胺计,收率可达71%。申东升等提出将芳伯胺在氟硼酸水溶液中加入亚硝酸钠水溶液进行重氮化,然后向重氮盐悬浮液中加入铜粉进行分解氟化，可简化工艺。但是只有当重氮基的邻、对位有吸电子基（—COOH、—Cl、—NO₂、—CHO、—COCH₃）时，才能得到较好的收率。苯环上无其他取代基时收率很低。重氮基的对位有供电子基（—CH₃、—OH）时，收率几乎为零。

用芳伯胺的重氮化、分解氟化法制得的重要产品可列举如下：

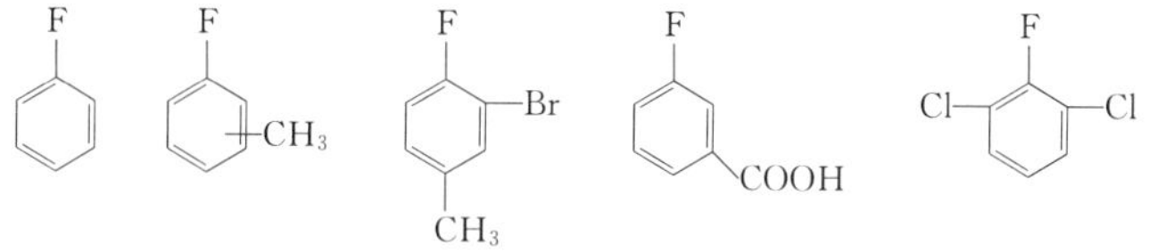

8.2.5　重氮基被羟基置换——重氮盐的水解

重氮盐的水解属于 S_N1 历程，当将重氮盐在酸性水溶液中加热煮沸时，重氮盐首先分解成芳正离子，后者受到水的亲核进攻，而在芳环上引入羟基。

$$Ar—\overset{+}{N}_2 X^- \xrightarrow{\text{慢}} Ar^+ + X^- + N_2\uparrow \tag{8-39}$$

$$Ar^+ + :O\overset{H}{\underset{H}{}} \xrightarrow{\text{快}} \left[Ar—\overset{+}{O}\overset{H}{\underset{H}{}} \right] \longrightarrow Ar—OH + H^+ \tag{8-40}$$

由于芳正离子非常活泼，可以与反应液中的亲核试剂相反应。为了避免芳正离子与氯负离子相反应生成氯化副产物，重氮盐的水解应避免有氯负离子存在，芳伯胺的重氮化要在稀硫酸介质中进行。将芳伯胺在稀硫酸中用亚硝酸钠进行重氮化，然后将冷的重氮盐溶液滴加到沸腾的稀硫酸中，重氮基即水解成羟基。

$$Ar—\overset{+}{N}\equiv N \cdot HSO_4^- + H_2O \longrightarrow Ar—OH + H_2SO_4 + N_2\uparrow \tag{8-41}$$

为了避免芳正离子与生成的酚负离子相反应生成二芳基醚等副产物，最好是将生成的可挥发性酚立即用水蒸气蒸出，或者向反应液中加入氯苯等惰性有机溶剂，使生成的酚立即转入有机相中。为了避免重氮盐与水解生成的酚发生偶合反应生成羟基偶氮染料，水解反应要在适当浓度的硫酸中进行。通常是将冷的重氮盐水溶液滴到沸腾的稀硫酸中。

水解的难易与重氮盐的结构有关。水解温度一般在 102～145℃，可根据水解的难易确定水解温度，并根据水解温度来确定所用硫酸的浓度，或加入硫酸钠来提高沸腾温度。加入硫酸铜对于重氮盐的水解有良好的催化作用，可降低水解温度，提高收率。

当用其他方法不易在芳环上的指定位置形成羟基时，可采用重氮盐的水解法。用重氮盐水解法制得的重要苯系酚类有：

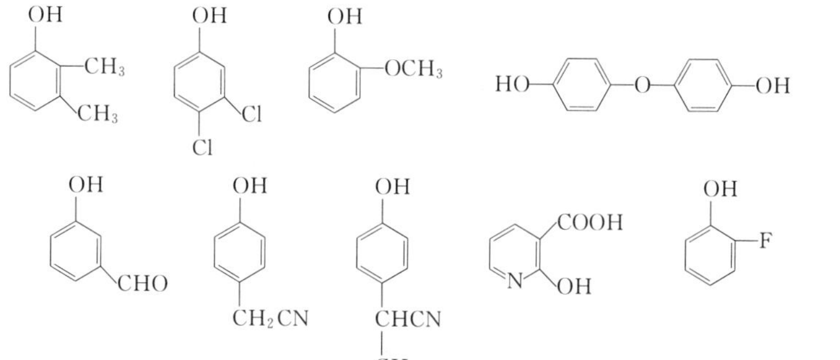

萘系的酚类中，只有 1-萘酚-8-磺酸的制备采用重氮盐的水解法。

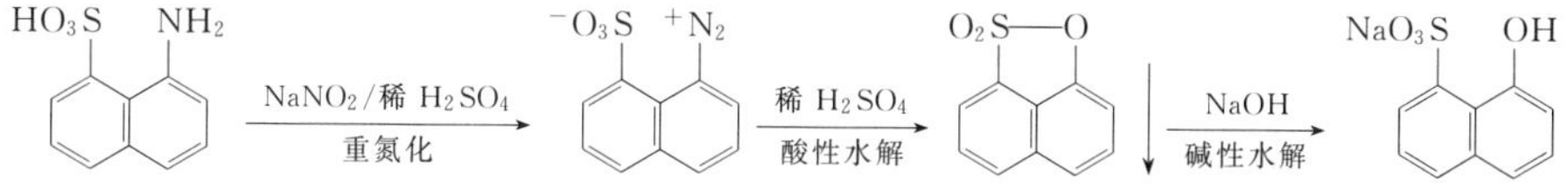

$$\tag{8-42}$$

因为 1,8-萘磺重氮内盐和 1,8-萘磺内酯都比较稳定，所以将 1-氨基萘-8-磺酸在质量分数 10% 的硫酸中打浆，然后在 50～55℃慢慢加入质量分数 30% 的亚硝酸钠水溶液，即可同时完成重氮化和重氮盐的水解反应。

8.2.6 重氮基被氰基置换

将重氮盐慢慢放入含氰化亚铜配位盐的弱碱性水溶液中，可以使重氮基被氰基置换，这个反应也叫做 Sandmeyer 反应。氰化亚铜的配位盐水溶液是由氯化亚铜溶于氰化钠水溶液中而配成的。

$$CuCl + 2NaCN \longrightarrow Na[Cu(CN)_2] + NaCl \qquad (8\text{-}43)$$

上述氰化反应的历程还不太清楚，一般简单表示如下：

$$Ar \overset{+}{\longrightarrow} N \equiv N \cdot Cl^- + Na[Cu(CN)_2] \longrightarrow Ar\text{—}CN + CuCN + NaCl + N_2\uparrow \qquad (8\text{-}44)$$

由上式可以看出，亚铜离子并不消耗，只起催化作用。$NaCN/CuCl/ArNH_2$ 的物质的量比约为 $(1.8～2.6):(0.25～0.44):1$；$NaCN/CuCl$ 的物质的量比约为 $(4～7):1$，最低为 $(2.5～3):1$。

重氮基被氰基置换的反应必须在弱碱性介质中进行，因为在强酸性介质中不仅副反应多，而且还会逸出剧毒的氰化氢气体。在弱碱性介质中不存在 $CuCl_2^-$，不易发生重氮基被氯置换的副反应，因此芳伯胺的重氮化可以在稀盐酸或稀硫酸中进行。

为了使氰化介质保持弱碱性，可在氰化亚铜配位盐水溶液中预先加入适量的碳酸氢钠或碳酸氢铵，然后在一定温度下向其中慢慢加入强酸性的重氮盐水溶液。反应温度一般是 5～45℃，加料完毕后，必要时可适当提高反应温度。

为了使氰化反应中生成的 N_2（和 CO_2）顺利逸出，需要较强的搅拌和适当的消泡措施。

除了氰化亚铜配位盐以外，也可以用四氰氨铜配位盐 $Na_2Cu(CN)_4NH_3$ 或氰化镍配位盐 $NaCNNiSO_4$。

含有铜氰配位盐的废液最好能循环使用。不能使用时应进行无毒化处理。早期用硫黄或多硫化钠溶液处理，使 CN^- 转变为无毒的 SCN^-，铜离子则转变成硫化铜沉淀，并加以回收。更好的方法是在强碱性条件下用次氯酸钠水溶液或氯气处理，将 CN^- 氧化成 CNO^-，并使铜离子转变成氢氧化铜沉淀。

重氮基被氰基置换的重要实例如下。

重氮基置换成氰基的方法合成路线长，有含氰废水需要处理，不是最好的方法。在芳环引入 —CN 基应尽可能采用其他更简便的方法，例如 —CH₃ 的氨氧化法、—COOH→ —CONH₂→—CN 法、—Cl→—CN 法、—CHO 或 —CHCl₂ 与 NH_2OH 反应法以及 —NHCHO 的转位脱水法等。

习　　题

8-1　将各种重氮化试剂活性质点按活性由大到小的次序排列。

8-2　哪些重氮基转化反应，其相应的重氮化反应不宜在稀盐酸中进行？

8-3　Cu$^+$对哪些重氮盐转化反应有催化作用？

8-4　在重氮化时，以下各种芳伯胺各采用什么重氮化方法？

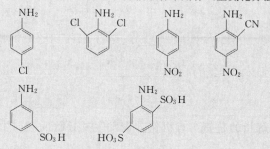

8-5　重氮基被氰基置换的反应过程中，对于 1mol 芳伯胺来说，

（1）反应液中氰化亚铜配位盐的含量是多少摩尔？

（2）试计算氰化钠的过量百分数。

8-6　写出由苯制备以下芳肼的合成路线。

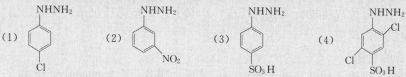

8-7　写出从苯或甲苯制备以下产品的合成路线。

（1）□F　（2）□Cl CH$_3$　（3）Br□CH$_3$　（4）I□OH

8-8　写出由苯或甲苯制备以下产品的合成路线。

（1）OH□Cl Cl　（2）OH□NO$_2$

8-9　写出由甲苯制备以下含氰基化合物的合成路线。

（1）CN□CH$_3$　（2）CN□COOH

第9章 氨 基 化

9.1 概述

9.1.1 氨基化反应的定义

氨基化包括氨解和胺化两类反应。氨解指的是氨与有机化合物发生复分解反应，生成伯胺的反应，氨解反应的通式可简单表示如下：

$$R \!+\! Y + H \!+\! NH_2 \longrightarrow R—NH_2 + HY \qquad (9\text{-}1)$$

式中，R 可以是脂基或芳基；Y 可以是羟基、卤基、磺基等；NH_2 是亲核试剂。上述反应是亲核置换反应。

胺化指的是氨与双键加成生成有机胺的反应。广义上，氨基化还包括所生成的伯胺进一步反应生成仲胺和叔胺的反应。

9.1.2 氨基化反应的用途

脂肪族伯胺的制备主要采用醇羟基的氨解法，其次是羰基化合物的胺化氢化法，环氧烷类的加成胺化法。

芳香族伯胺的制备主要采用硝化-还原法，当硝化-还原法不能将氨基引入芳环的指定位置或收率较低时，则需采用芳环上卤基的氨解法和酚羟基的氨解法。其中最重要的是卤基的氨解，其次是酚羟基的氨解，有时也用到磺基或硝基的氨解。

9.1.3 氨基化剂

最常用的氨基化剂是液氨和氨水，有时也用到气态氨或含氨基的化合物，例如尿素、碳酸氢铵和羟胺等。气态氨只用于气-固相接触催化氨基化。含氨基的化合物只用于个别氨基化反应。本节重点介绍液氨和氨水的物理性质和使用情况。

（1）液氨

氨在常温、常压下是气体，其在不同温度下的压力如表 9-1 所示。

表 9-1　氨在不同温度下的压力

温度/℃	−33.35	−10	0	25	50	100	132.9（临界）
压力/MPa	0.1013	0.291	0.430	1.003	2.032	6.261	11.375

将气态氨在加压下冷却，使氨液化，即可灌入钢瓶，以便贮存运输和使用。液氨的临界温度是 132.9℃，这是氨能保持液态的最高温度。但是液氨可溶解于许多液态有机化合物中，这时即使氨基化温度超过 132.9℃，氨仍能保持液态。

液氨主要用于需要避免水解副反应的氨基化过程。例如，2-氰基-4-硝基氯苯的氨解制 2-氰基-4-硝基苯胺时，为了避免氰基的水解，要用液氨在甲苯或苯溶剂中进行氨解。2-氰基-

4-硝基苯胺是制分散染料等的中间体。

$$\text{（结构式）} +2NH_3 \xrightarrow[120\sim150℃]{\text{液氨，有机溶剂}} \text{（结构式）} +NH_4Cl \qquad (9\text{-}2)$$

用液氨进行氨基化的缺点是：操作压力高，过量的液氨较难再以液态氨的形式回收。

（2）氨水

工业氨水的质量分数一般为 25%。升高压力，氨在水中的溶解度增加，因此用氨水的氨基化反应可以在高温高压下进行，甚至可以向 25% 的氨水中通入一部分液氨或氨气来提高氨水的浓度。不同压力和温度下，氨在水中的溶解度如表 9-2 所示。

表 9-2　氨在水中的溶解度　　　　　单位：kg NH_3/kg 溶液

压力/MPa	温　度/℃							
	0	10	20	30	40	60	80	100
0.1013	0.438	0.378	0.325	0.275	0.228	0.140	0.062	
0.2026	0.566	0.483	0.418	0.363	0.314	0.225	0.141	0.067
0.3030	0.702	0.568	0.487	0.424	0.371	0.280	0.195	0.115
0.4045	0.830	0.656	0.547	0.473	0.414	0.318	0.234	0.154
0.6060		0.791	0.681	0.564	0.490	0.379	0.292	0.214
0.8090			0.935	0.670	0.560	0.429	0.336	0.257
1.013				0.824	0.630	0.473	0.372	0.290

对于液相氨基化过程，氨水是最广泛使用的氨基化剂。它的优点是操作方便，过量的氨可用水吸收，回收的氨水可循环使用，适用面广。氨水的缺点是对某些芳香族被氨解物溶解度小，水的存在特别是升高温度时会引起水解副反应。因此，生产上往往采用较浓的氨水作氨解剂，并适当降低反应温度。

用氨水进行的氨基化过程，应该解释为是由 NH_3 引起的，因为水是很弱的"酸"，它和 NH_3 的氢键缔合作用不很稳定。

$$H:\overset{H}{\underset{H}{N}} + H_2O \Longrightarrow H:\overset{H}{\underset{H}{N}}:H \cdots H:O:H \Longrightarrow NH_4^+ + OH^- \qquad (9\text{-}3)$$

由于 OH^- 的存在，在某些氨解反应中会同时发生水解副反应。

9.2　醇羟基的氨解

醇的氨解是制备 $C_1\sim C_8$ 低碳脂肪胺的重要方法，因为低碳醇价廉易得。醇的氨解有三种工业方法，即气-固相接触催化脱水氨解法、气-固相临氢接触催化胺化氢化法和高压液相氨解法。

9.2.1　气-固相接触催化脱水氨解法

此法主要用于甲醇的氨解制甲基胺。甲醇与氨作用时，首先生成伯胺，伯胺可以与醇进一步反应生成仲胺，仲胺还可以进一步反应生成叔胺。

$$NH_3 \xrightarrow[-H_2O]{+ROH} RNH_2 \xrightarrow[-H_2O]{+ROH} R_2NH \xrightarrow[-H_2O]{+ROH} R_3N \qquad (9\text{-}4)$$

$$2R_3N \xrightleftharpoons[-NH_3]{+NH_3} 3R_2NH \xrightleftharpoons[-NH_3]{+NH_3} 6RNH_2 \qquad (9\text{-}5)$$

上述反应都是可逆的，所以甲醇的氨解总是生成一甲胺、二甲胺和三甲胺的混合物。伯、仲、叔三种胺类的市场需要量不同，因此可根据市场需要，调整氨和醇的分子比和其他反应条件，并将需要量小的胺类循环回反应器，以控制伯、仲、叔三种胺类的产量。

甲醇的氨解，根据所用催化剂的不同，有两种工艺：一种是平衡型工艺，另一种是非平衡型工艺。

(1) 平衡型工艺

平衡型工艺所用的平衡型催化剂有两种类型，一类是脱水氧化物，例如三氧化二铝，另一类是脱水盐，例如碱金属硅酸盐。中国自己开发的平衡型催化剂是 A-6A 催化剂，是以 γ-氧化铝和丝光沸石为主体经过改性的催化剂。这种催化剂的优点是活性高，二甲胺产量高，操作稳定，副反应少，催化剂用量少，使用寿命长，已完全代替进口催化剂，使中国成为世界上甲胺生产大国。

生产过程中反应温度 350～450℃，操作压力 1.0～5.0MPa，化学平衡与压力无关，但是在压力下操作可以增加反应器中物料的通过量。典型的进料组成和出料的平衡组成如表 9-3 所示。

表 9-3 甲醇氨解时的进料组成和出料组成（摩尔分数）

组分	氨	甲醇	一甲胺	二甲胺	三甲胺
进料	28.4	19.0	12.0	0	39.7
出料	25.7	0	10.6	18.0	38.2
沸点/℃	—	64.7	−6.32	6.88	3

在三种甲胺中，二甲胺的需要量最大，其次是一甲胺，而三甲胺需要量很少。但是采用平衡型工艺，在氨解反应器的出料平衡组成中二甲胺的含量比较低，反应产物要用加压精馏、共沸精馏和萃取精馏塔分离，分离系统负荷大，操作成本高。

(2) 非平衡型工艺

为了减少三甲胺的生成量，又开发了分子筛择型催化剂，它们是丝光沸石型改性分子筛，其结晶结构内的空穴直径约 50nm，结晶颗粒间的孔隙直径为 100～2000nm，一甲胺、二甲胺和三甲胺的分子尺寸分别是 41nm、49nm 和 69nm。甲醇和氨在 50nm 的孔穴内可以生成一甲胺和二甲胺，但是二甲胺则难于和甲醇反应生成三甲胺。这种催化剂已经工业化，但价格很贵，中国已引进该技术。

非平衡催化剂的不足之处在于它不能使多余的三甲胺转化成二甲胺。解决办法是用双反应器系统，第一反应器装有平衡催化剂，使多余的三甲胺转化为一甲胺和二甲胺，然后补充甲醇和氨，进入第二反应器。在非平衡型催化剂的存在下进行氨解，出料中三种甲胺的比例是 7:86:7。

但非平衡工艺大大减轻了分离系统的负荷，降低了生产成本。

9.2.2 气-固相临氢接触催化胺化氢化法

$C_2 \sim C_4$ 等低碳醇在高温脱水氨解时，会涉及反应物的热稳定性、反应的选择性等问题，为此又开发了气-固相临氢催化胺化氢化法。此法是将醇、氨和氢的气态混合物在 200℃ 左右、常压或不太高的压力下通过 Cu-Ni 催化剂，制得伯胺、仲胺和叔胺的混合物。

其反应过程包括醇的脱氢生成醛或酮，醛或酮的加成胺化生成羟基胺，羟基胺的脱水生成烯亚胺，烯亚胺的加氢生成胺等步骤。反应产物是伯、仲、叔三种胺类的混合物，其生成过程如下列各式所示。

$$CH_3CH_2OH \xrightarrow[\text{脱氢}]{-H_2} CH_3-C\underset{醛}{\overset{O}{-}}H \xrightarrow[\text{加成胺化}]{+NH_3} CH_3-\underset{羟基胺}{\overset{OH}{\underset{H}{C}}}-NH_2 \xrightarrow[\text{脱水}]{-H_2O} CH_3-\underset{烯亚胺}{\overset{H}{C}}=NH \xrightarrow[]{+H_2} CH_3CH_2NH_2$$

$$\tag{9-6}$$

$$CH_3CH_2NH_2 \xrightarrow[\text{加成胺化}]{+CH_3CHO} CH_3CH_2N\overset{H}{\underset{}{-}}\overset{OH}{\underset{}{C}}H-CH_3 \xrightarrow[\text{脱水}]{-H_2O} CH_3CH_2N=CH-CH_3 \xrightarrow[\text{加氢}]{+H_2} (CH_3CH_2)_2NH$$

$$\tag{9-7}$$

$$(CH_3CH_2)_2NH \xrightarrow[\text{加成胺化}]{+CH_3CHO} (CH_3CH_2)_2N\overset{OH}{\underset{}{-}}CH-CH_3 \xrightarrow[\text{脱水}]{-H_2O} (CH_3CH_2)_2N-CH=CH_2 \xrightarrow[\text{加氢}]{+H_2} (CH_3CH_2)_3N$$

$$\tag{9-8}$$

在催化剂中，铜主要是催化醇的脱氢生成醛或酮，镍主要是催化烯亚胺的加氢生成胺。催化剂的载体主要用三氧化二铝、浮石或酸性白土。反应产物是伯、仲、叔三种胺类的混合物。为了控制三种产物的比例，可采用调整醇和氨的物质的量比、反应温度、空速和将副产的胺再循环等措施。

9.2.3　高压液相氨解法

对于 $C_8 \sim C_{18}$ 醇，由于氨解产物的沸点相当高，所以不采用气-固相催化脱水氨解法，而改用液相氨解法。催化剂一般用骨架镍或三氧化二铝，反应一般在常压 $\sim 0.7 MPa$，$90 \sim 190℃$ 进行。调节氨/醇物质的量比，可以分别得到以伯胺、仲胺或叔胺为主的氨解产物。用此法可制备 2-乙基己胺、三辛胺、十八胺和双十八胺等产物。另外，十八胺也可以由硬脂酸的胺化脱水、加氢而得。

$$CH_3(CH_2)_{16}COOH \xrightarrow{+NH_3/-2H_2O} CH_3(CH_2)_{16}CN \xrightarrow{+2H_2} CH_3(CH_2)_{16}CH_2NH_2 \tag{9-9}$$

此外，关于脂肪胺的制备又开发了脂肪醇的液相临氢催化胺化法。关于叔丁胺的生成最初采用异丁烯-氢氰酸法和甲基叔丁基醚-氢氰酸法，目前异丁烯的催化胺化法已经工业化，并正在开发甲基叔丁基醚的催化胺化法。

9.3　羰基化合物的胺化氢化

当相应的醛或酮比醇更价廉易得或效果更好时，可以用醛或酮为原料，在加氢催化剂的存在下，与氨和氢反应制备脂肪胺。例如从乙醛制一乙胺、二乙胺和三乙胺；从丙酮制一异丙胺、二异丙胺和三异丙胺；从甲乙酮制一异丁胺、二异丁胺和三异丁胺等。

该反应的反应历程与醇的胺化氢化相同，可以在气相进行，也可以在液相进行。要求催化剂具有胺化、脱水和加氢三种功能，镍、钴、铜和铁等多种金属对该反应均有催化活性。其中以镍的活性最高，可以是骨架镍或载体型，载体可以是 Al_2O_3、硅胶等，也可以加入铜等助催化剂。不同催化剂对丙酮加氢胺化生成异丙胺的反应活性如表 9-4 所示。

表 9-4　不同催化剂对丙酮加氢胺化的反应活性

催化剂	Ni-Al$_2$O$_3$	Ni-SiO$_2$	新鲜骨架镍	再生骨架镍	Cu-SiO$_2$
相对活性	3.7	2.1	1.4	1.2	1.0

当以醛、酮为原料时，因无需脱氢，反应条件一般比醇的胺化要温和，温度 100～200℃，稍有压力，醛（或酮）和氢及氨的物质的量比一般为 1:(1～3):(1～5)。调节氢氨比可以改变产品中伯胺、仲胺和叔胺的比例。

甲乙酮在骨架镍催化剂存在的高压釜中，在 160℃ 和 3.9～5.9MPa 与氨和氢反应可制得 1-甲基丙胺。

将乙醛、氨、氢的气态混合物以 1:(0.4～3):5 的物质的量比，在 105～200℃ 通过催化剂，可得到一乙胺、二乙胺和三乙胺的混合物。所用催化剂以铝式高岭土为载体，以镍为主催化剂，以铜、铬为助催化剂。当气体的空速为 0.03～0.15h^{-1} 时，按乙醛计胺的总收率为 88.5%，催化剂使用寿命为一年。

9.4　环氧乙烷的加成胺化

环氧乙烷分子中的环氧结构化学活性很强。它容易与氨、胺、水、醇、酚或硫醇等亲核物质作用，发生开环加成反应而生成乙氧基化产物。环氧乙烷与氨作用时，根据反应条件的不同，可得到不同的产物。

环氧乙烷与氨进行加成胺化时，生成三种乙醇胺的混合物。

$$NH_3 \xrightarrow[k_1]{H_2C-CH_2 \ O} NH_2CH_2CH_2OH \xrightarrow[k_2]{H_2C-CH_2 \ O} NH_2(CH_2CH_2OH)_2$$

$$\xrightarrow[k_3]{H_2C-CH_2 \ O} N(CH_2CH_2OH)_3 \tag{9-10}$$

此法是世界上生产乙醇胺的主要技术路线。世界年生产量近 200 万吨。大型单套设备年生产能力 10 万吨以上。三种乙醇胺都是重要的精细有机化工原料。其中最重要的是一乙醇胺，约占总量的 50%，其次是二乙醇胺，占 30%～35%，三乙醇胺占 15%～20%。

反应产物中三种乙醇胺的生成比例取决于胺与环氧乙烷的物质的量比，如表 9-5 所示。

表 9-5　氨/环氧乙烷物质的量比与三种乙醇胺生成比例的关系

氨/环氧乙烷物质的量比	三种乙醇胺的相对生成量(摩尔分数)/%		
	一乙醇胺	二乙醇胺	三乙醇胺
10	61～75	21～27	4～12
2	25～31	38～52	23～26
1	4～12	约 37	65～69
0.5	5～8	7～15	75～78
凝固点/℃	10.5	28.0	21.2
沸点/℃	171.0	269.1	360.0

由表 9-5 可以看出，氨过量越多，一乙醇胺相对含量越高。但是在用等物质的量比的氨与环氧乙烷时，产物中三乙醇胺的相对含量已很高，这说明环氧乙烷与胺的反应速率（k_2，k_3）比它与氨的反应速率（k_1）快。为了得到高含量的一乙醇胺，要加大氨与环氧乙烷的物质的量比。

环氧乙烷与氨在无水条件下反应速率很慢，要用离子交换树脂等催化剂。水能大大加速反应，最初使用 25％氨水，反应可在常压下进行。但为了便于产物的分离，现在都采用 90％～99.5％的浓氨水，在 8MPa 和 100℃的条件下在管式反应器中保持液相反应。反应产物用四塔分离。考虑到环氧乙烷（沸点 10.73℃）的运输费用较高，大厂一般把环氧乙烷的生产装置和乙醇胺的生产装置建在一起。

9.5 芳环上卤基的氨解

9.5.1 芳环上卤基的反应活性

卤基的氨解属于亲核置换反应，在芳环上卤基的邻、对位没有强吸电子基（硝基、磺基或氰基）时，卤基不够活泼，它的氨解需要很强的反应条件，并且要用铜盐、亚铜盐或砷酸作催化剂。当芳环上卤基的邻、对位有吸电子基时，卤基比较活泼，可以不用催化剂，但仍需在高温、高压下进行液相氨解。为了抑制二芳基仲胺副产物的生成，这类氨解反应都需要使用大过量的氨。

9.5.2 反应历程

（1）卤基的非催化氨解

它是一般的双分子亲核取代反应（S_N2）。对于活泼的卤素衍生物，如芳环上含有硝基的卤素衍生物。一般属于这类反应历程。其反应速率与卤化物的浓度和氨水的浓度成正比。

$$r_{非催化氨解} = k_1 c(ArX) c(NH_3) \tag{9-11}$$

（2）卤基的催化氨解

其反应速率与卤化物的浓度和铜离子的浓度成正比。

$$r_{催化氨解} = k_2 c(ArX) c(Cu^+) \tag{9-12}$$

氯苯、1-氯萘、对氯苯胺等在没有铜催化剂存在时，在 235℃、加压下与胺不会发生反应，而在铜催化剂存在时，上述卤化物与氨水加热到 200℃时，能反应生成相应的芳胺。因此，催化氨解的反应历程可能是铜离子在大量氨水中完全生成铜氨配离子，卤化物首先与铜氨配离子生成配合物；然后这个配合物再与氨反应生成芳伯胺，并重新生成铜氨配离子。

$$Cu^+ + 2NH_3 \underset{}{\overset{快}{\rightleftharpoons}} [Cu(NH_3)_2]^+ \tag{9-13}$$

$$Ar—X + [Cu(NH_3)_2]^+ \overset{慢}{\longrightarrow} [Ar\cdots X\cdots Cu(NH_3)_2]^+ \tag{9-14}$$

$$[Ar\cdots X\cdots Cu(NH_3)_2]^+ + 2NH_3 \overset{快}{\longrightarrow} ArNH_2 + NH_4X + [Cu(NH_3)_2]^+ \tag{9-15}$$

在上述反应中，生成配合物的反应（9-14）是最慢的控制步骤。但是在配合物中，卤素的活泼性提高了，从而加快了它与氨的氨解反应（9-15）的速率。

应该指出，催化氨解的反应速率虽然与氨水的浓度无关，但是伯胺、仲胺和酚的生成量，则取决于氨、已生成的伯胺和 OH^- 的相对浓度。

$$[Ar\cdots X\cdots Cu(NH_3)_2]^+ + Ar—NH_2 \longrightarrow Ar—NH—Ar + X^- + [Cu(NH_3)_2] \tag{9-16}$$

$$[Ar\cdots X\cdots Cu(NH_3)_2]^+ + OH^- \longrightarrow Ar—OH + X^- + [Cu(NH_3)_2]^+ \tag{9-17}$$

为了抑制仲胺和酚的生成量，一般要用过量很多的氨水。

在卤基氨解时，一般都用芳族氯衍生物为起始原料，只有在个别情况下才用溴衍生物。

芳环上卤基氨解所使用的铜催化剂有一价铜和二价铜。一价铜，例如氯化亚铜，它的催化活性高,但价格较贵。主要用于卤素很不活泼或者生成的芳伯胺在高温容易被氧化的情况。为了防止一价铜在氨解过程中被氧化成二价铜,并减少一价铜的用量,有时可以用 Cu^+/Fe^{2+}、Cu^+/Sn^{2+} 复合催化剂。二价铜,例如硫酸铜,主要用于防止有机卤化物中其他基团被还原的情况,例如 2-氯蒽醌的氨解制 2-氨基蒽醌时,使用二价铜催化剂可防止羰基被还原。

9.5.3 影响因素

(1) 卤化物的结构

工业上采用的卤化物绝大多数是氯化物,根据 C—X 键能的数据,溴的置换比氯容易。但在铜催化剂存在下的气相氨解,则是氯苯的活性高于溴苯,主要是由于溴化亚铜比氯化亚铜难分解。

当芳环上卤素原子的邻、对位有吸电子基(第二类定位基)时,氨解速率增大。吸电子基作用越强,数目越多,氨解反应越容易。例如:均用 30% 氨水作氨解剂,氯苯的氨解条件为:200～230℃,7MPa,0.1mol 的 Cu^+ 催化剂;4-硝基氯苯为 170～190℃,3～3.5MPa;2,4-二硝基氯苯为 115～120℃,常压。

(2) 氨解剂

对于液相氨解反应,氨水仍是应用范围最广的氨解剂,使用氨水时应注意氨水的用量及浓度。每摩尔芳族卤化物氨解时,氨的理论用量是 2mol。实际上,氨的用量要超过理论量好几倍或更多。一般间歇氨解时,氨的用量为 6～15mol,连续氨解时为 10～17mol。这不仅是为了抑制生成二芳基仲胺和酚的副反应,同时还是为了降低反应生成的氯化铵在高温时对不锈钢材料的腐蚀作用。当氯化铵和氨的物质的量比为 1：10 时,腐蚀作用就很弱了。氨水中含有氯化铵时介质的 pH 值与温度的关系如图 9-1 所示。

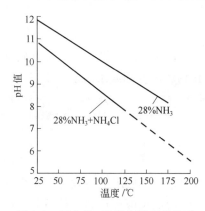

图 9-1 氨水的 pH 值与温度的关系

另外,过量的氨水在高温下还能溶解较多的固态芳族卤化物和氨解产物,改善反应物的流动性,并提高反应速率。这对于邻位和对位硝基氯苯的连续氨解是非常重要的。工业氨解时,一般使用 25% 的工业氨水。但有时为了加快氨解速率或为了减少卤基水解副反应,需要使用浓度更高的氨水。这时可以在压力下向工业氨水中通入液氨或氨气。使用更浓的氨水时,在相同温度下,要比使用 25% 氨水的操作压力高得多(见表 9-2)。因此,在生产上应根据氨解反应的难易,反应温度的限制和高压釜耐压强度等因素来选择适宜的氨水浓度或使用铜催化剂。

9.5.4 重要实例

(1) 2-氨基蒽醌的制备

2-氨基蒽醌是还原染料的中间体,主要用于制造还原蓝 RSN、还原黄 G、还原黄 8G 和 1-氯-2-氨基蒽醌染料,在造纸工业中可用作催化剂以节约烧碱。工业上 2-氨基蒽醌的制备一般均采用 2-氯蒽醌的氨解法。

$$+2NH_3 \xrightarrow[\text{5MPa, 5h}]{CuSO_4} +NH_4Cl \qquad (9\text{-}18)$$

由于氯基不够活泼，需要加入硫酸铜作催化剂。因为原料和产品在反应温度下在氨水中的溶解度都很小，产品的熔点又非常高（302℃），在反应温度下仍然是固体，所以较难实现管道化连续生产。目前国内外大都采用高压釜间歇法。2-氯蒽醌：氨：硫酸铜的物质的量比为 1：（15～17）：0.09，氨解温度 213～215℃，压力约 5MPa，在高压釜中反应 5h，收率可达 88％以上。在这里反应温度正好略高于原料 2-氯蒽醌的熔点（208～211℃），可使 2-氯蒽醌处于熔融状态，而有利于反应的进行。

2-氨基蒽醌的制备还曾经采用过蒽醌-2-磺酸的氨解法。此法的优点是所用高压釜不需用不锈钢衬套，操作压力低；缺点是蒽醌磺化和氨解的收率低，现在已不采用。

（2）邻硝基苯胺的制备

邻硝基苯胺是合成冰染染料色基（如橙色基 GC）及其他染料的中间体，在农药方面可用于多菌灵苯菌灵、甲基硫菌灵、噻菌灵和杀虫剂喹硫磷等的生产，此外还是制备橡胶防老剂 MB、光稳定剂 UV-P 的原料。

从邻（或对）硝基氯苯及其衍生物的氨解，可以制得相应的邻（或对）硝基苯胺及其衍生物。例如：

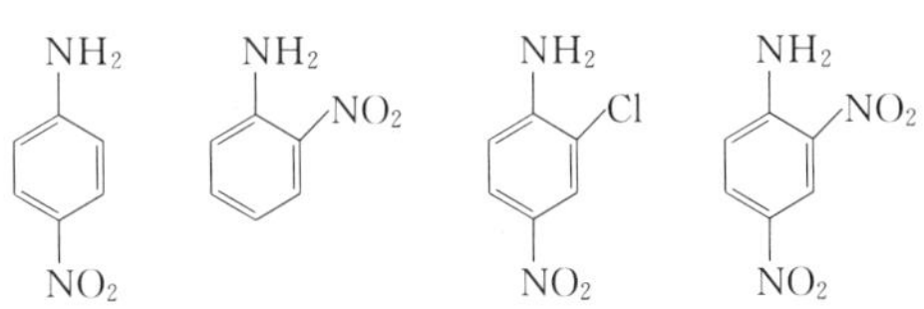

由于邻（或对）位硝基的存在，氯基比较活泼，氨解时可以不用铜催化剂。1973 年以前中国采用高压釜间歇氨解法，后来又开发了高压管道连续氨解法。两种工艺生产邻硝基苯胺的工艺参数如表 9-6 所示。

表 9-6 高压釜间歇法和高压管道连续法生产邻硝基苯胺的工艺参数比较

工艺参数	高压釜法	高压管道法	工艺参数	高压釜法	高压管道法
氨水浓度/(g/L)	250	300～320	反应时间/min	420	15～20
邻硝基氯苯/氨(物质的量比)	1：8	1：15	收率/%	98	98
反应温度/℃	170～175	230	产品熔点/℃	69～69.5	69～70
压力/MPa	3.5～4	15	生产能力/[kg/(h·L)]	0.012	0.600

从表 9-6 可以看出，两方法的收率和产品质量基本相同。高压管道连续法的优点是设备结构简单，加工方便，投资少，传热面积大，生产能力大，由于连续化生产，易于自动化，单位时间进料量少，耐高压，降低了爆炸的危险期。缺点是技术要求高，耗电多，需要回收的氨多，只适用于大规模生产。因此，生产规模不大时，一般采用高压釜间歇法。

据报道，在高压釜中进行邻硝基氯苯的氨解时，如果加入适量相转移催化剂四乙基氯化铵，只要在 150℃反应 10h，邻硝基苯胺的收率就可达 98.2％，如不加上述催化剂，则收率仅为 33％。

9.6 芳环上羟基的氨解

此法可用于苯系、萘系和蒽醌系羟基化合物的氨解。但是，其反应历程和操作方式却各不相同。酚类的氨解方法一般有三种，即气相氨解法、液相氨解法和萘系布赫勒（Bucherer）反应。

9.6.1 苯系酚类的氨解

苯系一元酚的羟基不够活泼，它的氨解需要很强的反应条件。苯系多元酚的羟基比较活泼，可在较温和的条件下氨解，但是工业应用价值小。苯系酚类的氨解主要用于苯酚的氨解制苯胺和间甲酚的氨解制间甲苯胺。由于所用原料和产品的沸点都不太高，上述氨解过程采用气-固相接触催化氨解法，而且未反应的酚类要用共沸精馏法分离回收。

（1）苯胺的制备

① 氨解法的开发　苯胺的制备最初采用硝基苯的加氢还原法，自从异丙苯氧化酸解法制苯酚的工业化以后，苯酚价格便宜，又开发了苯酚的气-固相接触催化氨解法制苯胺的合成路线，并于 20 世纪 70 年代投入大规模生产。

$$\text{（图：苯酚）} + NH_3 \xrightarrow[\text{气-固相接触催化法}]{\text{氨解}} \text{（图：苯胺）} + H_2O \tag{9-19}$$

② 苯酚氨解法的反应条件　苯酚和大过量的氨（物质的量比 1∶20）经混合、汽化、预热，在 400～480℃、0.95～3.43MPa，通过装有催化剂的固定床列管式反应器而完成的。

③ 苯胺的分离精制　从反应器出来的气体经过一系列的分离过程，得到主产品苯胺和少量副产品二苯胺，分离出来的氨气和（未反应）苯酚与苯胺的共沸物可以循环利用。氨解法的另一个技术关键是分离精制过程比较复杂。

④ 氨解催化剂　最常用的催化剂是 Al_2O_3-SiO_2 或 Mg-B_2O_3-Al_2O_3-TiO_2，另外也可以加入 CeO_2、V_2O_5 或 WO_3 等催化成分。新开发的催化剂是保密的，使用最佳催化剂可延长使用周期，省去催化剂的连续再生，降低反应温度，苯酚的转化率可达 98%，苯胺的收率可达 90%～95%。

⑤ 氨解法的优点　催化剂寿命长，三废少，不需要将原料胺氧化成硝酸，不消耗硫酸。

⑥ 氨解法的缺点　基本建设投资高，能耗和生产成本比硝基苯加氢还原法高，目前世界上只有两套装置，占总生产能力的 6.8%。

（2）间甲苯胺的制备

间甲苯胺最初是由间硝基甲苯的还原法制得，但是在甲苯的一硝化产物中，间位体的含量只有 4% 左右，影响了间甲苯胺的产量和价格。后来随着间甲基异丙苯氧化-酸解法的工业化，又开发了间甲酚的氨解生产间甲苯胺的合成路线，该法与苯酚的氨解法相似。

间甲苯胺是一种分析试剂，也是染料和彩色电影显影剂的中间体，如合成活性黄 X-R、阳离子紫 2RL 等。

9.6.2 萘酚衍生物的氨解

萘环上 β-位的氨基一般不能用硝化-还原法、氯化-氨解法或磺化-氨解法来引入。但是，萘环 β-位的羟基却容易通过磺化-碱溶法来引入。因此，将萘环上 β-位羟基转化为 β-位氨基的方法就成为从 2-萘酚制备 2-萘胺衍生物的主要方法。从 2-萘酚的氨解可以制得 2-萘胺，但 2-萘胺是强致癌物，已禁止生产。

2-萘酚及其衍生物的氨解必须采用 Bucherer 反应。

（1）Bucherer 反应

某些萘酚衍生物在亚硫酸盐存在下，在较温和的条件下与氨水作用而转变为相应的萘胺衍生物。实验证明，2-萘酚的氨解历程很可能是：2-萘酚先从烯醇式互变异构为酮式，它与亚硫酸氢铵按两种方式发生加成反应生成醇式加成物，然后再与氨发生氨解反应生成胺式加成物，胺式加成物发生消除反应脱去亚硫酸氢铵生成亚胺式的 2-萘胺，最后再互变异构为 2-萘胺。其过程表示如下：

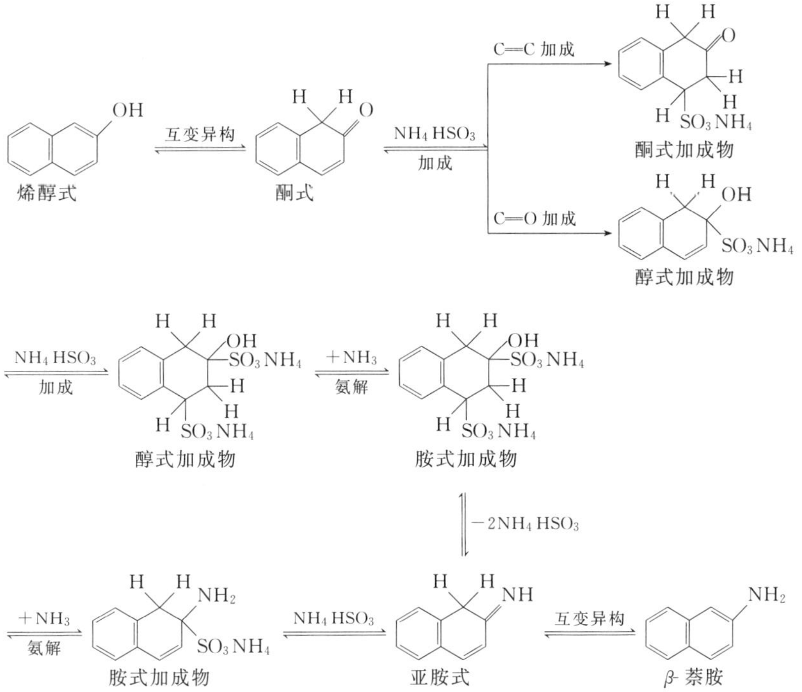

Bucherer 反应主要用于从 β-萘酚磺酸制备相应的 β-萘胺磺酸，但并不是所有萘酚磺酸的羟基都能容易地置换成氨基。通过实验总结出以下规律。

① 羟基处于 1-位时，2-位和 3-位的磺基对氨解反应有阻碍作用，而 4-位的磺基则使氨解反应容易进行。

② 羟基处于 2-位时，3-位和 4-位的磺基对氨解反应有阻碍作用，而 1-位的磺基则使氨解反应容易进行。

③ 羟基和磺基不在同一环上时，磺基对这个羟基的氨解影响不大。

应该指出：Bucherer 反应是可逆的，因此有时也用于从萘胺衍生物的水解制备相应的萘酚衍生物，例如 1-氨基萘-4-磺酸的水解制 1-萘酚-4-磺酸。这时，磺基位置的影响也遵守上述规则。

（2）吐氏酸的制备

吐氏酸（2-萘胺-1-磺酸）是由 2-萘酚经低温磺化，然后氨解而制得的。

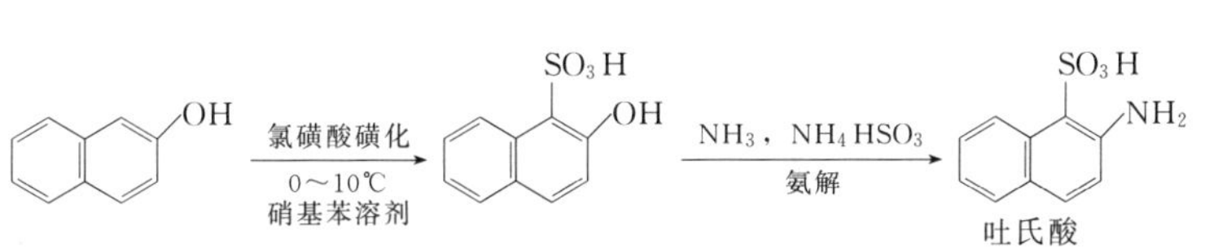

为了使氨解产物吐氏酸中 2-萘胺副产物的含量低于 0.1%，各国相继做了很多工作。一种方法是加强分离措施，例如用硝基苯萃取磺化物水溶液中未磺化的 2-萘酚，再用甲苯萃取氨解物水溶液中的副产 2-萘胺（由 2-萘酚-1-磺酸中未除净的 2-萘酚氨解而生成的），可使产物中 2-萘胺的含量降低到 0.013%。另一种方法是调整氨解的反应条件，抑制未磺化的 2-

萘酚的氨解。2-萘酚-1-磺酸：NH_3：SO_2 的物质的量比为 1：$(8\sim9)$：$(3\sim5)$，温度为 $120\sim126℃$ 时，反应 2h，生成的吐氏酸中 2-萘胺的含量可降低到 $0.01\%\sim0.06\%$。20 世纪 70 年代美国已用连续氨解法生产吐氏酸。

吐氏酸是偶氮染料及偶氮颜料的中间体，用于制造 J 酸、γ 酸、色酚 AS-SW、活性红 K-1613、有机紫红、立索尔紫红和立索尔大红等产品。

(3) γ 酸的制备

γ 酸（2-氨基-8-萘酚-6-磺酸）是主要用于制造直接染料，如直接重氮黑 BH、直接深棕 M、直接枣红 GB、直接红 F、直接灰 D、直接 N 和直接耐晒灰等。它是由 2-萘酚先在 $78\sim80℃$ 用低浓度发烟硫酸磺化得 2-萘酚-6,8-二磺酸二钾盐（G 盐），然后在常压、$240\sim250℃$ 碱熔得 2,8-二羟基萘-6-磺酸钠，最后将 2-位羟基在 $140℃$、$0.7MPa$ 氨解而得。国外生产方法是先氨解后碱熔，氨解压力高，但成本略低，反应条件为压力 $2.2\sim2.5MPa$，温度 $180\sim185℃$。其合成路线如下：

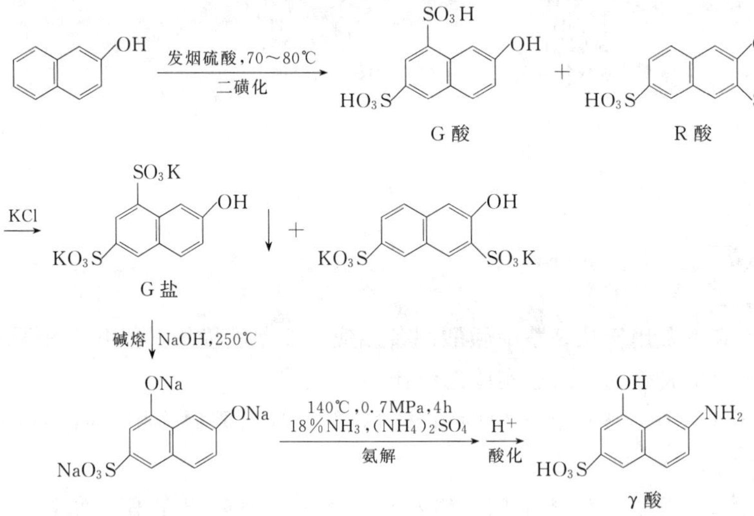

9.6.3 1,4-二氨基蒽醌的制备

蒽醌环上的氨基一般可以通过硝基还原法、氯基氨解法或磺基氨解法来引入。一个特殊的例子是从 1,4-二羟基蒽醌的氨解制 1,4-二氨基蒽醌。1,4-二氨基蒽醌本身为分散染料紫，用于涤纶的染色，也用作染料中间体，合成还原灰 BG、分散翠蓝 HBF 等染料。

蒽醌环上的羟基与苯环和萘环上的羟基不同，它的氨解条件比较特殊。它要求将 1,4-二羟基蒽醌在 20% 氨水中先用强还原剂保险粉（$Na_2S_2O_4$）还原成隐色体，然后在 $94\sim95℃$、$0.37\sim0.41MPa$ 进行氨解。得到的产品是 1,4-二氨基蒽醌的隐色体。其反应历程可能如下：

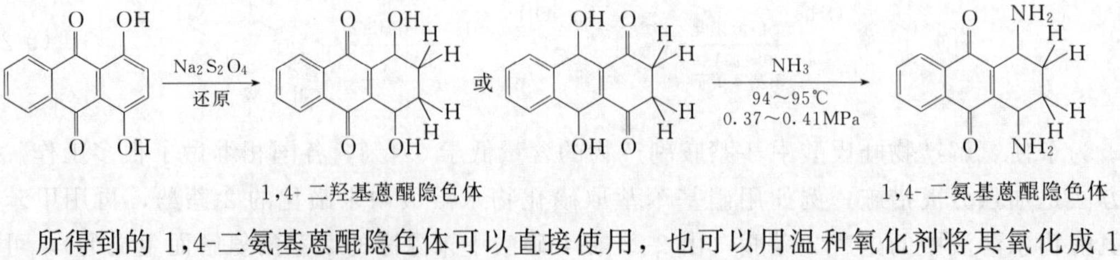

所得到的 1,4-二氨基蒽醌隐色体可以直接使用，也可以用温和氧化剂将其氧化成 1,4-二氨基蒽醌。效果最好的氧化剂是硝基苯。

习　　题

9-1　写出氨基化反应的定义。

9-2　氨解属于哪种类型的反应？胺化属于哪种类型的反应？

9-3　氨是哪种类型的试剂？

9-4　用液氨进行氨基化时，为什么可以在氨的临界温度以上进行液相反应？

9-5　醇羟基的氨解在工业上有哪几种方法？

9-6　甲醇的氨解采用哪种工艺？

9-7　甲醇氨解的平衡工艺采用哪种类型的催化剂？用什么反应条件？有什么特点？有什么缺点？

9-8　甲醇氨解的非平衡工艺用什么类型的催化剂？有什么特点？有什么不足之处？用什么办法克服不足之处？有什么优点？

9-9　气-固相临氢催化胺化氢化法的用途，选用什么催化剂？写出它的反应过程，这种方法有什么好处？

9-10　醇的液相氨解的用途是什么？用什么催化剂？

9-11　羰基化合物的胺化氢化用什么催化剂？有什么用途？

9-12　环氧乙烷的加成胺化的用途，主要反应条件。为什么要把生产环氧乙烷的装置和生产乙醇胺的装置建在一个工厂里。

9-13　对硝基氯苯的氨解为什么可以不用铜催化剂？

9-14　邻硝基氯苯的高压管道连续氨解法比高压釜间歇氨解法有什么优点？

9-15　2-氯蒽醌的氨解为什么要用铜催化剂？

9-16　苯酚的氨解制苯胺属于哪种类型的反应？有什么优点？有什么缺点？为什么要用大过量的氨？要解决哪些关键问题？

9-17　写由苯制备 2-氯-4-硝基苯胺的两条合成路线。

9-18　写出制间甲苯胺的两条合成路线。

9-19　萘酚衍生物的氨解用于制备哪种类型的化合物？

第 10 章 烃 化

10.1 概述

烃化指的是在有机分子中的碳、硅、氮、磷、氧或硫等原子上引入烃基的反应的总称。引入的烃基可以是烷基、烯基、炔基或芳基，也可是有取代基的烃基，例如羟乙基、氰乙基和羧甲基等。

本书只讨论氨基氮原子上的 N-烃化、羟基氧原子上的 O-烃化和芳环碳原子上的 C-烃化，并重点介绍烷化反应。

烃化剂的类型很多，常用的烷化剂主要有以下几种。

① 卤烷，例如氯甲烷、碘甲烷、氯乙烷、溴乙烷、氯乙酸和氯苄等。

② 醇类，例如甲醇、乙醇、正丁醇、十二碳醇等。

③ 酯类，例如硫酸二甲酯和硫酸二乙酯、磷酸三甲酯和磷酸三乙酯、苯磺酸和对甲苯磺酸的甲酯和乙酯等。

④ 不饱和烃，例如乙烯、丙烯、高碳 α-烯烃、丙烯腈、丙烯酸甲酯和乙炔等。

⑤ 环氧化合物，例如环氧乙烷和环氧丙烷等。

⑥ 醛类和酮类，例如甲醛、乙醛、丁醛、苯甲醛、丙酮和环己酮等。

卤烷、醇类和酯类是发生取代反应的烷化剂，不饱和烃和环氧化合物是发生加成反应的烷化剂，醛类和酮类是发生脱水缩合反应的烷化剂。

10.2 N-烃化

有机分子中氨基上的氢原子被烃基取代的反应称为 N-烷化。氨和烷化剂作用生成脂族的伯胺、仲胺和叔胺以及生成芳胺的反应称作氨基化，在第 9 章已经叙述过了，这里主要阐述芳胺的 N-烷化。

10.2.1 用醇类的 N-烷化

醇类是弱烷化剂，一般只用于苯胺和各种甲苯胺用甲醇的 N-甲基化和用乙醇的 N-乙基化。在氮原子上引入多碳烷基时，因为产量小，不如改用较活泼的氯代烷或溴代烷更为简便。

用甲醇和乙醇的 N-烷化，中国最初采用液相酸催化高压烷化法，由于需要使用耐腐蚀高压釜、设备投资大等问题，现已改用气-固相接触催化烷化法。这种方法的优点是采用列管式固定床反应器，反应可在接近常压下进行，连续化生产，生产能力大，副产物少，收率高，产品纯度高，废水少，生产成本低。

气相法的关键是催化剂的筛选和制备，N,N-二烷基化反应的工业催化剂主要是 γ-氧化铝，而对于 N-单烷基化反应，金属和金属氧化物催化剂效果好。此外，还开发了改性沸石分子筛等其他类型的新型催化剂。

（1） N,N-二甲基苯胺的生产

N,N-二甲基苯胺可用于制备碱性嫩黄、碱性紫 5BN、碱性品绿、碱性湖蓝 BB、碱性艳蓝 R、阳离子红 2BL、阳离子艳红 5GN、阳离子紫 3BL、阳离子艳蓝等。在医药工业，可用于制造头孢菌素 V、磺胺-b-甲氧嘧啶、磺胺邻二甲氧嘧啶、氟胞嘧啶等。在香料工业可用来生产香兰素。此外，还可作为溶剂、橡胶硫化促进剂、炸药及某些有机中间体的原料。

河北省蓟县化工厂年产 N,N-二甲基苯胺 6000t，采用南开大学与天津凯瑞科技发展有限公司开发的新型纳米催化剂，苯胺转化率接近 100％，N,N-二甲基苯胺选择性 95％ 以上。

（2） N-甲基苯胺和 N-乙基苯胺的生产

苯胺与甲醇制 N-甲基苯胺在工业上大多采用铜催化剂。宁波师范学院章哲彦等人开发了 C 系列催化剂，在制备 N-甲基苯胺时，甲醇/苯胺物质的量比 2：3，温度 230℃，空速 0.73h^{-1}，苯胺转化率 93.3％，N-甲基苯胺选择性 96.7％。C 系列催化剂用于制备 N-乙基苯胺时，苯胺转化率 92.0％，N-乙基苯胺选择性 82.7％。

N-甲基苯胺是合成阳离子艳红 FG、阳离子桃红 B 和活性黄棕 KGR 等染料，以及杀虫剂噻嗪酮的原料，也用于 N-氯基-N-苯基氨基甲酰氯的合成。N-乙基苯胺是合成三苯甲烷染料的重要中间体，也用于制备橡胶助剂、炸药、照相材料等精细化学品。

（3） N-乙基间甲苯胺的生产

N-乙基间甲苯胺也是合成染料及彩色显影剂的重要中间体。太原化工集团公司以间甲苯胺和乙醇为原料，用固载金属氧化物作催化剂前体，在列管式反应器中，于 230～250℃ 先用乙醇还原，然后醇/胺按 1.4：1 的物质的量比在 230～235℃ 通过催化剂，间甲苯胺转化率 95.3％，N-乙基间甲苯胺选择性 85.8％，副产少量乙酸乙酯。宁波师范学院章哲彦等人研究的 ZAC-02 催化剂，曾进行中试，在 270℃、间甲苯胺转化率为 84％ 时，N-乙基间甲苯胺的选择性为 96％。湘潭大学化工学院研究的复合金属氧化物催化剂，小试醇/胺按 5：1 的物质的量比，在 250℃ 通过催化剂，间甲苯胺转化率 96％ 以上，N-乙基间甲苯胺选择性 93％ 以上，有工业化前景。

10.2.2　用卤烷的 N-烷化

10.2.2.1　烷化剂

当卤烷比相应的醇更易获得时，可以选用卤烷作烷化剂，例如氯苄和氯乙酸等。卤烷是比醇类活泼的烷化剂，对于某些难烷化的芳胺，常常要用卤烷作烷化剂。例如间氨基苯磺酸的 N,N-二乙基化、N-酰基芳胺的 N-烷化等。

当烷基相同时，各种卤烷的活泼性次序是：R—I＞R—Br＞R—Cl。当烷基不同时，卤烷的活泼性随烷基碳链的增长而减弱。

在各种卤烷中，氯烷价廉易得，是最常用的烷化剂，例如氯甲烷和氯乙烷等。当氯烷不够活泼时，才使用溴烷，例如溴代十八烷。又如氯乙烷沸点只有 12.5℃，其 N-乙基化反应要在镀银的高压釜中进行。有时为了简化工艺可改用较活泼的溴乙烷（沸点 38.4℃）在常压烷化。例如苯胺和各种甲苯胺的 N,N-二乙基化，在生产规模不大时，常用溴乙烷作烷化剂。碘烷非常贵，只用于制备季铵盐和质量要求很高的烷基芳胺。

10.2.2.2 主要影响因素

（1）烷化剂用量

用卤烷的 N-烷化是不可逆的连串反应。

$$ArNH_2 + Alk—X \longrightarrow ArNHAlk + HX \tag{10-1}$$

$$ArNHAlk + Alk—X \longrightarrow ArN(Alk)_2 + HX \tag{10-2}$$

在从芳伯胺制备 N,N-二烷基芳叔胺时，要用过量的卤烷，使反应完全。在制备 N-烷基仲胺时，为了抑制二烷化副反应，要用不足量的卤烷，烷化后再用适当的方法回收未反应的芳伯胺。有时还需要用特殊的方法来抑制二烷化副反应。例如，由苯胺与氯乙酸制苯基氨基乙酸时，除了要用不足量的氯乙酸以外，在水介质中还要加入氢氧化亚铁，使苯基氨基乙酸以亚铁盐的形式析出，以避免进一步二烷化。

$$2C_6H_5NH_2 + 2ClCH_2COOH + Fe(OH)_2 + 2NaOH \longrightarrow (C_6H_5NHCH_2COO)_2Fe^{2+} \downarrow + 2NaCl + 4H_2O$$
$$\tag{10-3}$$

然后将亚铁盐滤饼用氢氧化钠水溶液处理，使转变成可溶性钠盐。

（2）缚酸剂

用卤烷烷化时生成的卤化氢会与芳胺成盐，而芳胺的盐难于烷化，为了避免这个不利影响，在 N-烷化时通常要加入与卤烷同当量的无机碱缚酸剂，例如 $NaOH$、Na_2CO_3、$NaHCO_3$、NH_4OH、$Fe(OH)_2$、$Ca(OH)_2$、$CaCO_3$ 和 MgO 等。但是，用活泼的卤烷，在无水状态下烷化时可以不加缚酸剂，烷化完毕后，再用碱处理，得到游离胺。这种方法可以避免卤烷的水解损失。

（3）温度和压力

卤烷是比较活泼的烷化剂，烷化温度一般不超过 $100℃$，而且常常可以在水介质中烷化。但是芳环上有吸电子基时，则需要较高的烷化温度。当使用低沸点的卤烷（例如氯甲烷和氯乙烷）时，N-烷化反应要在高压釜中进行。

（4）相转移催化剂

例如 1,8-萘内酰亚胺，由于分子中羰基的吸电子效应，使氮原子上的氢具有一定的酸性，很难 N-烷化，就是在非质子极性溶剂中或是在含吡啶的碱性溶液中，反应速率也很慢，而且收率低。但是 1,8-萘内酰亚胺容易与氢氧化钠或碳酸钠形成钠盐。

$$\tag{10-4}$$

因此，可以利用相转移催化剂，使 1,8-萘内酰亚胺负离子与季铵正离子形成离子对，萃取到有机相，在温和的条件下与溴乙烷或氯苄反应。当用氯丙腈作烷化剂时，为了避免水解副反应，可以用无水碳酸钠使 1,8-萘内酰亚胺形成钠盐，并且用能使钠离子溶剂化的溶剂（例如 N-甲基-2-吡咯烷酮），以利于 1,8-萘内酰亚胺负离子被季铵正离子带入有机相（固-液相转移催化）中。

10.2.2.3 重要实例

（1）N,N-二乙基间氨基苯磺酸钠

$$\tag{10-5}$$

在镀银高压釜内加入间氨基苯磺酸钠水溶液和氯乙烷，两者的物质的量比为 1：(2.8～3.1)，密闭，升温至釜内压力升至 1.4～1.5MPa，用高压计量泵逐渐打入氢氧化钠水溶液，保持反应液呈近中性，最后升温至 130～140℃，压力 2.0～2.5MPa，直到反应液中游离胺含量下降至 3g/L 以下，将烷化液用氢氧化钠水溶液处理，静置分层，下层为 NaOH-NaCl 水溶液，上层为 N,N-二乙基间氨基苯磺酸钠水溶液，分出后可直接用于碱熔制 N,N-二乙基间羟基苯胺。

(2) N,N-二乙基-3-乙酰氨基苯胺

N,N-二乙基 3 乙酰氨基苯胺是合成 C.I. 分散紫 93、C.I. 分散绿 9、C.I. 分散红 210、C.I. 分散蓝 165、C.I. 分散蓝 165：1、C.I. 分散蓝 224 等的偶合组分。其合成反应方程式如下。

$$+2C_2H_5Br+2NH_4OH \longrightarrow \qquad\qquad +2NH_4Br+2H_2O \tag{10-6}$$

将间乙酰氨基苯胺盐酸盐溶于水中，通入氨气至 pH 值为 8，加入少量聚乙二醇，加入溴乙烷（物质的量比约 1：3.0），升温至 55℃回流 12～16h，同时通入氨气，使反应液始终保持弱碱性。原料转化率可达 98.7%。

10.2.3 用酯类的 N-烷化

硫酸二烷基酯、芳磺酸烷基酯和磷酸三烷基酯等强酸的烷基酯都是活泼的 N-烷化剂。这类烷化剂的沸点都很高，N-烷化可以在常压和不太高的温度下进行。但是酯的价格比相应的卤烷或醇贵得多，因此主要用于制备价格贵、产量小的 N-烷化产物。

在酯类中，可以代替卤烷、最有实用价值的是硫酸二甲酯。其 N-甲基化的反应式如下：

$$ArNH_2+H_3C-O-\overset{O_2}{\underset{}{S}}-O-CH_3 \longrightarrow ArNHCH_3+Na-O-\overset{O_2}{\underset{}{S}}-O-CH_3+H_2O \tag{10-7}$$

$$2ArNH_3+H_3C-O-\overset{O_2}{\underset{}{S}}-O-CH_3 \longrightarrow 2ArNH_2CH_3+Na_2SO_4+H_2O \tag{10-8}$$

由于甲基硫酸钠的烷化能力弱，通常只利用硫酸二甲酯中的一个甲基参加 N-甲基化反应。使用硫酸二甲酯的 N-甲基化，一般是在水介质中在缚酸剂存在下进行，或者在无水有机溶剂中进行。反应温度都不太高。

硫酸二甲酯的优点是它可以只让氨基烷化而不影响芳环中的羟基。当分子中有多个氮原子时，可以根据各氮原子的碱性不同，选择性地只对一个氮原子进行 N-甲基化。例如：

$$\xrightarrow[\text{水-乙醇介质 }20℃,10h]{(CH_3)_2SO_4/NaOH} \tag{10-9}$$

医药中间体

$$\xrightarrow[\text{无水氯仿介质 }60\sim64℃]{(CH_3)_2SO_4/MgO} \tag{10-10}$$

硫酸二甲酯是剧毒物，能通过呼吸道或与皮肤接触使人中毒或致死，使用时应在通风橱中操作。

10.2.4 用环氧化合物的 *N*-烷化

最重要的环氧化合物是环氧乙烷（沸点 10.73℃），其次是环氧丙烷（沸点 33.9℃）。它们都容易与氨基氮原子发生 *N*-烷化反应。

环氧乙烷与芳伯胺的反应式如下：

$$ArNH_2 \xrightarrow[k_1]{\underset{O}{H_2C-CH_2}} ArNHCH_2CH_2OH \xrightarrow[k_2]{\underset{O}{H_2C-CH_2}} ArN(CH_2CH_2OH)_2 \qquad (10\text{-}11)$$

上述反应又称作"*N*-羟乙基化"。

(1) 单羟乙基化

由于一羟乙基化和二羟乙基化的反应速率常数 k_1 和 k_2 一般相差不大，因此在用芳伯胺与环氧乙烷反应制 *N*-单-β-羟乙基衍生物时，即使使用低于理论量的环氧乙烷，也容易生成一定数量的 *N*,*N*-双-β-羟乙基衍生物。为了制得较纯的 *N*-单-β-羟乙基衍生物，必须严格控制反应条件，例如介质的 pH 值、反应温度以及通入环氧乙烷的速度和用量等。

(2) *N*,*N*-双羟乙基化

在用芳伯胺与环氧乙烷制备 *N*,*N*-双-β-羟乙基衍生物时，或用 *N*-烷基芳仲胺与环氧乙烷制备 *N*-烷基-*N*-β-羟乙基衍生物时，也必须严格控制环氧乙烷的用量，因为过量的环氧乙烷有可能生成 *N*-聚乙二醇衍生物。

$$ArN(CH_2CH_2OH)_2 + 2n\underset{O}{CH_2-CH_2} \longrightarrow ArN[(CH_2CH_2O)_nCH_2CH_2OH]_2 \qquad (10\text{-}12)$$

N-羟乙基化的难易与氨基氮原子的碱性有关。氮原子的碱性越强，其亲核能力越强，亲电加成反应越容易进行。脂肪碱性较强，较易 *N*-羟乙基化，不需用酸性催化剂。芳胺碱性较弱，较难 *N*-羟乙基化，一般要用酸性催化剂，常用的酸可以是盐酸或乙酸，它们的作用是生成亲电试剂 $^+CH_2CH_2OH$。

$$\underset{O}{CH_2-CH_2} \xrightarrow[\text{质子化}]{+H^+} \underset{\underset{H}{O^+}}{CH_2-CH_2} \xrightarrow{\text{开环}} {}^+CH_2CH_2OH \qquad (10\text{-}13)$$

对于苯胺和苯环上有供电子基的苯胺衍生物，羟乙基化可在较低的温度（5～75℃）下进行，甚至可在常压下向反应液中通入环氧乙烷气体进行羟乙基化。对于苯环上有吸电子基的苯胺衍生物，羟乙基化要在较高的温度下（90～150℃）进行。

环氧乙烷的沸点只有 10.73℃，通常是将环氧乙烷气体慢慢通入高压釜中，在 0.2～0.6MPa 进行反应。环氧乙烷的爆炸极限很宽（空气体积分数 3%～98%），所以在向反应器中通入环氧乙烷以前或以后，都必须用氮气置换出反应器中的空气或环氧乙烷气体。

利用环氧乙烷 *N*-烷化制得的中间体可以举出如下几种：

10.2.5 用烯烃的 N-烷化

当烯烃分子中烯双键的 α 位没有吸电子基时，氨基氮原子的 N-烷化很难进行，而芳环上的 C-烷化则较易进行。但是当烯双键的 α 位有吸电子基，例如氰基、羰基、羧基、酰氧基，则较易发生 N-烷化反应。最常用的烯烃类 N-烷化剂是丙烯腈和丙烯酸甲酯。

丙烯腈分子中—CN 基的吸电子作用可以使烯双键中的另一个碳原子带有部分正电荷，使这个碳原子较易与氨基氮原子发生亲电加成反应。

$$\overset{\delta^-}{CH_2}=\overset{}{CH}-C\equiv\overset{\delta^+}{N}$$

丙烯腈（沸点 77.3℃）是较弱的 N-烷化剂，通常需要加入酸性催化剂或碱性催化剂。最常用的酸性催化剂是乙酸、盐酸、硫酸、硫酸铜、氯化锌和氯化铁等。最常用的碱性催化剂是三甲胺或三乙胺。丙烯腈容易发生自身聚合副反应，有时需要加入对苯二酚等自由基聚合阻聚剂。

芳伯胺单氰乙基化比二氰乙基化的反应速率常数大得多（$k_1 \gg k_2$），因此，控制适当的反应条件，可以得到高收率的单氰乙基化产物。

$$Ar-NH_2 \xrightarrow[k_1]{+CH_2=CHCN} Ar-\underset{H}{N}-CH_2CH_2CN \xrightarrow[k_2]{+CH_2=CHCN} Ar-N(CH_2CH_2CN)_2 \qquad (10\text{-}14)$$

例如，苯胺与丙烯腈以 1∶(1.2～1.3) 的物质的量比，在少量盐酸、对苯二酚和水的存在下，回流 30h，可得到 N-氰乙基苯胺，收率 90%～96%。加入氯化锌可缩短反应时间。

10.2.6 用醛或酮的 N-烷化

醛或酮与氨的胺化氢化反应在 9.3 节中已经叙述过了。与此类似，醛或酮也可以与伯胺或仲胺发生胺化氢化反应，不过以胺为主体来考虑，通常把这类反应称为还原 N-烷化。其反应通式可简单表示如下：

$$\underset{\substack{|\\H\\\text{伯胺}}}{R^1-N-H} \xrightarrow[\substack{\text{加成}\\(\text{醛或酮})}]{O=C-R^3} \underset{\substack{|\\H\\\text{羟基胺}}}{R^1-\underset{|\\OH}{\overset{|\\R^4}{N}-\overset{|}{C}}-R^3} \xrightarrow{\substack{-H_2O\\\text{脱水缩合}}} \underset{\text{亚胺}}{R^1-N=\overset{R^4}{C}-R^3} \xrightarrow[\text{加氢还原}]{+2[H]} \underset{\substack{|\\H\\\text{仲胺}}}{R^1-\overset{R^4}{\underset{|}{N}}-\overset{|}{C}-R^3} \qquad (10\text{-}15)$$

$$\underset{\substack{|\\R^2\\\text{仲胺}}}{R^1-N-H} \xrightarrow[\substack{\text{加成}\\(\text{醛或酮})}]{O=C-R^3} \underset{\substack{|\\OH\\\text{羟基胺}}}{R^1-\overset{R^2}{\underset{|}{N}}-\overset{R^4}{\overset{|}{C}}-R^3} \xrightarrow[\text{加氢还原}]{\substack{+2[H]\\-H_2O}} \underset{\substack{|\\H\\\text{叔胺}}}{R^1-\overset{R^2}{\underset{|}{N}}-\overset{R^4}{\overset{|}{C}}-R^3} \qquad (10\text{-}16)$$

式中，R^1 和 R^3 代表烷基或芳基；R^2 代表烷基；R^4 代表氢或烷基。

9.3 节所述醛或酮与氨的胺化氢化，其脱水缩合反应和加氢还原反应是同步完成的。但是醛或酮与伯胺的胺化氢化，其脱水缩合反应和加氢还原反应既可以同步完成，也可以分步完成，而且脱水缩合的亚胺有时还可以分离出来，作为最终产品。例如：

$$\underset{\substack{|\\NH\\|\\CH_2CH_2NH_2}}{CH_2CH_2NH_2} + 2O=\overset{CH_3}{\underset{}{C}}-C_4H_9 \xrightarrow[\substack{120℃，催化剂}]{\substack{\text{加成、脱水缩合}\\-H_2O}} \underset{\substack{|\\NH\\|\\CH_2CH_2N=\underset{CH_3}{\overset{CH_3}{C}}-C_4H_9}}{CH_2CH_2N=\overset{CH_3}{\underset{CH_3}{C}}-C_4H_9} \qquad (10\text{-}17)$$

二亚乙基三胺　　　　甲基异丁酮　　　　　　双-N,N'-(甲基异丁基)-二亚乙基三胺（环氧树脂潜伏性固化剂）

10.2.7 N-芳基化（芳氨基化）

芳伯胺 $ArNH_2$ 与含有反应性基团的芳香族化合物 $Ar'—Y$ 相作用生成二芳基仲胺的反应称作 N-芳基化或芳氨基化。其反应通式如下：

$$Ar—NH_2 + Y—Ar' \longrightarrow Ar—NH—Ar' + HY \tag{10-18}$$

$Ar'—Y$ 中的 Y 可以是 Cl、Br、NH_2、OH、NO_2 或 SO_3H 等。考虑到 $Ar'—Y$ 的结构常常比 $Ar—NH_2$ 的结构复杂得多，通常把这类反应称作芳氨基化。

10.2.7.1 卤素化合物的芳氨基化

卤素化合物的芳氨基化反应的通式可表示如下：

$$Ar'—X + H_2N—Ar \longrightarrow Ar'—NH—Ar + HX \tag{10-19}$$

式中，X 可以是 Cl 或 Br。在这类反应中，$ArNH_2$ 是亲电试剂，$Ar'—X$ 是亲核试剂。因此，在 $Ar'—X$ 中，芳环上卤基的电子云密度越低，反应越容易进行。一般地，在卤基的邻位或对位有硝基、磺酸基或羰基等吸电子基时，卤基较活泼，反应较易进行。

为了消除反应生成的 HCl 和 HBr 的不利影响，通常要加入缚酸剂，常用的缚酸剂有 MgO、Na_2CO_3、K_2CO_3、NaH、CH_3COONa 等。如果芳环上的卤素不够活泼、所用芳胺不够活泼、或要求反应在较温和的条件下进行时，还需要加入催化剂，最常用的催化剂是硫酸铜、氯化亚铜和铜粉。当反应较难进行时，甚至需要在无水和高温（200℃左右）下、在惰性溶剂中反应，或是无溶剂固相反应。为了简化产品的分离精制，卤素衍生物和芳伯胺的物质的量比接近 1:1。但是，如果芳伯胺的分子量比较小，沸点比较低，也可以用过量较多的芳伯胺作溶剂，反应完毕后再回收。

例如 2-氯-5-硝基苯磺酸与对氨基乙酰苯胺的芳氨基化制 4,4'-二氨基二苯胺。

$$\tag{10-20}$$

在上述合成路线中，先将对硝基氯苯磺化制成 2-氯-5-硝基苯磺酸（后来又把磺基水解掉），目的是增加分子中氯基的活泼性，以便在芳氨基化时可采用较温和的反应条件和接近等物质的量比的反应物。

又如，以氯化亚铜和 1,10-邻菲啰啉为催化剂，在固体氢氧化钾缚酸剂存在下，由二苯胺及其衍生物与对甲基碘苯反应，可制得 4-甲基三苯胺、4,4'-二甲基三苯胺或 4,4',4''-三甲基三苯胺，产品用于制备电荷传输材料。

10.2.7.2 芳伯胺的芳氨基化

芳伯胺的芳氨基化反应的通式可表示如下：

$$Ar'—NH_2 + H_2N—Ar \longrightarrow Ar'—NH—Ar + NH_3 \tag{10-21}$$

通式中的两个芳伯胺可以相同，也可以不同，其中沸点较低的一种芳伯胺常常要过量很多倍，以利于使沸点较高的一种芳伯胺反应完全，并缩短反应时间。反应完毕后，过量的沸点较低的芳伯胺可以回收使用，有时过量的芳伯胺还起着溶剂或介质的作用。

这类反应通常在酸性催化剂的存在下进行，有时甚至要用适量的酸来中和反应生成的氨。常用的酸性催化剂有盐酸、硫酸、磷酸、对氨基苯磺酸、氯化铝、三氟化硼及其配合物、氟硼酸铵、三氯化磷和亚硫酸氢钠等。

（1）二苯胺的制备

由两分子苯胺反应制得，其反应式如下：

$$2 \underset{}{\bigcirc}—NH_2 \xrightarrow[\text{高温}]{\text{催化剂}} \bigcirc\overset{H}{N}\bigcirc + NH_3 \tag{10-22}$$

工业上最初采用液相催化法，后来都改用气-固相接触催化法。气-固相氧化铝催化法采用固定床反应器，在 $400 \sim 465\,℃$、常压至微压下接触时间 90s，在 $450\,℃$ 时苯胺转化率 44%，二苯胺收率 98%。20 世纪 80 年代已在日本、美国等国工业化。

抚顺石油化工研究院开发了 FD-20 催化剂，活性组分是氢型改性 β-沸石，用固定床反应器，在临氢状态下，在 4.0MPa 和 $320\,℃$，苯胺以 $0.2h^{-1}$ 的空速通过催化剂，苯胺转化率 24%，二苯胺选择性 99.3%，催化剂寿命可达 1580h，达到国际先进水平，已在海安化肥厂投产，生产能力 2000t/a。

用作分析试剂、氧化还原指示剂和液体干燥剂，也用于有机染料的合成。用于制造橡胶防老剂、火药安定剂，也用作染料和农药的中间体。

二苯胺在橡胶化学品领域用于抗氧剂、抑制剂、促进剂的生产，在染料行业可生产酸性黄 G、酸性橙 N、酸性墨水蓝 A、分散蓝 5R 等产品，还可用作硝化棉及无烟炸药的稳定剂、分析试剂、氧化还原指示剂和液体干燥剂等。

（2）N-苯基-2-氨基-5-萘酚-7-磺酸（N-苯基 J 酸）**的制备**

将 2-氨基-5-萘酚-7-磺酸（J 酸）、苯胺和亚硫酸氢钠按 1∶1.77∶1.70 的物质的量比，在水中于 $104 \sim 106\,℃$ 回流 6h，用浓硫酸酸化，赶出二氧化硫，过滤出产品，水洗后即为工业品苯基 J 酸，过滤母液含有未析出的苯基 J 酸、未反应的 J 酸和过量的苯胺，调整酸度后可反复使用三次。此法与只用稍过量苯胺的传统方法相比，可缩短反应时间、降低原料消耗定额、提高产品纯度。此反应也是 Bucherer 反应，其反应历程见 9.6.2 节，反应方程式如下：

$$HO_3S\underset{OH}{\bigcirc\bigcirc}NH_2 + H_2N\bigcirc \xrightarrow{NaHSO_3 \text{ 催化}} HO_3S\underset{OH}{\bigcirc\bigcirc}\overset{H}{N}\bigcirc + NH_3 \tag{10-23}$$

10.2.7.3 酚类的芳氨基化

酚类芳氨基化反应的通式可表示如下：

$$Ar'—OH + H_2N—Ar \longrightarrow Ar'—NH—Ar + H_2O \tag{10-24}$$

常用的酚类有苯酚、间苯二酚、对苯二酚、2-萘酚和 1,4-二羟基蒽醌等。这类反应是在酸性催化剂的存在下，在高温下完成的，其实例可以列举如下。

（1）2-甲基-3′-羟基二苯胺

将间苯二酚与过量的邻甲苯胺在催化剂存在下，在 $260\,℃$ 反应，然后蒸出过量的邻甲苯胺，粗品经碱洗、水洗、脱水得到工业品。使用沈阳化工研究院新研制的 DW-8 型催化剂，以间苯二酚计，产品的理论收率可提高到97%。2-甲基-3′-羟基二苯胺可用于合成酸性黑染料。

$$HO-\langle\rangle-OH + H_2N-\langle\rangle^{CH_3} \xrightarrow[260℃]{催化剂} HO-\langle\rangle-NH-\langle\rangle^{CH_3} + H_2O \tag{10-25}$$

(2) 2-氯-4′-羟基二苯胺

将对苯二酚与邻氯苯胺按1∶(1.0~1.1)的物质的量比在邻二氯苯中和磷酸的存在下，在170℃反应8h，然后用水蒸气蒸出邻二氯苯和过量的邻氯苯胺，将析出的粗产品进行减压蒸馏即得到工业品。以对苯二酚计产品的理论收率可达95.8%。

$$HO-\langle\rangle-OH + H_2N-\langle\rangle^{Cl} \longrightarrow HO-\langle\rangle-NH-\langle\rangle^{Cl} + H_2O \tag{10-26}$$

2-氯-4′-羟基二苯胺与二苯甲酮衍生物在浓硫酸、磷酸等催化剂的作用下，可缩合成烷类压敏和热敏染料。

10.3 *O*-烷化

醇羟基或酚羟基的氢被烃基取代生成二烷基醚、烷基芳基醚或二芳基醚的反应称作 *O*-烷化，其中包括 *O*-烷化（亦称烷氧基化）和 *O*-芳基化（亦称芳氧基化）两类。

10.3.1 用醇类的 *O*-烷化

两个分子相同的醇脱水可以制得对称二烷基醚，例如甲醚、乙醚、丙醚、异丙醚、正丁醚、正戊醚、异戊醚和正己醚等。但是这些醚也可以采用醇与相应的烯烃或氯烷相应的方法。

甲醇和乙醇能对活泼的酚进行 *O*-烷化，其实例如下。

(1) 间甲基苯甲醚

间甲基苯甲醚是医药、农药生产的中间体，也是压敏、热敏染料的重要原料，还可以用作油脂抗氧化剂、塑料加工稳定剂、食用香料等。将间甲酚和甲醇按1∶4的物质的量比配成混合液，在225℃和压力下流经高岭土（硅酸铝）催化剂，间甲酚的转化率可达65%，间甲基苯甲醚的选择性为90%。

$$\langle\rangle^{OH}_{CH_3} + CH_3OH \longrightarrow \langle\rangle^{OCH_3}_{CH_3} + H_2O \tag{10-27}$$

(2) 对羟基苯甲醚

将对苯二酚、甲醇、硫酸和碘化氢以1∶13.6∶0.22∶0.01的物质的量比回流4h，在反应过程滴加0.13mol双氧水，对苯二酚的转化率可达68.98%，对羟基苯甲醚的选择性93.77%。对苯二酚如果用硫酸二甲酯进行单甲基化，则产品收率只有47.18%。

$$\langle\rangle^{OH}_{OH} + CH_3OH \xrightarrow[HI, H_2O_2]{H_2SO_4} \langle\rangle^{OCH_3}_{OH} + H_2O \tag{10-28}$$

对羟基苯甲醚用作乙烯基型塑料单体的阻聚剂，优点是它能直接参与聚合，而不需将其分离除去。还可作为高分子防老剂、增塑剂、紫外线抑制剂、染料中间体及食品抗氧剂 BHA(3-叔丁基-4-羟基苯甲醚) 等的合成。

10.3.2　用卤烷的 *O*-烷化

用卤烷的 *O*-烷化是亲核取代反应，卤烷是亲核试剂，对于被烷化的醇或酚来说，它们的负离子 R—O⁻ 反应活性远远大于醇或酚本身的活性。因此，通常都是先将醇或酚与氢氧化钠、氢氧化钾或金属钠相作用生成醇钠或酚钠，然后再与卤烷反应。

$$R—OH + NaOH \longrightarrow R—O^- Na^+ + H_2O \tag{10-29}$$

$$R—O^- Na^+ + X—Alk \longrightarrow R—O—Alk + NaX \tag{10-30}$$

式中，R 表示烷基或芳基；Alk 表示烷基；X 表示卤素。所用的碱又称作"缚酸剂"。

当酚和卤烷都比较活泼时，*O*-烷化可以在水介质中进行，必要时可以加入相转移催化剂。当醇和卤烷都不活泼时，要先将醇制成无水醇钠或醇钾，再与卤烷反应，以避免卤烷的水解副反应。但是，在个别情况下，可不用缚酸剂，而改用酸性催化剂。

由于氯烷价廉易得，工业上一般都用氯烷，当氯烷不够活泼时则需要使用溴烷。卤烷的种类很多，应用范围很广。具体实例如下。

(1) 用氯甲烷的 *O*-烷化

在高压釜中加入氢氧化钠水溶液和对苯二酚，压入氯甲烷（沸点 −23.7℃）气体，密闭，逐渐升温至 120℃ 和 0.39～0.59MPa，保温 3h，直到压力下降至 0.22～0.24MPa 为止。处理后，产品对苯二甲醚的收率可达 83%。

$$\tag{10-31}$$

在 *O*-甲基化时，为了避免使用高压釜，或者为了使反应在温和的条件下进行，常常改用碘甲烷（沸点 42.5℃）或硫酸二甲酯作 *O*-甲基化剂。

(2) 用氯乙酸的 *O*-烷化

将苯酚、氯乙酸和氢氧化钠（物质的量比 1∶2∶3）在甲苯-水介质中在相转移催化剂的存在下，在 85℃ 反应 6h，分离出水相，用盐酸酸化，即析出苯氧乙酸，收率 84%。

$$\tag{10-32}$$

用此法可合成 4-氯苯氧乙酸、2,4-二氯苯氧乙酸、4-甲基苯氧乙酸和萘氧乙酸等一系列植物生长调节剂。

(3) 用 3-氯丙烯的 *O*-烷化

3-氯丙烯在碱性条件下可以只发生氯基置换反应而不影响双键。例如，将苯酚、甲醇钠的甲醇溶液和少量碘化钠放于反应器中，在 40～50℃ 滴加 3-氯丙烯，然后在 50℃ 保温 1h，在 60℃ 保温 6h，可制得丙烯基苯基醚。

$$\tag{10-33}$$

在这里，甲醇钠是缚酸剂，甲醇不如苯酚活泼，所以甲醇不发生 *O*-烷化反应，碘化钠的催化作用可能是它使 3-氯丙烯转变成活泼的 3-碘丙烯，因为碘并不消耗，所以只用很少量的碘化钠。

（4）用环氧氯丙烷的 *O*-烷化

环氧氯丙烷分子中的氯基和环氧基都很活泼，为了只发生氯基置换 *O*-烷化反应，而不发生环氧基开环加成 *O*-烷化副反应，需要很温和的反应条件，有时甚至需要改用酸性催化剂。例如：

$$\text{（10-34）}$$

$$\text{CH}_3\text{CH}_2\text{CH}_2 \xrightarrow[\substack{\text{三氟化硼/乙醚}\\ 75℃,0.5\text{h}}]{+\text{Cl}-\text{CH}_2\text{CH}-\text{CH}_2 \diagup -\text{HCl}} \text{CH}_3\text{CH}_2\text{CH}_2\text{CH}_2-\text{O}-\text{CH}_2\text{CH}-\text{CH}_2 \quad \text{（10-35）}$$

10.3.3　用环氧烷类的 *O*-烷化

醇或酚用环氧烷类的 *O*-烷化是在醇羟基或酚羟基的氧原子上引入羟乙基。这类反应是在酸或碱的催化作用下完成的。

酸催化是单分子亲电取代反应，其反应历程可简单表示如下：

$$\text{H}_2\text{C}-\text{CH}_2 + \text{H}^+ \underset{}{\overset{\text{质子化}}{\rightleftharpoons}} \text{H}_2\text{C}-\text{CH}_2 \xrightarrow{\text{开环}} \overset{+}{\text{C}}\text{H}_2\text{CH}_2\text{OH} \quad \text{（10-36）}$$

$$\text{ROH} + \overset{+}{\text{C}}\text{H}_2\text{CH}_2\text{OH} \xrightarrow{\text{亲电取代}} \text{R}-\text{OCH}_2\text{CH}_2\text{OH} + \text{H}^+ \quad \text{（10-37）}$$

碱催化是双分子亲电加成反应，其反应历程可简单表示如下：

$$\text{ROH} + \text{Na}^+\text{OH}^- \rightleftharpoons \text{R}-\overline{\text{O}}\cdot\text{Na}^+ + \text{H}_2\text{O} \quad \text{（10-38）}$$

$$\text{R}-\text{O}^- + \overset{\delta+}{\text{H}_2\text{C}}-\text{CH}_2 \xrightarrow{\text{亲电加成}} \left[\text{R}-\text{O}\cdots\text{H}_2\text{C}-\text{CH}_2\right]^- \longrightarrow \text{R}-\text{O}-\text{CH}_2\text{CH}_2\text{O}^- \xrightarrow[-\text{RO}^-]{\text{ROH}} \text{R}-\text{O}-\text{CH}_2\text{CH}_2\text{OH}$$

$$\text{（10-39）}$$

醇或酚在羟乙基化时，生成的一乙二醇单醚中的醇羟基还可以与环氧乙烷作用生成二乙二醇单醚、三乙二醇单醚等含有不同个数羟乙基（亦称氧乙烯基）的聚乙二醇单醚，它们也称作聚氧乙烯醚，因此反应产物总是混合物。

$$\text{ROH} \longrightarrow \text{R}-\text{O}-\text{CH}_2\text{CH}_2\text{OH} \longrightarrow \text{R}-\text{O}-\text{CH}_2\text{CH}_2\text{O}-\text{CH}_2\text{CH}_2\text{OH}$$

$$\xrightarrow{(n-2)\ \text{H}_2\text{C}-\text{CH}_2} \text{R}-\text{O}\left(\text{CH}_2\text{CH}_2\text{O}\right)_{\overline{n}}\text{H} \quad \text{（10-40）}$$

对催化剂的主要要求是：活性高、选择性好（分子量分布窄）、热稳定性好、易分离、无毒、无腐蚀性、成本低。碱性催化剂虽然选择性差，但活性高、价廉、反应条件温和。加入多元酸作助催化剂效果好，国内仍有多家工厂使用，例如氢氧化钠、氢氧化钾、乙酸钠、醇铝等。酸性催化剂的类型很多，对于低碳醇的多羟乙基化，中国开发的酸性催化剂有南开大学的改性 ZSM-5 分子筛、天津石油化学公司研究院的 MTZ 烷基磺酸盐和天津第三石油化工厂的 DH 系列膨润土催化剂等。杂多酸效果好，但价格贵，尚未工业化。

（1）低碳醇的乙二醇单烷基醚

由 $C_1 \sim C_6$ 醇的羟乙基化而得，可根据市场需要，调整醇和环氧乙烷的物质的量比，在催化剂的存在下，150～200℃和压力下进行羟乙基化，然后用减压蒸馏法分离出一乙二醇单烷基醚、二乙二醇单烷基醚、三乙二醇单烷基醚等产品，它们被用作溶剂、清洁剂、汽车刹车液和有机中间体。有万吨级生产装置。

（2）高碳醇聚氧乙烯醚

高碳伯醇和高碳仲醇与适量的环氧乙烷在氢氧化钠等催化剂的存在下，在高温和压力下进行羟乙基化可制得一系列的非离子型表面活性剂。例如：

$$C_xH_{2x+1}CH_2OH + n\ H_2C\!\!-\!\!CH_2 \xrightarrow[160\sim180℃,高压]{NaOH\ 催化} C_xH_{2x+1}CH_2O\!\!-\!\!(CH_2CH_2O)_{\overline{n}}H \tag{10-41}$$

式中的 $x = 11\sim17$，即实际上所用的高碳醇是混合物；$n = 15\sim16$，n 实际上是不同羟乙基化产物的平均值。

由于各种羟乙基化产物的沸点都很高，不宜用减压精馏法分离，因此在羟乙基化时必须优选反应条件，把产品分子量分布控制在适当的范围内，以保证产品的质量。

（3）聚氧乙烯-聚氧丙烯烷基醚

例如，将丁醇与环氧乙烷和环氧丙烷的混合物相作用，可制得聚氧乙烯-聚氧丙烯基丁醚。其化学结构可用下式来表示：

$$C_4H_9\!\!-\!\!O\!\!-\!\!(CH_2CHO,CH_2\!\!-\!\!CHO)_{\overline{n+m}}H \tag{10-42}$$
$$\qquad\qquad\qquad\qquad\quad CH_3$$

上式中 $n + m = 30\sim40$，n 表示氧乙烯基数的平均值，m 表示氧丙烯基数的平均值。

控制先通入的和后来接着通入的环氧乙烷和环氧丙烷的物质的量比 n/m 和总物质的量 $(n+m)$，可制得一系列嵌段型高分子聚醚。它们是高效的非挥发性润滑剂、石油破乳剂和表面活性剂。

（4）壬基酚聚氧乙烯醚

由壬基酚与适量的环氧乙烷反应，可制得一系列非离子表面活性剂（下式中，一般 $n = 7\sim10$）。

$$C_9H_{19}\!\!-\!\!\bigcirc\!\!-\!\!OH + n\ CH_2\!\!-\!\!CH_2 \xrightarrow{NaOH\ 或\ KOH\ 催化} C_9H_{19}\!\!-\!\!\bigcirc\!\!-\!\!O\!\!-\!\!(CH_2CH_2O)_{\overline{n}}H \tag{10-43}$$

此类表面活性剂广泛用作 W/O 型乳化剂或 O/W 型乳化剂、分散剂，在工业清洗、纺织印染、造纸、皮革化工、化纤油剂、油田助剂、农药、乳液聚合等工业领域有着广泛的应用。

10.3.4 用醛类的 O-烷化

醛与醇在酸的催化作用下可以发生脱水 O-烷化反应，生成醛缩二醇（acetal，亦称醛缩醇或缩醛）。

$$\begin{array}{c} H \\ | \\ R\!\!-\!\!C\!\!=\!\!O \end{array} + 2HO\!\!-\!\!R' \xrightarrow{H^+\ 催化} R\!\!-\!\!CH\!\!\begin{array}{c} OR' \\ \\ OR' \end{array} + H_2O \tag{10-44}$$

例如，质量分数为 98% 的甲醇（沸点 64.7℃）和质量分数为 36% 的甲醛水溶液在少量硫酸存在下，在常压按一定比例分别连续地打入反应精馏塔中，反应生成的产物甲醛缩二甲醇（亦称二甲氧基甲烷，沸点 41.5℃）即从塔顶连续蒸出。

$$\begin{array}{c} H \\ | \\ C\!\!=\!\!O \\ | \\ H \end{array} + 2HOCH_3 \xrightarrow{H^+\ 催化} H_2C\!\!\begin{array}{c} OCH_3 \\ \\ OCH_3 \end{array} + H_2O \tag{10-45}$$

用上述反应还可制得乙醛缩二甲醇、乙醛缩二乙醇等产品。

醛与多元醇反应可以制得环状缩醛。例如，山梨醇与二分子苯甲醛脱水 O-烷化可制得 1,3,2,4-双-O-(苯亚甲基)山梨醇。它是有广泛用途的新型增稠剂和胶凝剂。

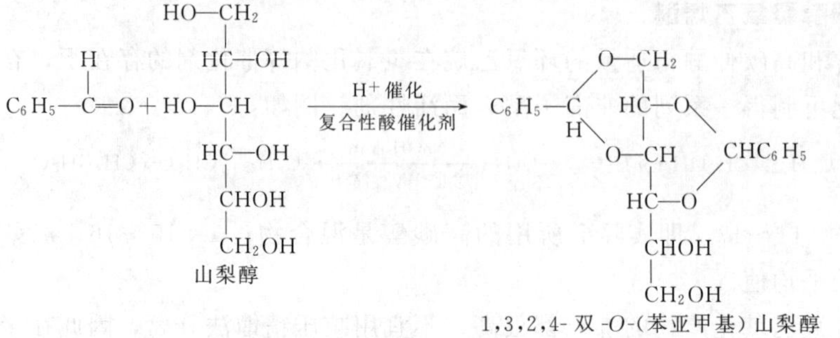

$$(10\text{-}46)$$

1,3,2,4-双-O-(苯亚甲基)山梨醇

10.3.5 O-芳基化 (烷氧基化和芳氧基化)

O-芳基化指的是醇羟基或酚羟基与芳香族卤素化合物等相作用生成烷基芳基醚或二芳基醚的反应。但从芳香族卤素化合物来说，也可称作烷氧基化或芳氧基化。这里只叙述应用实例较多的，用苯系卤素化合物的烷氧基化或芳氧基化。

（1）苯基烷基醚的制备

苯基烷基醚的常用制备方法是苯环上酚羟基与卤烷或硫酸二甲酯的 O-烷化法。但是当制备在邻位或对位有硝基的苯烷基醚时，则可以采用以邻位或对位硝基氯苯或其衍生物为起始反应物与相应的醇进行 O-芳基化（即烷氧基化）的方法。这是因为邻位或对位硝基氯苯类化合物容易制备，而且分子中的氯基比较活泼，容易与醇羟基发生 O-芳基化反应。

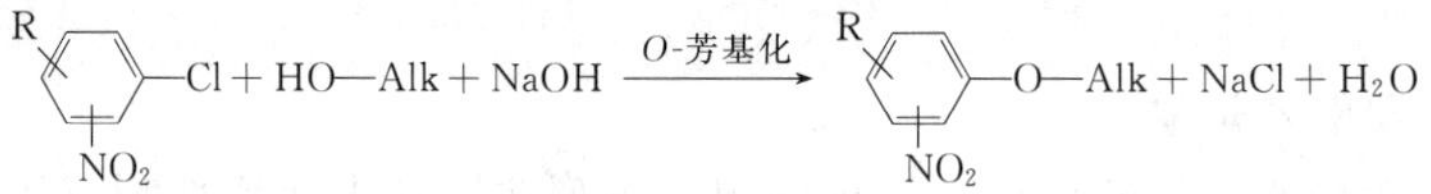

$$(10\text{-}47)$$

式中，—NO_2 在氯基的邻位或对位；R 为 H、Cl、NO_2 等取代基；Alk—OH 可以是甲醇、乙醇等。

在用无水甲醇进行甲氧基化时，氯基水解的副反应少。但在用质量分数为 95％的工业甲醇时，容易发生水解副反应。加入相转移催化剂可以促进烷氧基化反应，减少水解副反应，并且可以降低反应温度，可在常压下完成。所用的相转移催化剂可以是季铵盐、聚苯乙烯固载聚乙二醇 600 和聚氯乙烯-多烯多胺树脂等。当 R 是邻位或对位的硝基等吸电子基时，氯基相当活泼，烷氧基化时可以不用相转移催化剂。

烷氧基化后，将硝基还原可制得相应的邻位或对位氨基苯基烷基醚。例如：

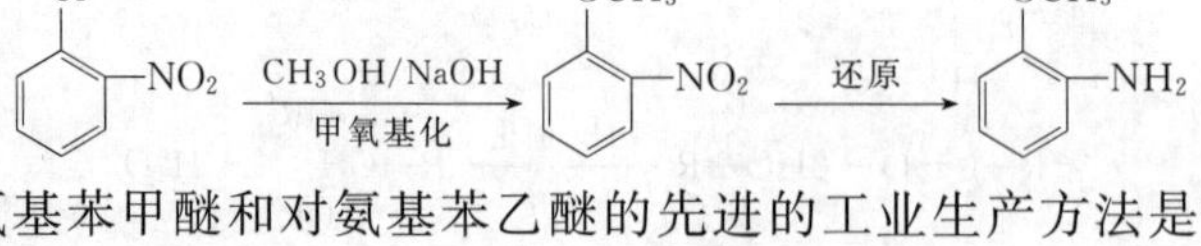

$$(10\text{-}48)$$

应该指出，对氨基苯甲醚和对氨基苯乙醚的先进的工业生产方法是硝基苯的电化学还原转位法。

（2）二苯醚类的制备

氯苯衍生物和苯酚衍生物的 O-芳基化反应可用以下通式表示：

$$(10\text{-}49)$$

上式中所用的缚酸剂可以是 Na_2CO_3、K_2CO_3、$NaOH$、KOH 等。

当 R^1 或 R^2 是邻位或对位硝基时，氯基比较活泼，O-芳基化反应可在较温和的条件下进行。水分的存在会引起氯基水解副反应，可在反应液中加入少量甲苯，利用共沸蒸馏法蒸出水分，在无水条件下加入聚乙二醇 600 等固-液相转移催化剂，将 $Ar—O^-$ 从固相转移到液相，可降低反应温度、缩短反应时间、提高产品的收率。

当 R^3 或 R^4 不是强吸电子基时，对反应的难易影响不大。但是，当 R^3 或 R^4 是硝基时，使酚羟基的活性下降，要求较高的反应温度。例如对硝基氯苯与等物质的量比的邻氯苯酚在甲苯和聚乙二醇 600 的存在下回流，滴加质量分数为 50% 的氢氧化钠水溶液，并分离出反应体系中的水，然后逐渐蒸出甲苯，在 160℃ 反应 6～8h，得 2'-氯-4-硝基二苯醚，收率约 83%。

$$O_2N—\langle\rangle—Cl + HO—\langle\rangle \overset{Cl}{} + NaOH \longrightarrow O_2N—\langle\rangle—O—\langle\rangle\overset{Cl}{} + NaCl + H_2O \qquad (10\text{-}50)$$

当 R^1 和 R^2 都不是强吸电子基时，氯基不够活泼，O-芳基化时需要加入铜催化剂和相转移催化剂。例如氯苯/间甲酚/氢氧化钠水溶液按 5.5∶1∶1 的物质的量比先在 100～133℃ 共沸蒸出水分，然后加入氯化亚铜和三（3,6-二氧代辛基）胺，在 135℃ 回流 6h，间甲酚的转化率 89%，3-甲基二苯醚（农药中间体）的收率 97%。

$$\langle\rangle—Cl + HO—\langle\rangle\overset{CH_3}{} + NaOH \xrightarrow{催化剂} \langle\rangle—O—\langle\rangle\overset{CH_3}{} + NaCl + H_2O \qquad (10\text{-}51)$$

用类似的方法可以从氯苯和苯酚制备二苯醚。当芳环的氯不够活泼时，则需要改用芳香族溴化物。

10.4　芳环上的 C-烷化

这里只讨论芳环上的氢被烷基取代的 C-烷化反应。芳环上 C-烷化时最重要的烷化剂是烯烃，其次是卤烷、醇、醛和酮。

10.4.1　烯烃对芳烃的 C-烷化

烯烃是价廉易得的烷化剂，应用范围很广。

10.4.1.1　反应历程

烯烃对芳烃的 C-烷化反应属于 Freidel-Crafts 反应（简称傅-克反应）。最常用的催化剂是无水氯化铝。新制得的升华无水氯化铝对烯烃的 C-烷化并无催化作用，空气中的水蒸气会使少量无水氯化铝水解，所以工业无水氯化铝中总是含有少量的气态氯化氢，在液态芳烃中 HCl 能与 $AlCl_3$ 形成配合物，这个配合物能使烯烃质子化，成为烷基正离子，它是活泼的烷化质点，能与芳烃发生亲电取代反应，在芳环上引入烷基。例如：

$$AlCl_3 + H_2O \longrightarrow Al\overset{O}{\underset{Cl}{\diagdown}} + 2HCl \qquad (10\text{-}52)$$

$$H—Cl_{(气)} + AlCl_{3(固)} \rightleftharpoons H^{\delta^+}—:Cl^{\delta^-}(AlCl_3)_{(溶液)} \qquad (10\text{-}53)$$

$$CH_2{=}CH_2 + H^{\delta^+}—:Cl^{\delta^-}(AlCl_3)_{(溶液)} \rightleftharpoons [{}^+CH_2—CH_3]AlCl_4^-{}_{(溶液)} \qquad (10\text{-}54)$$

$$\langle\rangle + H_2\overset{+}{C}—CH_3 \xrightarrow{慢} \langle\rangle\overset{H}{\underset{CH_2CH_3}{}} \xrightarrow{快} \langle\rangle—CH_2CH_3 + H^+ \qquad (10\text{-}55)$$

$$H^+ + AlCl_4^- \rightleftharpoons H^{\delta+} - :Cl^{\delta-} (AlCl_3)_{(溶液)} \tag{10-56}$$

在 C-烷化过程中，$H^{\delta+} - :Cl^{\delta-}$（$AlCl_3$）并不消耗，因此只要有少量的无水氯化铝即可使 C-烷化反应顺利进行。

其他的酸性催化剂，例如固体磷酸、氟化氢、BF_3-H_3PO_4、硅酸铝、硫酸、硫酸-活化蒙脱土、阳离子交换树脂、沸石分子筛、固载杂多酸等，其催化作用都能提供质子生成烷基正离子。

对于多碳烯烃，质子总是加到烯双键中含氢较多的碳原子上，即正电荷总是集中在烯双键中含氢较少的碳原子上（Markovnikov 规则），例如：

$$H_3C - C = CH_2 + H^+ \rightleftharpoons H_3C - \overset{H}{\underset{H}{C}} - \overset{}{\underset{+}{C}} - CH_3 \tag{10-57}$$

$$(CH_3)_2C = CH_2 + H^+ \rightleftharpoons (CH_3)_3C^+ \tag{10-58}$$

因此，在用烯烃进行 C-烷化时，总是在芳环引入带支链的烷基。例如异丙基、叔丁基等。

在反应条件下，烷基正离子会发生氢转移-异构化反应。例如：

$$CH_3 - CH_2 - \overset{+}{C}H_2 \xrightarrow[\text{（氢转移重排）}]{\text{异构化}} CH_3 - \overset{+}{C}H - CH_3 \tag{10-59}$$

烷基正离子的异构化是可逆的，总的平衡趋势是使烷基正离子转变为更加稳定的结构。一般规律是伯重排为仲、仲重排为叔。对于多碳直链仲碳正离子，一般规律是正电荷从靠边的仲碳原子逐步转移到居中的仲碳原子上。

应该指出，在芳环上引入烷基后，烷基使芳环活化。例如，在苯分子中引入简单的烷基（例如乙基和异丙基）后，它进一步烷化的速率比苯快 1.5～3.0 倍。因此，在苯的一烷化时，生成的单烷基苯容易进一步生成二烷基苯和多烷基苯。

此外，在生成的烷基苯中，苯环中与烷基相连的碳原子上的电子云密度比其他碳原子增加得多，H^+ 或 $HCl \cdot AlCl_3$ 较易进攻苯环中与烷基相连的碳原子，重新生成原来的 σ-配合物，并进一步脱去烷基而转变成起始原料，即这类反应是可逆反应。

10.4.1.2 重要实例

(1) 异丙苯的制备

异丙苯是氧化-酸解法生产苯酚、丙酮的重要中间体，也可用作提高燃料油辛烷值的添加剂和色谱分析标准物质，在有机合成中可用作合成香料、聚合引发剂和除草剂等的原料。

异丙苯是由苯用丙烯进行 C-烷化而制得。所用的苯要预先脱硫，以避免影响催化剂的活性。所用的丙烯体积分数约 50%～60%，其余为丙烷等惰性气体。

燕山石化引进了气-固相固体磷酸催化工艺，但无烷基转移功能，副产的二异丙苯需要烷基转移装置使其转变为异丙苯。后来燕山石化引进了美国 UOP 沸石分子筛代替固体磷酸。近年来我国自主开发了多种固体沸石分子筛催化剂，其中燕山石化与北京服装学院开发的 FX-01 催化剂液相反应，与 UOP 工艺水平相当。主要反应条件为苯/丙烯物质的量比为 1:6，在 160～175℃、3MPa 反应，丙烯转化率 100%，异丙苯选择性 95% 以上，按消耗的苯计收率 98.7% 以上，纯度 99.9% 以上，烷化液中的异丙苯含量约 20%。

上海石油化工研究所开发的 M-98 催化剂，不仅具有良好的烷基化功能，也具有良好的烷基转移功能，已完成 2000h 寿命试验。中国石油化工研究院还开发了液相硅胶固载杂多酸催化剂，具有烷基转移功能。上海高桥石化用沸石分子筛催化剂生产异丙苯，已建成国内最大装置，年产苯酚-丙酮 20 万吨。

（2）异丙基甲苯

由甲苯用丙烯进行 C-烷化而得，生成的邻、间、对三种异丙基甲苯的沸点相差很小，难分离，一般是将异构体混合物直接氧化-酸解制成混合甲酚再分离。C-烷化的方法有三种。

① $AlCl_3$-HCl-多异丙基甲苯配位催化法　是甲苯/丙烯物质的量比为（1.7～2.5）：1，在 85～110℃反应，烷化液中约含甲苯质量分数 20%、混合异丙基甲苯 55%、二异丙基甲苯 19%、三异丙基甲苯 3%。混合异丙基甲苯中约含邻位 5%、间位 60%～65%、对位 30%～35%。适于制间甲酚。

② 固体磷酸催化法　是在甲苯/丙烯物质的量比（11～8）：1，200℃和 3～3.5MPa 下反应。所得混合异丙基甲苯中邻、间、对的百分含量分别约为 42.4%、27.0% 和 30.6%。如欲生产低邻位产品，还需经 $AlCl_3$ 配位催化剂进行异构化和转移烷化。

③ 用 ZSM 系分子筛催化剂　甲苯/丙烯物质的量比 6.25：1，在 260℃和 3.5MPa 反应，邻/间/对异丙基甲苯的生成比例为 5.3：63.7：31.0。

1987 年，大连理工大学用锌改性 ZSM-5 分子筛催化剂，可实现高对位选择性（98%）。

应该指出，甲苯和丙烯如果在金属钾催化剂和无水碳酸钠等助催化剂存在下，在 200～220℃和 4～5MPa 反应，则主要产品是侧链 C-烷化的异丁基苯，而不是异丙基甲苯。

异丙基甲苯在有机合成中用作制取对甲苯酚、丙酮以及染料、医药、食用香料的中间体，异丙基对甲苯本身是一种祛痰、止咳、平咳药物。

（3）十二烷基苯磺酸的制备

十二烷基苯是生产合成洗涤剂十二烷基苯磺酸钠的中间体。由苯制备十二烷基苯的烷化剂现在都采用 C_{10}～C_{14} 的直链 α-烯烃和内烯烃。

$$\text{（10-60）}$$

在 C-烷化时，无论采用端烯烃还是内烯烃，产品直链十二烷基苯中异构体的分布基本相同。催化剂目前主要是无水氟化氢，因为制得的十二烷基苯中在 5-位和 6-位的异构体含量高。用氟化氢作催化剂时，反应在 35～40℃，0.4～0.6MPa 进行，所用氟化氢的质量分数要求在 98.5% 以上，烯烃/苯/HF 的物质的量比约为 1：（2～10）：（5～1）。上述非均相反应可采用锅式串联反应器，也可以采用脉冲筛板塔式反应器。HF 和烷基苯分离后可循环使用。HF 法的优点是生产能力大、质量好、收率高、HF 消耗少。缺点是腐蚀性强，要用铜镍合金材料在压力下操作，技术要求高。

最近发现，由 2-苯基烷烃经磺化制得的洗涤剂易降解，而 HF 法 2-苯基烷烃含量只有 15%，UOP 公司和 Peter 公司又开发了氟改性硅铝分子筛催化剂，苯与烯烃在 160℃、1.5MPa 反应，烯烃转化率 90% 以上，活性与 HF 相当，但 2-苯基烷烃含量超过 25%，工艺流程简单、投资少。但因反应温度高，催化剂需频繁再生，要采用双固定床反应器连续生产，一个反应器烷化，另一个反应器用苯冲洗使催化剂再生，每 24h 切换一次。

10.4.2　烯烃对芳胺的 C-烷化

芳胺在用烯烃进行 C-烷化时，如果用质子酸、Lewis 酸或酸性氧化物作催化剂，则烷基优先进入芳环上氨基的对位。如果用烷基铝类催化剂，则烷基择优地进入氨基的邻位。其实例列举如下。

(1) 4,4′-双叔辛基二苯胺（橡胶防老剂 OD）的制备

将二苯胺与过量的二异丁烯在硅酸铝催化剂存在下，在 0.3～0.5MPa 和 130～155℃反应，然后蒸出未反应的二异丁烯和二苯胺，将粗品在异丙醇中重结晶，即得到工业产品。二苯胺转化率 80%。产品中含质量分数 90%～97%的 4,4′-双叔辛基二苯胺、3%～8%的 4-单叔辛基二苯胺和 1%～2%二苯胺。

$$（10-61）$$

由上式可以看出，用多碳烯烃对芳胺进行 *C*-烷化时，苯环和烯双键中含氢少的碳原子相连，即在苯环上引入的烷基是叔烷基。由于叔烷基空间位阻的影响，当用过量 50%的二异丁烯，叔烷基也只进入芳环上氨基的对位，而不进入邻位。要在氨基的对位引入伯烷基则要用醇类作 *C*-烷化剂。

(2) 2,6-二乙基苯胺的制备

为了将乙基引入到苯胺的两个邻位，要用乙烯作烷化剂，并且用三苯胺铝、三乙基铝或二乙基氯化铝等催化剂。在高压釜中加入苯胺和催化剂，在高温高压下加入过量的乙烯，即得到 2,6-二乙基苯胺。

$$（10-62）$$

只用三苯胺铝催化时，收率只有 87%，改用二乙基氯化铝催化剂，收率可提高到 97.9%，并可降低高压釜的操作压力，缩短反应时间。在这里，过量的乙烯并不进入苯环上氨基的对位。2,6-二乙基苯胺是重要的农药、除草剂、染料和香料中间体，可代替四乙基铅作汽油抗爆剂，国外有万吨级生产装置。

用类似的方法，可以从邻甲苯胺制得 2-甲基-6-乙基苯胺，已引进国外技术。

但是，用苯胺和丙烯制备 2,6-二异丙基苯胺时，还有待开发选择性好、活性高的催化剂。2,6-二异丙基苯胺的另一个生产方法是采用 2,6-二异丙基苯酚的气相氨解法。

10.4.3 烯烃对酚类的 *C*-烷化

由以下实例可以看出，用烯烃对酚类进行 *C*-烷化时，如果用质子酸、Lewis 酸、酸性氧化物等催化剂时，烷基优先进入酚羟基的对位。如果改用三苯酚铝类催化剂，则烷基择优地进入酚羟基的邻位。而用丙烯酸酯作烷化剂时，则要用醇钾或醇钠作催化剂。

(1) 对叔丁基苯酚的制备

对叔丁基苯酚在农药上用于杀螨剂炔螨特的合成，也是杀菌剂新品种螺环菌胺的原料。它具有抗氧化性质，可用于橡胶、肥皂、氯代烃和硝化纤维的稳定剂，还可用作油田用破乳剂成分及车用油添加剂。

对叔丁基苯酚由苯酚用异丁烯在酸性催化剂存在下进行 *C*-烷化而得。工业上曾经用过的催化剂有：H_2SO_4、$AlCl_3$、$SiO_2\text{-}Al_2O_3$ 等，现在使用强酸性正离子交换树脂、沸石分子筛、杂多酸等新型催化剂。例如在常压和 110℃向含催化剂的苯酚中通入异丁烯气体，直到烷化液中对叔丁基苯酚的质量分数大于 60%为止，将烷化液减压蒸馏，即得到主产品对叔丁基苯酚，副产少量的邻叔丁基苯酚和 2,4-二叔丁基苯酚。未反应的苯酚可以回收使用。

此法的优点是流程短、无腐蚀和污染，产品质量好、不含水分、色泽好。

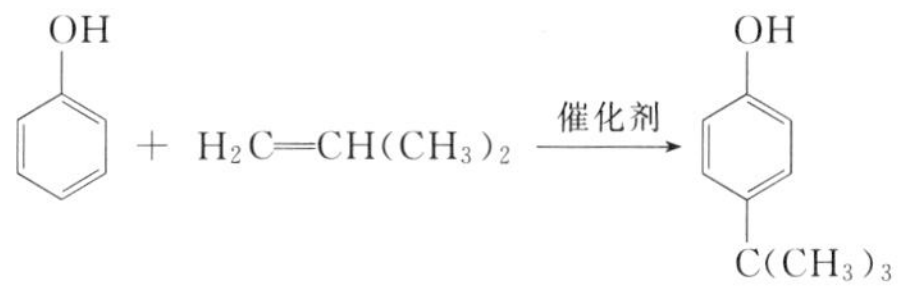

$$\text{（苯酚）} + H_2C=CH(CH_3)_2 \xrightarrow{\text{催化剂}} \text{（对叔丁基苯酚）} \tag{10-63}$$

由上例可以看出：酸性催化剂是强催化剂，烷基优先进入位阻小的酚羟基的对位，当对位被占据时，烷基也可以进入酚羟基的邻位。

使用酸性催化剂制得的 *C*-烷基酚还可以列举如下。

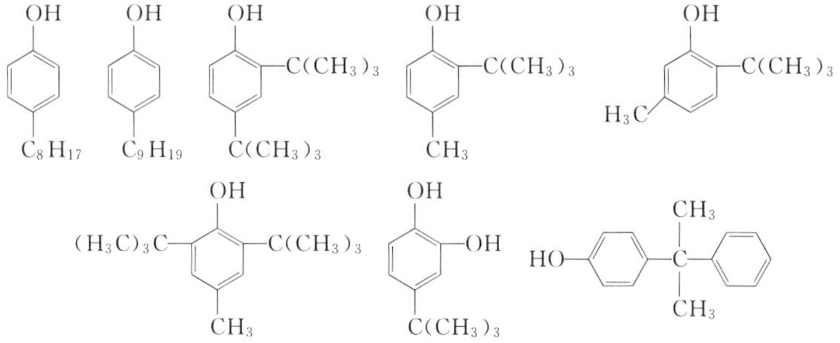

异丁烯（沸点 $-6.8℃$）是由 C_4 馏分经由甲基叔丁基醚（沸点 $55.3℃$）分离、醚解而得，因此在 *C*-烷化时用甲基叔丁基醚在现场进行醚解生成异丁烯。此法具有原料运输方便、成本低、流程短、操作简便、安全等优点，已用于工业生产。

（2） 2,6-二叔丁基苯酚的制备

在高压釜中加入苯酚，用氮气置换空气后，加入有机铝催化剂和理论量的异丁烯，升温至 $130\sim135℃$，在 $1.6\sim1.8$MPa 下保温 4h。苯酚的转化率 97.9%，2,6-二叔丁基苯酚的收率 85.5%，选择性 87.3%。2,6-二叔丁基苯酚主要用于制造天然橡胶及合成橡胶防老剂、塑料抗氧剂、燃料稳定剂、紫外线吸收剂及农药、医药、染料中间体等。

使用有机铝邻位选择性催化剂制得的 *C*-烷基酚还可以列举如下：

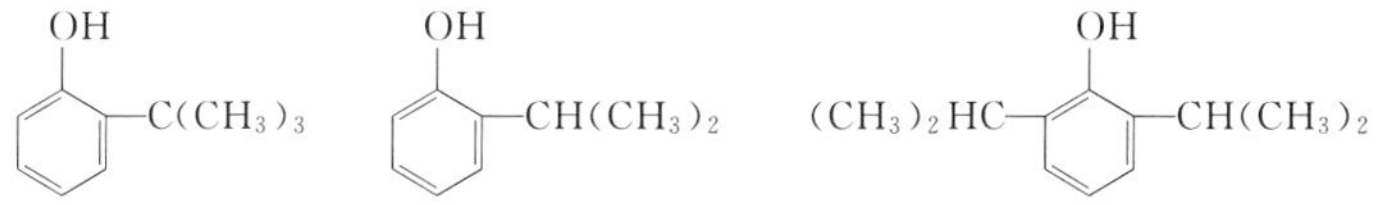

（3） 3-(3,5-二叔丁基-4-羟基苯基） 丙酸甲酯

该产品是制备一系列受阻酚抗氧剂的中间体。由 2,6-二叔丁基苯酚在碱性催化剂存在下，用丙烯酸甲酯进行 *C*-烷化而得。

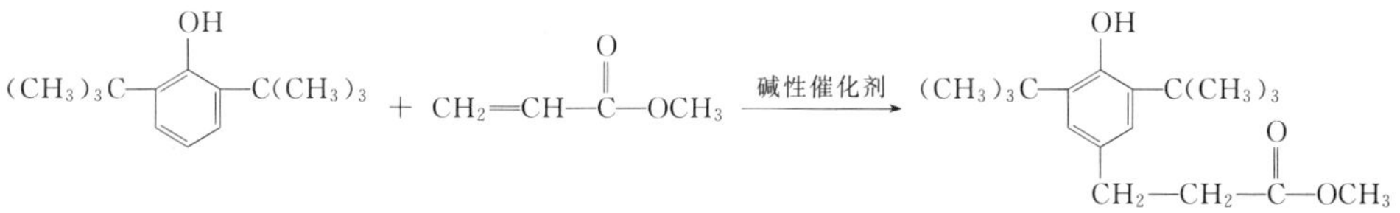

$$\tag{10-64}$$

向熔融的 2,6-二叔丁基苯酚中滴入质量分数 5% 叔丁醇钾的叔丁醇溶液，蒸出叔丁醇，然后在 $60\%\sim90\%$ 滴加丙烯酸甲酯，并在 $110℃$ 反应 1h，即得到目的产物。收率可达 95%。如改用价廉的甲醇钠催化剂，则收率只有 84%。由上述反应可以看出，在碱催化下，苯环与烯双键中含氢多的碳原子相连。

10.4.4　卤烷对芳环的 *C*-烷化

在不宜使用相应的烯烃或醇类时，可以用卤烷作 *C*-烷化剂。其重要实例如下。

（1） 用苄基氯的 *C*-烷化

苄基氯分子中的氯比较活泼，在酸性催化剂的存在下，可在温和的条件下向芳环上引入苄基。例如，在反应器中加入苯和氯化锌水溶液，然后在 70℃ 滴加苄基氯，并在 70～75℃ 保温 10h，即得到医药中间体二苯甲烷，收率 95％。

$$\text{—CH}_2\text{Cl} + \xrightarrow[70～75℃]{\text{ZnCl}_2 \text{ 水溶液}} \text{—C}\overset{\text{H}_2}{} + \text{HCl} \qquad (10\text{-}65)$$

用同样的方法可以从 4-氯苄基氯和苯制得医药中间体 4-氯二苯甲烷。

（2） 用氯乙酸的 *C*-烷化

氯乙酸分子中的氯也比较活泼，可在芳环上引入羧甲基，但是在这里不是用无水氯化铝或无水氯化锌作催化剂，而是用铝粉作催化剂。例如，在反应器中加入精萘、氯乙酸和铝粉，然后在 185～218℃ 搅拌 18h，即得农药和医药中间体萘乙酸，收率 50％～70％。

$$ + \text{ClCH}_2\text{COOH} \xrightarrow[185～218℃]{\text{铝粉}} \overset{\text{CH}_2\text{COOH}}{} + \text{HCl} \qquad (10\text{-}66)$$

在上述反应中，真正的催化剂可能是氯乙酸铝。

（3） 用四氯化碳的 *C*-烷化

用四氯化碳作烷化剂，目的在于制备二苯甲烷和三苯甲烷衍生物。

将氟苯和四氯化碳在无水氯化铝存在下，在 −5～0℃ 反应 3h，即生成二（4-氟苯基）二氯甲烷，将反应物在水中加热，即水解制成医药中间体 4,4′-二氟二苯甲酮。该产品还可用作光记录及电记录材料的成像剂和电荷控制剂以及聚合反应的引发剂或单体材料。

$$2\text{F} + \text{CCl}_4 \xrightarrow[-5～0℃]{\text{AlCl}_3} \text{F}\overset{\text{Cl}}{\underset{\text{Cl}}{\text{C}}}\text{F} + 2\text{HCl} \qquad (10\text{-}67)$$

$$\text{F}\overset{\text{Cl}}{\underset{\text{Cl}}{\text{C}}}\text{F} + \text{H}_2\text{O} \xrightarrow{\text{加热}} \text{F}\overset{}{\underset{\text{O}}{\text{C}}}\text{F} + 2\text{HCl} \qquad (10\text{-}68)$$

用类似的方法，将苯和四氯化碳在氯化铝存在下，在 5～10℃ 反应 3h，可生成二苯基二氯甲烷，后者水解可得到二苯甲酮。

10.4.5 醇对芳环的 *C*-烷化

在芳环上引入甲基时，可以用甲醇进行 *C*-烷化。在芳环上引入其他烷基时，用醇类作为烷化剂的实例则较少，因为醇类不如相应的烯烃和卤烷活泼。

（1） 醇对芳烃的 *C*-烷化

醇对芳烃的 *C*-烷化主要用于制备对二甲苯，对二甲苯需要量很大，近年来莫比尔公司开发了甲苯用甲醇进行 *C*-烷化的新方法，所用的催化剂是改性 ZSM-5 新型分子筛（烷基铵型分子筛）。当甲苯/甲醇物质的量比为 1∶1，在 400～600℃ 反应时，甲苯的转化率 37％，二甲苯的理论收率 100％，混合二甲苯中对二甲苯的含量约占 97％。

$$\overset{\text{CH}_3}{} + \text{CH}_3\text{OH} \xrightarrow{\text{催化剂}} \overset{\text{CH}_3}{\underset{\text{CH}_3}{}} + \text{H}_2\text{O} \qquad (10\text{-}69)$$

此法的优点是：可利用供应量大的甲苯直接得到对二甲苯，选择性高，副反应少，分离提纯容易，与甲苯的歧化法（制苯和混合二甲苯）相比，可节省投资 60%。但此法要求有廉价的甲醇。国内也对催化剂进行了开发研究。

应该指出，如果改用碱金属离子改性的沸石催化剂，则主要发生甲苯的侧链烷基化，生成乙苯和苯乙烯。

$$\tag{10-70}$$

但是要用此法制备苯乙烯，催化剂的活性和选择性还有待改进。

（2） 醇类对芳胺的 *C*-烷化

前面已经提到，苯胺与醇类在酸性催化剂的存在下，液相 *N*-烷化时，如果温度太高，烷基会从氮原子上转移到芳环上。例如，苯胺、正丁醇和无水氯化锌按 1.2∶1.0∶1.0 的物质的量比先在 210℃ 和 1.0～1.5MPa 保温 4h，然后在 270℃ 和 3.0MPa 保温 8h，烷化液经处理除去氯化锌后，其质量含量约为：对正丁基苯胺 62%～70%、邻位和间位正丁基苯胺 6%～8%、二丁基苯胺 10%～13%、未反应苯胺 13%～16%。精馏得到对正丁基苯胺。按苯胺计，收率 53%。另外，对正丁基苯胺也可由正丁苯的硝化、分离、还原制得。

用类似的方法可以制得对十二烷基苯胺。关于邻甲苯胺与甲醇的气-固相接触催化 *C*-烷化制 2,6-二甲基苯胺也做了很多工作，但是还没有找到可以工业化的催化剂。

（3） 醇对酚类的 *C*-烷化

酚和醇在硫酸的存在下加热，一般只发生酚羟基的 *O*-烷化而生成酚醚。但是，在用叔丁醇或异丙醇时，它们在硫酸存在下加热可脱水成异丁烯，并与酚类发生 *C*-烷化反应。例如，将二甲苯、邻苯二酚和磷酸加入反应器中，加热至回流，慢慢加入叔丁醇，再回流 2h，可制得对叔丁基邻苯二酚。

对叔丁基邻苯二酚用作苯乙烯、丁二烯等乙烯基单体的阻聚剂、抗氧剂、杀虫剂的稳定剂；聚乙烯、聚丙烯、聚氯丁二烯、合成橡胶、尼龙等聚合物以及油脂、乙基纤维素等多种化合物的抗氧化剂。

$$\tag{10-71}$$

苯系酚类用甲醇进行气-固相接触催化 *C*-甲基化时，如果用 Fe_2O_3、V_2O_5、Al_2O_3、MgO、Cr_2O_3 等作催化活性组分，甲基主要进入羟基的邻位，例如从苯酚可制得邻甲酚和 2,6-二甲酚，从间甲酚可制得 2,3,6-三甲酚，从 3,5-二甲酚制得 2,3,5-三甲酚。但是，如果改用 HY 型沸石催化剂，则甲基主要进入羟基的对位，例如从苯酚可制得对甲酚，副产邻甲酚和苯甲醚。

10.4.6 醛对芳环的 *C*-烷化

10.4.6.1 醛对芳烃的 *C*-烷化

醛类对芳烃的 *C*-烷化，因所用催化剂不同，可得到不同类型的产物。

（1） 二（3,4-二甲基苯基）甲烷的制备

甲醛与邻二甲苯按 1∶8 的物质的量比在硫酸、对甲苯磺酸或乙酸的存在下，在 120～140℃ 反应 140min，可制得二（3,4-二甲基苯基）甲烷，它是制高温合成材料的中间体。

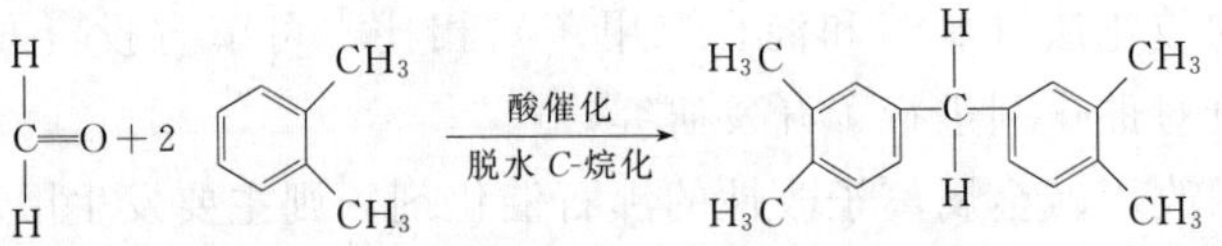

$$(10\text{-}72)$$

用类似的方法，可以从甲醛和甲苯制得 4,4′-二甲基二苯基甲烷，它是高温载热体。又如三氯乙醛、苯和浓硫酸按 1∶3∶1 的物质的量比混合，在 0～10℃滴入发烟硫酸，可制得二苯基三氯乙烷，它是农药和医药中间体。

(2) 三氯甲基苄醇的制备

三氯乙醛和苯按 1∶9.45 的物质的量比，在 40℃左右，慢慢加入无水氯化铝，即发生加成反应。主要产物是三氯甲基苄醇，它是合成香料结晶玫瑰和医药扁桃酸的中间体。

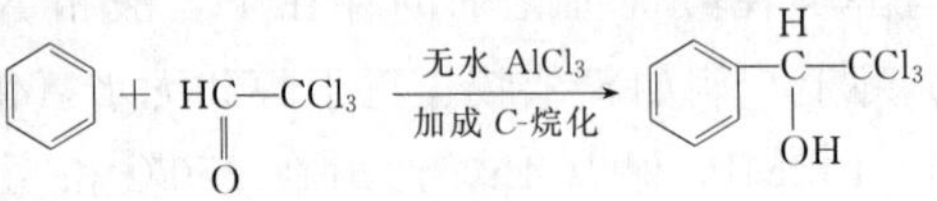

$$(10\text{-}73)$$

10.4.6.2 醛对芳胺的 *C*-烷化

醛类与芳胺在酸性催化剂存在下可发生脱水 *C*-烷化反应而生成二芳基甲烷或三芳基甲烷衍生物。例如，甲醛、苯胺、盐酸按 1∶2∶2 的物质的量比在水溶液中 55～60℃反应 4h，即发生脱水 *C*-烷化反应生成 4,4′-二氨基二苯基甲烷，精品收率 57%。4,4′-二氨基二苯基甲烷主要用于生产绝缘材料、染料、二异氰酸酯、聚氨酯橡胶、H 级黏合剂、环氧树脂固化剂、橡胶抗氧剂和防老剂等。

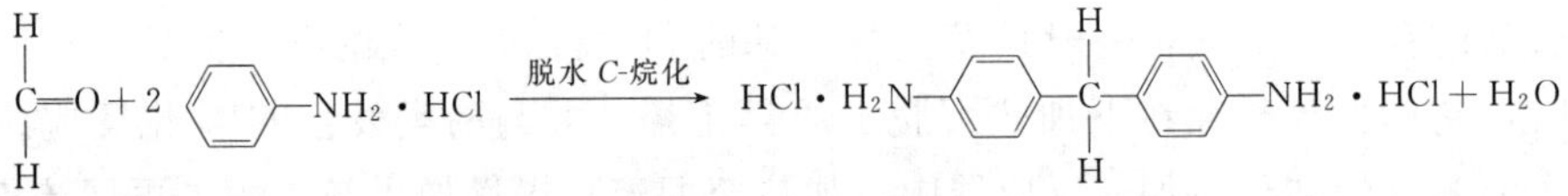

$$(10\text{-}74)$$

又如，苯甲醛与大过量的苯胺在盐酸催化剂在下，在 140～150℃保温 1h，蒸出反应生成的水，经后处理回收苯胺后，得弱酸性嫩黄 G 等酸性染料的合成中间体 4,4′-二氨基三苯甲烷，按苯甲醛计，收率 93%～96%。

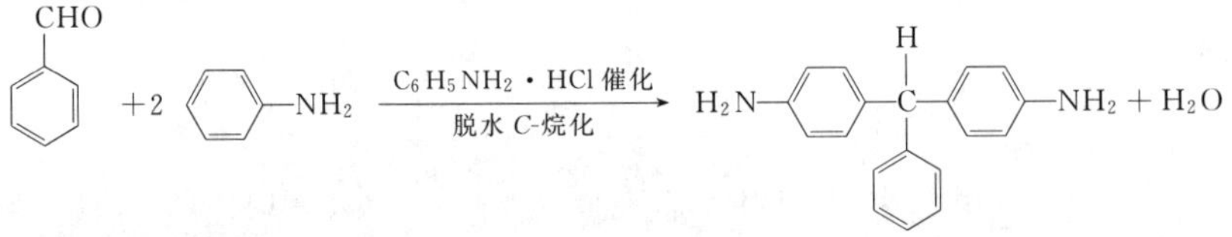

$$(10\text{-}75)$$

10.4.6.3 醛对酚类的 *C*-烷化

仅以甲醛与苯酚的反应为例，在不同的反应条件下，可制得多种产品。

(1) 邻羟甲基苯酚的制备

将甲醛水溶液与大过量的苯酚在乙酸锌存在下，pH 值 5～6，慢慢加热，回流 1h，甲醛几乎完全发生加成 *C*-烷化，主产品邻羟甲基苯酚是香料、农药、医药中间体。精品收率 53%。

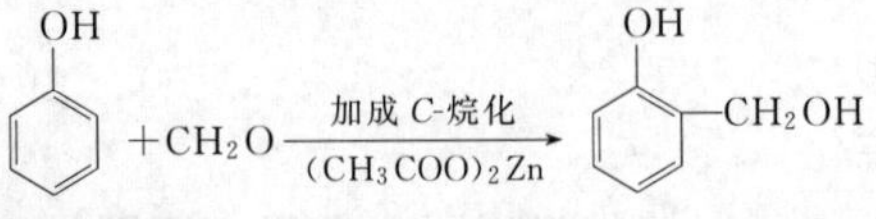

$$(10\text{-}76)$$

(2) 2,4,6-三羟甲基苯酚的制备

将甲醛、苯酚和氢氧化钠按 3∶1∶1 的物质的量比在水中，在室温和黑暗下反应 6～7h，即发生加成 *C*-烷化反应，生成 2,4,6-三羟甲基苯酚钠，收率 95%；用乙酸中和后，精品 2,4,6-三羟甲基苯酚收率 60%～70%。产品用于制酚醛型冠醚化合物。

(3) 4,4′-二羟基二苯甲烷的制备

当将甲醛与大过量的苯酚在磷酸（或硫酸、盐酸、活化陶土等）存在下，在 80℃左右反应，即发生脱水 C-烷化反应，生成二羟基二苯甲烷。甲醛转化率 90%，4,4′-、2,4′-和2,2′-异构产物之比约为 55 : 37 : 8。有机相经中和、过滤、蒸馏，即得到 4,4′-二羟基二苯甲烷，商品名双酚 F，用于制备纺织印染助剂、热敏材料、高性能环氧树脂以及多种高档树脂。

10.4.7 酮对芳环的 C-烷化

酮不如醛活泼，它们只能对芳胺和酚类进行 C-烷化，反应都是在强酸性催化剂存在下进行的。

(1) 酮对芳胺的 C-烷化

这类反应主要实例是 1,1-二（4′-氨基苯基）环己烷的制备。将环己酮、苯胺和浓盐酸按1 : 3.5 : 3.5 的物质的量比，在 125℃ 和 0.25MPa→0.18MPa 加热 10h，即得到目的产物，按消耗的苯胺计，收率 77%。该产品是合成弱酸性橙 GS、RS，弱酸性紫红 BB 等的中间体，上述染料主要用于尼龙 66、真丝和羊毛织物的染色和印花。

$$\text{环己酮} + 2 \, \text{苯胺·HCl} \xrightarrow[\text{脱水 } C\text{-烷化}]{\text{酸催化}} \text{产物} + H_2O \qquad (10\text{-}77)$$

用同样的方法可制得 1,1-二（4′-氨基-3′-甲基苯基）环己烷和 1,1-二（4′-氨基-3′-甲氧基苯基）环己烷。

(2) 酮对酚类的 C-烷化

最重要的实例是 2,2-双（4′-羟基苯基）丙烷（商品名双酚 A）的制备。双酚 A 是一种用途广泛的产品，大量用于生产环氧树脂、聚碳酸酯、聚酯树脂、聚苯醚树脂、聚砜类树脂，还可用作聚氯乙烯稳定剂、塑料抗氧剂、紫外线吸收剂、农用杀菌剂、橡胶防老剂、油漆和油墨的抗氧剂和增塑剂等。

双酚 A 生产的间歇法是将丙酮和苯酚按 1 : 8 的物质的量比与被氯化氢饱和的循环液在常压和 50～60℃搅拌 8～9h，然后分离回收氯化氢、未反应完的丙酮和苯酚，然后精制，即得到目的产物。消耗定额：丙酮 265kg、苯酚 855kg、氯化氢 16kg。

$$\begin{matrix} CH_3 \\ | \\ C=O \\ | \\ CH_3 \end{matrix} + 2 \, \text{苯酚—OH} \xrightarrow[\text{脱水 } C\text{-烷化}]{\text{催化剂}} HO— \begin{matrix} CH_3 \\ | \\ C \\ | \\ CH_3 \end{matrix} —OH + H_2O \qquad (10\text{-}78)$$

连续操作法以改性阳离子交换树脂为催化剂，丙酮和苯酚按 1 : (8～14)的物质的量比连续地进入一台或多台绝热反应器，在尽可能低的温度下停留 1h，约有 50% 的丙酮转化。烷化液经分离、精制即得到双酚 A。

天津双孚精细化工公司用天津大学与中石化联合开发的技术，用改性催化剂，气-液-固多段悬浮床反应-气提新工艺，已用于万吨级装置，并在国外申请专利，转让了该技术。

习　题

10-1　写出烷化反应的定义。烷化剂主要有哪些类型？

10-2　苯胺和甲醇或乙醇的气-固相接触催化烷化可得到什么产品？有什么优点？

10-3　各种卤烷在 N-烷化时的活泼性？在用卤烷进行 N-烷化时通常用哪种类型的缚酸剂？

10-4　在制备 N,N-二乙基间氨基苯磺酸钠和 N,N-二乙基-3-乙酰苯胺时，试计算所用卤烷的过量百分数。

10-5　用环氧乙烷进行 N-烷化属于哪种类型的反应？用环氧乙烷进行 N-烷化生成哪种类型的产品？

10-6　伯胺用醛或酮进行 N-烷化时生成什么类型的产品？

10-7　N-芳基化反应用于制备哪些类型的产物？

10-8　写出对硝基氯苯制备 4,4$'$-二氨基二苯胺的合成路线。

10-9　写出由苯制备对氨基苯甲醚的合成路线。

10-10　写出二苯胺的主要生产方法。

10-11　O-烷化反应用于制备哪些类型的产品？

10-12　写出用卤烷进行 O-烷化的反应通式。

10-13　写出制备苯氧乙酸的反应式。

10-14　写出 O-芳基化反应的定义。

10-15　O-芳基化反应的主要应用范围？

10-16　写出制备二苯醚类的反应通式。

10-17　写出用无水氯化铝进行 C-烷化的反应历程。

10-18　写出由苯和丙烯制备异丙苯的主要方法。

10-19　在制备十二烷基苯时为什么要采用无水氟化氢作催化剂？

10-20　写出制备 2,6-二乙基苯胺所用的烷化剂和催化剂。

10-21　写出有苯酚和丙酮制备双酚 A 的反应式和主要催化剂。

第 11 章　酰　化

11.1　概述

11.1.1　酰化的定义

酰化指的是有机分子中与碳原子、氮原子、磷原子、氧原子或硫原子相连的氢被酰基所取代的反应。氨基氮原子上的氢被酰基所取代的反应称 N-酰化，生成的产物是酰胺。羟基氧原子上的氢被酰基取代的反应称作 O-酰化，生成的产物是酯，故又称作酯化。碳原子上的氢被酰基取代的反应称作 C-酰化，生成的产物是醛、酮或羧酸。本章只讨论 N-酰化、O-酰化和 C-酰化。

酰基指的是从含氧的有机酸或无机酸的分子中除去一个或几个羟基后所剩余的基团（见表 11-1）。

表 11-1　酸及对应的酰基

酸类	分子式	相应的酰基	结构式
碳酸	HO—C(=O)—OH	羧基	HO—C(=O)—
		羰基	—C(=O)—
甲酸	H—C(=O)—OH	甲酰基	H—C(=O)—
乙酸	H₃C—C(=O)—OH	乙酰基	H₃C—C(=O)—
苯甲酸	C₆H₅—C(=O)—OH	苯甲酰基	C₆H₅—C(=O)—
苯磺酸	C₆H₅—S(=O)(=O)—OH	苯磺酰基	C₆H₅—S(=O)(=O)—

11.1.2　酰化剂及反应活性

最常用的酰化剂主要如下：

① 羧酸，例如甲酸、乙酸和乙二酸等；

② 酸酐，例如乙酐、甲乙酐、顺丁烯二酸酐、邻苯二甲酸酐、1,8-萘二甲酸酐以及二氧化碳（碳酸酐）和一氧化碳（甲酸酐）等；

③ 酰氯，例如碳酸二酰氯（光气）、乙酰氯、苯甲酰氯、三聚氰酰氯、苯磺酰氯、三氯氧磷（磷酸三酰氯）和三氯化磷（亚磷酸三酰氯）等，某些酰氯不易制成工业品，可用羧酸和三氯化磷、亚硫酰氯或无水三氯化二铝在无水介质中作酰化剂；

④ 羧酸酯，例如乙酰乙酸乙酯、氯乙酸乙酯、氯甲酸三氯甲酯（双光气）和二（三氯甲基）碳酸酯（三光气）等；

⑤ 酰胺，例如尿素和 N,N-二甲基甲酰胺等；

⑥ 其他，例如乙烯酮和双乙烯酮等。

酰化是亲电取代反应，酰化剂是以亲电质点参加反应的，其反应历程将在以后各节讨论。这里只综述各类酰化剂的反应活性与结构的关系。

最常用的酰化剂是羧酸、相应的酸酐或酰氯。在引入碳酰基时，酰基碳原子上的部分正电荷越大，酰化能力越强。因此，羧酸、相应的酸酐和酰氯的活泼性次序是：

$$\underset{\underset{\delta_1^-}{O}}{\overset{\delta_1^+}{R-C-OH}} < \underset{\underset{\delta_2^-}{O}}{\overset{\delta_2^+}{R-C-O-C-R}} < \underset{\underset{\delta_3^-}{O}}{\overset{\delta_3^+}{R-C\div Cl}}$$

当 R 相同时，$\delta_1^+ < \delta_2^+ < \delta_3^+$。这是因为酸酐与相应的羧酸相比，前者的酰基碳原子上所连接的氧原子又连接了一个吸电性的碳酰基，所以 $\delta_2^+ > \delta_1^+$，即酸酐比相应的羧酸活泼。在酰氯分子中，酰基碳原子与电负性相当高的氯原子相连，所以 $\delta_3^+ > \delta_2^+ > \delta_1^+$，即酰氯比相应的酸酐和羧酸活泼。

在脂肪族酰化剂中，其反应活性随碳链的增长而变弱。因此，只有向氨基氮原子或羟基氧原子上引入甲酰基、乙酰基或羧甲酰基时才能使用价廉易得的甲酸、乙酸或乙二酸作酰化剂。在引入长碳链的酯酰基时，则需要使用活泼的羧酰氯作酰化剂。

当 R 时是芳环时，由于芳环的共轭效应，使酰基碳原子上的部分正电荷降低，从而使酰化剂的反应活性降低。因此，在引入芳酸酰基时也要用活泼的芳酸酰氯作酰化剂。

当脂链上或芳环上有吸电子基时，酰化剂的活性增强，而有供电子基时则活性减弱。

由弱酸构成酯也可以用作酰化剂，从结构上看它们的活性比相应羧酸还弱，但是在酰化时不生成水，而是生成醇。羧酰胺也是弱酰化剂，只有在个别情况下才使用。由强酸构成的酯，例如硫酸二甲酯和苯磺酸甲酯，则是烷化剂，而不是酰化剂，这是因为强酸的酰基吸电子性很强，使酯分子中烷基碳原子上正电荷较大的缘故。

$$\overset{\overset{\delta^-}{O}}{\underset{\underset{\delta^-}{O}}{H_3C-\overset{\delta^+}{O}-S-\overset{\delta^+}{O}-CH_3}}$$

11.2 *N*-酰化

N-酰化是制备酰胺的重要方法。被酰化的胺可以是脂胺，也可以是芳胺；可以是伯胺，也可以是仲胺。前述各类酰化剂在 *N*-酰化中都有应用。

11.2.1 胺类结构的影响

胺类被酰化的相对反应活性是：伯胺＞仲胺；脂胺＞芳胺；无位阻胺＞有位阻胺。即氨基氮原子上的电子云密度越高，碱性越强，空间位阻越小，胺被酰化的反应活性越强。对于芳胺，环上有供电子基时，碱性增强，芳胺的反应活性增加。反之，环上有吸电子基时，碱性减弱，芳胺的反应活性降低。

对于活泼的胺，可以采用弱酰化剂，对于活性低的胺，则需要使用活泼的酰化剂。

11.2.2 反应历程

用羧酸或其衍生物作酰化剂时，酰基取代伯氨基氮原子上的氢，生成羧酰胺时的反应历程可简单表示如下：

$$
\begin{array}{ccc}
R-\overset{\overset{\delta^-}{O}}{\underset{Z}{\overset{\|}{C}}}{}^{\delta^+} + \overset{H}{\underset{H}{N}}-R' \longrightarrow \left[R-\overset{\overset{O}{\|}}{\underset{Z}{C}}\cdots\overset{\overset{H}{|}}{\underset{H}{N}}-R' \right] \xrightarrow{-HZ} R-\overset{\overset{O}{\|}}{C}-\overset{\overset{H}{|}}{N}-R'
\end{array}
\tag{11-1}
$$

酰化剂　伯胺　　　　　过渡配合物　　　　　　羧酰胺

首先是酰化剂的碳酰基中带部分正电荷的碳原子向伯氨基氮原子上的未共用电子对作亲电进攻，形成过渡配合物，然后脱去 HZ 而生成羧酰胺。

在酰化剂 $R-\overset{\overset{O}{\|}}{C}-Z$ 分子中，—Z 可以是—OH（羧酸）、$-O-\overset{\overset{O}{\|}}{C}-R$（羧酸酐）、Cl（羧酸氯）或—OR（羧酸酯）。

酰基是吸电子基，它使酰胺分子中氨基氮原子上的电子云密度降低，不容易再与亲电性的酰化剂质点相作用，即不易生成 N,N-二酰化物。所以在一般情况下容易制得较纯的酰胺。

11.2.3 用羧酸的 N-酰化

羧酸价廉易得，但反应活性弱，一般只有在引入甲酰基、乙酰基、羧甲酰基时才使用甲酸、乙酸或乙二酸作酰化剂，在个别情况下也可用苯甲酸作酰化剂。羧酸类酰化剂一般只用于碱性较强的胺或氨的 N-酰化。

用羧酸的 N-酰化是可逆反应，首先是羧酸与胺或氨生成铵盐，然后脱水生成酰胺。

$$
R-\overset{\overset{O}{\|}}{C}-OH + H_2N-R' \underset{成盐}{\rightleftharpoons} R-\overset{\overset{O}{\|}}{C}-O^- \cdot H_2\overset{+}{N}-R' \underset{+H_2O}{\overset{-H_2O}{\rightleftharpoons}} R-\overset{\overset{O}{\|}}{C}-\overset{\overset{H}{|}}{N}-R'
\tag{11-2}
$$

式中，R 和 R' 可以是氢、烷基或芳基。

为了使酰化反应尽可能完全，并且只用过量不太多的羧酸，必须除去反应生成的水。脱水的方法主要有以下几种。

① 反应精馏脱水酰化法　此法主要用于乙酸（沸点 118℃）与芳胺的 N-酰化。例如将含水乙酸和苯胺加热至沸腾，然后先用精馏法蒸出含水稀乙酸，然后在 $160\sim210$℃减压蒸出未反应的乙酸和苯胺，即得到 N-乙酰苯胺，N-乙酰苯胺的需要量很大，也可以采用多釜串联连续酰化法。

用类似的酰化法还可以制得以下有机中间体：

$$
\begin{array}{cccc}
\text{NHCOCH}_3 & \text{NHCOCH}_3 & \text{NHCOCH}_3 & \text{NHCOCH}_3 \\
\vert\!-\!\text{CH}_3 & & & \\
\text{CH}_3 & \text{OCH}_3 & \text{OCH}_3 & \text{OC}_2\text{H}_5
\end{array}
$$

② 溶剂共沸蒸馏脱水酰化法　此法主要用于甲酸（沸点 100.8℃）与芳胺的 N-酰化。因为甲酸和水的沸点非常接近，一般不能用精馏法分离出反应生成的水，所以必须加入甲苯、二甲苯等惰性有机溶剂，并用共沸蒸馏法蒸出反应生成的水。用此法可以制得 N-甲酰

胺、*N*-甲基-*N*-甲酰胺等有机中间体。

③ 高温熔融脱水酰化法　此法可用于稳定铵盐的脱水。例如，向冰乙酸中通入氨气，使生成乙酸铵，然后逐渐加热到 180～220℃进行脱水，即得到乙酰胺。用同样的方法还可以制得丙酰胺和丁酰胺。

另外，此法还可用于高沸点羧酸和芳胺的 *N*-酰化。例如，将苯甲酸和苯胺的混合物先在 180～190℃反应，直到不再蒸出水和苯胺，然后升温至 225℃，使反应接近完全，粗品用盐酸处理，除去未反应的苯胺；再用氢氧化钠水溶液处理，除去未反应的苯甲酸，粗品再用乙醇重结晶，即得工业品 *N*-苯甲酰苯胺。

应该指出，用羧酸 *N*-酰化时反应温度高，容易生成焦油物，使产品颜色变深，而且反应不易完全。对于小批量的精细化工 *N*-酰化过程，为了简化工艺，常常不用羧酸，而改用价格较贵的乙酐、甲-乙酐或苯甲酰氯作酰化剂，有时也可以用羧酸加三氯化磷或亚硫酰氯的酰化法。

11.2.4　用酸酐的 *N*-酰化

在酸酐中最常用的是乙酐，用乙酐的 *N*-酰化反应如下式所示：

$$
\begin{matrix}
CH_3-C\overset{O}{\underset{}{\diagdown}} \\
\quad\quad O + HN\overset{R^1}{\underset{R^2}{\diagup}} \longrightarrow CH_3-\overset{O}{\overset{\|}{C}}-\overset{R^1}{\underset{}{N}}-R^2 + CH_3-\overset{O}{\overset{\|}{C}}-OH \\
CH_3-C\overset{}{\underset{O}{\diagup}}
\end{matrix} \quad\quad (11\text{-}3)
$$

式中，R^1 可以是氢、烷基或芳基；R^2 可以是氢或烷基。

这个反应不生成水，因此是不可逆的。反应生成的乙酸可以起溶剂作用。乙酐比较活泼，乙酰化反应一般在 20～90℃即可顺利进行。乙酐的用量一般只需要过量 5%～50%。

如果被酰化的胺和酰化产物的熔点都不太高，在乙酰化时可以不另加溶剂。例如，在搅拌和冷却下，将乙酐加入间甲苯胺中，然后在 60～65℃保温 2h，即得到间甲基乙酰苯胺，熔点 65.5℃。

如果被酰化的胺和酰化产物的熔点都比较高，就需要另外加入苯或溶剂石脑油等非水溶性惰性有机溶剂，例如将对氯苯胺在 80～90℃溶解于石脑油中，慢慢加入乙酐，在 80～85℃保温 2h，冷却至 15～20℃，过滤、水洗、干燥，即得到对氯乙酰苯胺，熔点176～177℃。

更简便的方法是用乙酸或过量较多的乙酐作溶剂，例如将 3-氨基-*N*,*N*-二甲基苯胺、乙酸和乙酐按 1∶1∶1.1 的物质的量比在 60℃，保温 30min，然后将反应物在搅拌下倒入水中，过滤出固体，用乙醇和水重结晶，即得到 *N*,*N*-二甲基-3-乙酰氨基苯胺，熔点 84～86℃，收率 93%。

如果被酰化的胺和酰化产物可溶于水，而 *N*-乙酰化速率比乙酐的水解速率快得多，乙酰化反应也可以在水介质中进行。例如，在水中加入块状或熔融态间苯二胺和盐酸，溶解后加入乙酐，胺、盐酸、乙酐物质的量比为 1∶1∶1.05，在 40℃搅拌 1h，然后加精盐盐析，就得到间氨基乙酰苯胺盐酸盐，因为—$NH_2 \cdot HCl$ 不能被酰化，所以多氨基化合物部分乙酰化时必须严格控制反应物的物质的量比。

$$
\text{[苯环结构]} +(CH_3CO)_2O \xrightarrow[\text{NaCl 盐析}]{\text{水介质},40℃} \text{[苯环结构]} +CH_3COOH \quad\quad (11\text{-}4)
$$

氨基酚类在 *N*-乙酰化时，控制适当的反应条件，可以只让氨基乙酰化，而不影响羟基，例如，在水中加入 2-氨基-8-萘酚-6-磺酸（γ 酸）湿滤饼和氢氧化钠水溶液，调至弱酸性，然后在 22～30℃加入稍过量的乙酐，然后用精盐盐析，就得到 N-乙酰基 γ 酸。这是一种用于合成具有偶氮型结构的活性及直接染料的中间体。

$$\text{(11-5)}$$

如果氨基酚分子中的羟基也会被乙酰化，可在乙酰化后，将乙酰氧基水解掉。例如，在水中加入 1-氨基-8-萘酚-3,6-二磺酸单钠盐湿滤饼和氢氧化钠水溶液，调 pH6.7～7.1，使全溶，在30～35℃加入乙酐，H 酸∶乙酐物质的量比 1∶1.47，保温 30min，直到反应液中游离 H 酸≤0.1%（质量分数）为终点，然后，加入碳酸钠调 pH7～7.5，升温至 95℃，保温 20min，然后冷却至 15℃，就得到 N-乙酰基 H 酸水溶液。N-乙酰基 H 酸是合成活性染料艳紫 KN-4R 的中间体。

$$\text{(11-6)}$$

一氧化碳是甲酸的酸酐，它虽然不活泼，但是可以从合成气（CO 和 H_2 的混合物）中分离出来，成本低，适用于在大型生产中作为甲酰化剂。例如，将无水二甲胺和含催化剂甲醇钠的甲醇溶液连续地压入喷射环流反应器中，在 110～120℃和 1.5～5MPa 与一氧化碳反应，即得到 N,N-二甲基甲酰胺。

$$CO + HN(CH_3)_2 \xrightarrow[\text{甲醇钠催化}]{} H-\overset{O}{\underset{}{C}}-N(CH_3)_2 \qquad \text{(11-7)}$$

用类似方法还可以制备 N-甲基甲酰胺和甲酰胺。

11.2.5 用酰氯的 N-酰化

用酰氯进行 N-酰化的反应可用以下通式来表示：

$$R-NH_2 + AcCl \longrightarrow R-NHAc + HCl \qquad \text{(11-8)}$$

式中，R 表示烷基或芳基；Ac 表示各种酰基。这类反应是不可逆的。酰氯是比相应的酸酐更活泼的酰化剂，许多酰氯比相应的酸酐容易制备，因此常常用酰氯作酰化剂。最常用的酰氯是羧酸氯、芳磺酰氯、三聚氰酰氯和光气。

11.2.5.1 用羧酰氯的 N-酰化

羧酰氯一般是由相应的羧酸与亚硫酰氯、三氯化磷、三氯化磷加氯气（生成五氯化磷）或光气相作用而制得的。

高碳酯酸酰氯亲水性差，而且容易水解，其 N-酰化反应要在无水惰性有机溶剂中，在较高温度（95～160℃）下进行，而且要用吡啶或三乙胺等叔胺作缚酸剂。

丙酰氯等低碳酯羧酰氯的 N-酰化反应速率比较快，可在水介质中进行，为了减少酰氯水解的副反应，最好在滴加酰氯的同时，不断地滴加氢氧化钠水溶液、碳酸钠水溶液、固体碳酸钠或氢氧化钙，控制反应液的 pH 值始终在 7～8。

苯甲酰氯及其取代衍生物的反应活性比低碳酯羧酰氯差一些，但一般不易水解，反应一般可在水介质中进行，在个别情况下，则需要在无水氯苯中进行，缚酸剂一般用碳酸钠。羧酰氯的用量一般是理论量的 110%～150%。

在芳羧酰氯中最常用的是苯甲酰氯和对硝基苯甲酰氯。有时也用到苯环上的其他取代基的苯甲酰氯。例如，在水中加入粉状间硝基苯胺（熔点114℃）和石灰乳，在60～62℃滴加熔融的间硝基苯甲酰氯（熔点37℃），然后加入盐酸酸化，在60℃过滤，水洗至中性，即得到3,3′-二硝基苯甲酰胺。

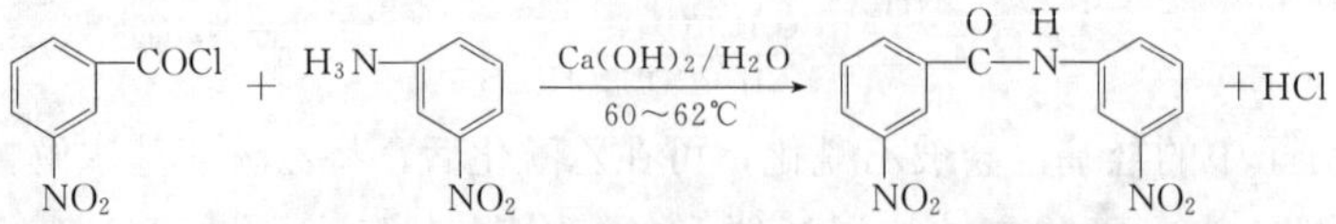

$$\qquad (11\text{-}9)$$

11.2.5.2 用芳羧酸加三氯化磷的 N-酰化

为了避免将芳羧酸制成工业品的芳羧酰氯，可以用在酰化反应物中加入三氯化磷的方法。此方法主要用于从 2-羟基萘-3-甲酸（以下简称 2,3-酸）与苯胺反应制 2-羟基萘-3-甲酰苯胺，商品名为色酚 AS，主要用于生产有机颜料及维纶、黏胶纤维、蚕丝、二醋酸纤维的染色以及棉布印花的打底剂，用于棉纤维、黏胶纤维和部分合成纤维的染色、印花。

如果用其他芳伯胺代替苯胺，可制得如下一系列色酚。

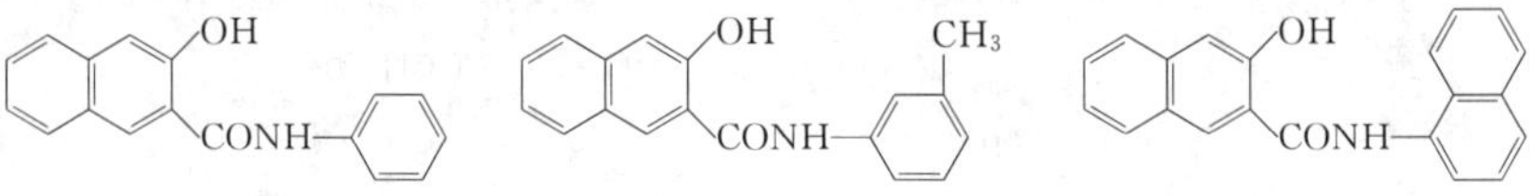

根据反应时 2,3-酸的形态，可分为酸式酰化法和钠盐酰化法两种。

（1）酸式酰化法

例如，将 2,3-酸和 1/8 的三氯化磷加入氯苯中，升温至 65℃，加入苯胺，然后在 72℃滴加其余的三氯化磷-氯苯溶液，然后在 130℃回流 1h，并用水吸收逸出的氯化氢。反应完毕后，将反应物放入水中，用碳酸钠中和至 pH8 以上，蒸出氯苯和过量的苯胺，然后过滤，热水洗，干燥，就得到色酚 AS，总反应式可简单表示如下。

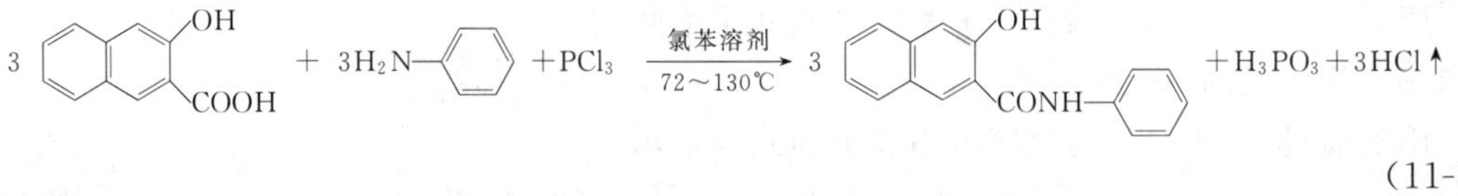

$$\qquad (11\text{-}10)$$

当 2,3-酸∶苯胺∶三氯化磷的物质的量比为 1∶1.16∶0.375 时，按 2,3-酸计，色酚 AS 的收率大于 96%。

（2）钠盐酰化法

例如将 2,3-酸和无水碳酸钠加入氯苯中，加热成盐，逸出二氧化碳，在 134～135℃脱水，直至蒸出的氯苯透明无水为止，然后加入邻甲苯胺，在 65～70℃滴加三氯化磷-氯苯混合液，并在 118～120℃保温 2h，然后中和、后处理，即得色酚 AS-D。反应式可简单表示如下。

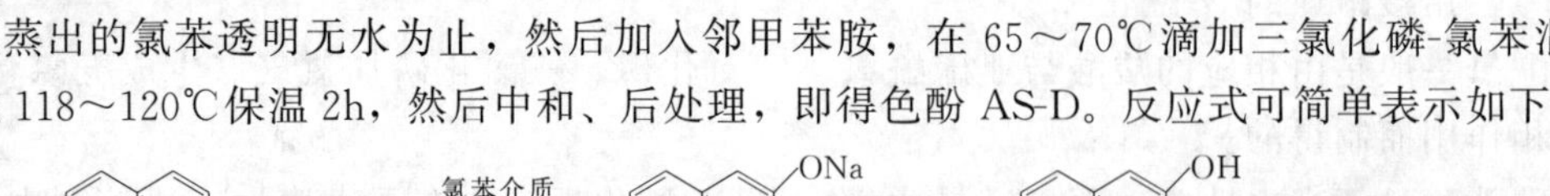

$$\qquad (11\text{-}11)$$

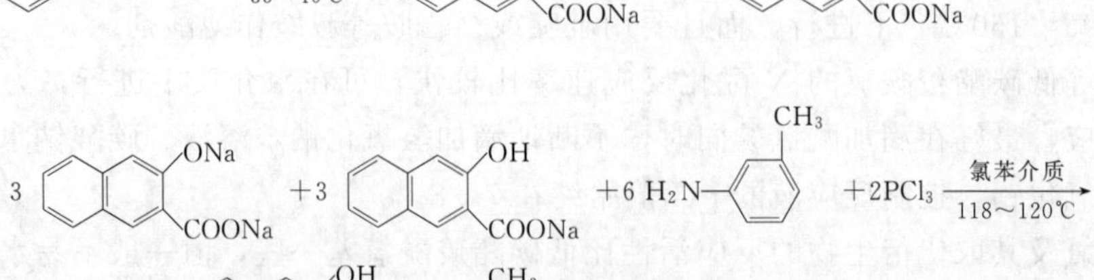

$$\qquad (11\text{-}12)$$

当 2,3-酸：Na_2CO_3：邻甲苯胺：PCl_3 的物质的量比为 1：0.78：1.17：0.50 时，按 2,3-酸计，色酚 AS-D 的收率约为 95％。成盐时也可以用氢氧化钠水溶液代替无水碳酸钠，两者各有利弊。

对于大多数色酚来说，采用酸式酰化法或钠盐酰化法，产品质量和收率都相差不大，但有些色酚则必须采用酸式酰化法。钠盐酰化法可不用耐酸设备，而酸式酰化法则必须用搪瓷反应器、石墨冷凝器和氯化氢吸收设备。

如果芳胺价廉、容易随水蒸气和氯苯一起蒸出，回收使用，可用过量的芳胺。如果芳胺价格较贵，或不易随水蒸气蒸出，就需要使用理论量或不足量的芳胺。所用三氯化磷很容易水解，因此所用原料和设备都应干燥无水。三氯化磷的用量，按羧酸计一般要超过理论量的 10％～50％。

所用反应介质一般采用氯苯，在常压下回流。也可根据反应温度选用其他惰性有机溶剂。

11.2.5.3　用芳磺酰氯的 N-酰化

最常用的芳磺酰氯是苯磺酰氯，有时也用到苯环上的有取代基的苯环酰氯。芳磺酰氯不易水解，N-酰化反应一般可以在水介质中进行。

芳磺酰氯与氨反应是在过量的氨水中进行的。芳磺酰氯与脂胺、芳胺或杂环氨基化合物反应时，可根据原料的价格和性质，使用稍过量的芳胺或稍过量的芳磺酰氯。水介质的 pH 值可控制在弱酸性（用氢氧化钙或碳酸钙加乙酸钠）或弱碱性（用碳酸钠或氢氧化钠）。

例如，在水中加入乙酸钠和苯胺，在室温下慢慢加入 2-甲基-5-硝基苯磺酰氯，在加料过程中始终保持乙酸的酸性，苯胺与酰氯的物质的量比为 1.067：1，当反应液中苯胺残余量约为总量的 8％时，加入碳酸钠调至弱碱性，升温至 70℃，使酰氯反应完全，得到 2-甲基-5-硝基苯磺酰基苯胺。

$$\text{（11-13）}$$

11.2.5.4　用光气的 N-酰化

光气是碳酸的二酰氯，它是非常活泼的酰化剂。用光气的 N-酰化可以制得三种类型的产物。

（1）氨基甲酰氯衍生物的制备

氨基甲酰氯衍生物是光气分子中的一个氯与胺反应而生成的产物。这类产物的制备方法有两种。

① 气相法　例如将无水的甲胺气体和稍过量的光气分别预热后，进入文氏管中，在 280～300℃即快速反应生成气态甲氨基甲酰氯，将它冷却至 35～40℃以下，即得到液态产品或者将气态氨基甲酰氯用四氯化碳或氯苯在 0～20℃循环吸收，就得到质量分数 10％～20％的溶液。产品是重要的农药中间体，需要量很大。

$$CH_3NH_2 + COCl_2 \longrightarrow CH_3NHCOCl + HCl \tag{11-14}$$

② 液相法　例如，将光气在 0℃左右溶解于甲苯中，通入稍过量的无水二甲胺气体，然后过滤除去副产的二甲胺盐酸盐，将滤液减压精馏，先蒸出甲苯，再蒸出产品二甲氨基甲酰

氯。它是医药中间体。

（2）异氰酸酯的制备

将用上述方法制得的甲氨基甲酰氯四氯化碳溶液加热至沸腾，即蒸出异氰酸甲酯。它是有机合成的重要中间体，可制成一系列氨基甲酸酯类杀虫剂、杀菌剂、除草剂，也用于改进塑料、织物、皮革等的防水性。

$$H_3C-N-C=O \xrightarrow{加热} -N-C=O +HCl \tag{11-15}$$

为了避免低温操作，可以先将胺类溶解于甲苯、氯苯等溶剂中（或再通入干燥的氯化氢或二氧化碳使成铵盐），然后在 $40 \sim 160℃$ 通入光气，直接制得异氰酸酯。

（3）二异氰酸酯的制备

用二元胺与光气反应可制得广泛应用于汽车和工业涂料的二异氰酸酯。例如，1,6-己二胺与光气反应可制得六亚甲基二异氰酸酯。

$$\begin{array}{l} CH_2CH_2CH_2NH_2 \\ | \\ CH_2CH_2CH_2NH_2 \end{array} +2COCl_2 \longrightarrow \begin{array}{l} CH_2CH_2CH_2NCO \\ | \\ CH_2CH_2CH_2NCO \end{array} +4HCl \tag{11-16}$$

（4）甲苯-2,4-二异氰酸酯（简称 TDI）

由 2,4-二氨基甲苯与光气反应可制得 TDI，但光气剧毒，又开发了 2,4-二氨基甲苯的一氧化碳羰基合成，催化热分解法。它的专利很多，比较成熟的是二步法。例如将二硝基甲苯溶于乙醇中，以 SeO_2 为催化剂，添加氢氧化锂和乙酸，与一氧化碳在 $175 \sim 180℃$ 和 $7.07MPa$ 反应 30min，二硝基甲苯转化率 100%，甲苯二氨基甲酸乙酯收率 95%。

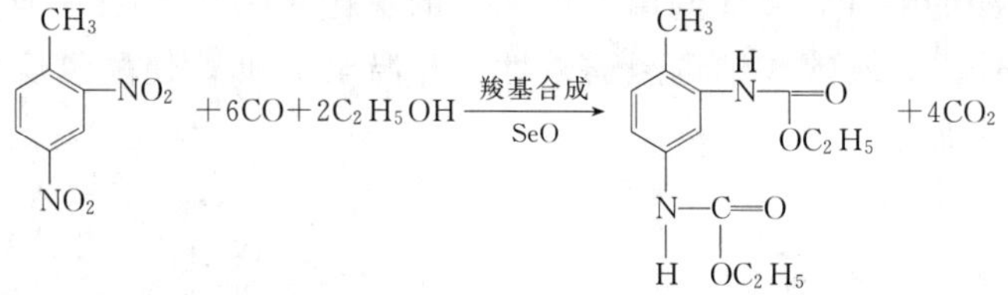

$$\tag{11-17}$$

然后将生成的酯在十六烷中在 $Mo(CO)_4$ 存在下，进行催化热分解，就得到甲苯二异氰酸酯，热解率 100%，TDI 收率 94%。此法流程短，一套 50kt/a 装置的建设投资只有光气法的 40%，生产成本可降低 $25\% \sim 30\%$。

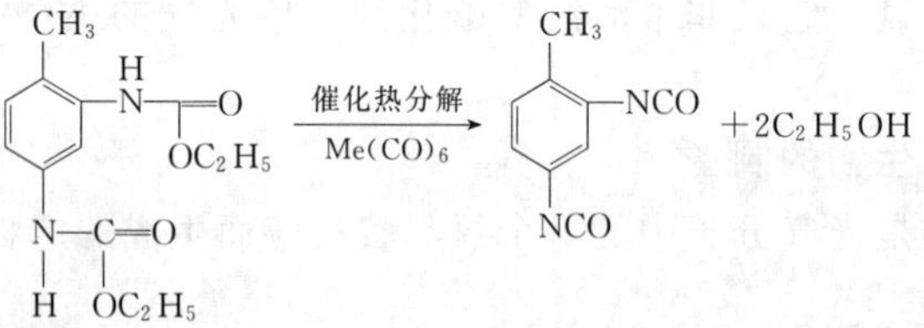

$$\tag{11-18}$$

TDI 主要用于聚氨酯产品，包括泡沫塑料、聚氨酯涂料、聚氨酯橡胶，在聚酰亚胺纤维和胶黏剂中也有应用。

（5）4,4′-二苯基甲烷二异氰酸酯（MDI）新工艺

对于 MDI 的生产还开发了苯胺与碳酸二甲酯的甲氧羰基化-甲醛缩合-热分解法，其反应式如下：

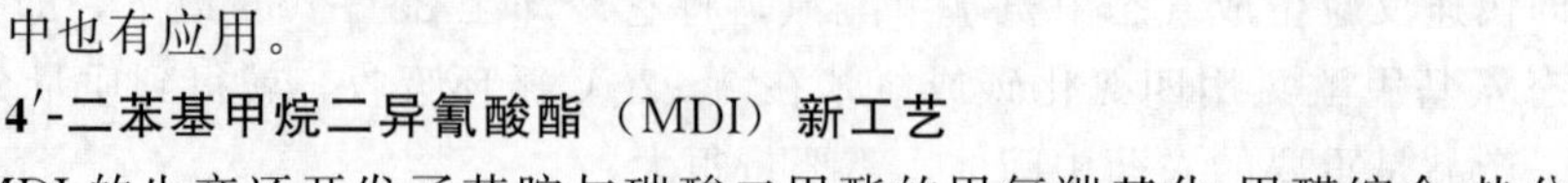

$$H_3CO-\overset{\overset{O}{\|}}{C}-\overset{H}{N}-\text{〈苯〉}-\overset{H_2}{C}-\text{〈苯〉}-\overset{H}{N}-\overset{\overset{O}{\|}}{C}-OCH_3 \xrightarrow[-2CH_3OH]{\text{热分解}} OCN-\text{〈苯〉}-\overset{H_2}{C}-\text{〈苯〉}-NCO \quad (11\text{-}19)$$

上海华谊（集团）公司、中国石化上海高桥石油化工公司和上海氯碱化工股份有限公司与德国巴斯夫和美国亨斯迈集团合作，共同投资 10 亿元，建设全球最大的异氰酸酯一体化装置，用最先进的工艺，年产 MDI 24 万吨、TDI 16 万吨，配套生产硝酸 24.5 万吨、硝基苯 24 万吨、苯胺 16 万吨、2,4-二硝基甲苯和 2,6-二硝基甲苯 24 万吨。

该产品广泛应用于微孔弹性体、热塑性弹性体、浇铸型弹性体、人造革、合成革、胶黏剂、涂料、密封剂等的制造。

(6) 脲衍生物的制备

将芳胺在水介质或水-有机溶剂中，在碳酸钠、碳酸氢钠等缚酸剂的存在下，在 20～70℃，通入光气，可制得对称二芳基脲。例如将碳酸钠溶于水中，在 80℃加入 2-氨基-5-萘酚-7-磺酸（J 酸），使生成 J 酸钠盐和碳酸氢钠，然后在 40℃和 pH 7.2～7.5 通入光气，然后加入精盐进行盐析、过滤、干燥就得到猩红酸。猩红酸主要用于合成偶氮染料，如直接橙 S、直接耐酸大红 4BS 等。

$$2 \; \text{〈萘环 NaO}_3\text{S, OH, NH}_2\text{〉} + COCl_2 + 2NaHCO_3 \longrightarrow$$

$$\text{〈萘环 NaO}_3\text{S, OH〉}-NH-\overset{\overset{O}{\|}}{C}-NH-\text{〈萘环 OH, SO}_3\text{Na〉} + 2NaCl + 2H_2O + 2CO_2 \uparrow \quad (11\text{-}20)$$

猩红酸（染料中间体）

为了避免使用光气，巴斯夫公司又提出了尿素法，有公司还提出了二（三氯甲基）碳酸酯法（三光气法）。

如果将前述的芳基异氰酸酯溶液与另一种胺反应，可制得不对称脲。例如：

$$\text{Cl, Cl-〈苯〉}-N=C=O + HN(CH_3)_2 \xrightarrow[\text{加热}]{\text{有机溶剂}} \text{Cl, Cl-〈苯〉}-\overset{H}{N}-\overset{\overset{O}{\|}}{C}-N(CH_3)_2 \quad (11\text{-}21)$$

敌草隆（除草剂）

(7) 使用光气的安全措施

光气是剧毒的气体，沸点 8.3℃，它是由一氧化碳和氯气在 200℃左右通过活性炭催化剂而制得的。

$$CO + Cl_2 \longrightarrow COCl_2 \quad (11\text{-}22)$$

反应生成的光气体积分数为 60%～80%（其余为 CO 和 CO_2），可直接使用，也可冷冻液化后在本厂内使用，而很少装入钢瓶供外厂使用。在使用光气时，应特别注意安全措施。例如，隔离操作、严防泄漏、良好通风等。反应后的尾气应该用无水高沸点的有机溶剂吸收残余的光气，或用碱液处理，将残余的光气全部水解掉。

为了避免使用光气，提出的代用酰化剂有尿素、碳酸二甲酯、氯甲酸三氯甲酯（又名双光气，液体，沸点 128℃）、二（三氯甲基）碳酸酯（又名三光气，白色固体，熔点 79℃）。

11.2.6 用酰胺的 N-酰化

尿素是碳酸的二酰胺，价廉易得，可用来代替光气，制备许多单取代脲和双取代脲。例如，将苯胺、尿素、盐酸和水按一定比例，在 100～104℃回流 1h，主要生成单苯基脲，并

副产少量 N,N'-二苯基脲。如果改变原料配比，在 $104\sim106℃$ 长时间回流，则主要生成 N,N'-二苯基脲，收率良好。

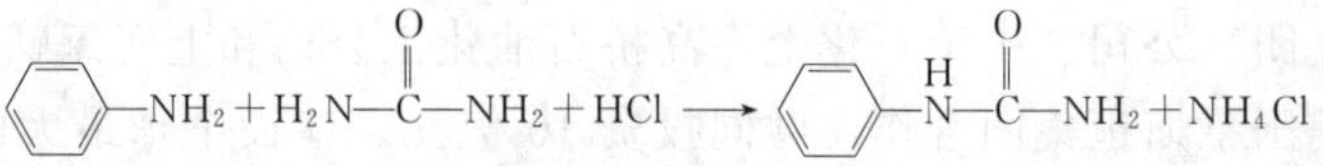

$$\text{（结构式）}\quad \text{(11-23)}$$

$$\text{（结构式）}\quad \text{(11-24)}$$

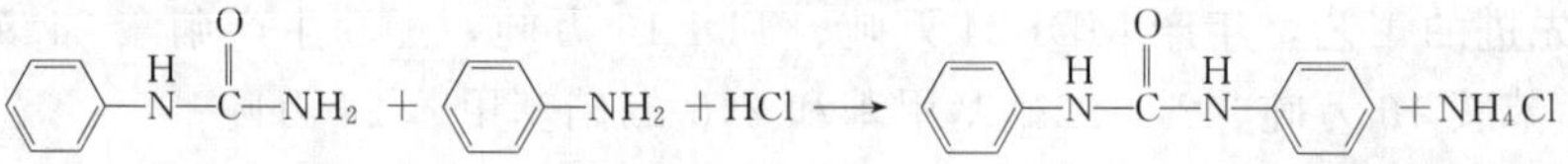

又如，将 J 酸钠盐和尿素按 $2:1$ 的物质的量比在水中，在 $120℃$ 和 $0.35MPa$ 反应 $4h$，生成猩红酸，将反应物稀释，用盐酸酸化至 pH 值 1.5，使未反应的 J 酸析出，滤液中和至 pH 值 6.5，加精盐使猩红酸析出。

11.2.7 过渡性 N-酰化和酰氨基的水解

过渡性 N-酰化指的是先将氨基转化为酰氨基，以利于某些化学反应（例如硝化、卤化、氯磺化、O-烷化和氧化等）的顺利进行，在完成目的反应后再将酰氨基水解成氨基。

在过渡性 N-酰化时，酰化剂的选择需要考虑的主要因素是：该酰氨基对于下一步有良好的效果、酰化剂的价格低、酰化反应容易进行、酰化产物收率高质量好。酰氨基较易水解、收率高。其重要实例如下。

（1）过渡性 N-乙酰化法

过渡性 N-乙酰化法的优点是乙酸价格低，乙酐酰化法工艺简单、收率高，乙酰氨基容易水解。将 N-乙酰芳胺在稍过量的稀氢氧化钠水溶液中在 $70\sim100℃$ 供热，或在稀盐酸或稀硫酸中加热，均可使乙酰氨基水解。

乙酰化法的应用很广，其重要应用实例有：对甲苯胺的乙酰化、硝化、己酰氨基水解制邻硝基对甲苯胺（制红色基 GL）；苯胺的乙酰化、氯磺化、胺化、乙酰氨基水解制对氨基苯磺酰胺和间甲苯胺的乙酰化、硝化、氧化、乙酰氨基水解制 5-氨基-2-硝基苯甲酸等。

（2）过渡性 N-碳酰化

此法的重要实例是 2,6-二氯苯胺的合成。2,6-二氯苯胺在医药工业用于合成喹酮酸类抗菌药洛美沙星、利尿酸和可乐定，在农药工业用于合成除草剂和杀菌剂，此外它也是合成染料的重要中间体。

苯胺与尿素反应先制成二苯脲，然后将二苯脲磺化、氯化、水解脱碳酰基、再水解脱磺酰基制 2,6-二氯苯胺。

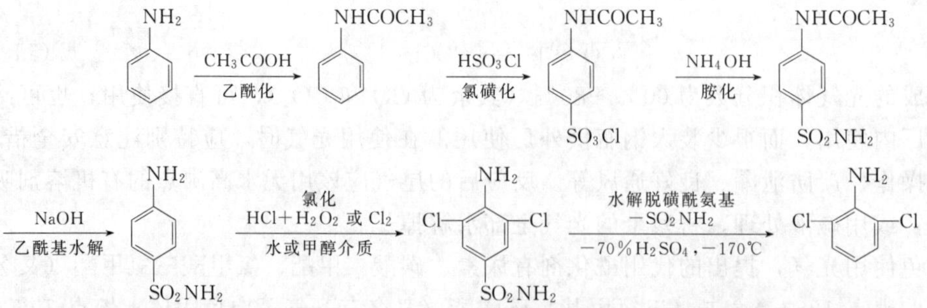

$$\text{（反应式）}\quad \text{(11-25)}$$

此法是天津大学唐培堃的职务发明专利，已转让给浙江省黄岩有关工厂，效果良好。它的优点是原料价廉，收率高，成本低；缺点是水蒸气消耗量大，有硫酸废液。当对称二苯脲的苯环上有磺酰基时，脱碳酰基反应可在稀硫酸中在 $60\sim120℃$ 进行。但是苯环上没有磺酰基时，则碳酰氨基比较难水解。

当对称二苯脲的苯环上有磺酰基时，脱碳酰基反应可在稀硫酸中在 60～120℃进行。但是苯环上没有磺酰基时，则碳酰基较难水解。

（3）过渡性 N-苯甲酰化

苯磺酰氨基的特点是对于碱的作用相当稳定，在稀无机酸中仍很稳定，在质量分数 75％以上的硫酸中则容易水解。苯磺酰化法曾用于从对甲苯胺制红色基 GL，但现在已被 N-乙酰化法所代替。苯磺酰氯价格贵，水解时硫酸废液多，限制了它的应用范围。其应用实例可以举出。

$$(11\text{-}26)$$

第（1）步苯磺酰化是在水介质中，在碳酸钙存在下在 65℃加入过量 5％的苯磺酰氯而完成的。第（2）步乙酰氨基水解反应是在质量分数 4％的氢氧化钠水溶液中，在沸腾温度下进行的。第（3）步苯甲酰化是向调成弱碱性的水解液中，在 55～60℃加入对硝基苯甲酰氯-氯苯溶液而完成的。第（4）步脱苯磺酰基反应是在质量分数 90％～94％硫酸中，在 35℃进行的，第（4）步反应收率 87％以上，最后将产品制成盐酸盐总收率 72％。

11.3 *O*-酰化（酯化）

O-酰化指的是醇或酚分子中的羟基氢原子被酰基取代的反应，生成的产物是酯，因此又称酯化。几乎所有用于 N-酰化的酰化剂都可用于酯化。

11.3.1 用羧酸的酯化

羧酸价廉易得，是最常用的酯化剂。但羧酸是弱酯化剂，它只能用于醇的酯化，而不能用于酚的酯化。

11.3.1.1 酯化反应的热力学和动力学

羧酸与醇反应生成酯。其反应历程为羧酸首先质子化成为亲电试剂，然后与醇反应，脱水、脱质子而生成酯。总的反应可简单表示如下。

$$R-\underset{\underset{O}{\|}}{C}-OH + HO-R' \overset{K}{\rightleftharpoons} R-\underset{\underset{O}{\|}}{C}-O-R' + H_2O \qquad (11\text{-}27)$$

酯化反应是可逆反应，其平衡常数 K 可表示如下：

$$K = \frac{c_{酯}\ c_{水}}{c_{羧酸}\ c_{醇}} \qquad (11\text{-}28)$$

上述酯化反应的热效应很小，因此酯化温度对 K 值的影响很小，但是羧酸的结构和醇的结构则对酯化速率和 K 值有很大影响。

11.3.1.2 羧酸结构的影响

甲酸比其他酯链羧酸的酯化速率快得多。例如，醇在过量甲酸中的酯化速率比在乙酸中快几千倍。随着羧酸碳链的增长，酯化速率明显下降。靠近羧基有支链时（例如2-甲基丙酸），对酯化有减速作用。在碳链上有苯基时（例如苯基乙酸和苯基丙酸），对酯化并无减速作用。但是苯基丙烯酸则与苯基丙酸不同，前者的双键与苯环共轭，对酯化有较大的减速作用。苯环与羧基相连时（例如苯甲酸），则减速作用更大。在苯甲酸的邻位有取代基时，其空间位阻对酯化有很大的减速作用。

应该指出，苯甲酸等虽然酯化速率很慢，但是平衡常数 K 很高，它们一旦被酯化就不易水解。

11.3.1.3 醇或酚的结构

伯醇的酯化速率最快，平衡常数 K 也较大。丙烯醇虽然也是伯醇，但是羧基氧原子上的未共用电子对与双键共轭，减弱了氧原子的亲核性，所以它的酯化速率比相应的饱和醇（即丙醇）慢一些，K 值也小一些。苯甲醇由于苯基的影响，其酯化速率和 K 值比乙醇低。一般地，醇分子中有空间位阻时，其酯化速率和 K 值降低，即仲醇（例如二甲基甲醇）的酯化速率和 K 值都相当低。苯酚由于苯环对羟基的共轭效应，其酯化速率和 K 值也都相当低。所以在制备叔丁基酯时，不用叔丁醇而改用异丁烯；在制备酚酯时，不用羧酸而改用酸酐或羧酰氯作酯化剂。

11.3.1.4 酯化催化剂

对于许多酯化反应，温度每升高10℃，酯化速率增加一倍。因此，加热可以增加酯化速率。但是，有一些实例，只靠加热并不能有效地加速酯化。特别是高沸点醇（例如甘油）和高沸点酸（例如硬脂酸），不加入酯化催化剂，只在常压下加热到高温并不能有效地酯化。

已经发现强质子酸可以有效地加速酯化。工业上最初所常用的酯化催化剂有氯化氢、浓硫酸、对甲基苯磺酸、强酸性阳离子交换树脂等。

后来又开发了钛酸四烃酯、氧化亚锡、草酸亚锡、氧化铝、氧化硅等质子酸催化剂，它们的特点是无腐蚀作用、产品质量好、副反应少。近年来还开发了固体酸、固载超强酸和分子筛等新型催化剂。

11.3.1.5 用羧酸和醇的酯化方法

用羧酸的酯化是可逆反应，当使用等物质的量比的羧酸和醇进行酯化时，达到平衡后，反应物中仍剩余相当数量的酸和醇。通常为了使羧酸尽可能完全反应，可采用以下4种方法。

(1) 用大过量低碳醇

例如，将5-硝基-1,3-苯二甲酸 100g（0.474mol）、甲醇 705g（22.0mol）和浓硫酸 6g（0.06mol）回流7h，然后冷却、析出结晶、过滤、水洗、干燥，得5-硝基-1,3-苯二甲酸二甲酯，收率90%。产品是医药中间体。

$$O_2N\text{—}\underset{COOH}{\overset{COOH}{\bigcirc}} + 2CH_3OH \xrightarrow{H_2SO_4} O_2N\text{—}\underset{COOCH_3}{\overset{COOCH_3}{\bigcirc}} + 2H_2O \qquad (11\text{-}29)$$

如果生成的酯可溶于过量的醇，可在酯化后蒸出过量的醇，或者将酯化反应物倒入水中，用分层法或过滤法分离出生成的酯。

此法的优点是操作简单。但是醇的回收量太大，只适用于批量小、产值高的甲酯化和乙酯化过程，以生产医药中间体和香料等。

（2）从酯化反应物中蒸出生成的酯

例如，将甲酸（沸点 100.8℃）与乙醇（沸点 78.4℃）按 1∶1.25 的物质的量比，在相当于甲酸质量分数 1% 的浓硫酸的催化作用下，在 64～70℃ 回流 2h，收集 64～100℃ 馏分，用饱和碳酸钠水溶液洗去未反应的甲酸、用无水硫酸钠干燥，精馏收集 53～55℃ 馏分，即得质量分数 98% 的甲酸乙酯（沸点 54.3℃），收率 96%（与水共沸点 52.6℃，含水 5%）。

此方法只适用于在酯化反应物中酯的沸点最低的情况，故只适用于制备甲酸乙酯、甲酸丙酯、甲酸异丙酯和乙酸甲酯等。

（3）从酯化反应物中直接蒸出水

此方法适用于所用的羧酸和醇以及生成的酯的沸点都比水的沸点高得多，而且不与水共沸的情况。例如，将甲基丙烯酸（沸点 160.5℃，溶于热水）和乙二醇（沸点 197.6℃，溶于水）在硫酸存在下加热酯化、减压蒸水，然后碱洗、水洗，除去未反应的甲基丙烯酸和乙二醇，最后减压蒸馏就得到甲基丙烯酸乙二醇酯，产品是高分子交联剂。

$$
2\ CH_2\!=\!\underset{CH_3}{\overset{}{C}}\!-\!\underset{O}{\overset{}{C}}\!-\!OH \ + \ \begin{matrix}HO-CH_2\\HO-CH_2\end{matrix} \longrightarrow \begin{matrix}CH_2\!=\!\underset{CH_3}{\overset{}{C}}\!-\!\underset{O}{\overset{}{C}}\!-\!O\!-\!CH_2\\CH_2\!=\!\underset{CH_3}{\overset{}{C}}\!-\!\underset{O}{\overset{}{C}}\!-\!O\!-\!CH_2\end{matrix} \ +2H_2O \tag{11-30}
$$

（4）共沸精馏蒸水法

在制备正丁酯时，正丁醇（沸点 117.7℃）与水形成共沸物（共沸点 92.7℃，水质量分数 42.5%）。但是，正丁醇与水的相互溶解度比较小，在 20℃ 时水在醇中的溶解度是 20.07%（质量分数），醇在水中的溶解度是 7.8%（质量分数），因此，共沸物冷凝后分成两层。醇层可以返回酯化釜上的共沸精馏塔中部，再带出水分。水层可在另外的共沸精馏塔中回收正丁醇。因此，对于正丁醇、各种戊醇、己醇等可用简单共沸精馏法从酯化反应物中分离出反应生成的水。

对于甲醇、乙醇、丙醇、异丙醇、烯丙醇、2-丁醇等低碳醇，虽然也可以和水形成共沸物，但是这些醇能与水完全互溶，或者相互溶解度比较大，共沸物冷凝后不能分成两层。这时可以加入合适的惰性有机溶剂，利用共沸精馏法蒸出水-醇-有机溶剂三元共沸物。对溶剂的要求是：共沸点低于 100℃，共沸物中含水量尽可能高一些，溶剂和水相互溶解度非常小、共沸物冷凝后可分成水层和有机层两相。可供选用的有机溶剂有：苯、甲苯、环己烷、氯仿、四氯化碳、1,2-二氯乙烷等。

11.3.2 甲酸甲酯的先进工艺

甲酸甲酯的先进生产工艺是甲醇的气-固相接触催化脱氢法、甲醇的气-固相接触催化氧化脱氢法、甲醇羰基化法和合成气的一步羰基合成法。

$$
2CH_3OH \xrightarrow[\text{常压 }250\sim350℃]{\text{Cu-Zr-Zn 催化剂}} HCOOCH_3 + 2H_2 \tag{11-31}
$$

$$
2CH_3OH + O_2 \xrightarrow[\substack{\text{常压 }160℃\\\text{富氧空气}}]{SnO_2\text{-}MoO_3} HCOOCH_3 + 2H_2O \tag{11-32}
$$

$$
CH_3OH + CO \xrightarrow[70\sim100℃,\ 4\sim10MPa]{CH_3ONa\ \text{催化}} HCOOCH_3 \tag{11-33}
$$

$$
2CO + 2H_2 \xrightarrow[50\sim150℃,\ 0.68MPa]{\text{镍基催化剂}} HCOOCH_3 \tag{11-34}
$$

甲酸甲酯可制备甲酸、甲酰胺、二甲基甲酰胺、乙二醇、氯甲酸三氯甲酯、乙二酸酯、醋酐以及醋酸等，还用于杀虫剂、军用毒气及溶剂等产品的生产，也可用作硝酸纤维素和醋酸纤维素的溶剂。

11.3.3 乙酸乙酯的先进生产方法

乙酸乙酯的先进生产方法是乙醛的液相催化缩合法和乙醇的气-固相接触催化脱氢法。前一方法国内已有万吨级装置，后一方法是清华大学开发成功的专利催化剂技术，属国际领先。

$$2CH_3CHO \xrightarrow[0\sim20℃，常压]{三乙氧基铝催化剂} CH_3COOC_2H_5 \tag{11-35}$$

$$2C_2H_5OH \xrightarrow{脱氢催化剂} CH_3COOC_2H_5 + H_2 \tag{11-36}$$

乙酸乙酯可用于制备乙酰胺、乙酰醋酸酯、甲基庚烯酮等，并在香精香料、油漆、医药、高级油墨、火胶棉、硝化纤维、人造革、染料等行业广泛应用。它是食用香精中用量较大的合成香料之一，大量用于调配香蕉、梨、桃、菠萝、葡萄等香型的食用香精。此外也用作萃取剂和脱水剂以及食品包装彩印等。

11.3.4 用酸酐的酯化

用酸酐酯化的方法主要用于酸酐较易获得的情况，例如乙酐、顺丁烯二酸酐、丁二酸酐和邻苯二甲酸酐等。

(1) 单酯的制备

酸酐是较强的酯化剂，只利用酸酐中的一个羧基制备单酯时，反应不生成水，是不可逆反应，酯化可在较温和的条件下进行。酯化时可以使用催化剂，也可以不使用催化剂。酸催化剂的作用是提供质子，使酸酐转变成酰化能力较强的酰基正离子。

$$\underset{O}{R-C}-\underset{O}{C-R}+H^+ \longrightarrow \underset{O}{R-C}-OH+R-\overset{+}{\underset{O}{C}} \tag{11-37}$$

例如，将水杨酸甲酯和稍过量的乙酐，在浓硫酸存在下，在 60℃反应 1h，将反应物倒入水中，即析出乙酰基水杨酸甲酯，它是医药中间体。

$$\tag{11-38}$$

(2) 双酯的制备

用环状羧酸酐可以制得双酯。其中产量最大的是邻苯二甲酸二异辛酯，它是重要的增塑剂。在制备双酯时，反应是分两步进行的，即先生成单酯，再生成双酯。

$$\xrightarrow{+R-OH} \xrightarrow[-H_2O]{+R'-OH} \tag{11-39}$$

第一步生成单酯非常容易，将邻苯二甲酸酐溶于过量的辛醇中即可生成单酯。第二步由单酯生成双酯属于用羧酸的酯化，需要较高的酯化温度，而且要用催化剂。最初用硫酸催化剂，现在都已改用非酸性催化剂，例如钛酸四烃酯、氢氧化铝复合物、氧化亚锡、草酸亚锡、固载杂多酸、固载超强酸、分子筛等。

大规模生产时采用连续法。苯酐和异辛醇按 1：（2.2～2.5）的物质的量比连续地进入单酯化器，温度 130～150℃，然后经过几个串联的双酯化釜，在强烈搅拌和催化剂存在下，一次在 180～230℃ 酯化并共沸脱水，然后加压闪蒸脱醇、碱洗、水洗、滤出催化剂，用 SiO_2 或 Al_2O_3 等吸附剂脱色，即得成品。

二氧化碳是碳酸的酸酐，是很弱的酯化剂，CO_2 与链状脂肪醇的酯化转化率很低，但是 CO_2 与环氧乙烷的加成酯化制碳酸乙二醇酯（碳酸乙烯酯）已经工业化。

$$\begin{array}{c} H_2C \\ | \\ H_2C \end{array} O + CO_2 \xrightarrow[\substack{90\sim140℃,2\sim2.5MPa,\\催化剂}]{加成酯化} \begin{array}{c} H_2C-O \\ | \quad\quad\ C=O \\ H_2C-O \end{array} \qquad (11-40)$$

所用的催化剂类型很多，主要有固载的和非固载的无机卤化物、有机胺、有机磷和有机锡等。用同样的方法可以从 CO_2 和 1,2-丙二醇生产碳酸丙二醇酯等。

11.3.5 用酰氯的酯化

用酰氯的酯化（O-酰化）和用酰氯的 N-酰化的反应条件基本上相似，最常用的有机酰氯是长碳链脂酰氯、芳羧酰氯、芳磺酰氯、光气、氨基甲酰氯、氯甲酸酯和三聚氯氰等。用无机酸的酰氯作酰化剂的实例如三氯化磷用于制亚磷酸酯、三氯氧磷或三氯化磷加氯气用于制磷酸酯、三氯硫磷用于制硫代磷酸酯等。

用酰氯进行酯化时，可以不加缚酸剂，释放出氯化氢气体。但有时为了加速反应、控制反应方向或抑制氯烷的生成，需要加入缚酸剂，常用的缚酸剂有：氨气、液氨、无水碳酸钾、氢氧化钠水溶液、氢氧化钙乳状液、吡啶、三乙胺、N,N-二甲基苯胺等。

11.3.5.1 用光气的酯化

（1）氯甲酸间甲基苯酯

在间甲酚中加入季铵盐催化剂，在 40～110℃，通入计算量的光气，滤出催化剂，就得到成品，含量 98.5%，收率 97.1%，产品是农药中间体。逸出的氯化氢气体用水吸收得副产盐酸。此法的优点是不用液碱和溶剂，产品不需水洗、脱溶剂等过程，工艺简单，成本低。

$$H_3C-\!\!\!\bigcirc\!\!\!-OH + \begin{array}{c} Cl-C-Cl \\ || \\ O \end{array} \longrightarrow H_3C-\!\!\!\bigcirc\!\!\!-O-\begin{array}{c} C-Cl \\ || \\ O \end{array} + HCl \qquad (11-41)$$

（2）碳酸二苯酯

将苯酚溶于稍过量的氢氧化钙水溶液中，在适量惰性有机溶剂和叔胺催化剂的存在下，在 20～30℃ 滴加液态光气，反应生成的碳酸二苯酯不断呈固态小颗粒析出，当 pH 值下降至 6.5～7 时为终点。反应物经处理后，即得成品。

$$2\bigcirc\!\!\!-OH + \begin{array}{c} Cl-C-Cl \\ || \\ O \end{array} + 2NaOH \longrightarrow \bigcirc\!\!\!-O-\begin{array}{c} C \\ || \\ O \end{array}-O-\!\!\!\bigcirc + 2NaCl + 2H_2O \qquad (11-42)$$

中国专利用氢氧化钙代替氢氧化钠，在 25～40℃ 反应，可降低苯酚和光气的单耗，并省去冷冻盐水，缩短反应时间。为了避免使用光气，正在研究苯酚与碳酸二甲酯的酯交换法和乙二酸二苯酯的脱羰法。但两法都需要接近 100% 的选择性才有可能代替工艺非常简单的光气法。

碳酸二苯酯是重要的环保化工产品，可用于合成医药、农药、高分子材料等，也可用作聚酰胺、聚酯的增塑剂和溶剂。

11.3.5.2　用芳羧酰氯的酯化

(1) 苯甲酸苯酯

苯酚溶于稍过量的氢氧化钠水溶液中，滴加稍过量的苯甲酰氯，在 40～50℃反应、过滤、水洗、重结晶即得成品。另外，也可以用苯酚-苯甲酸-三氯化磷法。

$$\text{ONa} + \text{Cl}-\overset{\text{C}}{\underset{\text{O}}{|}}-\text{Ph} \longrightarrow \text{O}-\overset{\text{C}}{\underset{\text{O}}{|}}-\text{Ph} + \text{NaCl} \tag{11-43}$$

该产品在氯化铝存在下加热至 130℃，重排生成 4-羟基二苯酮，是合成医药的重要中间体。

(2) 水杨酸苯酯

在熔融的苯酚中加入水杨酸，加热至 130℃，滴加三氯化磷，保温 4h，反应物经后处理就得到成品。其总的反应可简单表示如下：

$$3\ \text{（水杨酸）} + 3\ \text{HO（苯酚）} + \text{PCl}_3 \longrightarrow 3\ \text{（水杨酸苯酯）} + \text{H}_3\text{PO}_3 + 3\text{HCl} \tag{11-44}$$

水杨酸苯酯可用作塑料的增塑剂、光稳定剂以及香精的定香剂等，也用于药物的合成。

11.3.5.3　用磷酰氯的酯化

(1) 磷酸三苯酯

在 40℃向苯酚中滴加接近理论量的三氯化磷，升温至 70℃，通入接近理论量的氯气，然后在 80℃加水水解，经后处理即得成品。

$$3\text{C}_6\text{H}_5\text{OH} + \text{PCl}_3 \xrightarrow{40℃} (\text{C}_6\text{H}_5\text{O})_3\text{P} + 3\text{HCl}\uparrow \tag{11-45}$$

$$(\text{C}_6\text{H}_5\text{O})_3\text{P} + \text{Cl}_2 \xrightarrow{70℃} (\text{C}_6\text{H}_5\text{O})_3\text{PCl}_2 \tag{11-46}$$

$$(\text{C}_6\text{H}_5\text{O})_3\text{PCl}_2 + \text{H}_2\text{O} \xrightarrow{80℃} (\text{C}_6\text{H}_5\text{O})_3\text{PO} + 2\text{HCl} \tag{11-47}$$

与三氯氧磷法相比，此方法的优点是不用溶剂和液碱，而三氯氧磷又是由三氯化磷氯化-水解制得的，成本高。磷酸三苯酯主要用作气相色谱固定液，硝化纤维、醋酸纤维等纤维素和聚氯乙烯等塑料的增塑剂。

(2) 亚磷酸三甲酯

最初采用亚磷酸三苯酯与甲醇的酯交换法，为了避免苯酚的污染问题，改用三氯化磷-甲醇直接酯化法，缚酸剂曾用氨基甲酸铵、叔胺—氨。安徽省化工研究院改用三乙胺为缚酸剂，液碱为中和剂，在溶剂中直接酯化，整个工艺可实现连续化。亚磷酸三甲酯主要用于合成久效磷、磷胺、速灭磷、百治磷、杀虫畏等有机磷杀虫剂，在化纤阻燃、离子薄膜、医药工业等方面也有应用。

11.3.6　酯交换法

酯交换指的是将一种容易制得的酯与醇（酚）或与酸相反应而制得所需要的酯。最常用的酯交换法是酯-醇（酚）交换法。

例如，将一种低碳醇的酯与一种高沸点的醇或酚在催化剂存在下加热，可以蒸出低碳醇，而得到高沸点醇（酚）的酯。例如，间苯二甲酸是弱酯化剂，它不能使苯酚酯化，而需要将间苯二甲酸二甲酯和苯酚按 1∶2.37 的物质的量比，在钛酸四丁酯催化剂的存在下，在 220℃反应 3h，同时蒸出甲醇，经后处理即得到间苯二甲酸二苯酯。该产品主要用于聚合物的合成单体或增塑剂。

$$\text{COOCH}_3 \text{-环-COOCH}_3 +2\text{C}_6\text{H}_5\text{OH} \xrightarrow{(\text{C}_4\text{H}_9\text{O})\text{Ti}} \text{COOC}_6\text{H}_5 \text{-环-COOC}_6\text{H}_5 +2\text{CH}_3\text{OH} \qquad (11\text{-}48)$$

11.4 *C*-酰化

C 酰化指的是碳原子上的氢被酰基取代的反应。*C*-酰化在精细有机合成中主要用于在芳环上引入酰基，以制备芳酮、芳醛和羟基芳酸。

11.4.1 *C*-酰化制芳酮

11.4.1.1 用无水氯化铝的反应历程

此类反应属于 Friedel-Crafts 反应，它是一个亲电取代反应。当用羧酰氯作酰化剂，用无水氯化铝作催化剂时，以苯的 *C*-酰化为例，其反应历程大致如下。

首先是羧酰氯与无水氯化铝作用生成正碳离子活性中间体（a）和（b）。

$$\underset{\text{Cl}}{\underset{|}{\text{R-C}}}{\overset{\text{O}}{\parallel}} +\text{AlCl}_3 \rightleftharpoons \underset{\text{Cl}}{\underset{|}{\text{R-C}^{\delta+}}}{\overset{\delta^-\text{O}:\text{AlCl}_3}{}} \rightleftharpoons \underset{}{\text{R-C}^+}{\overset{\text{O}}{\parallel}} + \text{AlCl}_4^- \qquad (11\text{-}49)$$

然后（a）和（b）与苯环作用生成芳酮与氯化铝的配合物。

$$(11\text{-}50)$$

$$(11\text{-}51)$$

芳酮与氯化铝的配合物遇水即分解为芳酮。

$$(11\text{-}52)$$

无论是哪一种反应历程，生成的芳酮总是和 AlCl$_3$ 形成 1∶1 的配合物。因为配合物中的 AlCl$_3$ 不能再起催化剂作用，所以 1mol 酰氯理论上要消耗 1mol AlCl$_3$。实际上要过量 10%～50%。

当用酸酐作酰化剂时，它首先与 AlCl$_3$ 作用生成酰氯，然后酰氯按上述历程参加反应。

$$(11\text{-}53)$$

上式中的 $\underset{\underset{O}{\overset{\overset{O}{\parallel}}{R-C-OAlCl_2}}}{}$ 在 $AlCl_3$ 存在下也可以转变为酰氯，但是转化率不高，因此实际上总是只让酸酐中的一个酰基参加反应。此时，1mol 酸酐至少需要 2mol $AlCl_3$。其总的反应式可简单表示如下。

$$\text{（化学反应式 11-54）} \tag{11-54}$$

11.4.1.2 C-酰化催化剂

用羧酰氯、酸酐或羧酸在一定条件下可使酰基取代芳环上的氢，制得芳酮。催化剂的作用是增强酰基上碳原子的正电荷，从而增加进攻质点的亲电能力。由于芳环上的碳原子的给电子能力比氨基氮原子和羟基氧原子弱，所以 C-酰化通常要用强催化剂。

最常用的强催化剂是无水氧化铝。它的优点是价廉易得、催化活性高、技术成熟。缺点是生产大量含铝盐废液，对于活泼的化合物在 C-酰化时容易引起副反应，这时应该用无水氯化锌、多聚磷酸和三氟化硼等温和催化剂。

11.4.1.3 被酰化物结构的影响

Friedel-Crafts 反应是亲电取代反应。当芳环上有强供电子基（例如—OH、—OCH$_3$、—OAc、—NH$_2$、—NHR、—NR$_2$、—NHAc）时，反应容易进行，可以不用无水氯化铝，而用无水氯化锌、多聚磷酸等温度和催化剂。因为酰基的空间位阻较大，所以酰基主要或完全地进入芳环上第一类取代基的对位。当对位被占据时，才进入邻位。

芳环上有吸电子基（例如—Cl、—COOR 和—COR）时，使 C-酰化难以进行。因此，在芳环上引入一个酰基后，芳环被钝化，不易发生多酰化副反应，所以 C-酰化的收率可以很高。硝基使芳环强烈钝化，所以硝基苯不能被 C-酰化，有时还可以用作 C-酰化反应的溶剂。

11.4.1.4 C-酰化的溶剂

在用无水氯化铝作催化剂时，如果所生成的芳酮-$AlCl_3$ 在反应温度下是液态的，可以不使用溶剂，如果芳酮-$AlCl_3$ 配合物在反应温度下是固态的，就需要使用过量的液态被酰化物，或者使用惰性有机溶剂。常用的溶剂有二氯甲烷、四氯化碳、1,2-二氯乙烷、二硫化碳、石油醚和硝基苯等。

11.4.1.5 重要实例

(1) 芳胺的 C-酰化——无水氯化锌催化法

1mol 芳伯胺在 C-酰化时要用 2mol 以上的羧酰氯使同时发生 C-酰化和 N-酰化反应，然后再将酰氨基水解。例如，对硝基苯胺、邻氯苯甲酰氯和无水氯化锌按 1：2.50：1.23 的物质的量比，在 220℃加热 1～2h，直到无 HCl 逸出，将反应物用水稀释，经酸性水解和精制后即得到医药中间体 2-氨基-5-硝基-2′-氯二苯甲酮，收率 60%。

$$\text{（化学反应式 11-55）} \tag{11-55}$$

$$(11-56)$$

应该指出，叔胺（例如 N,N-二甲基苯胺）在 C-酰化时并不同时发生 N-酰化反应。例如，N,N-二甲基苯胺与光气在无水氯化锌存在下，在 $28\sim80℃$ 反应，可得到 $4,4'$-双（二甲氨基）二苯甲酮（四甲基米蚩酮）。N,N-二甲基苯胺、光气和无水氯化锌的物质的量比约为 $4.09:1:0.25$。作为缚酸剂所消耗的 N,N-二甲基苯胺可回收使用。按消耗的 N,N-二甲基苯胺计，四甲基米氏酮的收率可达 76.1%。

$$(11-57)$$

$$(11-58)$$

如果在第一步反应时就加入无水氯化锌或无水氯化铝催化剂，将主要得到三芳甲烷染料碱性结晶紫。

(2) 间苯二酚的 C-酰化

间苯二酚的特点是相当活泼，但是羟基并不容易酯化，酚酯在加热时可以重排成羟基芳酮。例如在制备 2,4-二羟基二苯甲酮时，如果用苯甲酰氯作 C-酰化剂，用无水氯化铝作催化剂在氯苯溶剂中反应，虽然产品质量好，但收率只有 $50\%\sim60\%$。

$$(11-59)$$

$$(11-60)$$

如果改用更活泼的三氯苄作 C-酰化剂，反应可在水-乙醇介质中进行，收率可达 95%，但三氯苄价格贵，产品色深，不易脱色提纯。

$$(11-61)$$

如果改用价廉易得的苯甲酸作酰化剂，需要将苯甲酸和间苯二酚在无水氯化锌存在下高温脱水，加入三氯化磷或磷酸可提高脱水速率，收率可达 90% 以上。此法的缺点是脱水时间长，苯甲酸易升华粘在反应器壁上，熔融物出料难，需妥善处理。

$$(11-62)$$

2,4-二羟基二苯甲酮主要用于塑料光稳定剂，也可用作紫外线吸收剂的合成中间体。

间苯二酚与脂肪酸的 C-酰化都使用无水氯化锌作催化剂。例如，间苯二酚、乙酸和无水氯化锌在 115～120℃反应 1.5h，然后将反应物倒入水中，即得到 2,4-二羟基苯乙酮，收率 91%～93%。

$$\text{CH}_3\text{—C—OH} + \text{（间苯二酚）} \xrightarrow{\text{ZnCl}_2} \text{（2,4-二羟基苯乙酮）} + \text{H}_2\text{O} \tag{11-63}$$

在由间苯二酚制备 2,4-二羟基苯基苄基甲酮时，可以不用苯乙酸，而用活泼、价廉的苯乙腈作酰化剂。例如，间苯二酚、苯乙腈和无水氯化锌按 1∶1∶1 的物质的量比，在乙醚中用无水氯化氢饱和，回流 4h，蒸出乙醚，将反应物在水中回流水解，即得到 2,4-二羟基苯基苄基甲酮，收率 64%。

$$\xrightarrow{\text{ZnCl}_2} \tag{11-64}$$

$$+ \text{H}_2\text{O} \longrightarrow + \text{NH}_4\text{Cl} \tag{11-65}$$

11.4.2　C-甲酰化制芳醛

可以设想，如果用甲酰氯作 C-酰化剂，将会在芳环上引入甲酰基，即醛基。但是，甲酰氯很不稳定，在室温就会分解为 CO 和 HCl。实际上使用的 C-甲酰化剂主要是一氧化碳，在个别情况下还用到三氯甲烷、N,N-二甲基甲酰胺和乙醛酸等。它们都可以看做是甲酸的衍生物。

（1）用一氧化碳的 C-甲酰化

按照 Gattermann-Koch 反应，将甲苯在无水氯化铝-氯化亚铜存在下，用一氧化碳和氯化氢处理，可以得到对甲基苯甲醛，收率 46%～51%。

$$\text{H}_3\text{C—} + \text{CO} \xrightarrow{\text{HF-BF}_3} \text{H}_3\text{C—} \text{—CHO} \tag{11-66}$$

但此法收率低，催化剂不能回收，有环境污染问题。后来又开发成功了在 HF-BF$_3$ 的催化作用下用一氧化碳的 C-甲酰化法。此法可用于由甲苯生产对甲基苯甲醛（收率约 98%），还可用于从间二甲苯生产 2,4-二甲基苯甲醛，其反应历程大致如下。

$$+ \text{HF} + \text{BF}_3 \longrightarrow \cdot \text{HBF}_4 \xrightarrow{+\text{CO}} \cdot \text{HBF}_4$$

$$\longrightarrow + \text{HF} + \text{BF}_3 \tag{11-67}$$

在反应过程中 HF 和 BF$_3$ 都不消耗，HF 是良好的溶剂，可使反应在均相进行，并能连续化生产。但是 HF-BF$_3$ 对于烷基苯的异构化和歧化也有很强的催化作用，为了抑制这类副反应，必须严格控制操作条件。

液体超强酸 HF-BF_3 的缺点是：HF 沸点低、毒性大、腐蚀性强、需严格操作，需用耐腐蚀的特殊材料制造生产设备。因此又在开发固体超强酸催化剂，例如改性分子筛、SO_4^{2-}/ZrO_2、离子液体、稀土全氟烷基磺酸盐等。

(2) 用三氯甲烷的 *C*-甲酰化

将酚类在氢氧化钠水溶液中与三氯甲烷作用，可在芳环上引入醛基生成羟基芳醛，此反应称作 Reimer-Tiemann 反应。以苯酚为例，这个反应的历程可能是三氯甲烷在碱的作用下先生成活泼的亲电质点二氯卡宾（∶CCl_2）。

$$CHCl_3 + NaOH \longrightarrow Na^+ + {}^-CCl_3 + H_2O \qquad (11\text{-}68)$$

$${}^-CCl_3 \rightleftharpoons :CCl_2 + Cl^- \qquad (11\text{-}69)$$

然后二氯卡宾进攻酚负离子中芳环上电子云密度较高的邻位或对位，生成加成中间体(a)，(a) 再通过质子转移生成苯二氯甲烷衍生物 (b)，最后 (b) 水解生成邻羟基苯甲醛。

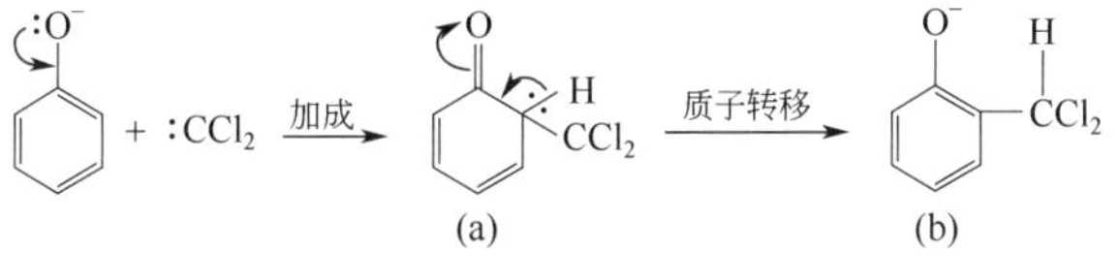

(11-70)

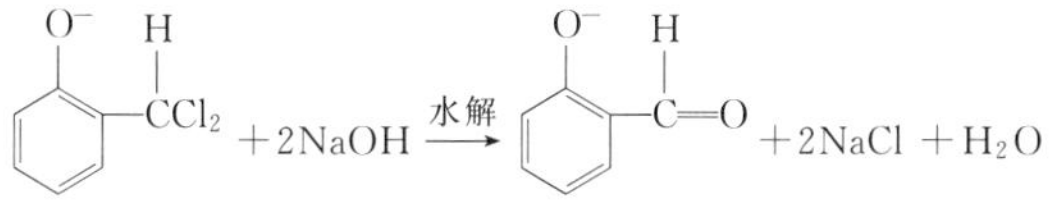

(11-71)

此法曾用于从苯酚和三氯甲烷制邻羟基苯甲醛（水杨醛）。据报道在反应时加入叔胺型相转移催化剂，收率可由 37% 提高到 70%。但是，如果在反应时加入 *β*-环糊精，则主要产物是对羟基苯甲醛。

由于邻羟基苯甲醛的重要性，又开发了许多新的合成路线。其中重要的有邻甲苯酚磷酸酯或碳酸酯的侧链二氯化-水解法和邻羟基苯甲酸（水杨酸）的电解还原法等。

(3) 用 *N*,*N*-二甲基甲酰胺的 *C*-甲酰化

用 *N*,*N*-二甲基甲酰胺作 *C*-甲酰化剂的反应又称 Vilsmeier 反应。其反应通式可简单表示如下。

$$Ar{-}H + \underset{\underset{O}{\|}}{\overset{\overset{H}{|}}{C}}{-}N(CH_3)_2 + POCl_3 \xrightarrow{C\text{-甲酰化}} Ar{-}\underset{\underset{O\,:\,POCl_2}{\|}}{\overset{\overset{H}{|}}{C}}{-}N(CH_3)_2 + HCl \qquad (11\text{-}72)$$

$$Ar{-}\underset{\underset{O\,:\,POCl_2}{\|}}{\overset{\overset{H}{|}}{C}}{-}N(CH_3)_2 + 3H_2O \xrightarrow{水解} Ar{-}\underset{\underset{O}{\|}}{\overset{\overset{H}{|}}{C}} + (CH_3)_2NH\cdot HCl + H_3PO_4 + HCl \qquad (11\text{-}73)$$

在上述反应中，首先是 *N*,*N*-二甲基甲酰胺与三氯氧磷生成配合物，它是放热过程，应严格控制反应温度，*C*-甲酰化是吸热反应，需要加热。

所用的 *N*,*N*-二甲基甲酰胺也可以改用 *N*-甲基-*N*-苯基甲酰胺，后者的优点是副产的 *N*-甲基苯胺易于回收。所用三氯氧磷的作用是促进二甲胺的脱落并与之结合，它也可以用光气、亚硫酰氯、乙酐、草酰氯或无水氯化锌来代替。

Vilsmeier 反应只适用于芳环上或杂环上电子云密度较高的活泼化合物的 *C*-甲酰化制芳醛。例如，*N*,*N*-二烷基芳胺、酚类、酚醚、多环芳烃以及噻吩和吲哚衍生物的 *C*-甲酰化。

例如，将 1mol *N*-甲基-*N*-*β*-氰乙基苯胺和 3mol *N*,*N*-二甲基甲酰胺混合，在 20～25℃

滴加 1.05mol 的三氯氧磷、在 45～50℃保温 2h，在 90～95℃保温 3h，然后冷却，放入水中，过滤、水洗、就得到对（N-甲基-N-β-氰乙基）氨基苯甲醛，收率 72%。这里使用过量 3 倍的 N,N-二甲基甲酰胺是作为溶剂。

$$\text{（图）} \tag{11-74}$$

11.4.3 C-酰化制芳酸（C-羧化）

C-酰化制芳酸的方法只适用于酚类的羧化制烃基芳酸。例如粉状无水苯酚钠在 100℃与二氧化碳反应，直到 0.7～0.8MPa，然后在 130～140℃发生内分子重排反应，即得到水杨酸单钠盐。水杨酸是重要的精细化工原料，在医药工业中可用于合成抑氮磺胺、水杨酸偶氮磺胺二甲嘧啶、解热止痛药阿司匹林，水杨酸本身也是一种用途极广的消毒防腐剂。

$$\text{（图）} +CO_2 \longrightarrow \text{（图）} \tag{11-75}$$

$$\text{（图）} \longrightarrow \text{（图）} \tag{11-76}$$

应该指出，改变羧化条件，会影响羧基进入芳环的位置。例如，粉状无水苯酚钾在 220～230℃、0.40～0.50MPa 下于高沸点溶剂中与二氧化碳反应将制得对羟基苯甲酸。

邻甲酚与 50%氢氧化钠水溶液，经水蒸气处理后，在 160℃以下通入二氧化碳，将得到 4-羟基-3-甲基苯甲酸。间苯二酚和无水碳酸钾在乙醇中、140℃ 和 1.42MPa 用 4h 吸收二氧化碳，生成 2,6-二羟基苯甲酸和 2,4-二羟基苯甲酸的混合物，其质量分数分别为 63.1% 和 36.9%。将反应物放入水中，加硫酸调 pH 6，蒸出乙醇，在 98～100℃ 回流，使 2,4-二羟基苯甲酸择优地脱羧分解，再分离精制，即得到 2,6-二羟基苯甲酸，单程收率 36%。

无水 2-萘酚钠的羧化要求在 220～260℃和约 0.6MPa 通入二氧化碳，这时生成了 2-羟基-3-萘甲酸的双钠盐，同时生成游离 2-萘酚。2-萘酚回收率 93.84%，按消耗的 2-萘酚计收率 87%。

习　题

11-1　写出酰化的定义、最常用的酰化剂的类型。

11-2　比较羧酸、相应的酸酐和酰氯的活性对比。

11-3　写出用羧酸 N-酰化的反应通式、应用范围和主要方法的名称。

11-4　分别写出用酸酐和酰氯 N-酰化的反应通式。

11-5　写出芳磺酰氯 N-酰化的主要特征。

11-6　写出甲氨基甲酰氯和二甲氨基甲酰氯的制备方法。

11-7　写出异氰酸酯和六亚甲基二异氰酸酯的制备方法。

11-8　写出使用光气时的主要安全措施。

11-9　写出过渡性 N-酰化的定义。

11-10　写出由苯胺制备 2,6-二氯苯胺的合成路线。

11-11　写出用羧酸酯化的主要特征。

11-12　写出酯化反应的催化剂。

11-13　写出用羧酸和醇的主要酯化方法的名称。

11-14　分别写出用酸酐制备单酯和用环状酸酐制备双酯的特点。

11-15　写出一个酯醇交换法的实例。

11-16　C-酰化主要用于制备哪些类型的产品？

11-17　C-酰化制芳酮主要用什么催化剂？

11-18　C-酰化制芳酮用氯化铝作催化剂时有哪些酰化方法？写出它们的名称。

11-19　1mol 芳伯胺在 C-酰化时为什么要用 2mol 以上的羧酰氯？

11-20　在芳环上 C-酰化引入醛基，主要用什么酰化剂和催化剂？

11-21　写出由苯酚制水杨酸的主要反应式。

第 12 章 水 解

12.1 概述

水解指的是有机化合物 X—Y 与水的复分解反应。水中的一个氢进入一个产物，氢氧基则进入另一个产物。水解的通式可以简单表示如下：

$$X—Y+H_2O \longrightarrow H—X+Y—OH \tag{12-1}$$

水解的类型很多，包括卤素化合物的水解、芳磺酸及其盐类的水解、芳伯胺的水解、酯类的水解、氰基的水解等。在精细有机合成中应用最广的是卤素化合物的水解和芳磺酸盐的水解。

12.2 脂链上卤基的水解

脂链上的卤基比较活泼，它与氢氧化钠在较温和的条件下相作用即可生成相应的醇。

$$R—X+NaOH \longrightarrow R—OH+NaX \tag{12-2}$$

除了氢氧化钠外，也可以使用廉价、温和的碱性剂，例如，碳酸钠和氢氧化钙（石灰乳）等。

脂链上的卤基水解反应历程属于亲核取代反应。

工业生产中，脂链上的卤基水解主要采用氯基水解法，只有在个别情况下才采用溴基水解法，因为，氯素化合物价廉易得，但溴基的水解比氯基容易。

脂链上的卤基水解主要用于制备环氧类及醇类化合物。烯烃的氯化水解制备环氧化合物的方法，大多数已被烯烃直接氧化法所取代，许多脂肪醇的生产已改用其他更经济的合成路线。

12.2.1 丙烯的氯化、水解制环氧丙烷

环氧丙烷是丙烯衍生物中仅次于聚丙烯、丙烯腈的第三重要化工产品。主要用于生产聚醚树脂、丙二醇表面活性剂。

环氧丙烷主要的工业合成方法有以丙烯为原料的氯醇法、间接氧化法、电化学氯醇法和直接氧化法等四种工艺路线。其中丙烯的氯醇法是目前采用的主要方法，约占 48%。

丙烯经次氯酸加成氯化制得氯丙醇，再经碱性水解得环氧丙烷，其反应式可简单表示如下：

$$Cl_2 + H_2O \longrightarrow HOCl + HCl \tag{12-3}$$

$$2CH_3-CH=CH_2 + HOCl \longrightarrow CH_3CHOH-CH_2-Cl + CH_3-CHCl-CH_2-OH$$

$$\xrightarrow{\text{脱氯化氢，环合}} 2CH_3-\underset{O}{\underset{\diagdown\diagup}{CH-CH_2}} \tag{12-4}$$

丙烯与含氯水溶液相互作用时生成 α-氯丙醇和 β-氯丙醇，两者不经分离与过量的石灰乳相作用，即发生水解脱氯化氢环合反应而生成环氧丙烷。以氯丙醇计算收率约 95%，以丙烯计总收率 87%~90%。

丙烯的氯醇法对丙烯纯度和石灰质量要求不高，工艺成熟，设备简单。此法的缺点是消耗大量的氯气和石灰，并副产大量氯化钙稀溶液，对环境污染严重，设备腐蚀大。因此，国内外正在进行多方面的改进工作。如美国 Milchrty 等人利用含 NaOH 电解液，代替 Ca(OH)$_2$ 可使环氧丙烷的收率达到 94.3%。日本经研究发现，将 α-氯丙醇和 β-氯丙醇与质量分数 5%~50% 的烷烃溶剂在 30~100℃下，进入质量分数 12% 的 NaOH 水溶液中，同时用水蒸气汽提环氧丙烷，反应 4h。从塔顶产物的分析表明，氯丙醇转化率为 92.8%，选择性 98.6%。与传统方法相比，降低了蒸汽消耗。

1975 年，环氧乙烷的生产已可用乙烯的空气直接氧化法。丙烯的空气直接氧化法还不成熟，因甲基也会被氧化。环氧丙烷的另一个工业生产方法是丙烯的间接氧化法，已实现工业化生产。

电化学氯醇法是利用氯化钠（或氯化钾、溴化钠、碘化钠）的水溶液，经电解生成氯气和氢氧化钠的原理。在阳极区通入丙烯，生成氯丙醇；在阴极区氯丙醇与氢氧化钠作用生成环氧丙烷。该法的优点是避免了氯醇法中氯化钙废液或氯化钠废液的处理难度，缺点是耗电量高。

12.2.2　丙烯的氯化、水解制 1,2,3-丙三醇（甘油）

甘油的用途十分广泛，如溶剂、气相色谱固定液、气量计及水压机减震剂、软化剂、防冻剂、抗生素发酵用营养剂、干燥剂等。在有机合成方面可用于制造硝化甘油、醋酸树脂、聚氨酯树脂及环氧树脂等。同时大量用于化妆品工业、食品工业以及油墨、涂料工业等。其最初主要来自油脂的皂化水解制肥皂。随着合成洗涤剂的出现，肥皂的生产日益减少，而甘油的需求量却日益增加。目前，合成甘油已占世界甘油总产量的一半以上。在合成法中丙烯的氯化水解法约占 80%，是生产甘油的主要方法。

12.2.2.1　传统工艺方法

从丙烯制甘油的传统工艺包括四步反应：丙烯的高温取代氯化生成烯丙基氯；烯丙基氯与次氯酸加成氯化生成二氯丙醇；二氯丙醇的石灰乳水解脱氯化氢环合生成环氧氯丙烷；环氧氯丙烷的水解生成甘油。

$$CH_2=CH-CH_3 + Cl_2 \xrightarrow{450\sim500℃} CH_2=CH-CH_2Cl + HCl \tag{12-5}$$

$$CH_2=CH-CH_2Cl + HOCl \xrightarrow[\text{pH } 0.5\sim2.0]{25\sim30℃} \underset{OH\ Cl}{CH_2-CH-CH_2Cl} + \underset{Cl\ OH}{CH_2-CH-CH_2Cl} \tag{12-6}$$

$$\underset{Cl\ OH}{CH_2-CH-CH_2Cl} \xrightarrow[50\sim90℃]{Ca(OH)_2} \underset{O}{\underset{\diagdown\diagup}{CH_2-CH}}-CH_2Cl \tag{12-7}$$

$$\underset{O}{\underset{\diagdown\diagup}{CH_2-CH}}-CH_2Cl \xrightarrow{+H_2O} \underset{OH\ OH}{CH_2-CH-CH_2Cl} \xrightarrow{-HCl} \underset{OH}{CH_2-\underset{O}{\underset{\diagdown\diagup}{CH-CH_2}}} \tag{12-8}$$

$$CH_2\!-\!CH\!-\!CH_2 \xrightarrow{+H_2O} CH_2\!-\!CH\!-\!CH_2 \qquad\qquad (12\text{-}9)$$
$$\;|\qquad\;\diagdown_O\diagup \qquad\qquad\quad |\qquad\;|\qquad\;|$$
$$OH \qquad\qquad\qquad\qquad OH\;\;\;OH\;\;\;OH$$

12.2.2.2 工艺改进

近年来，对传统工艺进行了改进。将向水中通氯产生次氯酸改为向叔丁醇-氢氧化钠溶液中通氯，生成次氯酸叔丁酯，然后将后者水解成叔丁醇和次氯酸。

$$(CH_3)_3COH + Cl_2 + NaOH \xrightarrow{\text{成酯}} (CH_3)_3COCl + NaCl + H_2O \qquad (12\text{-}10)$$

$$(CH_3)_3COCl + H_2O \xrightarrow{\text{水解}} (CH_3)_3COH + HOCl \qquad\qquad (12\text{-}11)$$

生成的叔丁醇（沸点82.5℃）可循环利用，由于在加成氯化时没有游离氯，收率可提高8%。生成的二氯丙醇的浓度可达90%；而传统工艺的浓度只有4%。

另外，二氯丙醇不经过环氧氯丙烷，改用 $NaOH + Na_2CO_3$ 混合碱直接水解成甘油（150～170℃，1MPa），可简化工艺，提高收率。

12.2.3 苯氯甲烷衍生物的水解

苯环侧链甲基上的氯也相当活泼，其水解反应可在弱碱性缚酸剂或酸性催化剂的存在下进行。通过这类水解反应可以制得一系列产品。

12.2.3.1 苯一氯甲烷（一氯苄）水解制苯甲醇

苯甲醇可用作香料和调味剂，明胶、虫胶、酪蛋白及醋酸纤维等的溶剂，医药针剂添加剂，药膏剂或药液的防腐剂，尼龙丝、纤维及塑料薄膜的干燥剂，染料、纤维素酯、酪蛋白的溶剂，制取苄基酯或醚的中间体等。它的工业生产方法主要是氯苄的碱性水解法，可分为间歇法和连续法。

(1) 间歇法

间歇法是将一氯苄与碳酸钠水溶液充分混合并在80～90℃反应，水解产物经油水分离后得粗苯甲醇，再经减压分馏得到苯甲醇，收率为70%～72%，主要副产物是二苄醚。

主反应：

$$2\;\underset{\text{苯环}}{\underset{}{\bigcirc}}^{CH_2Cl} + Na_2CO_3 + H_2O \longrightarrow 2\;\underset{\text{苯环}}{\underset{}{\bigcirc}}^{CH_2OH} + 2NaCl + CO_2\uparrow \qquad (12\text{-}12)$$

副反应

$$2\;\underset{}{\bigcirc}^{CH_2OH} + 2\;\underset{}{\bigcirc}^{CH_2Cl} + Na_2CO_3 \longrightarrow \underset{}{\bigcirc}^{CH_2\!-\!O\!-\!CH_2}\underset{}{\bigcirc} + 2NaCl + CO_2\uparrow \qquad (12\text{-}13)$$

(2) 连续法

连续法是将氯化苄与碱的水溶液充分混合后在高温180～275℃及加压1～6.8MPa下通过塔式反应器，水解反应只需要几分钟，可得到纯度为98%的苯甲醇。水解时加入相转移催化剂，有利于提高转化率和选择性。

另外，在甲苯的空气液相氧化制苯甲酸时采用选择性催化剂，可副产10%～15%苯甲醇、20%～25%苯甲醛。此法不污染环境，中国正致力于工业化。

12.2.3.2 苯二氯甲烷（二氯苄）水解制苯甲醛

二氯苄比一氯苄容易水解，一般都采用酸性-碱性联合水解法。

酸性水解：

$$+H_2O \longrightarrow \qquad +2HCl\uparrow \tag{12-14}$$

碱性水解：

$$+Na_2CO_3 \longrightarrow \qquad +2NaCl+CO_2\uparrow \tag{12-15}$$

酸性水解最初用浓硫酸作催化剂，废酸分层后循环使用。后来改用氧化锌-磷酸锌作催化剂，其用量只需二氯苄质量的 0.125%。将二氯苄在上述催化剂存在下加热至 132℃，然后慢慢滴入水，就会使一部分二氯苄水解成苯甲醛，并蒸出氯化氢。酸性水解后，再加入适量碳酸钠水溶液并回流一定时间，即可使剩余的二氯苄完全水解为苯甲醛。用类似的方法可以从邻氯甲苯和对氯甲苯的侧链二氯化、水解法制得邻氯苯甲醛和对氯苯甲醛。

苯甲醛是医药、染料、香料和树脂工业的重要原料，主要用于制造月桂醛、月桂酸、品绿等，还可用作溶剂、增塑剂和低温润滑剂，在香精业中主要用于调配食用香精，少量用于日化香精和烟用香精中。

12.2.3.3　苯三氯甲烷（三氯苄）水解制苯甲酸

苯甲酸及其钠盐可用作乳胶、牙膏、果酱或其他食品的抑菌剂，也可作染色、印色的媒染剂和钢铁设备的防锈剂，同时也是生产药物、染料、增塑剂和香料等的原料。苯甲酸在工业上主要用甲苯的空气液相氧化法制备。

12.3　芳环上卤基的水解

卤素的碱性水解是亲核取代反应，当苯环上氯基的邻位或对位有硝基时，由于硝基的吸电子效应，使苯环上与氯相连的碳原子上电子云密度显著降低，使氯基的水解较易进行。因此，只需要用稍过量的氢氧化钠水溶液，在较温和的反应条件下即可进行水解制得相应的硝基苯酚。

$$+2NaOH \xrightarrow[\text{0.6MPa}]{160℃} \qquad +NaCl+H_2O \tag{12-16}$$

$$+2NaOH \xrightarrow[\text{常压}]{90\sim100℃} \qquad +NaCl+H_2O \tag{12-17}$$

氯基水解是制备邻、对位硝基酚类的重要方法，可以制得的硝基酚类还有 4-氯邻硝基苯酚、4-羟基-3-硝基苯磺酸等，将这些硝基酚类还原可制得相应的氨基酚类，它们都是重要的精细化工中间体。

蒽醌环上 α-位的氯基，特别是溴基比较活泼。例如，1-氨基-2,4-二溴蒽醌在浓硫酸中，在硼酸存在下，于 120℃进行酸性水解，可制得 1-氨基-2-溴-4-羟基蒽醌，是分散染料中间体。在这里，用浓硫酸水解法的原因，一方面是为了使反应物溶解，另一方面是因为碱性水解法会引起副反应。

$$(12\text{-}18)$$

分散红 3B

用类似的反应条件还可以从 1-氨基-2,4-二氯蒽醌的水解制备 1-氨基-2-氯-4-羟基蒽醌。

12.4 芳磺酸及其盐的水解

12.4.1 芳磺酸的酸性水解

芳磺酸的酸性水解是指芳磺酸在稀硫酸介质中磺基被氢原子置换的反应。

$$Ar—SO_3H+H_2O \longrightarrow Ar—H+H_2SO_4 \tag{12-19}$$

酸性水解是磺化反应的逆反应，是亲电取代反应历程。酸性水解可用来除去芳环上的磺基。其应用实例见 2,6-二氯苯胺的制备 ［见 11.2.7(2)］、2-萘磺酸钠的制备 （见 4.2.1.6）、J 酸的制备、4-氨基-4-硝基二苯胺和 4,4′-二氨基二苯胺的制备 （见 10.2.7.1）。

12.4.2 芳磺酸盐的碱性水解——碱熔

12.4.2.1 反应通式

芳磺酸盐在高温下与苛性碱相作用，使磺酸基被羟基置换的水解反应叫碱熔。

$$Ar—SO_3Na+2NaOH \longrightarrow ArONa+Na_2SO_3+H_2O \tag{12-20}$$

生成的酚钠盐用无机酸如 H_2SO_4 酸化，即转变为游离酚。

$$2Ar—ONa+H_2SO_4 \longrightarrow 2Ar—OH+Na_2SO_4 \tag{12-21}$$

另外，酸化时也可以不用硫酸而用以亚硫酸钠或碳酸钠中和磺化反应时产生的 SO_2 或 CO_2，例如：

$$2Ar—ONa+CO_2+H_2O \longrightarrow 2Ar—OH+Na_2CO_3 \tag{12-22}$$

$$2Ar—ONa+SO_2+H_2O \longrightarrow 2Ar—OH+Na_2SO_3 \tag{12-23}$$

12.4.2.2 应用范围

芳磺酸盐的碱熔是工业上制备酚类的最早方法，也是工业上制造酚类的重要方法之一。其优点是工艺过程简单，对设备要求不高，适用于多种酚类的制备。缺点是需要使用大量的酸碱，三废多，工艺落后。对于大吨位酚类，已改用其他更加先进的生产方法。例如苯酚的生产已采用异丙苯的氧化酸解法（见 7.2.4 节）；间甲酚的生产已改用间甲基异丙基苯的氧化酸解法（见 7.2.4 节）；间苯二酚、1-萘酚的大型生产已改用四氢化萘的氧化脱氢法（见 7.3.4 节）。

12.4.2.3 碱熔反应的影响因素

（1）芳磺酸的结构

碱熔是亲核置换反应，因此芳环上有吸电子基（如磺酸基、羧基）时，对磺酸基的碱熔起活化作用。硝基虽是很强的吸电子基，但硝基磺酸不适宜碱熔，因为在碱性条件下硝基易发生氧化还原副反应；氯基磺酸也不适宜碱熔，因为氯基更易发生羟基置换副反应；氰基易水解成羧基，易发生脱羧副反应，也不适于碱熔。芳环上有供电子基时，对碱熔起致钝作用。因此，多磺酸的碱熔时第一个磺基的碱熔比较容易，但转变成羟基磺酸后再碱熔就变得困难了，需要提高反应条件才能进行多磺酸基的碱熔。所以在多磺酸基的碱熔时，选择适当的反应条件，可以使分子中的几个磺酸基部分地或全部转变地为羟基。

（2）碱熔剂

最常用的碱熔剂是苛性碱，熔点是 327.6℃，其次是苛性钾，熔点是 410℃，苛性钾的活性大于苛性钠。但苛性钾的价格比苛性钠贵得多。为了减少苛性钾的用量，可使用苛性钠与苛性钾的混合碱。混合碱的另一个优点是熔点比单一碱低。例如等质量苛性钾与苛性钠的混合碱含质量分数 7%～8% 的水和少量碳酸钠时，熔点只有 167～168℃。适用于要求较低温度的碱熔过程。混合碱是由氯化钠和氯化钾的水溶液电解制得的。

（3）无机盐

芳磺酸盐中一般都含有无机盐（主要是硫酸钠或氯化钠）。这些无机盐在熔融的苛性碱中几乎不溶，在用熔融碱进行高温（300～340℃）碱熔时，如果芳磺酸盐中无机盐含量太多，会使反应物变得很黏稠甚至结块，降低了物料的流动性，造成局部过热甚至会导致反应物的焦化和燃烧。因此，在用熔融碱进行碱熔时，无机盐的含量要求控制在芳磺酸盐质量的 10% 以下。使用碱溶液进行碱熔时，芳磺酸盐中无机盐的允许含量可以高一些。

（4）碱熔的温度、压力和时间

碱熔的温度主要取决于芳磺酸的结构。不活泼的芳磺酸用熔融碱在 300～340℃ 进行常压碱熔，碱熔速率快，所需要时间短。比较活泼的芳磺酸可以在质量分数 70%～80% 苛性钠水溶液中在 180～270℃ 进行常压碱熔。更活泼的磺酸如萘系多磺酸可在质量分数 20%～30% 稀苛性钠水溶液中进行加压碱熔，反应时间较长，需要 10～20h。

（5）碱的用量

芳磺酸盐碱熔时，理论上 1mol 芳磺酸盐需要 2mol 苛性钠，但实际上必须过量。高温碱熔时，碱的过量较少，一般用 2.5mol 左右。中温碱熔时，碱过量较多，有时甚至达 6～8mol，即理论量的 3～4 倍或更多一些。

12.4.2.4 碱熔的重要实例

（1）2-萘酚的制备

萘的高温磺化-碱熔法仍是生产 2-萘酚的主要方法。它是在碱熔锅中加入熔融苛性钠，在 300～310℃ 加入 2-萘磺酸钠滤饼 ［2-萘磺酸钠和氢氧化钠的物质的量比为 1∶(2.30～2.50)］。在 320～330℃ 反应 3h 进行碱熔反应。然后将碱熔物放入盛有热水的稀释锅中进行稀释，最后进行酸析、精制，得收率为 73%～74% 的工业品，质量分数为 99%。2-萘酚以及由其合成的吐氏酸、J 酸、γ 酸、色酚 AS 及衍生物等都是合成偶氮染料的重要中间体，该产品在橡胶防老剂、选矿剂、杀菌剂、防霉剂、防腐剂、防治寄生虫和驱虫药物、香料、皮革鞣剂、纺织印染助剂等方面也有应用。

（2）N,N-二乙基间氨基苯酚（间羟基-N,N-二乙基苯胺）的制备

N,N-二乙基间氨基苯酚是合成玫瑰精、酸性桃红、碱性蕊香红等染料的中间体，它是由 N,N-二乙基间氨基苯磺酸的碱熔制得的。由于二乙氨基的供电性很强，磺基被强烈钝化，因此要用氢氧化钠和氢氧化钾的混合碱作碱溶剂（磺酸和混合碱的物质的量比约 1∶2.85），在 260～270℃ 碱熔。为防止物料过于黏稠，要小心地向碱熔物料中加入适量热水。将后处理得到的粗品物料进行减压蒸馏，收集 N,N-二乙基间氨基苯酚馏分。

(3) γ酸（2-氨基-8-萘酚-6-磺酸）**的制备**

γ酸是重要的染料中间体，可以通过偶合反应在羟基或氨基的邻位引入一个偶氮基。国内采用由 G 盐先碱熔后氨解的方法，该法是在碱熔锅中加入质量分数 45% 的液碱和固碱，加热溶解后在 200～230℃逐步加入 G 盐溶液，再在常压下，245～250℃保温反应 4h。然后进行中和、氨解，得 γ酸。氨解所需压力低为 0.7MPa。磺酸与碱的物质的量比约 1：5.00。

$$
\text{G 酸} \xrightarrow[245\sim250℃]{65\%\sim80\% \text{ NaOH}} \xrightarrow[\text{[H]}]{\text{氨解、酸化}} \text{γ 酸} \tag{12-24}
$$

(4) J酸（2-氨基-5-萘酚-7-磺酸）**的制备**

J酸也是重要的染料中间体，可以在氨基和羟基的邻位各进行一次偶合，制备双偶氮或多偶氮化合物。它是由吐氏酸经磺化、酸性水解、碱熔而制得。该法是在碱熔锅中加入 45% 的液碱和固碱，在 190～200℃和 0.3～0.4MPa 时，加入氨基 J 酸钠盐，再在 190～200℃保温反应 6h，再进行中和、酸析得 J 酸。

$$
\text{吐氏酸} \xrightarrow{\text{发烟硫酸}} \xrightarrow[\text{中和盐析}]{\text{酸性水解}} \xrightarrow[0.3\sim0.4\text{MPa}]{>60\% \text{ NaOH，}190℃} \text{J 酸} \tag{12-25}
$$

(5) H酸（1-氨基-8-萘酚-3,6-二磺酸）**的制备**

H酸也是可以在羟基和氨基邻位分别进行偶合引入两个偶氮基的染料中间体，所得染料具有较好的平面和线性结构，常用于合成直接染料。它是由萘三磺化、硝化、还原制成 1-氨基萘-3,6,8-三磺酸的酸性铵钠盐，然后用稀的碱溶液在 178～182℃进行加压碱熔而制得。磺酸盐与碱的物质的量比为 1：8.60。

$$
\xrightarrow{\text{分段三磺化}} \xrightarrow{\text{加混酸硝化}} \xrightarrow{\text{铁粉还原}}
$$

$$
\xrightarrow[4h\text{，酸析}]{23\% \text{ NaOH 碱熔} \atop 178\sim182℃，0.55\sim0.65\text{MPa，}} \text{H 酸} \tag{12-26}
$$

12. 5 酯类的水解

酯的水解是酯化的逆反应，此法用于羧酸酯比相应的羧酸或醇价廉易得的情况。

12.5.1 天然油脂的水解制高碳脂肪酸和甘油

天然油脂是各种高碳脂肪酸的甘油三酯。天然油脂的水解可制得各种高碳脂肪酸（盐），并副产甘油。

$$
\begin{array}{l}
\text{R}^1\text{—C—O—CH}_2 \\
\text{R}^2\text{—C—O—CH} + 3\text{H}_2\text{O} \longrightarrow \text{R}^2\text{—C—OH} + \text{HOCH}_2\text{—HOCH—HOCH}_2 \\
\text{R}^3\text{—C—O—CH}_2
\end{array}
\tag{12-27}
$$

油脂或脂肪　　　　　　　脂肪酸　　甘油

大然油脂的水解主要有三种方法：水蒸气水解、碱性水解（皂化）和酶催化水解。

（1）水蒸气水解法

随着合成洗涤剂的发展，肥皂的需要量日益减少，二甘油和高碳脂肪酸的需要量日益增加，又出现了天然油脂的水蒸气水解法。现在采用高压水解法（250~260℃，5~5.5MPa），其优点是：在高温高压状态下，增加了水在油脂中的溶解度，成为高度混溶状态，大大提高了水解速率，可以单塔逆流连续操作。油脂经预热、减压脱除空气后（避免氧化副反应），在塔的中下部通过多孔环均匀地喷入反应区，与同时喷入的高压水蒸气和塔顶喷入的水进行水解反应，水解后密度较大的甘油水（甘油质量分数 10%~15%）向下流动，由塔底排出，密度较小的粗品脂肪酸向上流动，由塔顶流出。水解时间 2~3h，水解率 98%~99%。

中国上海制皂厂有年处理油脂 20000t 的连续水解装置，用计算机控制，技术经济指标达到世界先进水平。

（2）碱性水解法（皂化法）

皂化指的是天然油脂与氢氧化钠水溶液反应生成高碳脂肪酸钠盐（肥皂）的过程。最初间歇皂化用质量分数 32%~36% 的氢氧化钠水溶液在煮沸情况下进行。为了使油脂和碱液乳化，在反应器中留有少量上一批的皂化液。皂化结束后，加入食盐水使生成的高碳脂肪酸盐（油层）形成皂粒与废液分离。废液中含有 6%~12% 甘油，可浓缩回收。

近年来，皂化工艺有很大改进，例如采用胶体磨、加压连续皂化，自控、高速离心分离等。

（3）酶催化水解法

水蒸气高压水解法的不足之处是消耗大量热能，高温时会发生副反应，为此又开发了在常温常压进行的酶催化水解法。此法的关键是高活性和高专一性脂肪水解酶制剂的筛选和制备。中国自己培养了菌种，开发了好氧发酵技术，已有多家工厂采用。

12.5.2　甲酸甲酯的水解制甲酸

甲酸的传统生产方法是一氧化碳先与氢氧化钠反应制得甲酸钠，然后用稀硫酸处理，得到甲酸。

$$
\text{CO} + \text{NaOH} \xrightarrow[\text{1.4~1.6MPa}]{\text{160~200℃}} \text{HCOONa}
\tag{12-28}
$$

$$
2\text{HCOONa} + \text{H}_2\text{SO}_4 \longrightarrow 2\text{HCOOH} + \text{Na}_2\text{SO}_4
\tag{12-29}
$$

此法消耗大量酸碱，而且三废量大，其发展受到限制。今年来随着甲醇羰基化法和甲醇脱氢法生产甲酸甲酯的工艺日益成熟，现在甲酸的生产基本上均采用甲酸甲酯的水解法。水解主要采用甲酸自催化法，在反应精馏塔中在 90~140℃ 和 0.5~1.8MPa 进行水解，甲酸甲酯和水蒸气进入塔的中部，水解生成的甲醇由塔顶排出，去甲醇回收塔，是水解塔底的排出物，送甲酸成品塔制成 85% 甲酸。

12.5.3 乙二酸酯的水解制乙二酸

乙二酸（草酸）的工业生产方法很多。1978 年日本建成一氧化碳与醇的氧化偶联法生产乙二酸二丁酯的工业装置，实现了乙二酸二丁酯水解制乙二酸的工业化。

$$2CO + 2C_4H_9OH + \frac{1}{2}O_2 \xrightarrow[\text{稀硝酸催化}]{\text{Pd/C}} (COOC_4H_9)_2 \tag{12-30}$$

$$(COOC_4H_9)_2 \xrightarrow[70\sim80℃,常压]{H_2O} (COOH)_2 + 2C_4H_9OH \tag{12-31}$$

中国已完成一氧化碳氧化偶联法合成乙二酸二甲酯和水解制乙二酸的实验，优点是在 50～80℃可快速水解，甲醇沸点低，易分离。中国目前正致力于开发一氧化碳偶联合成乙二酸二乙酯和水解制乙二酸。乙二酸主要用作还原剂和漂白剂，在医药工业中用于制造金霉素、土霉素、四环素、链霉素和麻黄素等。

12.6 氰基的水解

12.6.1 氰基水解成羧基

例如邻氯苯乙酸的生产采用氰基水解法。

$$\tag{12-32}$$

水解反应在体积比为 1：1：1 的 85%乙酸：浓硫酸：水介质中在 120℃回流 1.5h，收率 84.8%。水解时如果只用浓硫酸，会使反应物焦化、缩合，加入乙酸可增加氰化物在介质中的溶解度，提高产品的收率。

工业上还用于从烟腈生成烟酸（碱性水解），烟腈由 3-甲基吡啶的氨氧化而得（见 7.3.7 节）。

12.6.2 氰基水解（亦称水合）成酰氨基

在较温和的条件下，氰基可以与水结合只发生 C≡N 中两个 C—N 键断裂而转变成氨羰基（酰氨基）。重要实例是丙烯腈的水解制丙烯酰胺。

丙烯腈的水解制丙烯酰胺最初采用硫酸水解法。现在已改用催化水解法和酶催化水解法。

催化水解法以铜-铬合金或骨架铜铝合金为催化剂，将 15%～30%丙烯腈水溶液经过四个串联的装有催化剂的固定床反应器，在 70～120℃和 0.8～2.4MPa 进行水解，控制单程转化率 45%～70%，选择性可达 99%以上。铜-铬催化剂寿命为 6 个月，骨架铜催化剂易粉碎，寿命短。

酶催化水解法的关键是高水解选择性、高活性菌种的筛选、培育和固定化。此法已经工业化，与催化水解法相比，其主要优点是：①采用固定床反应器，可在常温常压下连续生产；②丙烯腈单程转化率可达 99.9%以上，无副产物，纯度高、后处理简单；③产品不含 Cu^{2+}，不需要脱铜工艺。

习 题

12-1 写出脂链上卤基水解的通式和主要应用范围。

12-2 写出丙烯的氯化、水解制环氧乙烷的反应式。

12-3 写出丙烯的氯化、水解制 1,2,3-丙三醇传统工艺的反应式。

12-4 氯化苄的连续水解制苯甲醇采用什么类型的反应器,加入相转移催化剂起什么作用?

12-5 在制备 2-萘酚、N,N-二乙基间氨基苯酚、γ 酸和 H 酸时,反应温度、时间和压力上有何不同?

12-6 从基本原料出发,制备以下化合物,写出其工业上可行的合成路线、各步反应的名称和主要反应条件。

(1) 邻氯苯甲醛 (CHO, Cl)

(2) 2-氨基-4-磺酸苯酚 (OH, NH₂, SO₃H)

(3) 2-氨基-4-硝基苯酚 (OH, NH₂, NO₂)

(4) 3-(N,N-二乙氨基)苯酚 (OH, N(C₂H₅)₂)

第 13 章 缩 合

13.1 缩合反应的定义

缩合反应的涵义很广，凡是两个分子相互作用，失去一个小分子，形成一个较大分子的反应，以及两个或多个分子通过加成反应生成一个较大分子的反应都可以称做缩合反应。

这一章限于篇幅，只叙述烯烃的氢甲酰化制醛类和羟醛缩合反应。

13.2 烯烃的氢甲酰化制醛类

烯烃的氢甲酰化指的是烯烃与一氧化碳和氢气的混合物在催化剂的作用下，在烯键上引入醛基的反应，其总的反应式可简单表示如下：

$$R-\underset{H}{C}=CH_2+CO+H_2 \xrightarrow{\text{催化剂}} R-CH_2CH_2CHO \ \text{或} \ R-\underset{CH_3}{CHCHO} \tag{13-1}$$

正构醛   异构醛

氢甲酰化属于均相配位催化反应。最初用钴催化剂，现在已改用铑催化剂。

氢甲酰化反应可用于乙烯制丙醛、丙烯制丁醛、丁烯制戊醛和 1-己烯制庚醛等。其中生产规模最大的是丙烯制丁醛。正丁醛的制备最初采用乙醛的自身缩合法，现在都已被丙烯的氢甲酰化法所代替。

13.2.1 钴催化法制丁醛

钴催化法所用的催化剂是三羰基氢钴，它的催化反应历程相当复杂，用图 13-1 表示如下。

图中用 H-Co^{II} 代表催化剂 H-Co^{II}(CO)$_3$。从图 13-1 可以看出：CO 与 Co^{II} 的配位发生在碳原子的孤电子对上，C≡O 的插入发生在 C≡Co^{II} 双键的断裂上。

采用钴催化剂的缺点是：催化剂不够活泼，副反应多，丁醛的收率只有 70%，正/异丁醛比只有 (3~4)∶1，反应要在 140~180℃，20~30MPa 的高温高压下操作，需要用特种合金高压设备。

13.2.2 铑催化法制丁醛

为了克服钴催化剂的缺点，开发成功了羰基氢铑的三苯基膦配合物催化剂 HRu(CO)(PPh$_3$)$_3$。

铑催化剂的优点是：催化活性高，反应速率是钴催化剂的 1000 倍，选择性好，丁醛收

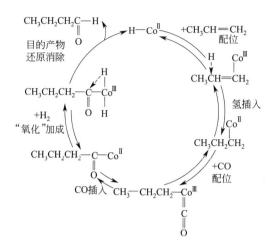

图 13-1 丙烯的氢甲酰化制正丁醛的催化循环

率 98%，正/异丁醛比 10：1。反应可以在 90～120℃、约 2MPa 的温和条件下进行，不需要特种合金高压设备，投资可降低 30%。

应该指出，尽管铑催化剂的用量只有丙烯的 0.1%，但是铑的价格比钴贵几千倍，铑的损失如果是丁醛质量分数的百万分之一，铑催化剂的费用就比钴催化剂高好几倍。由于副反应很少，丁醛可以从反应液中蒸出，含铑催化剂的母液可以循环使用，并无损失，才使得上述生产过程能够工业化。

13.3 羟醛缩合反应

羟醛缩合反应的原名是 Aldol 反应，中文译名羟醛缩合反应，是指含有活泼 α 氢的醛或酮在碱或酸的催化作用下，生成 β-羟基醛或 β-羟基酮的反应。羟醛缩合反应可以分为醛-醛缩合、酮-酮缩合和醛酮交叉缩合三种类型。

羟醛缩合反应一般都采用碱催化法。最常用的碱是氢氧化钠水溶液，有时也用到碳酸钠、碳酸氢钠、氢氧化钾、碳酸钾、氢氧化钡、氢氧化钙、醇钠、有机叔胺以及负离子交换树脂和固载型碱性催化剂等。

13.3.1 同分子醛缩合

（1）生成 2-乙基-3-羟基己醛的缩合反应

以正丁醛的自身缩合制异辛醇为例，其反应历程包括三个反应，可简单表示如下：

$$
\begin{array}{c}
\text{H}_3\text{C—CH}_2 \\
\delta^+ \text{H—C—C—H} + \text{B} \xrightarrow[\text{快}]{\text{脱质子}} \text{HC—C—H} + \text{BH}^+ \\
\text{H} \quad \text{O} \; \delta^- \\
\text{正丁醛} \qquad \text{碱} \qquad\qquad \text{碳负离子}
\end{array}
\tag{13-2}
$$

$$
\begin{array}{c}
\text{H}_2 \quad \text{H}_2 \quad \delta^+ \qquad\qquad \text{H}_3\text{C—CH}_2 \qquad\qquad\qquad \text{H}_2\text{C—CH}_3 \\
\text{H}_3\text{C—C—C—C—H} + \quad \text{HC—C—H} \xrightarrow[\text{（慢）}]{\text{亲核加成}} \text{H}_3\text{C—C—C—C—C—H} \\
\delta^- \qquad\qquad\qquad \text{O} \qquad\qquad\qquad\qquad\quad \text{O}^- \quad \text{H} \quad \text{O} \\
\text{正丁醛} \qquad\qquad \text{碳负离子} \qquad\qquad\qquad \text{氧负离子}
\end{array}
\tag{13-3}
$$

$$CH_3-C-C-C-C-C-H \xrightarrow[\text{加质子}]{+H^+} H_3C-C-C-C-C-C-H \qquad (13-4)$$

氧负离子 　　　　　　　　　　　　　2-乙基-3-羟基己醛

醛或酮分子中的羰基是强吸电子基，可以使相连的亚甲基和甲基上的氢表现出一定的酸性，在碱催化作用下可以脱质子生成碳负离子，然后这个碳负离子与另一分子醛中的羰基碳原子发生亲核加成反应生成氧负离子，然后氧负离子加质子生成 2-乙基-3-羟基己醛。上述三个反应都是可逆的，其中决定反应速率的最慢步骤是亲核加成反应。

（2）2-乙基-3-羟基己醛消除脱水生成 2-乙基-2-己烯醛

当 β-羟基醛分子中有两个以上活泼 α-氢，而且缩合时反应温度比较高和催化剂的碱性较强时，β-羟基醛可以进一步发生消除反应，脱去一分子水生成 2-乙基-2-己烯醛，例如：

$$CH_3CH_2CH_2-C-H+H-CH-CH \xrightarrow[\text{80~130℃；0.3~1.0MPa}]{\text{自身缩合；消除脱水；20\% NaOH 催化}} CH_3CH_2CH_2-C=C-H \qquad (13-5)$$

2-乙基-3-羟基己醛 　　　　　　　　　　　　　　　　　2-乙基-2-己烯醛

（3）2-乙基-2-己烯醛加氢还原生成异辛醇

$$CH_3CH_2CH_2-CH=C-H \xrightarrow[\text{双键和羰基同时加氢}]{\text{Ni，气相加氢}\atop\text{150~160℃，1.42MPa}} CH_3CH_2CH_2CH_2-CH-CH_2OH \qquad (13-6)$$

2-乙基己醇（异辛醇）是重要的精细化工产品。用类似的方法可以从丙醛制得 2-甲基-2-戊烯醛和 2-甲基戊醛（仅双键加氢）。

13.3.2 异分子脂醛的交叉缩合

异分子醛交叉缩合时可能生成 4 种羟基醛：

$$R-CH_2-CH-CH-C-H \qquad R'-CH_2-CH-CH-C-H$$

$$R-CH_2-CH-CH-CH \qquad R'-CH_2-CH-CH-CH$$

如果进一步消除脱水，则产物更多。但是实际上，根据原料醛的结构和反应条件的不同，所得产物仍有主次之分，甚至因可逆平衡过程而主要给出一种产物。

异分子脂醛在碱催化下交叉缩合时，一般是羰基 α-碳原子上含活性氢较少（即含取代较多）的醛生成碳负离子，然后与羰基 α-碳原子上含活性氢较多的醛的羰基碳原子发生亲核加成反应。

例如丁醛和乙醛交叉缩合、消除脱水，双键加氢还原时主要得到 2-乙基丁醛（异己醛），该产品是有机合成的原料。

$$CH_3-CH_2-CH_2-C-H+OH^- \underset{\text{脱质子}}{\overset{-H_2O}{\rightleftharpoons}} CH-C-H+H_2O \qquad (13-7)$$

丁醛 　　　　　　　　　　　　　　　　　碳负离子

$$CH_3-\underset{O}{\overset{}{C}}-H + \underset{O}{\overset{C_2H_5}{\overset{|}{C}}}-H \xrightarrow[\text{亲核加成}]{\text{碱催化}} CH_3-\underset{O^-}{\overset{}{C}}-\underset{O}{\overset{C_2H_5}{\overset{|}{C}}}-H \underset{\text{加质子}}{\overset{+H_2O/-OH}{\rightleftharpoons}} CH_3-\underset{OH}{\overset{}{C}}-\underset{O}{\overset{C_2H_5}{\overset{|}{C}}}-H \qquad (13-8)$$

乙醛　　　　碳负离子　　　　　　　　　氧负离子　　　　　　　　2-乙基-3-羟基丁醛

$$\xrightarrow[\text{消除脱水}]{-H_2O} CH_3-CH=\underset{O}{\overset{C_2H_5}{\overset{|}{C}}}-H \xrightarrow[\text{催化加氢}]{+H_2} CH_3-CH_2-\underset{O}{\overset{C_2H_5}{\overset{|}{C}}}-H$$

2-乙基-α,β-丁烯醛　　　　　2-乙基丁醛（异己醛）

13.3.3　芳醛与脂醛的交叉缩合

芳醛没有羰基 α-氢，不能生成碳负离子，它不能自身缩合，但是芳醛分子中的羰基可以同含有活泼 α-氢的脂醛所生成的碳负离子发生交叉缩合，消除脱水生成 α,β-不饱和醛。这个反应又称 Claisen-Schimidt 反应。例如，苯甲醛：乙醛：1％～1.25％（质量分数）氢氧化钠水溶液按 1：1.38：（0.09～0.11）的物质的量比，在溶剂苯的存在下，在 20℃反应 5h，苯层精馏，回收苯和苯甲醛，最后蒸出产品苯丙烯醛（肉桂醛）。按投料的苯甲醛计，收率 38.2％～41.7％；按消耗的苯甲醛计，收率约为 96％。

$$\langle\!\!\langle\;\rangle\!\!\rangle-\underset{O}{\overset{}{C}}-H + CH_3-\underset{O}{\overset{}{C}}-H \xrightarrow[\text{OH}^-\text{催化}]{\text{交叉缩合}} \left[\langle\!\!\langle\;\rangle\!\!\rangle-\underset{OH}{\overset{}{C}}H-CH_2-\underset{O}{\overset{}{C}}-H\right]$$

$$\xrightarrow{\text{消除脱水}} \langle\!\!\langle\;\rangle\!\!\rangle-CH=CH-\underset{O}{\overset{}{C}}-H+H_2O \qquad (13-9)$$

13.3.4　醛的歧化（Cannizzaro 反应）

苯甲醛不能发生自身缩合反应，但是在氢氧化钾等强碱作用下可以发生歧化反应，一分子苯甲醛作为氢供给体自身被氧化成苯甲酸，另一分子苯甲醛作为氢接受体，自身被还原成苯甲醇。其反应过程可以表示如下：

$$R-\underset{O}{\overset{}{C}}-H + OH^- \xrightarrow{\text{亲核加成}} R-\underset{O^-}{\overset{OH}{\overset{|}{C}}}-H \qquad (13-10)$$

醛　　　　　　　　　　　氧负离子

$$Ar-\underset{O^-}{\overset{OH}{\overset{|}{C}}}\!\!\vdots\!\!H + Ar-\underset{O^{\delta-}}{\overset{\delta+}{C}}-H \xrightarrow[\text{(慢)}]{\text{氢转移,亲核加成}} Ar-\underset{O}{\overset{OH}{\overset{|}{C}}} + Ar-\underset{O^-}{\overset{H}{\overset{|}{C}}}-H \underset{\text{(快)}}{\overset{\text{质子转移}}{\rightleftharpoons}} Ar-\underset{O}{\overset{O^-}{\overset{|}{C}}} + Ar-\underset{OH}{\overset{H}{\overset{|}{C}}}-H \qquad (13-11)$$

氧负离子　　　苯甲醛　　　　　　　　　苯甲酸　苯甲醇负离子　　　　　苯甲酸负离子　苯甲醇
（氢供给体）（氢接受体）

这个反应叫做 Cannizzaro 反应。但是在工业上苯甲酸、苯甲醇和它们取代衍生物的制备都不采用这个经典的 Cannizzaro 反应，而采用其他较为经济的合成路线。

Cannizzaro 反应也可以发生在两个不同的没有 α-氢的醛分子之间，叫做交叉 Cannizzaro 反应。其中有实际意义的是用甲醛作为供氢体，自身被氧化成甲酸，同时使另一种没有 α-氢的醛接受氢被还原成醇。其应用实例见 13.3.5 节。

13.3.5　甲醛与其他脂醛的交叉缩合

甲醛分子中的羰基容易与含有活泼 α-氢的脂醛发生异分子醛交叉缩合反应，生成 β-羟甲基醛。利用甲醛向其他醛（或酮）分子中的羰基 α-碳原子上引入一个或多个羟甲基的反应叫做羟甲基化反应，或叫做 Tollens 缩合。利用这个反应可以制备一系列多羟甲基化合物。

例如，将甲醛、乙醛和氢氧化钠水溶液按 5：1：1.1 的物质的量比在 40～70℃ 反应，经后处理，得到季戊四醇（四羟基甲烷），其总的反应式如下：

$$3H-\overset{H}{\underset{O}{C}} + H-\overset{H}{\underset{HO}{C}}-\overset{H}{\underset{O}{C}}-H \xrightarrow[\text{碱催化}]{\text{交叉缩合}} (HOCH_2)_3C-\overset{H}{\underset{O}{C}}-H \qquad (13-12)$$

甲醛　　　　乙醛　　　　　　　　　　　　3-羟甲基乙醛

$$(HOCH_2)_3C-\overset{}{\underset{O}{C}}-H + H-\overset{}{\underset{O}{C}}-H + NaOH \xrightarrow{\text{交叉 Cannizzaro 反应}} (HOCH_2)_4C + HCOONa \qquad (13-13)$$

3-羟甲基乙醛　　　　甲醛　　　　　　　　　　　　四羟甲基甲烷　　甲酸钠

在上述反应中，用过量甲醛作还原剂，还可抑制乙醛的自身缩合反应。

再如，将甲醛、异丁醛和催化剂三乙胺按 1.1：1：0.01 的物质的量比在 90～95℃ 和约 0.4MPa 进行交叉缩合，得 2,2-二甲基-3-羟基丙醛（羟基新戊醛），然后用锰促进的铜系催化剂在 160～170℃ 和约 3MPa 进行加氢还原，即得到 2,2-二甲基-1,3-丙二醇（新戊二醇）。按异丁醛计，总收率可达 90.8%。

$$H-\overset{H}{\underset{O}{C}} + H-\overset{CH_3}{\underset{CH_3}{C}}-\overset{}{\underset{O}{C}}-H \xrightarrow[\text{碱催化}]{\text{亲核加成}} H_2C-\overset{CH_3}{\underset{CH_3}{C}}-\overset{}{\underset{O}{C}}-H \xrightarrow[+H_2]{\text{催化加氢}} HO-CH_2-\overset{CH_3}{\underset{CH_3}{C}}-CH_2OH \qquad (13-14)$$

甲醛　　异丁醛　　　　　2,2-二甲基-3-羟基丙醛　　　　2,2-二甲基-1,3-丙二醇

缩合时用三乙胺催化剂的优点是副反应少，收率高，甲醛微过量，可连续操作，还原用加氢法的优点是不用甲醛，成本低，废水不含甲酸盐。

用类似的方法可以从正丁醛、甲醛进行交叉缩合得 2,2-二羟甲基丁醛，再加氢还原得 1,1,1-三羟甲基丙烷，按正丁醛计，收率在 90% 以上。

13.3.6　对称酮的自身缩合

含有活泼 α-氢的对称酮自身缩合时，只生成一种 β-羟基酮。例如丙酮在碱性催化剂的作用下自身缩合，得到二丙酮醇（双丙酮醇、4-羟基-4-甲基-2-戊酮），其反应式如下：

$$CH_3-\overset{CH_3}{\underset{O}{C}} + H-CH_2-\overset{}{\underset{O}{C}}-CH_3 \xrightarrow[\text{碱催化}]{\text{自身缩合}} CH_3-\overset{CH_3}{\underset{OH}{C}}-CH_2-\overset{}{\underset{O}{C}}-CH_3 \qquad (13-15)$$

丙酮　　　　丙酮　　　　　　　　　　二丙酮醇

工业上所用的催化剂是负离子交换树脂，为了避免进一步交叉缩合或消除脱水等副反应，缩合反应一般为 −10～20℃。在连续生产时，自身缩合是弱放热反应，一般采用多层绝热固定反应器。丙酮连续地流过催化剂层，转化率在 50% 以下，按消耗的丙酮计，二丙酮醇的收率约 80%。

二丙酮醇经过装有磷酸催化剂的反应器进行消除脱水，得亚异丙基丙酮，收率 90%，其反应式如下：

$$(CH_3)_2C-CH_2-\overset{}{\underset{O}{C}}-CH_3 \xrightarrow[\text{磷酸催化}]{\text{消除脱水}} (CH_3)_2C=CH-\overset{}{\underset{O}{C}}-CH_3 + H_2O \qquad (13-16)$$

二丙酮醇　　　　　　　　　　　亚异丙基丙酮

亚异丙基丙酮的蒸汽与氢气经过装有加氢催化剂的反应器，经过催化加氢反应即得到丙酮自缩的最终产物甲基异丁基酮。

$$(CH_3)_2C = CH - \underset{\underset{O}{\|}}{C} - CH_3 + H_2 \xrightarrow[\text{Pd 或 Cu 催化}]{\text{双键加氢}} (CH_3)_2CH - CH_2 - \underset{\underset{O}{\|}}{C} - CH_3 \quad (13\text{-}17)$$

亚异丙基丙酮　　　　　　　　　　　　甲基异丁基酮

上述丙酮自身缩合三步法的优点是每步反应都可作为产品，每步反应的催化剂活性高、选择性好，反应条件温和，操作容易。缺点是流程长，投资大，成本高。

为了克服三步法的缺点，又开发成功丙酮一步法生产甲基异丁基酮。一步法的优点是生产流程短，基本上无三废，投资少。一步法的关键是多元复合催化剂的筛选，要求催化剂具有缩合、脱水、双键加氢三种功能，已经公开的催化剂有 Pd-KOH-Al$_2$O$_3$、Pd-MgO-SiO$_2$、Pd-Cr-ZSM-5 和 Pd-负离子交换树脂等。

13.3.7 不对称酮的交叉缩合

含有 α-氢的不对称酮，特别是两个不同结构的不对称酮，在碱催化剂的存在下，可以发生交叉缩合反应，它虽然可能生成四种缩合产物，但是通过可逆平衡可以主要生成一种产物。

例如，丙酮和甲乙酮经交叉缩合时，主要生成 2-甲基-2-羟基-4-己酮，它再经消除脱水、催化双键加氢还原，可制得 2-甲基-4-己酮（乙基异丁基甲酮）。其反应式如下：

$$CH_3 - \underset{\underset{O}{\|}}{\overset{\overset{CH_3}{|}}{C}} \; + \; H - CH_2 - \underset{\underset{O}{\|}}{C} - CH_2CH_3 \xrightarrow[\text{碱催化}]{\text{交叉缩合；亲核加成}} CH_3 - \underset{\underset{OH}{|}}{\overset{\overset{CH_3}{|}}{C}} - CH_2 - \underset{\underset{O}{\|}}{C} - CH_2CH_3 \quad (13\text{-}18)$$

丙酮　　　　　　　　　甲乙酮

$$\xrightarrow[-H_2O]{\text{消除脱水}} CH_3 - \overset{\overset{CH_3}{|}}{C} = CH - \underset{\underset{O}{\|}}{C} - CH_2CH_3 \xrightarrow[+H_2]{\text{催化加氢}} CH_3 - \overset{\overset{CH_3}{|}}{\underset{}{CH}} - CH_2 - \underset{\underset{O}{\|}}{C} - CH_2CH_3$$

13.3.8 醛酮交叉缩合

醛酮交叉缩合既可以生成 β-羟基醛，又可以生成 β-羟基酮，不易得到单一产物，因此主产物的收率都不太高。例如，将异戊醛和丙酮按 1 :（1.0～1.23）的物质的量比放入水中，在 15～20℃ 慢慢滴入氢氧化钠水溶液，在 30℃ 左右保温 8～10h，经后处理得 6-甲基-3-庚烯-2-酮，按异戊醛计收率 60%，再加氢还原得 6-甲基-2-庚酮。

$$\underset{\underset{CH_3}{|}}{CH_3 - CH - CH_2 - \underset{\underset{O}{\|}}{C} - H} + H - CH_2 - \underset{\underset{O}{\|}}{C} - CH_3 \xrightarrow[\text{碱催化}]{\text{交叉缩合；亲核加成}} CH_3 - \underset{\underset{CH_3}{|}}{CH} - CH_2 - CH - CH_2 - \underset{\underset{O}{\|}}{C} - CH_3$$

异戊醛　　　　　　　　　丙酮　　　　　　　　　　　　　　2-甲基-4-羟基-2-庚酮

$$\xrightarrow[\text{碱催化：}-H_2O]{\text{消除脱水}} CH_3 - \underset{\underset{CH_3}{|}}{CH} - CH_2 - CH = CH - \underset{\underset{O}{\|}}{C} - CH_3 \xrightarrow[\text{约 50℃；约 1.5MPa}]{\text{催化加氢：Pd/C}} CH_3 - \underset{\underset{CH_3}{|}}{CH} - CH_2 CH_2 CH_2 - \underset{\underset{O}{\|}}{C} - CH_3 \quad (13\text{-}19)$$

6-甲基-3-庚烯-2-酮　　　　　　　　　　　　　　　　6-甲基-2-庚酮

在碱催化时，醛酮交叉缩合反应一般是酮先脱质子，生成碳负离子，然后与醛发生亲核加成反应，生成 β-羟基酮。然后再发生分子内消除脱水反应而生成 α,β-烯醛或 α,β-烯酮。但是有时醛酮交叉缩合也可以采用质子酸催化法，发生分子间脱水缩合直接生成 α,β-烯醛或 α,β-烯酮。例如，将无水丁酮冷却至 -5℃，通入无水氯化氢，使丁酮烯醇化，然后慢慢滴加等摩尔比的无水乙醛，搅拌 24h，经后处理得 3-甲基-3-戊烯-2-酮，收率 46.3%。它是香料中间体。

$$CH_3-CH_2-\overset{\overset{\displaystyle O}{\|}}{C} \xrightarrow[\text{HCl 催化}]{\text{烯醇化}} CH_3-CH=\overset{\underset{\displaystyle CH_3}{|}}{C}-OH \tag{13-20}$$

$$CH_3-\overset{\underset{\displaystyle CH_3}{|}}{C}=CH-OH + H-\overset{\overset{\displaystyle O}{\|}}{C}-CH_3 \xrightarrow[-H_2O]{\text{脱水缩合}} CH_3-\overset{\underset{\displaystyle CH_3}{|}}{C}=CH-\overset{\overset{\displaystyle O}{\|}}{C}-CH_3 \tag{13-21}$$

习　题

13-1　写出缩合反应的定义。

13-2　写出烯烃氢甲酰化的总反应式。

13-3　氢甲酰化属于哪种类型的反应？使用哪种类型的催化剂？

13-4　丙烯的氢甲酰化，用钴催化剂时有哪些缺点？

13-5　铑的价格很贵，为什么丙烯的氢甲酰化可以用铑催化剂？用铑催化剂时有何优点？

13-6　羟醛缩合反应的定义，有哪几种类型，使用哪种类型的催化剂？

13-7　写出丁醛自身缩合制异辛醇包括哪几步反应。

13-8　写出异分子醛交叉缩合的特点。

13-9　写出乙醛和丁醛交叉缩合这一步反应的历程。

13-10　写出芳醛与脂醛交叉缩合的特点。

13-11　甲醛和其他醛交叉缩合有什么特点？

13-12　在制备苯甲醇和苯甲酸时为什么不用苯甲醛的歧化反应？

13-13　写出对称酮自身缩合的特点？

13-14　丙酮自身缩合生成二丙酮醇这一步反应为什么采用绝热多层固定床反应器？

13-15　为了把丙酮一步制成甲基异丁基酮，需要采用什么措施？

13-16　写出不对称酮交叉缩合的特点。

13-17　写出醛酮交叉缩合的反应特点。

13-18　写出异戊醛与丙酮交叉缩合这一步反应的反应历程。

13-19　计算制备季戊四醇时甲醛的过量百分数。

13-20　计算在制新戊二醇时甲醛的过量百分数。

第 14 章 环 合

14.1 概述

环合反应指的是在有机化合物分子中形成新的碳环或杂环的反应。有时也称闭环或"成环缩合"。在有机合成中环合反应的类型很多，也就是说形成新环可以有许多不同的形式，概括起来分为两大类，即分子间环合和分子内环合。其反应历程包括亲电环合、亲核环合、自由基环合及协同效应等历程。大多数环合反应在形成环状结构时，总是脱落某些简单的小分子。

① 分子内环合 即在一个分子内部的适当位置发生环合反应。例如：

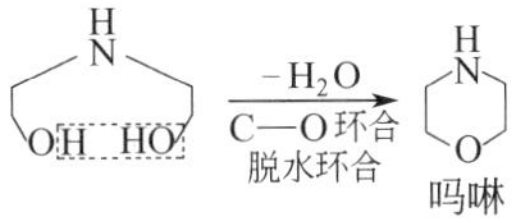

(14-1)

② 分子间多步环合 即两个分子之间先在适当的位置发生反应，连接成一个分子，但还没有形成新环，这个分子不经分离接着发生分子内环合。例如：

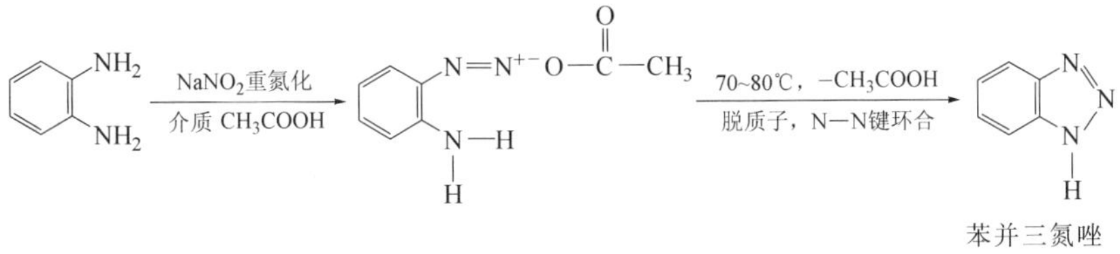

(14-2)

③ 分子间一步环合（协同环合） 两个分子之间在两个适当位置同时发生反应形成新环，例如：

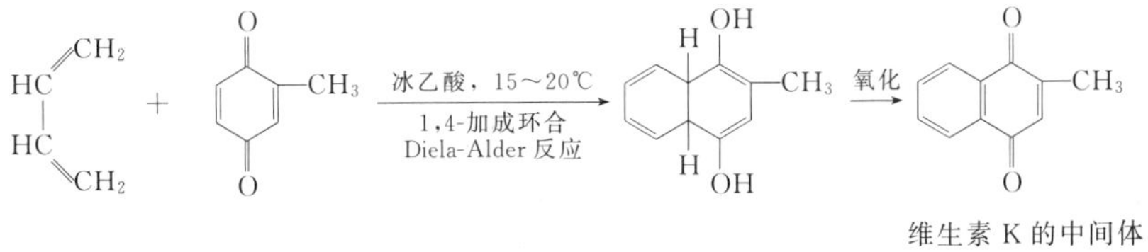

(14-3)

环合反应的类型很多，而且所用的反应试剂也是多种多样的。因此不能像其他单元反应那样，写出一个反应通式，也不能提出一般的反应历程和比较系统的一般规律。根据大量的事实，可以归纳出以下规律。

① 具有芳香性的六元环和五元环都比较稳定，而且也比较容易形成。

② 除了少数以双键加成方式形成环状结构外，大多数环合反应在形成环状结构时，总

是脱落某些简单的小分子，例如水、氨、醇、卤化氢和氢分子等。

③ 为了促进上述小分子的脱落，常常需要使用环合促进剂。例如脱水环合常在浓硫酸介质中进行。脱氨和脱醇环合常在酸或碱的催化作用下完成。脱卤化氢环合常在缚酸剂的存在下进行等，但有时也可只靠加热或催化剂而完成环合反应。

④ 为了形成杂环，起始反应物之一必须含有杂原子。

利用环合反应形成新环的关键是选择价廉易得的起始原料，能在适当的反应条件下形成新环，而且收率良好，产品易于分离精制。

在精细有机合成中，将遇到各种各样的环状化合物，如芳环、杂环、饱和碳环与非饱和碳环等。本章主要介绍一些典型的环状精细有机化工中间体和成品的制备，以及所涉及的环合反应，并未对环合反应给予系统介绍，需要相关知识请参见有关文献。

14.2　形成六元碳环的环合反应

14.2.1　蒽醌的制备

蒽醌是重要的化工原料和染料中间体，例如可用于高浓度过氧化氢的生产，在化肥工业中用以制造脱硫剂蒽醌二磺酸钠，在印染工业中用作拔染助剂，蒽醌的卤代、氨基、羟基等衍生物是合成酸性、直接、还原等类型染料的原料。蒽醌最初以炼焦副产的精蒽为原料，经气-固相接触催化氧化而得，但是蒽的来源受到炼焦工业和钢铁工业发展的限制。因此在工业上又开发了多种利用环合反应合成蒽醌的方法。主要有苯酐法、苯乙烯法、萘醌法和羰基合成法等。中国除采用蒽的气-固相接触催化氧化法以外，还采用苯酐法。

(1) 邻苯二甲酸酐法

邻苯二甲酸酐法（简称苯酐法）是以苯酐和苯为原料，在无水氯化铝的催化作用生成邻苯甲酰基苯甲酸，后者在浓硫酸中发生环合反应，生成蒽醌，收率95%，总的反应过程如下：

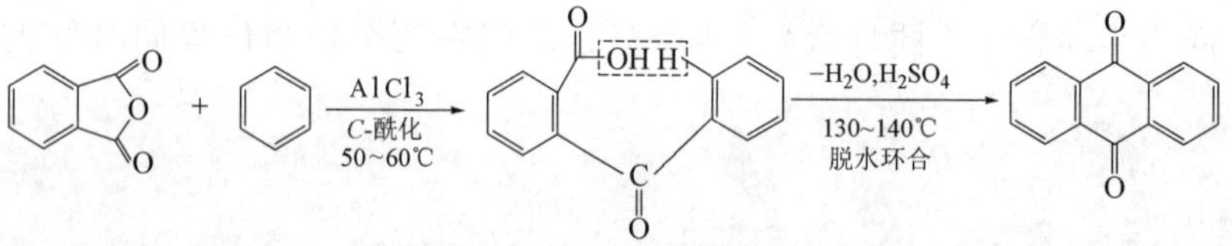

$$\tag{14-4}$$

苯酐法的优点是原料易得，收率高，工艺简单，成本低。缺点是1mol苯酐至少消耗2mol无水氯化铝，产生大量废酸和铝盐，对环境污染大。

为了解决环境污染问题，国内外又研究了多种新型催化剂，主要有硅铝酸盐催化剂、黏土矿物催化剂、金属氧化物型固体酸催化剂、分子筛催化剂、杂多酸催化剂、固体超强酸催化剂等，但均未达到工业化要求。

(2) 苯乙烯法

苯乙烯先进行二聚反应得 1-甲基-3-苯基茚满，进一步氧化成邻苯甲酰苯甲酸，再环合脱水成蒽醌，其主要化学反应如下：

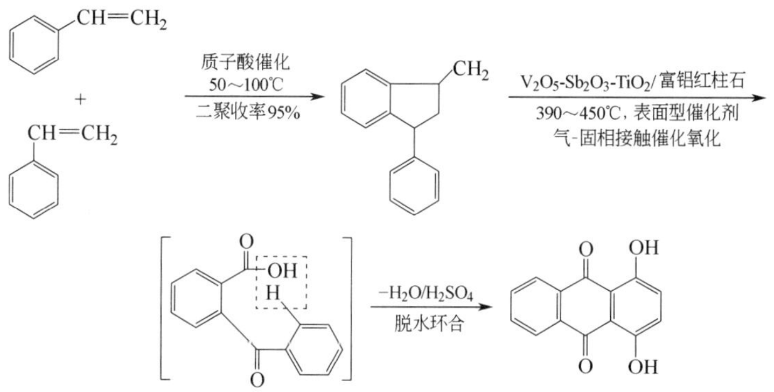

(14-5)

此法是德国 BASF 公司在 20 世纪 70 年代开发的。此法的优点是原料易得、三废少。但反应条件苛刻,技术复杂,设备要求高。国外已停用尚需改进工艺。

(3) 萘醌法

以萘和丁二烯为原料,包括三步反应。即萘氧化成萘醌,萘醌与丁二烯进行液相加成反应生成四氢蒽醌,最后经氧化得蒽醌,反应式如下:

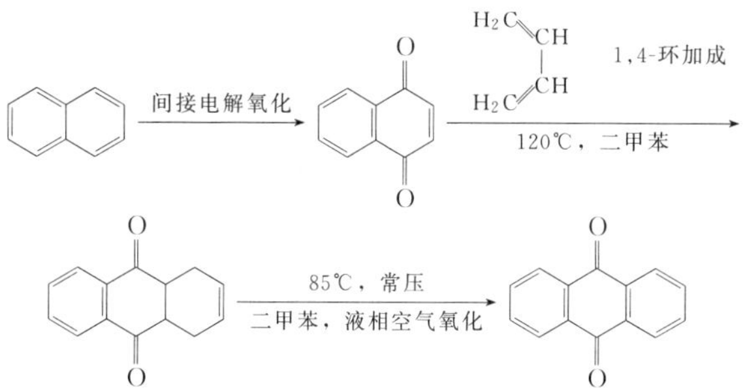

(14-6)

萘用间接电解氧化制得 1,4-萘醌,萘转化率为 94%,1,4-萘醌选择性为 50%,1,4-萘醌收率达 42%。1,4-萘醌与丁二烯在摩尔比为 1∶3、120℃和 2MPa 下进行反应可制得四氢蒽醌,四氢蒽醌进行液相空气氧化脱氢可生成蒽醌 (选择性接近 100%),此法国内曾中试。

(4) 羰基合成法

羰基合成法是以苯和 CO 为原料,通过催化剂如氯化铜、氯化亚铁或四氯化铂,于 215～225℃、CO 压力为 100kPa 下进行反应得蒽醌,收率 80%。反应式如下:

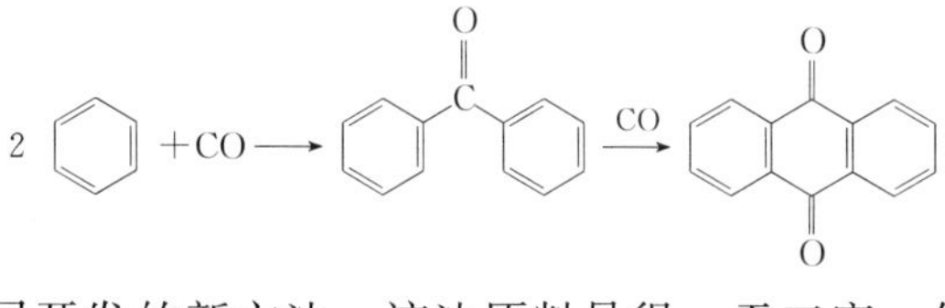

(14-7)

该法是美国氰胺公司开发的新方法。该法原料易得,无三废,但对催化剂要求高。目前只有日本川崎化成工业公司采用此法。

14.2.2 蒽醌衍生物的制备

① 苯酐-氯化铝法 除了用于合成蒽醌以外,还可以从苯酐和氯苯制备 2-氯蒽醌,从苯酐和甲苯制 2-甲基蒽醌,从苯酐和乙苯制 2-乙基蒽醌。

② 苯酐-浓硫酸法 对苯二酚比较活泼,只要将它与苯酐和浓硫酸中,在硼酸 (酯化) 的保护下,在 160℃反应,即可同时完成 C-酰化和脱水环合两步反应而得到 1,4-二羟基蒽醌,按消耗的对苯二酚计,收率 75%～90%。

$$\text{（式）} \tag{14-8}$$

另外，从对氯苯酚与苯酐反应也可以一步直接得 1,4-二羟基蒽醌。例如，将苯酐、硼酸、硫酸混合，在一定温度下，加入对氯苯酚得 1,4-二羟基蒽醌的硼酸酯，经水解得 1,4-二羟基蒽醌。按对氯苯酚计，收率可达理论量的 90％。

$$\text{（式）} \tag{14-9}$$

当苯甲酰基的苯环上有硝基时，脱水环合相当困难，因此，不能用苯酐的硝基衍生物来制备硝基蒽醌。对二氯苯不够活泼，在制备 1,4-二氯蒽醌时改用苯酐法。

14.3　形成含一个氧原子的杂环的环合反应

14.3.1　香豆素的制备

香豆素又名邻羟基肉桂酸内酯，是一种重要的香料，广泛用于香水、香皂和化妆品等日化产品生产领域，同时也应用于电镀、制药等行业。香豆素类内酯能有效帮助人体抗血小板凝集、抗血栓、护肝和调节睡眠。香豆素的化学名称是 1,2-苯并吡喃酮，其化学结构为 （结构式）。

从化学结构可以看出，香豆素是邻羟基肉桂酸的内酯，因此许多合成方法都是以苯酚或苯酚的衍生物为起始原料。比较经典的方法是以水杨醛和乙酐为起始原料的 Perkin 法。它是以邻羟基苯甲醛和乙酐在无水乙酸钠和碘催化剂存在下，在 180～190℃、保温 4h，经减压蒸馏得粗品，乙醇结晶得精品。

$$\text{（式）} \tag{14-10}$$

据报道，改用季铵盐或聚乙二醇-600 为相转移催化剂可提高收率。

邻羟基苯甲醛同丙酸酐反应可制得 3-甲基香豆素。而其他重要衍生物 6-甲基香豆素、4-羟基香豆素则不用 Perkin 法。

14.3.2　4-羟基香豆素的制备

4-羟基香豆素的化学名称是 4-羟基-1,2-氧萘酮，是重要的医药中间体，同时也是一种香料。其化学结构式为 （结构式）。

4-羟基香豆素的合成路线很多，国内以水杨酸为起始原料，经羧基甲酯化、羟基乙酰化得乙酰水杨酸甲酯，然后将它在液体石蜡中在 180～200℃反应 2h，发生脱甲醇，C—C 键环合反应生成 4-羟基香豆素，收率 $30\%\sim31\%$。

$$(14\text{-}11)$$

14.3.3　6-甲基香豆素的制备

6-甲基香豆素主要用于配制椰子、香草和焦糖等型香精，其合成采用对甲酚和反丁烯二酸为原料的路线。将对甲酚与反丁烯二酸在 72% 硫酸中，$160\sim170℃$ 加热 $3\sim4h$，在酚羟基的邻位发生双键加成反应，并脱甲酸生成 2-羟基-5-甲基肉桂酸，然后发生脱水 C—O 键环合而得到 6-甲基香豆素。在纯化前添加少量扩散剂使副产物分散纯化，可提高反应收率。

$$(14\text{-}12)$$

14.4　形成含一个氮原子的杂环的环合反应

14.4.1　*N*-甲基-2-吡咯烷酮的制备

N-甲基-2-吡咯烷酮的化学名称是 *N*-甲基-1-氮杂-2-环戊酮，简称 NMP，其化学结构是

NMP 是非质子传递型极性有机溶剂，具有选择性强、稳定性好、毒性低、沸点高、溶解力强、不易燃、可生物降解、可回收利用、使用安全和适用于多种配方用途等优点。从结构上看，*N*-甲基-2-吡咯烷酮是 *N*-甲基-γ-丁内酰胺。工业上的生产方法是 γ-丁内酯与甲胺的氨解法。

1999 年，德国巴斯夫公司开发了 γ-丁内酯与一甲胺连续生产 NMP 的工艺。1,4-丁二醇脱氢环合制得 γ-丁内酯，γ-丁内酯与甲胺按 $1:1.15$ 的物质的量比在 $250℃$ 和 $6MPa$ 连续通过管式反应器，反应中无需催化剂，加入水有助于提高反应速率。反应转化率为 100%。以 1,4-丁二醇计算收率为 90%，以 γ-丁内酯计算收率为 $93\%\sim95\%$。其反应式如下。

$$(14\text{-}13)$$

用同样方法可得到 2-吡咯烷酮。它也是重要的中间体和溶剂。

2000 年，巴斯夫公司又开发了 γ-丁内酯与混合甲基胺连续生产 NMP 的方法。其原理和一甲胺法一样，只不过是 1mol γ-丁内酯与二甲胺和三甲胺发生胺化生成了 4-甲氧基-N-甲基丁酰胺和 4-甲氧基-N,N-二甲基丁酰胺，它们在环合时除了生成 NMP 以外，还分别生成 1mol 和 2mol 甲醇，反应物经分离后，分离出来的甲醇和未反应的各种甲基胺都循环送回氨解反应器，与氨和补充的甲醇一起进行氨解反应，生成混合甲基胺。

混合甲基胺法的优点是商品一甲基胺（沸点 -6.32℃）是由混合甲基胺通过加压精馏分离而得到的，价格贵。把生产 NMP 的装置和甲醇氨解生产甲胺的装置联合起来，可以省去低温精馏步骤。装置投资低，生产成本低。

14.4.2 吲哚及其衍生物的制备

(1) 吲哚的制备

吲哚是植物生长调节剂吲哚乙酸、吲哚丁酸的中间体。具有强烈的粪便臭味，高度稀释的溶液可作香料，广泛用于茉莉、紫丁香、橙花、栀子、忍冬、荷花、水仙、依兰、草兰、白兰等花香型香精，也常与甲基吲哚共用来拟配人造灵猫香，极微量可用于巧克力、悬钩子、草莓、苦橙、咖啡、坚果、乳酪、葡萄及果香复方等香精中。

吲哚的化学名称是苯并-1-氮杂茂，译名是苯并吡咯，其化学结构为 。从结构上看是苯环和一个氮原子相连，因此，这类化合物一般是以苯系伯胺为主要起始原料而制得的。

吲哚的制备最初采用邻乙基苯胺在 $550\sim600\text{℃}$ 的催化脱氢 C—N 键环合法，收率很低。最近浙江普洛医药科技有限公司以邻甲苯胺为原料，先用甲酸进行 N-甲酰化，得邻甲基-N-甲酰苯胺，然后在氢氧化钾的存在下，用甲苯带水，制成 N-甲酰化物的无水钾盐，最后在 $300\sim304\text{℃}$ 进行脱水 C—C 键环合而得到吲哚。

$$(14\text{-}14)$$

由于上述方法的工业化，使吲哚的市场价格由 20 万元/吨以上下降到 10 万元/吨以下，摆脱了依靠进口的局面，促进了以吲哚为原料的下游产品的开发。据最近报道，以苯胺和乙二醇为原料，Cu/SiO_2 为催化剂，脱水环合可一步合成吲哚，收率可达 88%。

最近文献报道，以苯胺和乙二醇为原料，Cu/SiO_2 为催化剂，一步合成吲哚，收率达 88%。

(2) 3-羟基吲哚钠盐的制备

3-羟基吲哚钠盐的制备是以苯胺为原料，先与氯乙酸进行 N-烷化制成苯基氨基乙酸钠（见 10.2.2.2 节），在氨基钠-氢氧化钠-氢氧化钾的熔融物中在 225℃ 进行碱熔，即发生脱氢氧化、C—C 键环合反应而生成 3-羟基吲哚钠盐。3-羟基吲哚钠盐不经分离直接用于氧化制备靛蓝。

$$2 \quad \text{苯胺} \xrightarrow[\text{N-烷化}]{\text{ClCH}_2\text{COOH/NaOH}} 2 \quad \text{苯基氨基乙酸钠} \xrightarrow[\text{脱 NaOH，C—C 键环合}]{\text{NaNH}_2\text{-NaOH-KOH} \atop 225\text{℃}}$$

$$2 \left[\text{苯基氨基乙酸三钠盐} \right] \xrightarrow{-2\text{NaOH}} 2 \quad \beta\text{-羟基吲哚钠盐} \xrightarrow[\text{氧化脱氢}]{\text{O}_2,70\text{℃}} \text{靛蓝} \tag{14-15}$$

14.4.3 吡啶和 3-甲基吡啶的制备

吡啶的化学结构式是 （吡啶环），3-甲基吡啶的化学结构式是 （3-甲基吡啶环） CH_3，它们的化学名称分别是氮杂苯和 3-甲基氮杂苯。

吡啶及烷基吡啶是重要的有机化工原料和溶剂，广泛用于医药、香料、农药等精细化学品的制备。吡啶和 3-甲基吡啶最初从煤焦油分离而得，现在已改用合成法为主。合成的方法有很多种，目前国内主要采用甲醛、乙醛和氨气在催化剂的作用下，在流化床或固定床中进行气-固相接触催化反应的方法。其总的反应式可简单表示如下：

$$2\text{CH}_3\text{CHO}+\text{CH}_2\text{O}+\text{NH}_3 \xrightarrow[\text{气-固相接触催化}]{370\text{℃}} \text{吡啶} +3\text{H}_2\text{O} \tag{14-16}$$

$$2\text{CH}_3\text{CHO}+2\text{CH}_2\text{O}+\text{NH}_3 \longrightarrow \text{3-甲基吡啶} +4\text{H}_2\text{O} \tag{14-17}$$

以乙醛、甲醛和氨在常压和 370℃ 左右通过装有催化剂的反应器，反应后的气体经萃取、精馏得到吡啶为 40%～50%，3-甲基吡啶为 20%～30%。二者的比例取决于甲醛、乙醛的比率。

国内主要采用 ZSM-5 分子筛和各种改性分子筛作催化剂。吡啶和 3-甲基吡啶的生成比例主要取决于原料中甲醛和乙醛的相对用量和催化剂的选择性。目前在最佳条件下，吡啶和 3-甲基吡啶的总收率可达 80.5%，其中吡啶 55.5%，3-甲基吡啶 25%。

14.5 形成含两个氮原子的杂环的环合反应

14.5.1 哌嗪的制备

哌嗪的化学名称是 1,4-二氮杂环己烷，其化学结构为 $HN\bigcirc NH$。它是制备许多药品的主要原料，如驱虫药乙胺嗪、抗菌药吡哌酸、氟哌酸，降血压药哌唑嗪、抗结核药利福平等，无水哌嗪还用于表面活性剂、橡胶助剂、防腐剂、抗氧剂等的合成。

哌嗪由乙二胺与环氧乙烷经两步反应制得。第一步反应是 N-β-羟乙基乙二胺的制备。乙二胺和环氧乙烷在气-液相连续操作的精馏反应器的中部反应区快速发生加成胺化反应。生成的 N-β-羟乙基乙二胺立即离开反应区，从釜底排出，以避免和环氧乙烷进一步反应，生成多羟乙基乙二胺，按乙二胺计，收率 85%。

$$H_2N\diagdown NH_2 + \triangle O \xrightarrow{\text{加成胺化}} H_2N\diagdown N^H\diagdown OH \tag{14-18}$$

乙二胺　　　　环氧乙烷　　　　N-β-羟乙基乙二胺

第二步反应是哌嗪的制备。N-β-羟乙基乙二胺在高温高压和催化剂的存在下，即脱掉一分子水，发生分子内 C—N 键环合反应，生成无水哌嗪。

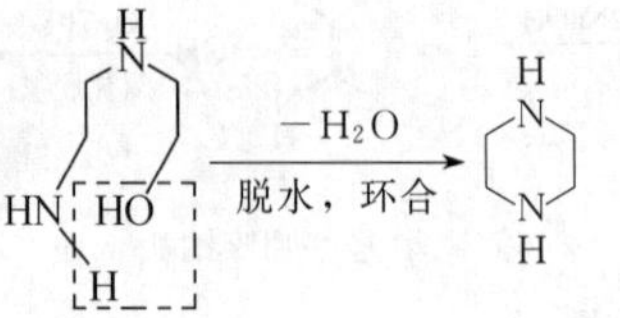

$$\xrightarrow[\text{脱水，环合}]{-H_2O} \tag{14-19}$$

上述反应可采用连续管式反应器，反应温度 150～300℃，反应压力 6.8～40.0MPa。催化剂由镍、铜、钴等固载在硅铝氧化物上，在氢气和氨气气氛中进行，无水哌嗪收率 90%。在氢气存在下反应是为了抑制哌嗪脱掉 1 分子氢生成吡嗪。

14.5.2　4-甲基咪唑的制备

4-甲基咪唑的化学名称是 4-甲基-1,3-二氮茂，其化学结构是 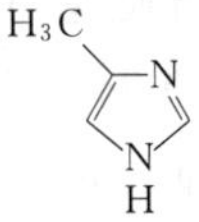　 。4-甲基咪唑是重要的医药中间体。环氧树脂固化剂和金属表面防护剂。中国已成为世界上胃药西咪替丁的主要生产国和供应国。

4-甲基咪唑的合成方法很多。国内采用丙酮醛-甲醛-无机铵盐法，其总的反应式可简单表示如下：

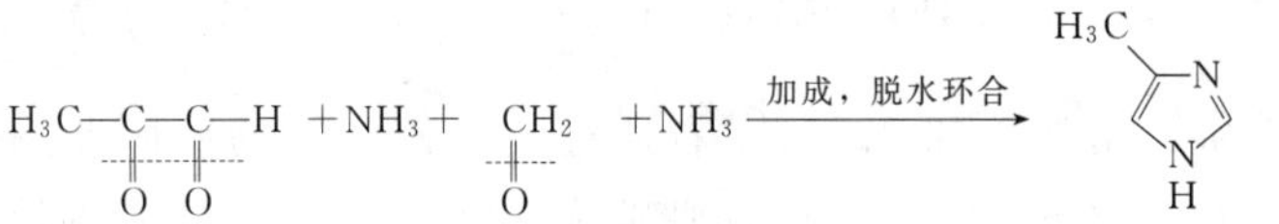

$$H_3C-\overset{\|}{C}-\overset{\|}{C}-H + NH_3 + \overset{\|}{CH_2} + NH_3 \xrightarrow{\text{加成，脱水环合}} \tag{14-20}$$

丙酮醛　　　　　　　甲醛　　　　　　　　　　　4-甲基咪唑

丙酮醛法是由环氧丙烷水合生成 1,2-丙二醇，然后催化氧化脱氢而得，原料易得，原料单程转化率 90% 以上，产品的分离精制简单，可满足医药用原料的质量要求，投资少，无污染。

14.5.3　吡唑酮衍生物的制备

吡唑的化学名称是 1,2-二氮杂茂，其化学结构为 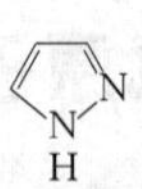　 。吡唑的重要衍生物是 3-位有取代基的 N-芳基-5-羟基吡唑酮。它们在结构上有三种互变异构体。

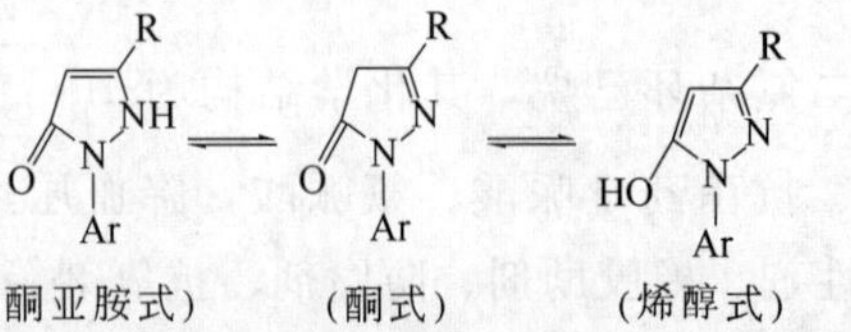

$$\tag{14-21}$$

（酮亚胺式）　　　（酮式）　　　（烯醇式）

R=烷基、芳基、羧基、羧乙酰氧基；Ar=苯基、萘基及其衍生物

吡唑酮化合物是重要的医药、染料中间体。它的一般合成方法是以苯肼为原料，先与 β-二酮作用生成腙，接着发生分子内 C—N 键环合反应而生成 1-芳基-5-吡唑酮衍生物。例如，

由苯肼与乙酰乙酰胺反应可以制得 1-苯基-3-甲基-5-吡唑酮。

$$\text{乙酰乙酰胺} \quad \text{苯肼} \qquad\qquad \text{腙} \tag{14-22}$$

所用的乙酰乙酰胺是由双乙烯酮对氨水进行 N-酰化得到水溶液，价格比乙酰乙酸乙酯便宜。最初使用环合剂乙酰乙酸乙酯是由双乙烯酮对尢水乙醇进行酯化而得，价格贵，现在都已改用乙酰乙酰胺作环合剂了。

同样方法，用乙酰乙酸乙酯、2-羰基丁二酸乙酯等代替乙酰乙酰胺与苯肼或取代苯肼作用，进行脱水脱醇环合可制备一系列吡唑酮衍生物。

14.6 形成含一个氮原子和一个硫原子杂环的环合反应

14.6.1 2-氨基噻唑的制备

2-氨基噻唑的化学名称是 2-氨基-1,3-硫氮杂茂，其化学结构是 。2-氨基噻唑是制备磺胺噻唑药物的中间体，它是以硫脲和氯乙醛为原料，经脱水、脱氯化氢、C—S 键环合而制得的。

$$\tag{14-23}$$

所用氯乙醛是由氯乙烯在水中于 $40\sim45℃$ 与次氯酸发生加成氯化生成二氯乙醇，然后水解脱氯化氢而得。

$$Cl_2 + H_2O \longrightarrow HClO + HCl \tag{14-24}$$

$$H_2C\!=\!CHCl + HClO \longrightarrow ClH_2C\!-\!\underset{\underset{O-H}{|}}{\overset{\overset{H}{|}}{C}}\!-\!Cl \longrightarrow ClH_2C\!-\!CHO \tag{14-25}$$

14.6.2 2-巯基苯并噻唑的制备

2-巯基苯并噻唑的化学名称是 2-巯基苯并-1,3-硫氮杂茂，其化学结构是 。

2-巯基苯并噻唑是通用橡胶硫化促进剂，商品名促进剂 M。另外它还是用途广泛的有机中间体。

在工业上采用以苯胺和二硫化碳为原料，以硫黄为氧化剂，发生氧化脱氢，C—S 键、C—N 键协同环合而得，按苯胺计收率 87.4%。

$$\text{(结构式)} \quad + \quad \underset{\text{S}}{\overset{\text{H}}{\underset{|}{\text{C}}}}\text{=S} + \text{S} \longrightarrow \text{(结构式)} \text{C—SH} + \text{H}_2\text{S} \qquad (14\text{-}26)$$

2005 年吴其建提出，在反应物中加入与催化剂等量的水杨酸，在 245℃反应 6h，收率可提高到 92%，并降低反应器的操作压力。

习　　题

14-1　写出环合反应的定义和类型。

14-2　写出环合反应形成新环有几种方式。

14-3　概述环合反应的基本规律。

14-4　写出下列杂环化合物的化学结构：（1）1,2-氧萘酮；（2）4-羟基-1,2-氧萘酮；（3）N-甲基-1-氮杂-2-环戊酮；（4）苯并-1-氮杂茂；（5）氮杂苯和 3-甲基氮杂苯；（6）1,4-二氮杂环乙烷；（7）4-甲基-1,3-二氮茂；（8）N-芳基-3-取代基-5-羟基-1,3-二氮杂茂；（9）2-氨基-1,3-硫氮杂茂；（10）2-巯基苯并-1,3-硫氮杂茂。

14-5　写出一个脱水环合反应和脱水方法。

14-6　写出一个脱氨环合反应和脱氨方法。

14-7　写出一个脱醇环合反应和脱醇方法。

14-8　写出一个脱氯化氢环合反应和脱氯化氢方法。

14-9　写出一个脱氢环合反应和脱氢方法。

部分习题解答

3-21

(1)

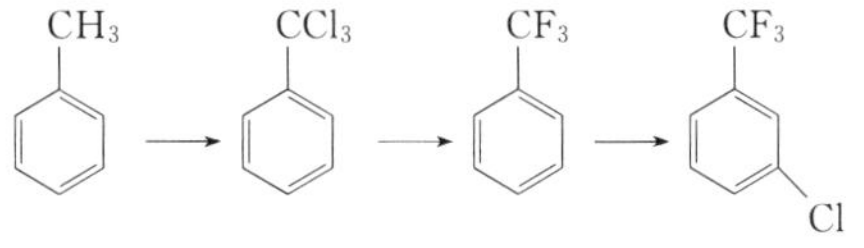

(2)

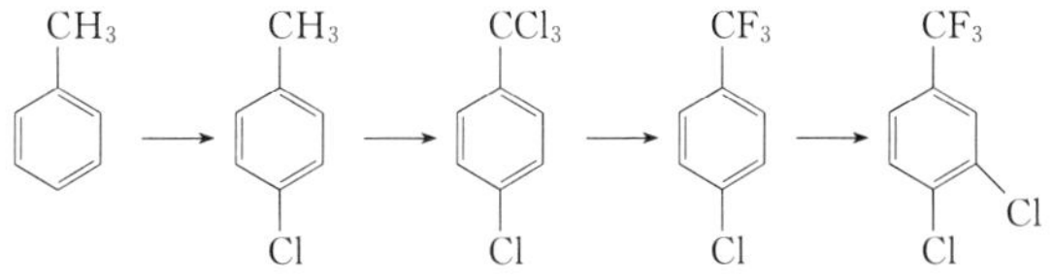

(3)

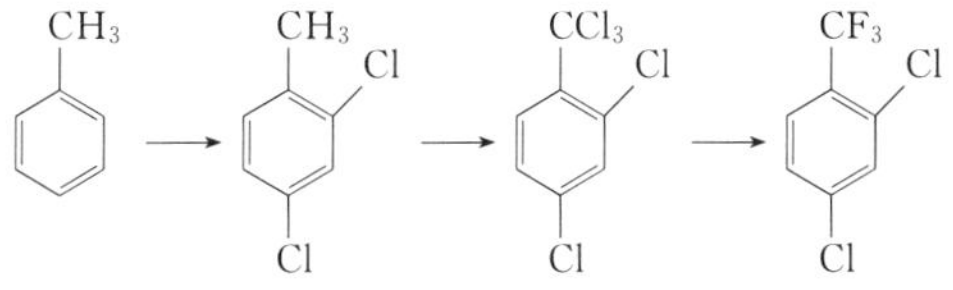

(4)

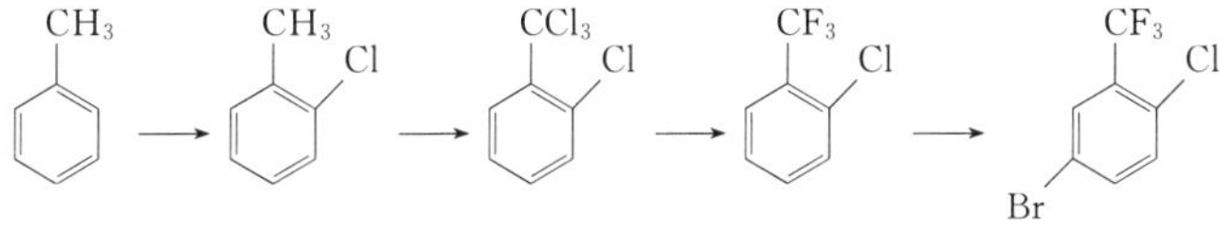

4-17

(1)

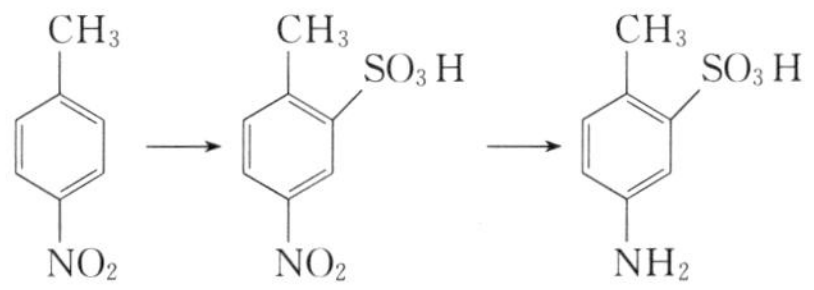

(2)

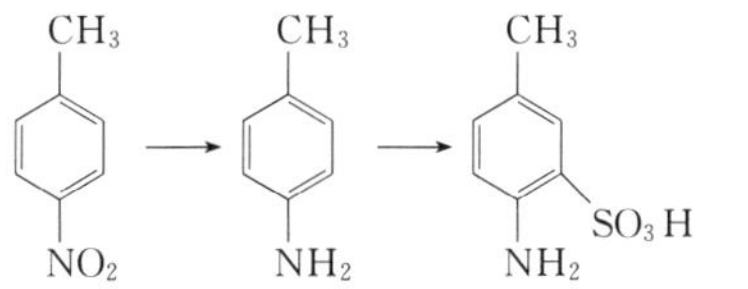

(3)

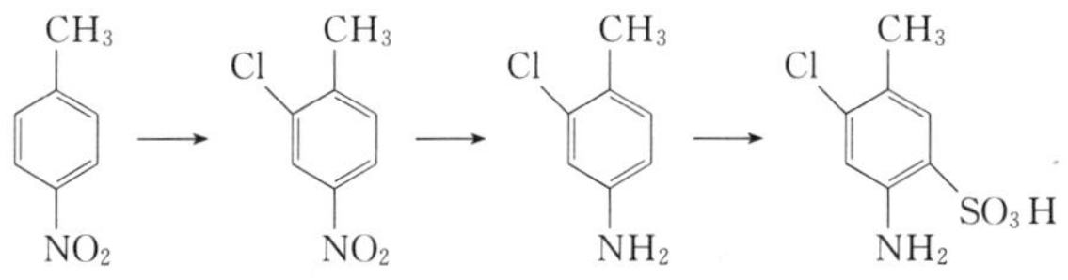

5-16

(1) 邻甲苯胺 $\longrightarrow$ 4-硝基-2-甲基苯胺（CH_3, NH_2, NO_2）

(2) CH_3/NH_2 $\longrightarrow$ CH_3/$NHSO_2C_6H_5$ $\longrightarrow$ CH_3/$NHSO_2C_6H_5$（O_2N）$\longrightarrow$ CH_3/NH_2（O_2N）

(3) CH_3/NH_2 $\longrightarrow$ CH_3/$NHCOCH_3$ $\longrightarrow$ CH_3/$NHCOCH_3$（O_2N）$\longrightarrow$ CH_3/NH_2（O_2N）

(4) CH_3/NH_2 $\longrightarrow$ CH_3/NO_2/NH_2

(5) CH_3/NH_2 $\longrightarrow$ CH_3/$NHCOCH_3$ $\longrightarrow$ CH_3/$NHCOCH_3$/NO_2 $\longrightarrow$ CH_3/NH_2/NO_2

5-17

(1) 所用 98% 的 HNO_3 = 63.00÷0.98 = 64.29kg

(2) 设混酸的质量为 y

混酸中的 HNO_3 含量 = 63.00/y = 0.2790

则 y = 63.00÷0.2790 = 225.81kg

(3) 设所用 98% 硫酸的质量为 x

混酸中 H_2SO_4 含量 = 0.98x/225.81 = 0.5900

x = 225.81×0.5900÷0.98 = 135.95kg

混酸中 H_2SO_4 的质量 = 135.95×0.98 = 133.23kg

(4) 混酸中 H_2O 的质量 = 225.81×0.1310 = 29.58kg

需要向混酸中加入 H_2O 的质量 = 29.58−(64.29−63)−(135.95−133.23) = 31.01kg

(5) F. N. A. = 133.23÷(133.23+18+31.01) = 73.10%

5-18

根据图 5-2，在混酸中 HNO_3 的浓度已经确定，F.N.A. 也已确定，混酸中 H_2SO_4 的浓度也同时确定了，可根据 B 点进行计算。但是在这里还是做一次计算，解题如下：

(1) 所用 98% HNO_3 的质量 = 63.00×0.98 = 64.29kg

(2) 设所配混酸的质量为 y

混酸中 HNO_3 的含量 = 63.00/y = 0.4500

混酸的质量 = 63.00÷0.45 = 140.00kg

所用低浓度硫酸的质量 = 140.00−64.39 = 75.71kg

(3) 设所用硫酸的浓度为 z

F. N. A. = 75.71z/(75.71+18+64.29−63) = 0.7370

z = 92.48%

(4) 混酸中含 H_2SO_4 的质量 = 75.71×0.9248 = 70.02kg

混酸中 H_2SO_4 的含量＝70.02÷140.00＝50.14％

（5）混酸中含 H_2O 的质量＝（64.29－63）＋（75.71－70.02）＝6.98kg

混酸中 H_2O 的含量＝6.98÷140.00＝4.99％

基本上吻合。

总答：

（1）第三种混酸所用98％硫酸太多，不宜使用。

（2）第一种混酸用92.5％硫酸75.71kg，第二种混酸用98％硫酸70kg。可根据价格、操作方便等因素选用。

5-19

（1）所用68％硝酸的质量＝63.00÷0.68＝92.65kg

（2）设所配制混酸的质量为 y

则 63÷y＝0.0500

y＝63÷0.0500＝1260.00kg

（3）所用循环硫酸的质量＝1260.00－92.65＝1167.35kg

（4）设循环硫酸的浓度为 z，F. N. A. 为

0.65＝1167.35z/（1167.35＋18－92.65－63.00）

z＝0.65×1215÷1167.35＝67.65％

（5）混酸中含硫酸的质量＝1167.35×0.6735＝789.71kg

混酸中硫酸的含量＝789.71÷12600.00＝62.68％

（6）混酸中含水的质量＝（92.65－63.00）＋（1167.35－789.71）＝407.29kg

混酸中水的含量＝407.29÷1260.00＝32.32％

全部吻合。

8-5（1）反应液中氰化亚铜配位盐的含量始终是 0.25～0.44mol。

（2）氰化钠的过量百分数为 80％～160％。

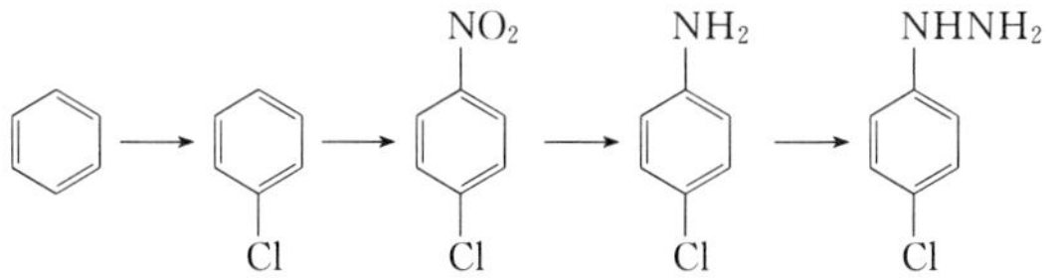

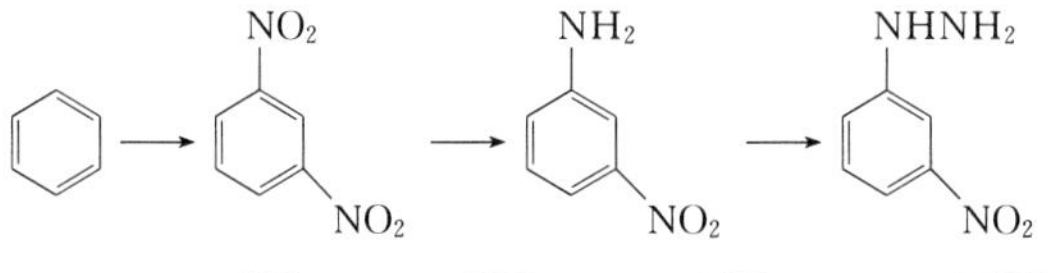

8-6

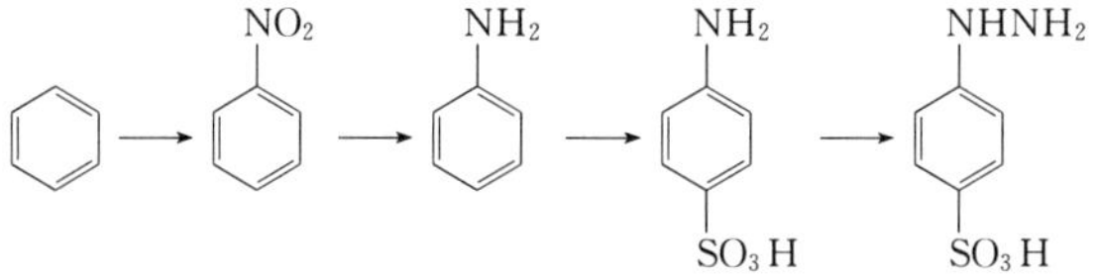

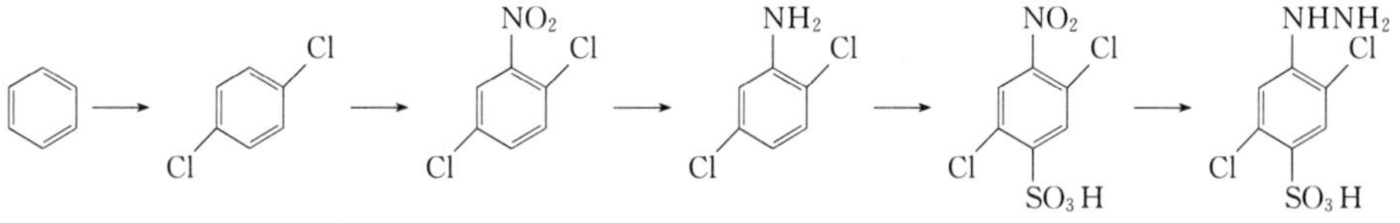

8-7

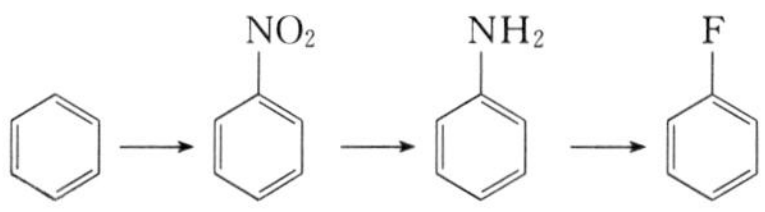

（2）

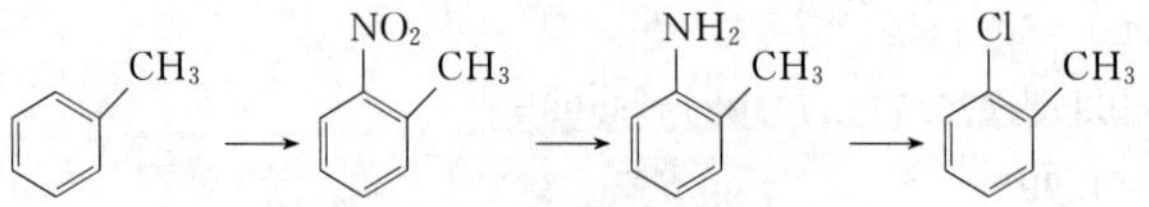

（3）

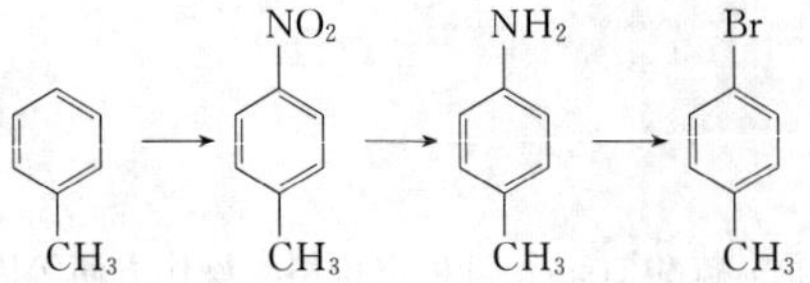

（4）

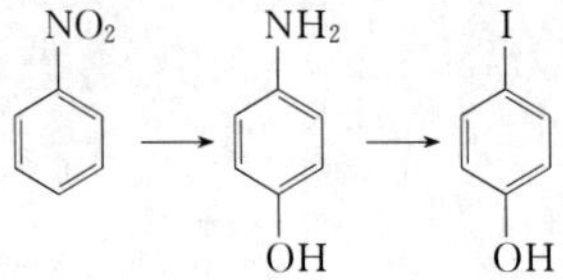

8-8

（1）

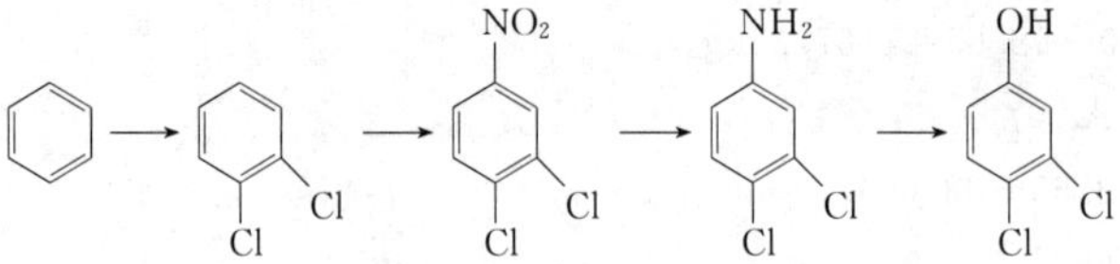

（2）

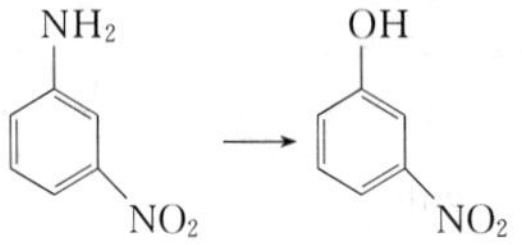

8-9

（1）

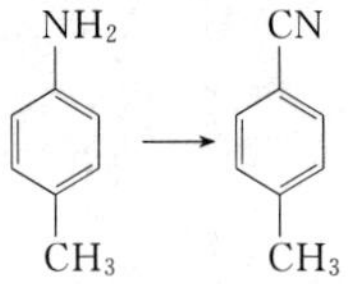

（2）

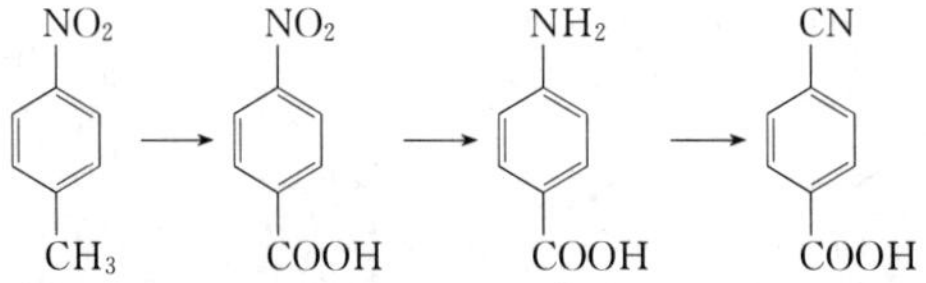

10-4　过量百分数 $= \dfrac{3-2}{2} \times 100\% = 50\%$

10-9

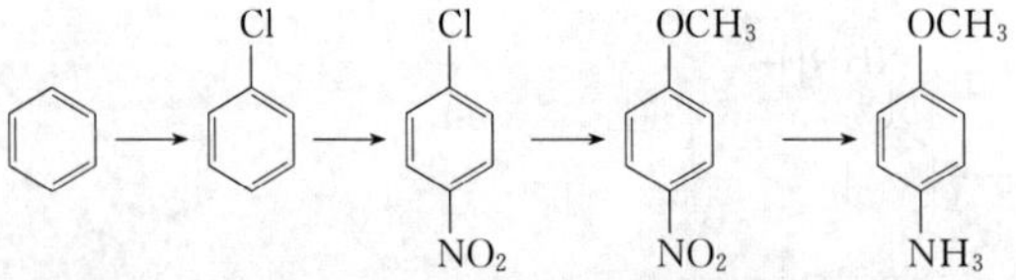

12-6

（1）

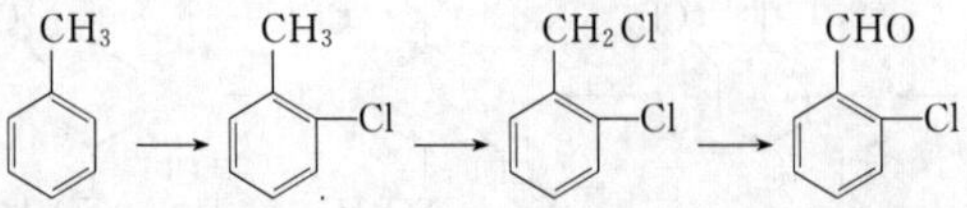

（2）

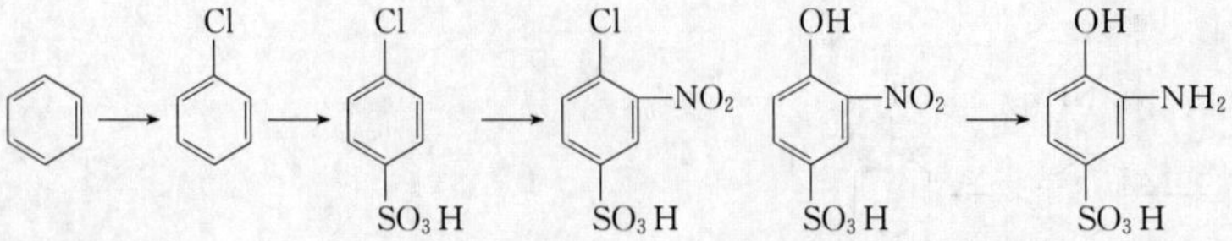

（3）

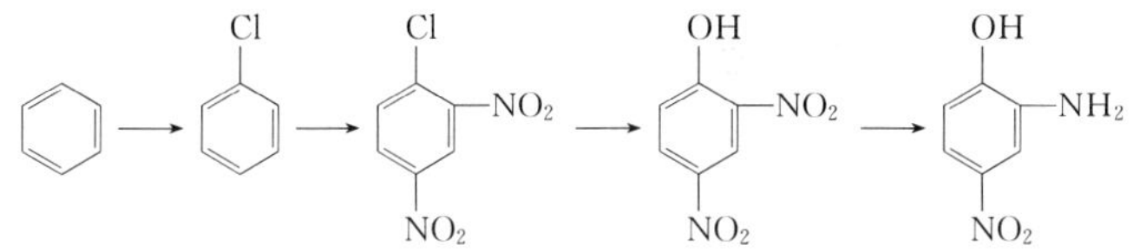

（4）

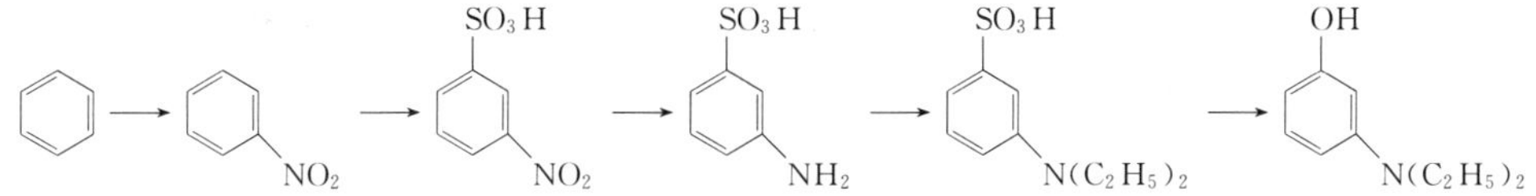

13-19 甲醛和乙醛的理论物质的量比是 4：1，甲醛过量百分数为（5－4）÷4×100％＝25％。

13-20 甲醛过量百分数为（1.1－1）÷1×100％＝10％。

参 考 文 献

[1] 王正烈. 物理化学. 第2版. 北京：化学工业出版社，2006.

[2] 姚梦正，程侣伯，王家儒. 精细化工产品合成原理. 第2版. 北京：中国石化出版社，2000.

[3] 薛永强，张蓉等. 现代有机合成方法与技术. 第2版. 北京：化学工业出版社，2007.

[4] 张铸勇. 精细有机合成单元反应. 上海：华东理工大学出版社，2003.

[5] 李和平. 含氯精细化学品. 北京：化学工业出版社，2010.

[6] 王慎敏，姜文勇. 实用精细化学品生产工艺（三）. 北京：化学工业出版社，2010.

[7] 张大国. 精细有机单元反应合成技术：还原反应及其实例. 北京：化学工业出版社，2009.

[8] 薛叙明. 精细有机合成技术. 第2版. 北京：化学工业出版社，2009.

[9] 李东光. 精细化工产品配方与工艺. 第2版. 北京：化学工业出版社，2008.

[10] 沈永嘉. 精细化学品化学. 北京：高等教育出版社，2007.

[11] 王煤，余徽. 化工计算方法. 北京：化学工业出版社，2008.

[12] 朱炳辰. 化学反应工程. 第4版. 北京：化学工业出版社，2007.

[13] 杨雷库. 化学反应器. 北京：化学工业出版社，2009.

[14] 程能林. 溶剂手册. 第4版. 北京：化学工业出版社，2008.

[15] 黄仲涛，耿建铭. 工业催化. 第2版. 北京：化学工业出版社，2006.

[16] 吴越. 应用催化基础. 北京：化学工业出版社，2009.

[17] 赵地顺. 相转移催化原理及应用. 北京：化学工业出版社，2007.

[18] 胡跃飞，林国强. 现代有机反应：金属催化反应. 第5卷. 北京：化学工业出版社，2008.

[19] 王恩波. 多酸化学概论. 北京：化学工业出版社，2009.

[20] 于世涛，刘福胜. 固体酸与精细化工. 北京：化学工业出版社，2006.

[21] Sheila R. Buxlun, Stanlcy M. Roberts. 有机立体化学导论. 宋毛平等译. 北京：化学工业出版社，2007.

[22] 丁奎岭，范青华. 不对称催化新概念与新方法. 北京：化学工业出版社，2009.

[23] 童海宝. 生物化工. 第2版. 北京：化学工业出版社，2008.

[24] 王大全，马淳安. 中国有机电化学与工业进展. 北京：中国石化出版社，2007.

[25] 李晔. 光化学基础与应用. 北京：化学工业出版社，2010.

[26] 张建成，王夺元. 现代光化学. 北京：化学工业出版社，2006.

[27] 尹恩华. 超临界流体与纳米医药. 北京：化学工业出版社，2010.

[28] 张三奇，边晓丽. 药物合成新方法. 北京：化学工业出版社，2009.

[29] 张胜建，骆成才，雷引林. 药物合成反应. 北京：化学工业出版社，2010.

[30] 王世荣，李祥高，刘东志. 表面活性剂化学. 第2版. 北京：化学工业出版社，2010.

[31] 王军，杨许召，李刚森. 功能性表面活性剂制备与应用. 北京：化学工业出版社，2009.

[32] Theophil Eicher, Siegfried Hauptmann. 杂环化学. 李润涛，葛泽梅，王欣译. 北京：化学工业出版社，2006.

[33] 许秋塘. 上海化工，2005，30（8）：1～4；（9）：1～6.

[34] 钱伯章. 精细化工，2005，22（4）：241～246.

[35] 李雪辉，潘微平. 现代化工，2005，25（12）：61～63，69.

[36] 李斌. 精细化工，2006，23（1）：1～7.

[37] 张培毅. 化工进展，2005，24（8）：869～872，934.

[38] 毛润琦，文咏祥. 现代化工，2005，25（10）：62～65.

[39] 唐培堃. CN 1569618A，2005：1～26.

[40] 周耀谦，周鸣方，肖林生. 日用化学工业，2005，35（3）：204～206.

[41] 胡显智，孙明和，王宏斌. 日用化学品工业，2005，35（4）：271～274.

[42] 陈晓华，朱建良. 化工时刊，2005，15（9）：25～36，40.

[43] 唐雷，石秋杰. 工业催化，2005，13（7）：7～11.

[44] 骞伟中，柯长顺，方晓明等. 现代化工，2005，25（10）：49～53.

[45] 戈建华，程德文. 现代化工，2005，25（5）：11～14.

[46] 张培毅. 化工进展，2005，24（7）：814～816.

[47] 江雪源，宋华. 工业催化，2005，13（11）：41～46.

[48] 薛琦. 精细与专用化学品，2005，13（03/04）：14～16，25.

[49] 赵东江，马松艳. 江苏化工，2005，31（1）：53～56.

[50] 陈练洪，李稳宏，李冬. 化工进展，2005，24（3）：236～238.

[51] 杨雪萍. 工业催化，2005，13（6）：1～5.

[52] 苗静，王延吉. 工业催化，2005，13（4）：44～47.

[53] 史春薇，陈烨璞. 化工进展，2005，24（9）：985～988.

[54] 李运玲. 日用化学工业，2005，35（2）：78～80.

[55] 傅桂萍. 浙江化工，2005，36（12）：11～12.

[56] 黄朝辉，尹笃林. 工业催化，2005，13（1）：33～36.

[57] 姚文生，谷素艳. 精细石油化工，2005，（4）：47～50.

[58] 周治峰. 辽宁化工，2005，34（6）：249～252.

[59] 钱伯章，朱建芳. 江苏化工，2005，32（2）：56～58.

[60] 何明阳，陈群，汪信. 化工进展，2005，24（3）：274～277.

[61] 张天永，付强，李斌. 精细化工，2005，22（11）：871～873.

[62] 赵艳秋，张秋芬，杨锦宗. 精细与专用化学品，2005，13（16）：5～8，13.

[63] 雷进海. 现代化工，2005，25（3）：27～29，31.

[64] 孙明和，方银军. 日用化学品科学，2009，32（2）：1～7.

[65] 李晓娟，戴立言，陈英奇. 浙江大学学报，2006，40（7）：1272～1275.

[66] 贺继铭. 石油化工技术经济，2007，23（4）：58～62.

[67] 杨德琴. 精细化工原料与中间体，2007，（11）：8～10.

[68] 陈晓冬，叶志文. 精细石油化工，2007，24（4）：18～21.

[69] 李培国，叶志凤，陆小庆. 杭州化工，2005，36（1）：14～15.

[70] 张博，李付刚. 精细化工原料及中间体，2005，（5）：28～30.

[71] 冯练享，陈均志，任便利. 农药，2006，45（1）：12～14.

[72] 丁华玲. 化学工业与工程技术，2009，30（5）：48～52.

[73] 杨建平. 医药化工，2007，（11）：23～26.

[74] 袁卫红. 医药化工，2007，（2）：37～40.

[75] 吕咏梅. 精细化工原料及中间体，2009，（4）：31～34.

[76] 郭杨龙，姚伟，刘晓晖等. 石油化工，2008，37（2）：111～118.

[77] 戴祖贵，张永强，刘易等. 石油化工，2008，37（7）：738～743.

[78] 李文骁，李付刚，于守智等. 精细化工原料及中间体，2008，（5）：26～29.

[79] 孙建平，王孝杰，李效东，刘克良. 合成化学，2006，14（4）：405～407.

[80] 李涛. 精细化工原料及中间体，2008，（8）：9～14.

[81] 孙家隆，张炜. 化学试剂，2009，31（10）：846～848.

[82] 谢水龙，肖健，刘先章. 生物膜化学工程，2009，43（2）：23～25.

[83] 仇振华. 精细化工原料及中间体，2008，38（3）：39～44.

[84] 邵丽丽，王雯娟，彭惠琦等. 分子催化，2007，21（6）：520～524.

［85］ 崔小明. 化学工业，2008，26 (10)：26～31.

［86］ 郑延成，韩冬，杨普华. 精细化工，2005，22 (8)：578～582.

［87］ 姚志刚，喻希，胡艾希等. 化学研究与应用，2008，20 (6)：700～704.

［88］ 杨明，蒋惠亮，顾信鸽等. 应用化工，2010，39 (2)：201～208.

［89］ 邹祥龙，吕永安. 石油化工，2008，37 (12)：1306～1310.

［90］ 丁伟，王艳，于涛等. 应用化学，2007，24 (9)：1018～1022.

［91］ 江小明，安静仪，宫清涛等. 精细石油化工，2005，(3)：22～25.

［92］ 张永民，牛金平，李秋小. 日用化学工业，2008，38 (4)：253～276.

［93］ 刘守信，李军章，冯娟等. 化学试剂，2005，27 (5)：309～310.

［94］ 翟红，孟双明. 应用化工，2009，38 (9)：1327～1329.